高等学校土木工程专业 …… 系列教材

土木工程 BIM 技术应用

编著　赵全斌

中国建筑工业出版社

图书在版编目（CIP）数据

土木工程 BIM 技术应用/赵全斌编著．—北京：中国建筑工业出版社，2020.6（2021.10重印）
高等学校土木工程专业应用型人才培养系列教材
ISBN 978-7-112-25056-1

Ⅰ.①土… Ⅱ.①赵… Ⅲ.①土木工程-建筑设计-计算机辅助设计-应用软件-高等学校-教材 Ⅳ.①TU201.4

中国版本图书馆 CIP 数据核字（2020）第 072769 号

BIM 的英文全称是 Building Information Modeling，即建筑信息模型。在建筑工程整个生命周期中，建筑信息模型可以实现集成管理，在建筑业中应用前景非常广阔。

本书全面介绍土木工程领域的 BIM 应用现状和应用方法，具体分为基础篇、操作篇、应用篇三部分，结合工程实践和应用案例，系统地阐述了 BIM 的基本知识和技术应用、建筑、结构、设备专业的模型建立方法、模型应用与案例以及二次开发等内容。全书共分为 11 章，即 BIM 基本知识、BIM 技术与应用、软件介绍、建筑建模、结构建模、设备建模、族创建、三维出图与模型整合、工程案例实战、应用案例介绍、二次开发初步。

本书为土木工程相关专业的 BIM 应用者提供了参考依据，既可作为本专科生、研究生的教材，也可作为工程技术人员提高 BIM 技术应用水平的一本参考书。

责任编辑：毕凤鸣
责任校对：姜小莲

高等学校土木工程专业应用型人才培养系列教材
土木工程 BIM 技术应用
编著　赵全斌
*
中国建筑工业出版社出版、发行（北京海淀三里河路 9 号）
各地新华书店、建筑书店经销
霸州市顺浩图文科技发展有限公司制版
北京建筑工业印刷厂印刷
*
开本：787×1092 毫米　1/16　印张：18½　字数：456 千字
2020 年 8 月第一版　　2021 年10 月第二次印刷
定价：**56.00** 元
ISBN 978-7-112-25056-1
（35851）

前　　言

如果你对 BIM 有浓厚的兴趣，渴望能够提高 BIM 技术水平，本书会非常适合你。

BIM 技术在土木工程领域多年的发展，已经成为助推建筑业实现创新式发展的重要技术手段，对建筑业的科技进步与转型升级有着不可估量的影响。如今各级政府、行业协会、地产商、设计单位、施工单位、物业管理、科研院校等都在积极地开展 BIM 方面的推广和实践应用。

在“政府有要求，市场有需求”的行业大背景下，如何顺应 BIM 技术在我国应用的发展趋势，是土木工程相关行业从业人员应该认真思考的问题。BIM 技术等信息技术是促进绿色建筑发展、提高建筑产业信息化水平、推进智慧城市建设和实现建筑业转型升级的基础性技术。

普及和掌握 BIM 技术在土木工程领域应用的专业技术和技能，实现建筑技术利用信息技术转型升级，同样是现代土木工程行业可持续发展的重要支点。

本书的定位是为土木工程领域从业人员提供一本既能提供全面、系统的 BIM 知识，而又便于实践应用的指导性书籍。因此本书具有知识性、综合性和实践性的特点，既介绍了 BIM 的相关概念术语、应用价值、发展经历、标准以及软件，又介绍了应用方法和综合案例。

按照以上思路，本书按基础篇、操作篇和应用篇三个部分进行编写。编者希望通过这样的安排，使读者对 BIM 的相关知识有一个全面的了解。

本书的编写凝聚了写作团队集体智慧，感谢团队中每位成员的付出和努力以及贡献！

本书由赵全斌任主编，主要编写人员有申月军、王昌辉、于欣玉。

其中第 1、2、3、11 章由赵全斌编写，第 4 章由申月军编写，第 5 章由王昌辉编写，第 6 章由于欣玉编写，第 7 章由赵全斌、申月军、王昌辉、于欣玉编写，第 8 章由赵全斌、王昌辉编写，第 9 章由赵全斌、申月军、王昌辉编写，第 10 章由赵全斌，王效磊编写，附录由程浩编写，最后，全书由赵全斌统稿。

在本书编写的过程中，得到了多方面的支持和帮助。山东省建筑设计研究院王平总工，山东同圆数字科技有限公司刘鹏飞总经理、王效磊总工，山东建筑大学范夕森、张代理、王巍巍、孔敏、林彦老师为本书的编写提供了资料和支持，山东建筑大学设计研究院杨勇工程师、山东建筑大学研究生吴晓楠、杨晴云，山东比幕工程咨询有限公司韩明延、吕绍杰工程师也参与了本书的编写，山东建筑大学研究生韩玮做了大量的文字编辑工作，在此一并表示衷心的感谢！

本书的编写，引用参考了一些公开出版和发表的文献，特此向这些专家学者表示谢意。

由于作者的学识和水平有限，书中不当和错误之处在所难免，敬请读者批评指正。

编　者

2020 年 3 月

目　录

基 础 篇

第1章 BIM基本知识

1.1 BIM的概念与特点

1.1.1 BIM的概念

1975年，查克·伊斯曼教授最早提出的“Building Description System”（建筑描述系统）概念可以看作对BIM技术最早的设想。在20世纪80年代，欧洲Graphisoft公司提出虚拟建筑模型的理念；同时期的学者罗伯特·艾什（Robert Aish）又进一步提出“Building Modeling”的概念，将当今BIM的一些关键技术诸如三维建模、自动化工程制图、参数化构件、工程进度模拟等进行了描述。1992年，Van Nederveen、Tolman等人将其完善为“Building Information Model”。但受限于计算机技术的水平，以上设想仅限于学术及理论研究，并未形成实际的应用技术成果。进入21世纪后，得益于计算机与建筑技术的发展及相关技术研究的深入，一些软件厂商对其进行了实用化的商业开发，BIM理论及技术也日趋完善。

2002年，美国Autodesk公司发表了《Autodesk BIM White Paper》（BIM白皮书），对BIM进行定义的同时，还指出了其积极效果：在建筑工业的设计、施工以及运营中应用BIM，能（比传统方式）取得更高的质量、更快速且富有成效、更节省费用的解决方案。2008年，Chuck Eastman等人在《BIM Handbook》一书的第一版中为工程各参与方提供了BIM技术应用的理论实践指导，并对一系列典型项目案例的应用进行了介绍；在其第二版（2011年版）中，针对IPD（集成项目交付）模式下的精益建造、可持续发展以及信息互操作性框架等进行了补充研究。

建筑信息模型（Building Information Modeling，简称BIM）技术是基于三维建筑模型的信息集成和管理技术，可以使建设项目的所有参与方（包括政府主管部门、业主、设计、施工、监理、造价、运营管理、项目用户等）在项目从概念产生到完全拆除的整个生命周期内都能够在模型中操作信息和在信息中操作模型，从而在根本上改变从业人员仅依靠符号、文字形式的图纸进行项目建设和运营管理的工作方式，实现在建设项目全生命周期内提高工作效率和质量以及减少错误和风险的目标。

应用单位使用BIM建模软件构建的三维建筑模型包含建筑所有构件、设备等几何和非几何信息及其之间的关系信息，模型信息随建设阶段不断深化和增加。建设、设计、施工、运营和咨询等单位使用一系列BIM应用软件，利用统一建筑信息模型进行设计和施工，可实现项目协同管理，有效减少错误、节约成本、提高质量和效益。工程竣工后，利用三维建筑模型实施建筑运营管理，可提高运维效率。BIM技术不仅适用于一般工程，也适用于规模大而复杂的工程；不仅适用于房屋建筑工程，也同样适用于市政基础设施等其他工程。

1.1.2 BIM的特点

1. 可视化（Visualization）

可视化即“所见即所得”，通过三维的立体实物模型，将项目设计、建造、运营等整个建设过程直观地呈现出来。

对于建筑行业来说，可视化真正发挥的作用是非常大的，例如传统的施工图纸，只是将各个构件的信息利用线条在图纸上较为粗糙地进行绘制并辅之以数据，但是其具体的构造形式就需要建筑人员去自行想象了。对于一般简单的东西来说，这种想象也未尝不可，然而近几年建筑业的建筑形式日新月异，复杂造型在不断地推出，仅凭人脑去想象未免过于困难，所以BIM提供了可视化的思路，让人们将以往线条式的构件形成一种三维的立体实物模型展示在人们的面前。此外，工程设计方通常会给出效果图，但是这种效果图是分包给专业的效果图制作团队进行识读设计制作出的线条式信息制作出来的，并不是通过构件的信息自动生成的，缺少了同构件之间的互动和反馈，而BIM提到的可视化则是一种能够使同构件之间形成互动性和反馈性的可视。在BIM建筑信息模型中，由于整个过程都是可视化的，所以它不仅可以用来展示效果图及生成报表，更重要的是能够使项目设计、建造、运营过程中的沟通、讨论、决策都在可视化的状态下进行。

2. 协调性（Coordination）

不管是施工单位还是业主及设计单位，无不在做着协调及相互配合的工作。一旦项目的实施过程中遇到了问题，就要将各有关人士组织起来开协调会，找出各施工问题发生的原因及解决办法，然后出变更，做相应补救措施等对问题进行解决。在设计时，往往由于各专业设计师之间的沟通不到位，而出现各种专业之间的碰撞问题。例如暖通等专业中的管道在进行布置时，由于施工图是各自绘制在各自的图纸上的，因此在真正施工过程中，就可能出现在布置管线时正好遇到此处有结构设计的梁等构件在此妨碍着管线的问题，这种就是施工中常遇到的碰撞问题，像这样的碰撞问题就只能在问题出现之后再进行协调解决吗？

BIM的协调性就可以帮助处理这种问题，也就是说BIM建筑信息模型可在建筑物建造前期对各专业的碰撞问题进行协调，生成协调数据，提供出来。当然BIM的协调作用也并不是只能解决各专业间的碰撞问题，它还可以解决例如电梯井布置与其他设计布置及净空要求之协调，防火分区与其他设计布置之协调，地下排水布置与其他设计布置之协调等。

3. 模拟性（Simulation）

模拟性并不是只能模拟设计出的建筑物模型，BIM模拟性还可以模拟不能够在真实世界中进行操作的事物。

在设计阶段，BIM可以对设计上需要进行模拟的一些东西进行模拟实验，例如：节能模拟、紧急疏散模拟、日照模拟、热能传导模拟等。

在招投标和施工阶段，可以进行4D模拟（三维模型加项目的发展时间），也就是根据施工的组织设计模拟实际施工，从而来确定合理的施工方案来指导施工。同时还可以进行5D模拟（基于3D模型的造价控制），从而来实现成本控制；后期运营阶段可以模拟日常紧急情况的处理方式，例如地震人员逃生模拟及消防人员疏散模拟等。

在运维阶段，可以通过BIM模型，将项目中的空间信息、场景信息等纳入模型中，通过VR（现实增强）等新技术的配合，让业主进入模型空间中进行虚拟的直观感受。

4. 优化性（Optimization）

事实上整个设计、施工、运营的过程就是一个不断优化的过程，虽然优化和BIM不存在实质性的必然联系，但在BIM的基础上可以做更好的优化。

优化受三样东西的制约：信息、复杂程度和时间。没有准确的信息做不出合理的优化结果，BIM模型提供了建筑物的实际存在的信息，包括几何信息和非几何信息（如物理信息、规则信息等），还提供了建筑物变化以后的实际存在的信息。现代建筑物的复杂程度大多超过参与人员本身的能力极限，BIM及与其配套的各种优化工具则提供了对复杂项目进行优化的可能。基于BIM的优化可以做下面的工作：

（1）项目方案优化：把项目设计和投资回报分析结合起来，设计变化对投资回报的影响可以实时计算出来；这样业主对设计方案的选择就不会主要停留在对外观的评价上，而可以更多地使得业主知道哪种项目设计方案更有利于自身的需求。

（2）特殊项目的设计优化：例如裙楼、幕墙、屋顶、大空间、异型设计等，这些内容看起来占整个建筑的比例不大，但是占投资和工作量的比例却往往要大得多，而且通常也是施工难度比较大和施工问题比较多的地方，对这些内容的设计施工方案进行优化，可以带来显著的工期和造价改进。

5. 可出图性（Schematization）

BIM并不仅是为了出大家日常多见的建筑设计院所出的建筑设计图纸，及一些构件加工的图纸。而是通过对建筑物进行了可视化展示、协调、模拟、优化以后，可以帮助业主出如下图纸：

（1）综合管线图（经过碰撞检查和设计修改，消除了相应错误以后）。

（2）综合结构留洞图（预埋套管图）。

（3）碰撞检查侦错报告和建议改进方案。

6. 参数化性（Parameterization）

参数化建模指的是通过参数而不是数字建立和分析模型，简单地改变模型中的参数值就能建立和分析新的模型；BIM中图元是以构件的形式出现，这些构件之间的不同，是通过参数的调整反映出来的，参数保存了图元作为数字化建筑构件的所有信息。

BIM技术可对工程对象进行3D几何信息和拓扑关系的描述以及完整的工程信息描述。

正是BIM技术的这几大特点，大大改变了传统建筑业的生产模式。BIM在世界很多国家已经有比较成熟的BIM标准或者制度。BIM在中国建筑市场内要顺利发展，必须将其与国内的建筑市场特色相结合，满足国内建筑市场的特色需求，同时BIM也将会给国内建筑业带来一次巨大变革。

1.1.3 常用术语

1. BIM-Building Information Modeling——建筑信息模型

前期定义为“Building Information Model”，后期将BIM中的Model替换为“Modeling”，即“Building information Modeling”，前者指的是静态的“模型”，后者指的是动态的“过程”，可以直译为“建筑信息建模”“建筑信息模型方法”或“建筑信息模型过程”，但目前国内业界仍然约定俗成地称之为“建筑信息模型”。

2. BIM Model-Building Information Model——BIM 模型

由于约定俗成地把 BIM 和建筑信息模型用在了 Building In formation Modeling 身上，我们就又一次约定俗成把 Building Information Model 叫作 BIM 模型。

BIM 模型是 BIM 这个过程的工作成果，或者说是上一节 BIM 定义中那个为建设项目全生命周期设计、施工、运营服务的数字模型。

目前在实际工作中，一个建设项目的 BIM 模型通常不是一个，而是多个在不同程度上互相关联的用于不同目的的数字模型，在逻辑上，我们可以把跟这个设施有关的所有信息都放在一个模型里面。

3. BIM Authoring Software BIM 建模软件

通常业界同行说的 BIM 软件大多数情况下是指“BIM 建模软件”，而真正意义上的 BIM 软件所包含的范围应该更广一些，包括 BIM 模型检查软件、BIM 数据转换软件等。为防止可能出现的混淆，在把 BIM 定义为利用数字模型服务于建设项目全生命周期各项工作的过程的前提下，还是称其为 BIM 建模软件比较稳妥一些。

4. BIM Software BIM 软件

对建筑信息模型进行创建、使用、管理的软件，简称 BIM 软件。

5. IFC 工业基础类

Industry Foundation Class 的英文缩写，IFC 是一个包含各种建设项目设计、施工、运营各个阶段所需要的全部信息的一种基于对象的、公开的标准文件交换格式。

6. LOD 精细度

LOD（Level of Detail 或 Level of Development），在 BIM 领域中指的是模型的精细度。LOD 一词由美国 American Institute of Architects（AIA）所出，当初分成 LOD 100、200、300、400、500 等 5 级。对照到建筑工程的过程，LOD 100 指的是概念模型，LOD 200 指的是分析（基本设计）模型，LOD 300 指的是细部设计模型，LOD 400 指的是施工模型，LOD 500 指的是竣工模型。近期有人认为应增加 350 这一级，主要是为了呈现各细部设计模型做施工协调的成果。

7. Collaboration 协同

基于建筑信息模型进行数据共享及相互操作的过程。

1.2 BIM 软硬件要求

1.2.1 BIM 软件

BIM 模型的创建离不开软件，但仅仅依靠一个软件解决所有问题的时代也是一去不复返了。针对工程中的众多实际问题，需要多个软件共同、联合应用来解决。BIM 软件分为几个大类：

1. 核心建模软件

模型是 BIM 的核心，众多软件均基于模型来进行相关的分析研究。BIM 的核心建模软件通常有四大系列：Autodesk 公司的 Revit 系列（建筑、结构和设备）、Bentley 系列（建筑、结构和设备）、Graphisoft 系列（ArchiCAD 等）以及 Dassault 公司的 Digital Project、CATIA 等。

2. 与核心建模软件关联的软件

模型是 BIM 的主体，只有与模型相关联，才能实现真正意义的 BIM。

工程建设项目的全生命周期各阶段，相关的软件工具很多，包含方案设计软件、BIM 建模软件、计算分析软件、施工和运维管理等软件，如表 1.1 所示。

BIM 专业软件　　**表 1.1**

<table>
<tr><td rowspan="2">设计阶段</td><td>方案设计</td><td>建筑表现</td><td>结构分析</td><td>钢结构设计</td><td>建筑性能分析</td><td>施工图辅助</td></tr>
<tr><td>SketchUp、Fomlt、Rhino、Dynamo、Civil3D FormZ 等</td><td>Navisworks、3Dmax、Lumion、Fuzor 等</td><td>PKPM、MIDAS、Ansys、盈建科、SAP2000、Robot、ETABS 等</td><td>Tekla、Advance Steel、3D3S、等</td><td>Ecotect、斯维尔绿建、PKPM 节能、众智日照、天正节能、Green Building Studio、Insight、IES 等</td><td>探索者 BIM、盈建科、鸿业 BIMspace、橄榄山快图等</td></tr>
<tr><td rowspan="2">施工阶段</td><td>算量计价</td><td>进度管控</td><td>场地规划</td><td>三维协调</td><td>管理平台</td><td>预制加工</td></tr>
<tr><td>广联达 BIM、鲁班 BIM、斯维尔 BIM 算量、比目云 BIM、品茗 BIM、晨曦 BIM 等</td><td>Navisworks、广联达 BIM5D、品茗 BIM、iTWO、BIM360 等</td><td>Revit、Navisworks、广联达 BIM5D、品茗 BIM 等</td><td>Navisworks、Fuzor 等</td><td>Vault、Project Wise、P6 等</td><td>Revit、CATIA、PRO/E、UG、Solidworks、Fabrication 等</td></tr>
<tr><td rowspan="2">运营维护</td><td colspan="2">信息管理</td><td colspan="2">多系统整合</td><td colspan="2">基于 GIS 的多系统平台</td></tr>
<tr><td colspan="2">Navisworks、BIMe 等</td><td colspan="2">比程运维系统等</td><td colspan="2">蓝色星球等</td></tr>
</table>

1.2.2　BIM 硬件

1. 协同工作网络环境

由于 BIM 数据比传统 CAD 的数据要多，而且数据都集中存放在服务器上，在工作过程中项目成员的电脑进行读写数据时都要通过网络访问文件服务器，网络的数据传送量比较大，所以建议全部采用千兆级的交换机、网线和网卡，以满足大量的数据传输。

2. 图形工作站

BIM 以 3D 数字技术为基础，集成了建筑工程项目各种相关信息的数据模型，其无论是模型大小还是复杂程度都超过 2D 设计软件，因此，BIM 系统对硬件的要求相比传统 CAD 将有较大的提高。BIM 信息系统随着应用的深入，精度和复杂度越来越大，建筑模型文件容量从 10MB 起，最高可达 2GB。所以必须要充分考虑到 BIM 系统对于硬件资源的需求，建议配置更高性能的计算机硬件以满足 BIM 软件应用需求。工作站的图形处理能力是第一要素，其次是 CPU 和内存的性能。此外，虚拟内存以及硬盘读写速度也是十分重要的。

3. 企业云计算平台

为实现跨专业、跨部门系统共享，企业 BIM 平台可采用云计算技术构建基于应用软件共享的 BIM 系统平台。

构建的 BIM 系统企业平台中，所有工作站和共享存储设备均部署在企业中心机房，BIM 相关应用均部署在中心工作站上，据此构建的 BIM 系统企业平台实现了设计人员在本地无须安装任何应用软件，通过 Web 页面即可访问并操作云端 BIM 应用软件。BIM 设计的所有模型和数据也均存放在云端，依赖云端工作站的图形处理能力和计算能力，在企业内部的任何地方，只要有网络，低端配置的计算机即可实现 BIM 应用的操作。

1.3 未来趋势

随着 BIM 应用逐步走向深入，单纯应用 BIM 的项目越来越少，更多的是将 BIM 与其他先进技术集成或与应用系统集成，以期发挥更大的综合价值。

1.3.1 BIM＋PM

PM 是项目管理的英文缩写，是在限定的工期、质量、费用目标内对项目进行综合管理以实现预定目标的管理工作。BIM 与 PM 集成应用，是通过建立 BIM 应用软件与项目管理系统之间的数据转换接口，充分利用 BIM 的直观性、可分析性、可共享性及可管理性等特性，为项目管理的各项业务提供准确及时的基础数据与技术分析手段，配合项目管理的流程、统计分析等管理手段，实现数据产生、数据使用、流程审批、动态统计、决策分析的完整管理闭环，以提升项目综合管理能力和管理效率。

BIM 与 PM 集成应用，可以为项目管理提供可视化管理手段。如，二者集成的 4D 管理应用，可直观反映出整个建筑的施工过程和工程形象进度，帮助项目管理人员合理制订施工计划、优化使用施工资源。同时，二者集成应用可为项目管理提供更有效的分析手段。如，针对一定的楼层，在 BIM 集成模型中获取收入、计划成本，在项目管理系统中获取实际成本数据，并进行三算对比分析，辅助动态成本管理。此外，二者集成应用还可以为项目管理提供数据支持。如，利用 BIM 综合模型可方便快捷地为成本测算、材料管理以及审核分包工程量等业务提供数据，在大幅提升工作效率的同时，也可有效提高决策水平。

1.3.2 BIM＋云计算/物联网

云计算是一种基于互联网的计算方式，以这种方式共享的软硬件和信息资源可以按需提供给计算机和其他终端使用。BIM 与云计算集成应用，是利用云计算的优势将 BIM 应用转化为 BIM 云服务，目前在我国尚处于探索阶段。

基于云计算强大的计算能力，可将 BIM 应用中计算量大且复杂的工作转移到云端，以提升计算效率；基于云计算的大规模数据存储能力，可将 BIM 模型及其相关的业务数据同步到云端，方便用户随时随地访问并与协作者共享；云计算使 BIM 技术得以走出办公室，用户在施工现场可通过移动设备随时连接云服务，及时获取所需的 BIM 数据和服务等。

物联网是通过射频识别、红外感应器、全球定位系统、激光扫描器等信息传感设备，按约定的协议将物品与互联网相连进行信息交换和通信，以实现智能化识别、定位、跟踪、监控和管理的一种网络。

BIM 与物联网集成应用，实质上是建筑全过程信息的集成与融合。BIM 技术发挥上层信息集成、交互、展示和管理的作用，而物联网技术则承担底层信息感知、采集、传递、监控的功能。二者集成应用可以实现建筑全过程“信息流闭环”，实现虚拟信息化管理与实体环境硬件之间的有机融合。目前 BIM 在设计阶段应用较多，并开始向建造和运维阶段应用延伸。物联网应用目前主要集中在建造和运维阶段，二者集成应用将会产生极大的价值。

1.3.3 BIM+3D 扫描/打印

3D 扫描是集光、机、电和计算机技术于一体的高新技术，主要用于对物体空间外形、结构及色彩进行扫描，以获得物体表面的空间坐标，具有测量速度快、精度高、使用方便等优点，且其测量结果可直接与多种软件接口。3D 激光扫描技术又被称为实景复制技术，采用高速激光扫描测量的方法，可大面积高分辨率地快速获取被测量对象表面的 3D 坐标数据，为快速建立物体的 3D 影像模型提供了一种全新的技术手段。

3D 打印技术是一种快速成型技术，是以三维数字模型文件为基础，通过逐层打印或粉末熔铸的方式来构造物体的技术，综合了数字建模技术、机电控制技术、信息技术、材料科学与化学等方面的前沿技术。

BIM 与 3D 打印的集成应用，主要是在设计阶段利用 3D 打印机将 BIM 模型微缩打印出来，以供方案展示、审查和进行模拟分析；在建造阶段采用 3D 打印机直接将 BIM 模型打印成实体构件和整体建筑，部分替代传统施工工艺来建造建筑。BIM 与 3D 打印的集成应用，可谓两种革命性技术的结合，为建筑从设计方案到实物的过程开辟了一条“高速公路”，也为复杂构件的加工制作提供了更高效的方案。

1.3.4 BIM+VR/AR/MR

虚拟现实，也称作虚拟环境或虚拟真实环境，是一种三维环境技术，集先进的计算机技术、传感与测量技术、仿真技术、微电子技术等为一体，借此产生逼真的视、听、触、力等三维感觉环境，形成一种虚拟世界。虚拟现实技术是人们运用计算机对复杂数据进行的可视化操作，与传统的人机界面以及流行的视窗操作相比，虚拟现实在技术思想上有了质的飞跃。

BIM 技术的理念是建立涵盖建筑工程全生命周期的模型信息库，并实现各个阶段、不同专业之间基于模型的信息集成和共享。BIM 与虚拟现实技术集成应用，主要内容包括虚拟场景构建、施工进度模拟、复杂局部施工方案模拟、施工成本模拟、多维模型信息联合模拟以及交互式场景漫游，目的是应用 BIM 信息库，辅助虚拟现实技术更好地在建筑工程项目全生命周期中应用。

虚拟现实（Virtual Reality），即VR，就是把虚拟的世界呈现在你眼前。目前人们约定俗成的，是把那种戴着头盔的、有沉浸感的、无边框的虚拟世界，称为虚拟现实。建筑业用到的VR技术，大多是用游戏引擎把建筑场景的三维模型进行渲染，然后单独导出成VR视频或者VR程序，再使用专门的硬件设备来观看。三维模型不一定要用BIM模型，用3DMAX、SketchUp建模都可以。只不过这些软件属于效果图人员和建筑设计师才能掌握的，而BIM让更多的人有了建筑建模的能力，所以才会让VR在建筑业大面积的爆发。

增强现实（Augmented Reality），即AR。很多人错误地把增强现实理解为效果更好的虚拟现实。它并不是虚拟现实的升级版，这两者诞生和发展也是完全独立的。增强现实技术就是字面上的意思，用虚拟的东西把现实增强，使AR应用连接BIM模型与实际现场。比如项目的土建已经施工完成，在安装机电设备的过程中，用移动设备观看现场，可以把未来需要安装的机电设备模型投射到画面中，指导现场施工，还可以随时观看施工进展是否符合BIM设计。再比如改造项目，可以用手机来扫描现场，AR程序能通过投射的方式看到地下和墙壁后面的管道，来进行精确的开挖。当然这些投射的模型是BIM提供的。

混合现实（Mixed Reality），即MR。MR的概念最早进入大众的视野，是一段网上疯传的视频，叫作谷歌黑科技全息投影裸眼3D，展示了一只鲸鱼的全息影像投射在体育馆里的情景。它的技术也根本不是国内理解的全息投影裸眼3D，而是需要佩戴相应的设备才能实现。鲸鱼飞行的轨迹和它溅起的浪花，在体育馆这个场景里是由远至近三维展示的，而不是简单地覆盖在现实图像之上。鲸鱼在沉入水底的时候也是准确地在地面的位置沉下去，而不是在半空中消失。最重要的是，在视频的最后，鲸鱼还会被离镜头最近的现场观众遮挡。

表1.2表示了VR、AR和MR三者的区别。

VR、AR和MR三者区别 **表1.2**

区别	概念	核心问题
VR	创造了一个整个虚拟世界，把你和现实世界隔离开	图形计算和沉浸感
AR	把虚拟事物叠加到现实世界图像的最顶层	核心问题是图像识别和跟踪
MR	把虚拟物体和现实物体都进行再次计算，把它们混合到一起，难分彼此	对现实世界的3D扫描，以及远近空间的感知

1.3.5 BIM+装配式

装配式建造是采用工业化生产的方式，在工厂内完成构件或部品部件的生产，运输到施工现场后，进行现场安装的施工方式，其在解决传统施工方式问题的同时，对施工管理和施工技术也提出了要求和挑战。如采用传统的管理方法和技术，装配式建造会使工作量加大，管理难度加大，效率较低，而通过使用BIM技术可以很好地解决这些问题。在深化设计阶段，采用BIM软件创建建筑、结构、管线BIM模型后，可以利用软件的相关功能高效地进行PC构件的拆分设计，通过碰撞检查，预先排除PC（Precast Concrete，混凝土预制构件）构件之间、PC构件与现浇部分、设备、管线之间的各种问题，避免今后的设计变更等问题，减少不必要的浪费，降低成本。同时还可以出构件详图，提高图纸的准确性和完整性。构件生产阶段，BIM模型中的PC构件信息可以直接传递到生产设备，进行构件的数字化生产与加工，极大地提高生产效率。

在施工准备阶段，可以直接利用该BIM模型，进行施工场地布置模拟，优化场地布置，提高构件的安装效率；通过进行施工方案模拟、提前发现吊装中可能发生的碰撞问题，优化施工方案和施工计划；在施工过程中通过进行专项吊装方案模拟，优化构件生产及运输计划，合理安排施工进度；还可以通过可视化技术交底，使工人充分理解设计及安装要求，提高构件安装、连接的正确性及精度；通过现场质量检查与BIM模型关联实现数据的对比，提高质量管理水平。

1.3.6 BIM+智能型全站仪/GIS

施工测量是工程测量的重要内容，包括施工控制网的建立、建筑物的放样、施工期间的变形观测和竣工测量等内容。

BIM与智能型全站仪集成应用，是通过对软件、硬件进行整合，将BIM模型带入施工现场，利用模型中的三维空间坐标数据驱动智能型全站仪进行测量。二者集成应用，将现场测绘所得的实际建造结构信息与模型中的数据进行对比，核对现场施工环境与BIM模型之间的偏差，为机电、精装、幕墙等专业的深化设计提供依据。同时，基于智能型全站仪高效精确的放样定位功能，结合施工现场轴线网、控制点及标高控制线，可高效快速地将设计成果在施工现场进行标定，实现精确的施工放样，并为施工人员提供更加准确直观的施工指导。此外，基于智能型全站仪精确的现场数据采集功能，在施工完成后对现场实物进行实测实量，通过对实测数据与设计数据进行对比，检查施工质量是否符合要求。

地理信息系统是用于管理地理空间分布数据的计算机信息系统，以直观的地理图形方式获取、存储、管理、计算、分析和显示与地球表面位置相关的各种数据，英文缩写为GIS。BIM与GIS集成应用，是通过数据集成、系统集成或应用集成来实现的，可在BIM应用中集成GIS，也可以在GIS应用中集成BIM，或是BIM与GIS深度集成，以发挥各自优势，拓展应用领域。目前，二者集成在城市规划、城市交通分析、城市微环境分析、市政管网管理、住宅小区规划、数字防灾、既有建筑改造等诸多领域有所应用，与各自单独应用相比，在建模质量、分析精度、决策效率、成本控制水平等方面都有明显提高。

1.3.7 BIM+倾斜摄影/CIM

倾斜摄影（Oblique Image）技术是国际测绘遥感领域近年发展起来的一项高新技术，它打破了以往正射影像只能从垂直角度拍摄的局限，通过在同一飞行平台上搭载多台传感器，同时从一个垂直、四个倾斜、五个不同的角度采集影像，获取地面物体更为完整准确的信息，将用户引入了符合人眼视觉的真实直观世界。由倾斜影像生成三维模型就是倾斜摄影建模。倾斜摄影技术在能快速建立工程范围内的地表三维模型同时，大大降低三维建模的成本，将是今后较长一段时间的三维模型主要生产方式。

近年来，各地的智慧城市建设正如火如荼地展开，城市三维数字模型逐渐成为构建智慧城市的重要基石，地理信息系统作为城市建设的基础内容，也越来越受到重视。新兴的倾斜摄影技术能建立高质量的城市三维GIS模型，结合BIM技术为智慧城市建设提供有力支撑。基于GIS的实景三维模型可以服务智慧城市建设，同时，在规划、国土、水利、旅游等领域的应用也意义重大，前景广阔。

目前，国内城市信息还是以传统数字城市的城市数字模型（CDM，City Digital Model）为主，是将城市轮廓进行数字化模拟，而这仅仅止步于建筑之外，城市中巨大的建筑空间没有得到数字化，所以之前得到的结果是一个不彻底的数字化城市。在一个并不彻底的数字城市基础上开展智慧城市建设，必将受到制约和限制。CIM（City Intelligent Model），正是在这种需求下产生。CIM城市智慧模型建设工作正在越来越多的城市开展。

CIM是通过融合GIS、BIM技术，打造“BIM+互联网+GIS”的数据架构，以时间为轴线形成一个集“城市室外+室内”“地上+地下”的三位一体的城市立体空间，并与城市运行系统的数据相结合，打造可追溯的、动态的城市智慧模型。

习题

1. BIM的定义是什么？有哪些特点和优势？
2. BIM软件分为几类？各有何典型软件？
3. 谈一谈对BIM未来发展的趋势和方向的认识。

第 2 章　BIM 技术与应用

BIM 技术通过建立数字化的 BIM 参数模型，涵盖与项目相关的大量信息服务于建设项目的策划、规划、设计、建造安装、运营等整个生命周期，为提高生产效率、保证生产质量、节约成本、缩短工期等发挥出巨大的优势。

2.1　BIM 的应用价值

如果工程建设行业通过技术升级和流程优化能够达到目前制造业的生产力水平，按照美国 2008 年 12800 亿美元的工程建设行业规模计算，每年可以节约将近 4000 亿美元。对于我国，同样可以期望 BIM 技术的普及应用会带来提高效率和质量，减少资源消耗和浪费的巨大经济和社会效益。由此可见，充分地利用 BIM 技术，将使我国建筑行业能够有效地应对面临的新挑战。

2.1.1　概述

BIM 技术作为下一代工程项目数字化建设和运维的基础性技术，其重要性正在日益显现。BIM 贯穿整个建设项目的全生命周期，对业主方、设计方、施工方、咨询方和运维方均具有实际的应用价值，如图 2.1 所示。

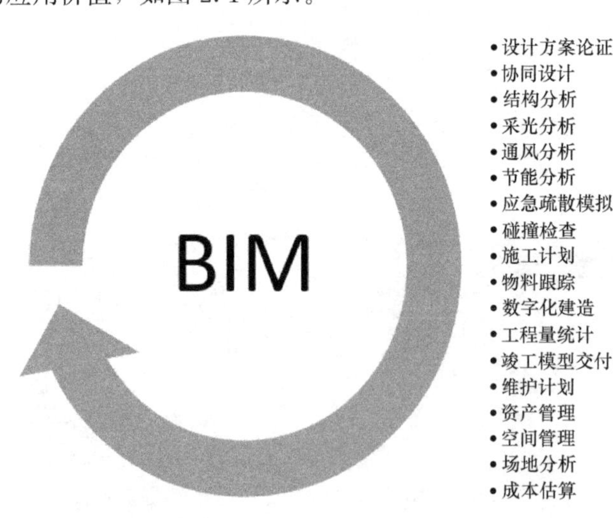

图 2.1　BIM 的应用价值领域

2007 年，美国斯坦福大学（Stanford University）设施集成工程中心（Center for Integrated Facility Engineering，CIFE）就建设项目使用 BIM 以后有何优势的问题对美国 32 个使用 BIM 的项目进行了调查研究，总结了使用 BIM 技术的产生的巨大收益和效果有：

（1）消除多达40%的投资预算外变更。

（2）造价估算精确度误差在3%范围内。

（3）最多可减少80%耗费在造价估算上的时间。

（4）通过冲突检测可节省多达10%的合同价格。

（5）项目工期平均缩短7%。

增加经济效益的主要原因是因为应用了BIM后，在工程中减少了各种错误，缩短了项目工期。建筑业在应用BIM以后确实大大改变了其浪费严重、工期拖沓、效率低下的落后面貌。下面分别讨论BIM对业主方、设计方、施工方、咨询方、运维方五方的应用价值。

2.1.2 BIM对业主方的价值

BIM对于业主方（投资方、甲方）的价值主要体现在以下四个方面。

1. 加快工期，大幅降低融资财务成本

项目开发周转速度，是项目成败和效益好坏的关键。BIM技术的应用，减少了施工前的各专业冲突，让设计方案错误更少、更优化。通过BIM强大的数据支撑，使业主方在材料采购及施工进度等方面提高管理水平、节约工期，以便于有效地减少财务成本，提前竣工进入回报期。

2. 有效控制造价和投资

基于BIM的造价管理，可精确计算工程量，快速准确提供投资数据，减少造价管理方面的漏洞。

通过BIM技术支撑（如深化设计、碰撞检查、施工方案模拟、方案预演等），进行方案优化，提升层高净高，大幅提升产品质量。同时减少返工，减少变更和签证，节约更多的成本，很多项目节约造价可达5%以上。

3. 提升项目协同能力

随着项目的规模和复杂程度的提高，项目管理难度越来越大，要确保项目管理不失控，就需要提高各方的协同能力。基于BIM提供最新、最准确、最完整的工程数据库，众多的协作单位就可基于统一的BIM平台进行协同工作，这将大大减少协同问题，提升协同效率，降低协同错误率。尤其是基于互联网的BIM平台更是将BIM的协同价值提升了一个层级。

4. 形成模型，提升运维效率、大幅降低运维成本

建筑生命周期可达百年，运维总成本十分高昂，有说法说是建造成本的10倍。利用好竣工BIM模型的数据库，即可大幅提升运维效率，降低物业运维成本。随着基于BIM的运维平台和应用的不断成熟，这方面的价值潜力将更为巨大。

2.1.3 BIM对设计方的价值

BIM技术的诞生，从根本上解决了二维设计的数据等信息割裂问题，并采用项目整体、唯一的数据存储方式确保了设计图纸的一致性。

1. 实现建筑的可视化

传统的二维设计存在着先天不足，本来建筑是以三维空间为主体的，但传统的设计交

付都是以二维图形作为交付物，由于二维图纸的信息缺失以及缺少直观的交流平台，导致管线综合成为建筑施工前让业主最不放心的技术环节。目前的二维设计都或多或少地存在着专业间的碰撞问题。与此相反，利用BIM技术，通过搭建各专业的BIM模型，设计师就能够在虚拟的三维环境下方便快速地发现设计中的碰撞冲突，及时排除项目施工环节中可能遇到的碰撞冲突，显著减少由此产生的变更申请单，从而大大提高管线综合的设计能力和工作效率。

2. 利用BIM的性能化分析，对方案进行优化

参数化图元和参数化修改引擎，支持对建筑形式进行创新。BIM技术的发展为准确、高效的建筑物性能分析提供了可行性，包括利用BIM模型进行能耗分析、舒适度分析、建筑环境（日照、采光、通风、声音、视线等）分析、安全性分析等，并根据分析结果进行方案优化。

利用BIM技术，建筑师将在设计过程中创建的已经包含了大量的设计信息（几何信息、材料性能、构件属性等）的虚拟建筑模型导入相关的性能化分析软件，就可以得到相应的分析结果，原本需要专业人士花费大量时间输入大量专业数据的过程，如今可以自动完成，这大大降低了性能化分析的周期，提高了设计质量，同时也使设计公司能够为业主提供更专业的技能和服务。

3. 通过BIM的协同方式，提供精细化设计

协同设计是一种新兴的建筑设计方式，它可以使分布在不同地理位置的不同专业的设计人员通过网络的协同展开设计工作。现有的协同设计主要是基于CAD平台，并不能充分实现专业间的信息交流，这是因为CAD的通用文件格式仅仅是对图形的描述，无法加载附加信息，导致专业间的数据不具备关联性。BIM的出现使协同已经不再是简单的文件参照，BIM技术为协同设计提供底层支撑，大幅提升了协同设计的技术含量。借助BIM的技术优势，协同的范围也从单纯的设计阶段扩展到建筑全生命周期，需要规划、设计、施工、运维等各方的集体参与，因此具备了更广泛的意义，并能够带来综合效益的大幅提升。

三维协同改变了专业间需要互相提资的情况，大家都在同一模型（或链接模型）中进行设计，能够直观并且快速看到彼此的设计情况，以便于进行及时有效地沟通，减少设计冲突与错误，缩短建筑设计周期，提高设计质量。BIM三维设计不仅能减少设计过程中的问题，而且十分方便后期的设计修改，因为三维设计的图纸是由模型生成的，模型的修改可以直接带动图纸的自动更新，这种联动设计是BIM的重要功能。

4. 提高处理复杂建筑空间的能力

BIM在设计上应用最直接的体现是处理复杂空间的能力。处理复杂空间包括空间造型以及专业间的协调，现在越来越多的建筑采用非几何形体，这对传统二维表达提出了挑战。传统的二维图纸很难精确表达复杂建筑的造型空间，因此必须借助BIM来阐述建筑的空间状况，表达各部分的空间关系，实现对空间的解答，并进行不断地调整以确保设计可行。

2.1.4 BIM对施工方的价值

施工企业是工程项目的实体构造者，BIM技术对设计意图清晰直观的表达，扫清了

从设计企业到施工企业的成果交付盲区，增强了上下游的协同协作。基于4D（+时间）模型，开展的项目现场施工方案模拟、进度模拟和资源管理，有利于提高工程的施工效率，提高施工工序安排的合理性。基于5D（+时间+成本）模型进行的工程算量和计价，增加了工程投资的透明度，有利于控制项目投资。

1. 提高施工图深化水平

根据专项工程特点、现场安装、加工制造等需求细化完善BIM设计模型，指导建筑构件生产和现场施工安装。施工图深化可以说是目前BIM运用最为广泛的一个环节，大部分的施工单位都有自己的BIM深化中心，它可以有效地为施工单位节省成本，这也是为什么施工方对BIM的运用比设计院更广泛的原因。正常情况下，设计院提供的BIM模型和施工图纸，无法做到零碰撞，需要施工方进行进一步深化。通过深化模型，避免施工中出现的错漏碰缺及返工现象，提高工程效率。

2. 强化施工过程管理

施工组织是对施工活动实行科学管理的重要手段，它决定了各阶段的施工准备工作内容，并协调施工过程中各施工单位、各施工工种、各项资源之间的相互关系。建筑施工是一个高度动态化的过程，随着建筑工程规模不断扩大，复杂程度不断提高，使得施工项目管理也变得极为复杂。当前建筑工程项目管理中经常用于表示进度计划的甘特图，由于专业性较强且可视化程度低，无法清晰直观地描述施工进度及其各种复杂关系，难以准确表达工程施工的动态变化过程。而通过将BIM与施工进度计划相链接，将空间信息与时间信息整合在一个可视的4D模型中，便可以直观、精确地反映整个建筑的施工过程。

通过BIM可以对项目的重点难点部分进行可建性模拟，按月、日、时进行施工安装方案的分析优化。对于一些重要的施工环节或采用新施工工艺的关键部位、施工现场平面布置等施工指导措施进行模拟和分析，以提高计划的可行性；也可以利用BIM技术结合施工组织计划进行预演以提高复杂建筑体系的可造性（例如施工模板、玻璃装配、锚固等）。借助BIM对施工组织的模拟，项目管理方能够非常直观地了解整个施工安装环节的时间节点和安装工序，并清晰把握在安装过程中的难点和要点。在此基础上，施工方也可以进一步对原有安装方案进行优化和改善，以提高施工效率和施工方案的安全性。

应用BIM施工模型，对施工进度、人员配置、材料设备、质量安全、场地布置等信息进行管理，可精确计算工程量及项目预算，提高成本造价控制。同时开展各专业在施工阶段的碰撞检测和现场施工模拟，不断优化施工方案，提高施工效率和质量。

3. 推进BIM技术的数字化加工

制造行业目前的生产效率极高，其中部分原因就是利用数字化数据模型实现了制造方法的自动化。同样，BIM结合数字化制造也能够提高建筑行业的生产效率。通过BIM模型与数字化建造系统的结合，建筑行业也可以采用类似的方法来实现建筑施工流程的自动化。建筑中的许多构件可在异地加工，然后运到建筑施工现场，装配到建筑中（例如门窗、预制混凝土结构和钢结构等构件）。通过数字化建造，可以自动完成建筑物构件的预制，这些通过工厂精密机械技术制造出来的构件不仅降低了建造误差，也大幅度提高了构件制造的生产率，缩短了整个建筑建造的工期并且更容易掌控。

BIM模型直接用于制造环节还可以在制造商与设计人员之间形成一种自然的反馈循环，即在建筑设计流程中考虑尽可能多的提前实现数字化建造，以此实现标准化构件之间的协调，减少现场发生的问题，降低不断上升的建造、安装成本。同时应用BIM技术和数字加工技术，扩大钢筋混凝土构件、钢构件、幕墙、管道等构件与设备的工厂化加工比例，提高建筑工业化应用水平。

4. 提高施工监测能力

随着建筑行业标准化、工厂化、数字化水平的提升，越来越多的建筑及设备构件是在工厂加工完成后再运送到施工现场进行高效的组装。而这些建筑构件及设备是否能够及时运到现场，是否满足设计要求，质量是否合格就成为整个建筑施工建造过程中影响施工计划关键路径的重要环节。在BIM出现以前，建筑行业往往借助较为成熟的物流行业的管理经验及技术方案（例如RFID无线射频识别电子标签）。通过RFID可以把建筑物内各个设备构件贴上标签，以实现对这些物体的跟踪管理，但RFID本身无法进一步获取物体更详细的信息（如生产日期、生产厂家、构件尺寸等），而BIM模型则恰好详细记录了建筑物及构件和设备的所有信息。与此相反，BIM模型作为一个建筑物的多维度数据库，并不擅长记录各种构件的状态信息，而基于RFID技术的物流管理信息系统就对物体的过程信息都有非常好的数据库记录和管理功能，二者互补，正好可以解决建筑行业对日益增长的物料跟踪带来的管理压力。

利用移动网络和物联网技术，促进BIM信息与现场监测数据密切融合，有利于提升施工现场的动态监管能力和施工支撑体系、机械设备的安全监测能力，进一步提高施工精度和保障施工安全。

5. 实现竣工模型的数字化交付

建筑作为一个系统，当完成建造过程准备投入使用时，首先需要对建筑进行必要的测试和调整，以确保它可以按照当初的设计来运维。在项目完成后的移交环节，物业管理部门需要得到的不只是常规的设计图纸、竣工图纸，还需要能正确反映真实的设备状态、材料安装使用情况等与运营维护相关的文档和资料。BIM能将建筑物空间信息和设备参数信息有机地整合起来，从而为业主提供完整的建筑物全局信息获取途径。通过BIM与施工过程记录信息的关联，甚至能够实现包括隐蔽工程资料在内的竣工信息集成，这不仅为后续的物业管理带来了便利，更可以在未来进行的翻新、改造、扩建过程中为业主及项目团队提供有效的历史信息。

建立按BIM模型施工的机制，加强BIM模型动态审核，能够保证建筑、结构和机电设备等各专业内容和实体建筑一致，竣工验收实行三维模型交付。

2.1.5 BIM对运维方的价值

利用三维建筑模型的建筑信息和运维信息，可以实现基于模型的建筑运维管理，实现设施、空间和应急等管理，降低运维成本，提高项目运营和维护管理水平。

1. 提高运营维护管理水平

在建筑物使用寿命期间，建筑物结构设施（如墙、楼板、屋顶等）和设备设施（如设备、管道等）都需要不断得到维护。一个成功的维护方案将提高建筑物性能，降低能耗和修理费用，进而降低总体维护成本。BIM模型结合运营维护管理系统可以充分发挥空间定位和数据记录的优势，合理制定维护计划，分配专人专项维护工作，以降低建筑物在使用过程中出现突发状况的概率。对一些重要设备还可以跟踪维护工作的历史记录，以便对设备的适用状态提前做出判断。依托 BIM 竣工交付模型，通过运营维护信息录入和数据集成，建立 BIM 运营维护模型；依托 BIM 运营维护模型，集成 BIM、GIS 和物联网技术，构建 BIM 运营维护管理平台，实现设备的精细化和可视化管理。继而集成 BIM 运营维护模型与楼宇设备自动控制、能耗监测等系统，通过 BIM 运营维护管理平台，实现设备运行实时监测、分析、控制和三维模型联动，提高运维效率和水平。

2. 实现资产的高效管理

一套有序的资产管理系统将有效提升建筑资产或设施的管理水平，但由于建筑施工和运维的信息割裂，使得这些资产信息需要在运维初期依赖大量的人工操作来录入，而且很容易出现数据录入错误。BIM 中包含的大量建筑信息能够顺利导入资产管理系统，大大减少了系统初始化在数据准备方面的时间及人力投入。此外，传统的资产管理系统本身无法准确定位资产位置，而通过 BIM 结合 RFID 的资产标签芯片可以使资产在建筑物中的定位及相关参数信息一目了然，便于快速查询。

3. 提高空间管理的资源利用率

空间管理是业主为节省空间成本、有效利用空间、为最终用户提供良好工作生活环境而对建筑空间所做的管理。BIM 不仅可以用于有效管理建筑设施及资产等资源，也可以帮助管理团队记录空间的使用情况，处理最终用户要求空间变更的请求，分析现有空间的使用情况，从而合理分配建筑物空间，确保空间资源的最大利用率。

2.1.6 BIM 对咨询方的价值

BIM 对咨询方的价值主要体现在以下 4 个方面。

1. 提高工程量计算的效率和准确性

(1) BIM 技术提高了工程量计算的效率

BIM 是一个包含工程数据信息的数据库，对所需要的各类信息，计算机能够进行快速统计分析。基于 BIM 技术的自动化算量方式，利用数据库所提供的工程量，可以出具准确的工程量清单，将造价咨询人员从繁琐耗时的工程计量工作中解脱出来，将更多的时间和精力用于造价控制规划、风险评估等更有价值的工作，在工作效率上得到了显著的提高。

(2) BIM 技术提高了工程量计算的准确性

准确的工程量是工程计价的基础。在传统的工作模式中，造价咨询人员在大规模复杂繁琐的工程量计算过程中，容易因人工识图或计算的错误造成计算结果不准确。BIM 的自动化算量功能可以避免人为因素的影响，得到更加客观准确的计算结果。同时，随着云计算技术的发展，BIM 算量已经可以运用云端专家知识库和智能算法自动对模型进行全面检查，极大提高了模型准确性。

2. 提高设计阶段的成本控制能力

工程量计算效率的提高有利于工程造价咨询企业出具限额设计方案。由于 BIM 的自动化算量方法可以快速计算工程量，造价咨询企业的技术人员就可及时将项目的各种方案构件估价反馈给设计师，从而在设计进行过程中对项目造价进行有效控制。基于 BIM 技术，可将设计软件与造价软件进行集成，设计构件与造价数据自动进行一致性联动，直观显示变更前后的造价数据对比，并及时快速地将结果反馈给建设单位和设计师，使其清楚了解设计方案变更对造价的影响，使决策变更更加科学。

3. 提高质量、进度控制的应用价值

监理要求在事前就对质量进行控制，所以要以图纸规范、标准、变更、文件等相关信息作为依据。至于工程进度，更受多方面因素影响，对参建各方来说，进度历来都是件头痛之事，事倍往往功半。

BIM技术可以应用于三维空间的模拟碰撞检查，这不但可在设计阶段彻底消除碰撞，而且能解决净空及各构件之间的矛盾，优化管线排布方案，减少由各构件及设备管线碰撞等引起的拆装、返工和浪费，避免了采用传统二维设计图进行会审时难以发现的人为失误和低效率。

在BIM三维基础上，如监理给BIM模型构成要素设定时间的维度，即可以实现BIM四维（4D）应用。通过建立4D施工信息模型，就能将建筑物及其施工现场3D模型与施工进度计划相连接并与施工资源和场地布置信息集成一体，实现以天、周、月为时间单位，按不同的时间间隔对施工进度进行工序或逆序4D模拟，形象地反映施工计划和实际进度。

4. 促进信息传递及建筑工程各方协调，减少合同纷争

由于大型公建项目全生命周期中参与单位众多，加之从立项、规划设计、工程施工、竣工验收到交付使用是一个会产生海量信息的漫长过程，兼以信息传递流程长、时间长，难免造成部分信息丢失，导致工程造价提高。而监理通过BIM技术将建设生命周期中各阶段中的各相关信息进行高度集成后，就可保证上一阶段的信息能传递到以后各个阶段，从而使建设各方能获取相应的数据。

从规划、设计到施工，监理通过BIM技术的应用，不仅能够有力保证工程投资、质量、进度及各阶段中的各相关信息的传递，建设各方还能以此为平台进行数据共享、工作协同、碰撞检查、造价管理等，在加强建筑工程各方协调的同时，也极大程度地减少了合同争议，降低了索赔。

2.2 BIM在国内外应用现状

2.2.1 BIM国外的发展现状

据有关学者研究表明，当前国际上已公布的BIM标准主要可以分为两类：第一类是由行业性协会或机构提出的推荐性标准；第二类为BIM软件的应用及使用指导性标准，两者都只具备推荐性而无强制性。由于现有BIM标准体系的复杂性及分散性，且各个应用场合也不一致，从业人员只能选择最适合的标准参照执行。

在BIM基础推荐性标准方面，IFC（Industry Foundation Classes）数据模型标准是目前最为通用且被广泛认可的标准之一。IFC数据模型标准是为了描述建筑及建设行业的数据，促成建设项目中不同专业，以及同一专业中的不同软件可以共享同一数据源，从而达到数据的共享及交互而设立的标准。它由building SMART国际组织提出并推广发展，并已经被国际标准化组织ISO采纳并注册为ISO 16739：2013。目前，IFC的最新版本已经发展到了IFC4，并由building SMART组织继续完善及改进。

IFC 目前已经能够对建筑及其构部件对象的分类、几何形状及尺寸参数、关联对象、对象边界条件、定位数据、材料属性、生产时间以及造价等信息提供数据标准，甚至为对象的实施行为、组织关系或实施过程等信息描述提供数据标准。而如果想要在不同专业软件之间对这些含大量数据的对象进行信息交换、传递，就必然需要一个规则，能够提取所需信息并进行传递。building SMART 组织同样对数据处理的这一流程规则进行了规范，提出了 IDM 信息交换标准。它包括参考流程、流程图及交换需求三个主要的组成因素。它能够对项目中的特定对象提供一个参照点，进而捕获并逐步整合项目对象的业务流程，同时提供其详细信息。进一步地，它还能够提供一套模块化的函数模型，以支持用户进一步信息交换的需求并规范其行为。

有了信息模型的内容标准 IFC 和信息交换标准 IDM，还需要一个迅捷高效的“索引工具”，才能对庞大的项目信息（数据）进行快速的识别及“寻址”。由 building SMART 组织开发的数据字典标准 IFD 是解决这一问题的关键。目前 IFD“词库”（IFD Library）能为基于 IFC 数据标准的 BIM 模型建立模型和建设项目各个数据库之间进行灵活关联。

至此，支撑 BIM 的三个支柱性的标准框架：IFC、IDM 及 IFD 已经构建完成。针对 BIM 应用的标准及规范性指导方面，许多发达国家也建立了自己的框架性应用标准及规范：2007 年，美国建筑科学研究设计院发布了首个美国国家 BIM 标准（NBIMS），并通过旗下的 building SMART 联盟进行推广并研究其具体应用。

在欧洲，丹麦（2006）、德国（2006）、芬兰（2007）、挪威（2007）四国的研究机构及标准化组织最先发布了本国的 BIM 标准。英国多家建筑企业联合建立了“AEC（UK）BIM 标准”项目委员会，并依据典型的软件平台 Autodesk Revit 及 Bentley Building 系列软件制定了两个“AEC（UK）BIM”标准。

澳大利亚（2009）则由一个名为“建筑创新合作研究中心”的机构发布有《国家数字模拟指南》，作为其事实上的建筑行业 BIM 标准。

在亚洲，新加坡的建筑管理署（BCA）在 2011 年发布了《新加坡 BIM 发展路线规划》，该规划明确了 2015 年前在整个建筑业广泛使用 BIM 技术，并制定了相关策略。

日本建筑学会（2012）发布了日本 BIM 指南，从 BIM 团队组建、BIM 数据信息处理、BIM 设计流程、BIM 在预算中的应用、项目仿真等方面为日本的设计和施工企业应用 BIM 提供了指导。

韩国公共采购服务中心则发布了 BIM 路线图，制定了韩国在 2016 年前全部公共工程应用 BIM 技术的目标；在 2010 年 12 月发表了《设施管理 BIM 应用指南》，针对建筑方案设计、施工图设计、项目施工等阶段中的 BIM 应用进行指导，并于 2012 年 4 月对“指南”进行了更新；韩国国土交通海洋部则在 2010 年发布了《建筑领域 BIM 应用指南》，在申请特定项目时，该指南为开发商、建筑师和工程师提供必要的 BIM 技术方法及要素指导。

2.2.2 BIM 国内的发展现状

中国香港房屋署（2009）发布了《BIM 用户指南》，包括内部标准、用户指南、建筑构件及组件库的设计指导、参考以及标准化建模方法几个文件。它从有效模型的建立、电子文档的交换、数据及信息格式的兼容性、项目的协作及沟通等方面进行了规范及指导。

《BIM用户指南》不仅对模型的作业人员，还对所有项目BIM合同的相关方及顾问人员有效。

尽管BIM理论一经问世，就已有很多专家、学者及专业软件厂商的理论及局部应用对其进行铺垫，但直至Autodesk、Bentley、Graphisoft等软件厂商形成整体解决方案并对其大力推广后，BIM才真正在工程建设行业形成生产力，并不断发展完善至今。

随着国内外一批大型建设项目在BIM技术实践及应用的飞速发展，BIM技术的发展重心已由理论方面的研究转向了工程技术应用。

2.3 国内BIM相关推进政策

早在2011年，住房城乡建设部就开始了BIM技术在建筑产业领域的发展研究，并先后发布多条相关政策推广BIM技术，通过政策影响全国各地的建筑领域相关部门开始对于BIM技术重视起来。随着其影响的不断加强，各地方政府也先后推出了相关BIM政策，下面我们就针对住建部和各地的政策做一个初步分析。

2.3.1 住房城乡建设部BIM相关政策

1.《关于推进建筑信息模型应用的指导意见》(2015)

2015年6月，住房城乡建设部发布了《关于推进建筑信息模型应用的指导意见》，《意见》中强调了BIM在建筑领域应用的重要意义，提出了推进建筑信息模型应用的指导思想与基本原则，同时明确提出推进BIM应用的发展目标，即到2020年末，建筑行业甲级勘察、设计单位以及特级、一级房屋建筑工程施工企业应掌握并实现BIM与企业管理系统和其他信息技术的一体化集成应用。到2020年末，以下新立项项目勘察设计、施工、运营维护中，集成应用BIM的项目比率达到90%：以国有资金投资为主的大中型建筑；申报绿色建筑的公共建筑和绿色生态示范小区。

2.《2016—2020年建筑业信息化发展纲要》

2016年8月，住房城乡建设部发布了《2016—2020年建筑业信息化发展纲要》，《纲要》指出“十三五”时期，全面提高建筑业信息化水平，着力增强BIM、大数据、智能化、移动通讯、云计算、物联网等信息技术集成应用能力，建筑业数字化、网络化、智能化取得突破性进展，初步建成一体化行业监管和服务平台，数据资源利用水平和信息服务能力明显提升，形成一批具有较强信息技术创新能力和信息化应用达到国际先进水平的建筑企业及具有关键自主知识产权的建筑业信息技术企业。

3.《关于促进建筑业持续健康发展的意见》

2017年2月，国务院办公厅印发《关于促进建筑业持续健康发展的意见》。《意见》指出，要加强技术研发应用；加快先进建造设备、智能设备的研发、制造和推广应用，提升各类施工机具的性能和效率，提高机械化施工程度；限制和淘汰落后、危险工艺工法，保障生产施工安全；积极支持建筑业科研工作，大幅提高技术创新对产业发展的贡献率；加快推进建筑信息模型（BIM）技术在规划、勘察、设计、施工和运营维护全过程的集成应用，实现工程建设项目全生命周期数据共享和信息化管理，为项目方案优化和科学决策提供依据，促进建筑业提质增效。

2.3.2 部分地市 BIM 相关政策

1. 北京市

从地区来看，国内最早发布 BIM 相关政策的城市为北京。2014 年 5 月北京质量技术监督局、北京市规划委员会发布关于《民用建筑信息模型设计标准》。文件中提出 BIM 的资源要求、模型深度要求、交付要求是在 BIM 的实施过程中规范民用建筑 BIM 设计的基本内容，该标准于 2014 年 9 月 1 日正式实施。标准中强调了 BIM 建筑的实施规范，在一定程度上指导了北京地区民用建筑的施工要求。

2. 上海市

上海市政府是国内首家发布 BIM 政策的省级政府。自 2014 年开始，上海市政府、建筑施工及 BIM 相关管理部门先后发布包括《关于在本市推进 BIM 技术应用的指导意见》在内的多条 BIM 技术推进政策，这些政策既给上海市 BIM 技术推广给提供了政策支持，又为具体项目提供了技术标准规范。

2015 年，继上海市住房和城乡建设管理委员会发布《关于在推进建筑信息模型的应用指南（2015 版）》明确各参与施工单位及各阶段的参考依据和指导标准后，上海 BIM 技术应用推广联席会议办公室在短短两个月内发布三项 BIM 相关通知：《上海市推进建筑信息模型技术应用三年行动计划（2015—2017）》《关于报送本市建筑信息模型技术应用工作信息的通知》和《上海市建筑信息模型技术应用咨询服务招标文件示范文本》。这是办公室成立以来的第一次“大动作”。《三年行动计划（2015—2017）》中的重要任务之一就是成立 BIM 协调推进组织，从管理角度贯彻落实 BIM 推广工作的落实，而另外两个文件侧重从 BIM 应用规范化角度来对 BIM 服务进行合理化管理。

2016 年，作为建筑相关行业主管部门的上海市住房和城乡建设管理委员会也出台了两个通知一个报告：《关于本市保障性住房项目实施 BIM 应用以及 BIM 服务定价的最新通知》《2016 上海市建筑信息模型技术应用与发展报告》《关于进一步加强上海市建筑信息模型技术推广应用的通知（征求意见稿）》。

《上海市建筑信息模型应用标准》于 2016 年 9 月 1 日起实施，该《标准》由华东建筑设计研究院有限公司和上海建科工程咨询有限公司主编，包括高校、建设单位、设计单位、施工单位、软件公司等 22 家单位参编。主要内容包括：①在考虑工程建设现状的前提下，创新性地提出采用以应用为导向的信息交换模板指导项目数据交换，并强调了 BIM 实施过程中宜建立 BIM 数据中心对 BIM 应用中相关数据进行存储与管理，为现在割裂的建设模式提出可操作性的数据传递方式；②以先进的 IPD 模式的理论和方法作为基础，结合建筑行业的特点，明确规定了 BIM 在建筑全生命期中的工作层次和工作顺序，对建筑行业 BIM 协同工作的流程、要素和方法以及协同工作平台作了具体阐述和规定；③提出 ECVS 建模方法，将协同工作模式和 BIM 建模特点高度结合，有效解决“图模一致性”问题，可操作性强；④重点分析国内 BIM 应用水平相对较高地区及项目 BIM 应用内容及特点的基础上，考虑现状和将来的发展趋势，对实施规划、设计、施工、项目管理、运营维护、模型评价等 BIM 应用方面作相关规定。

2017 年 4 月，上海市住房和城乡建设管理委员会与市规土局联合发布《关于进一步加强上海市建筑信息模型技术推广应用的通知》。《通知》明确指出，自 6 月 1 日起，在建设监管过程中将对一定规模以上的建设工程应用 BIM 技术的情况予以把关。

土地出让环节：将 BIM 技术应用相关管理要求纳入国有建设用地出让合同。

规划审批环节：可根据项目情况，在规划设计方案审批或建设工程规划许可环节，运用 BIM 模型进行辅助审批。

报建环节：对建设单位填报的有关 BIM 技术应用信息进行审核。

施工图审查等环节：对项目应用 BIM 技术的情况进行抽查，年度抽查项目数量不少于应当应用 BIM 技术项目的 20%。

竣工验收备案环节：可根据项目情况，要求建设单位采用 BIM 模型归档，并在竣工验收备案中审核建设单位填报的 BIM 技术应用成果信息。

3. 广东省

广东省作为沿海发达地区，拥有靠近港澳等地的优势地理环境，在 BIM 技术的推广发展中也走在全国前列。2014 年 9 月 16 日，广东省住房和城乡建设厅发布《关于开展建筑信息模型 BIM 技术推广应用工作的通知》，《通知》中明确了未来五年广东省 BIM 技术应用目标：到 2014 年底，启动 10 项以上 BIM 技术推广项目建设；到 2015 年底，基本建立广东省 BIM 技术推广应用的标准体系及技术共享平台；到 2016 年底，政府投资的 2 万平方米以上的大型公共建筑，以及申报绿色建筑项目的设计、施工应当采用 BIM 技术，省优良样板工程、省新技术示范工程、省优秀勘察设计项目在设计、施工、运营管理等环节普遍应用 BIM 技术；到 2020 年底，全省建筑面积 2 万平方米及以上的建筑工程项目普遍应用 BIM 技术。

此外，作为广东经济发展关键城市的深圳市，也在广东省住房和城乡建设厅发布政策文件半年后发布了 BIM 相关政策。2015 年 5 月 4 日，深圳市建筑工务署发布《深圳市建筑工务署政府公共工程 BIM 应用实施纲要》和《深圳市建筑工务署 BIM 实施管理标准》。《BIM 应用实施纲要》对 BIM 应用的形势与需求、政府工程项目实施 BIM 的必要性、BIM 应用的指导思想、BIM 应用需求分析、BIM 应用目标、BIM 应用实施内容、BIM 应用保障措施和 BIM 技术应用的成效预测等做了重要分析，同时还提出了市建筑工务署 BIM 应用的阶段性目标。同时出台的《BIM 实施管理标准》则明确规定了 BIM 组织实施的管理模式、管理流程，各参与方协同方式、以及各自职责要求、成果交付标准等要求，为建筑施工企业提供 BIM 项目实施标准框架与实施标准流程。

4. 山东省

山东省住房和建设厅 2016 年 12 月发布了《关于推进建筑信息模型（BIM）应用工作的指导意见》，《意见》中指出我省将推动 BIM 技术在规划、勘察、设计、施工、监理项目管理、咨询服务、运管维护、公共信息服务等环节的全方位应用，分阶段、分步骤推进 BIM 技术试点和推广应用。到 2017 年底，基本形成满足 BIM 技术应用的配套政策和标准规范体系，建立基于应用 BIM 技术的一站式联审和数字化监管模式，大型设计、施工、监理、项目管理、咨询服务等单位普遍具备 BIM 技术应用能力；到 2020 年，国有资金投资为主的大中型建筑和市政工程全部应用 BIM 技术，申报绿色建筑的公共建筑和绿色生态示范小区、绿色智慧住区全部应用 BIM 技术，搭建智慧城市 BIM 应用协同平台，建设各方和运维方普及 BIM 技术，逐步将既有重点工程的二维工程档案和数据转化成 BIM 档案，新建工程逐步增加 BIM 档案存放要求，BIM 应用和管理水平进入全国前列。

2017 年 8 月，山东省成立了 BIM 技术应用联盟和 BIM 技术应用专家委员会，致力于参与 BIM 技术发展规划、标准体系建设及相关宣传培训等事项。

此外，山东省积极推进 BIM 技术应用试点示范项目。通过试点工作，在工程建设 BIM 的应用上实现技术突破，形成相对完善的专项应用点。建设方可以从在实践中评估 BIM 技术与实际工程结合性是否良好，为今后 BIM 技术在建设工程上大批量应用和普及提供有效数据，做出明确判断。专家组可以对试点工程进行技术监督，搜集试点工作中遇到的问题，组织专家团队技术攻关，解决技术难题，推进标准体系的完善。通过试点工作，探索适应 BIM 技术的建设项目监管方式，改进政府现有管控手段，及时总结推广运用 BIM 技术示范项目的成功经验，形成示范效应。

2.4 国内 BIM 相关标准规程

2.4.1 建筑信息模型应用统一标准

由中国建筑科学研究院会同有关单位编制的国家标准《建筑信息模型应用统一标准》（GB/T 51212—2016）正式发布，自 2017 年 7 月 1 日起开始实施。该标准充分考虑了我国国情和工程建设行业现阶段特点，创新性地提出了我国建筑信息模型（BIM）应用的一种实践方法（P-BIM），内容科学合理，具有基础性和开创性，对促进我国建筑信息模型应用和发展具有重要指导作用。

该标准是我国第一部建筑信息模型应用的工程建设标准，提出了建筑信息模型应用的基本要求，是建筑信息模型应用的基础标准，可作为我国建筑信息模型应用及相关标准研究和编制的依据。

1. 基本规定

模型应用的要求有：

（1）实现建设工程各相关方的协同工作、信息共享。

（2）宜贯穿建设工程全生命期，也可根据工程实际情况在某一阶段或环节内应用。

（3）宜采用基于工程实践的建筑信息模型应用方式（P-BIM）。

（4）模型创建、使用和管理过程中，应采取措施保证信息安全。

（5）BIM 软件宜具有查验模型及其应用符合我国相关工程建设标准的功能。

2. 数据互用

模型交付应包含模型的所有权的状态，模型的创建者、审核者与更新者，模型创建、审核和更新的时间，以及所使用的软件及版本。建设工程全生命期各个阶段、各项任务的建筑信息模型应用标准应明确模型数据交换内容和格式。

数据交付与交换前，应进行正确性、协调性和一致性检查。模型数据应根据模型创建、使用和管理的需要进行分类和编码。模型数据的存储应满足数据安全的要求。

3. 模型应用

建设工程全生命期内，应根据各个阶段、各个任务的需要创建使用和管理模型，并应根据建设工程的实际条件，选择合适的模型应用方式，相关方应建立实现协同工作、数据共享的支撑环境和条件。BIM 软件应具有相应的专业功能和数据互用功能，包括应支持开放的数据交换标准、实现与相关软件的数据交换、支持数据互用功能定制开发等。

模型创建前，应根据建设工程不同阶段、专业、任务的需要，对模型及子模型的种类和数量进行总体规划。模型可采用集成方式创建，也可采用分散方式按专业或任务创建。各相关方应根据任务需求建立统一的模型创建流程、坐标系及度量单位、信息分类和命名等模型创建和管理规则。

模型的创建和使用宜与完成相关专业工作或任务同步进行。模型使用过程中模型数据交换和更新可采用以下方式：

（1）按单个或多个任务的需求，建立相应的工作流程。

（2）完成一项任务的过程中，模型数据交换一次或多次完成。

（3）从已形成的模型中提取满足任务需求的相关数据形成子模型，并根据需要进行补充完善。

（4）利用子模型完成任务，必要时使用完成任务生成的数据更新模型。

企业应结合自身发展和信息化战略确定模型应用的目标、重点和措施，在模型应用过程中，宜将BIM软件和相关管理系统相结合实施。

企业应按建设工程的特点和要求制定建筑信息模型应用实施策略。实施策略宜包含下列内容：

（1）工程概况、工作范围和进度，模型应用的深度和范围。

（2）为所有子模型数据定义统一的通用坐标系。

（3）建设工程应采用的数据标准及可能未遵循标准时的变通方式。

（4）完成任务拟使用的软件及软件之间数据互用性问题的解决方案。

（5）完成任务时，执行相关工程建设标准的检查要求。

（6）模型应用的负责人和核心协作团队及各方职责。

（7）模型应用交付成果及交付格式。

（8）各模型数据的责任人。

（9）图纸和模型数据的一致性审核、确认流程。

（10）模型数据交换方式及交换的频率和形式。

（11）建设工程各相关方共同进行模型会审的日期。

2.4.2　建筑工程施工信息模型应用标准

住房城乡建设部于2017年5月公布了《建筑信息模型施工应用标准》（GB/T 51235—2017），自2018年1月1日起实施。该标准由中国建筑股份有限公司和中国建筑科学研究院会同有关单位编制而成，从深化设计、施工模拟、预制加工、进度管理、预算与成本管理、质量与安全管理、施工监理、竣工验收等方面提出了建筑信息模型的创建、使用和管理要求。该标准充分考虑了我国现阶段工程施工中建筑信息模型应用特点，内容科学合理，可操作性强，对促进我国工程施工建筑信息模型应用和发展具有重要指导作用。

1. 基本规定

（1）施工BIM应用宜覆盖工程项目深化设计、施工实施、竣工验收与交付等整个施工阶段，也可根据工程实际情况只应用于某些环节或任务。

（2）施工模型宜在设计模型基础上创建，也可在施工图等已有工程文件基础上创建。

（3）各相关方宜在施工 BIM 应用中协同工作、共享模型数据。应采取协议约定等措施，保证施工模型中需共享的数据在施工各环节之间交换和应用。

（4）应根据 BIM 应用目标和范围选用具备相应功能的 BIM 软件。

（5）BIM 软件应具备下列基本功能：模型输入、输出；模型浏览或漫游；模型信息处理；相应的专业应用功能；应用成果处理和输出。

2. 施工 BIM 应用策划与管理

项目相关方应事先制定 BIM 应用策划，并遵照策划完成 BIM 应用过程管理。施工 BIM 应用宜明确 BIM 应用基础条件，建立与 BIM 应用配套的人员组织结构和软硬件环境。

施工 BIM 应用策划宜包括下列主要内容：工程概况；编制依据；应用预期目标和效益；应用内容和范围；应用人员组织和相应职责；应用流程；模型创建、使用和管理要求；信息交换要求；模型质量控制规则；进度计划和模型交付要求；应用基础技术条件要求，包括软硬件的选择以及软件版本。

施工 BIM 应用策划宜按下列步骤进行：

（1）明确 BIM 应用为项目带来的价值，以及 BIM 应用的范围。

（2）以 BIM 应用流程图形式表述 BIM 应用过程。

（3）定义 BIM 应用过程中的信息交换需求。

（4）明确 BIM 应用的基础条件，包括：合同条款、沟通途径以及技术和质量保障措施等。

各相关方应明确施工 BIM 应用责任、技术要求、人员及设备配置、工作内容、岗位职责、工作进度等。各相关方应基于 BIM 应用策划，建立定期沟通、协商会议等 BIM 应用协同机制，建立模型质量控制计划，规定模型细度、模型数据格式、权限管理和责任方，实施 BIM 应用过程管理。

模型质量控制宜包括下列内容：

（1）浏览检查：保证模型反映工程实际。

（2）拓扑检查：检查模型中不同模型元素之间相互关系。

（3）标准检查：检查模型是否符合相应的标准规定。

（4）信息核实：复核模型相关定义信息，并保证模型信息准确、可靠。

3. 施工模型

施工模型可划分为深化设计模型、施工过程模型、竣工模型。项目施工模型应根据 BIM 应用相关专业和任务的需要创建，其模型元素和模型细度应满足深化设计、施工过程和竣工验收等各项任务的要求。

模型元素信息宜包括：尺寸、定位等几何信息；名称、规格型号、材料和材质、生产厂商、功能与性能技术参数，以及系统类型、连接方式、安装部位、施工方式等非几何信息。

深化设计模型宜在施工图设计模型基础上，通过增加或细化模型元素创建。

施工过程模型宜在施工图设计模型或深化设计模型基础上创建。宜按照工作分解结构（Work Breakdown Structure，WBS）和施工方法对模型元素进行必要的切分或合并处理，并在施工过程中对模型及模型元素动态附加或关联施工信息。

竣工模型宜在施工过程模型基础上，根据项目竣工验收需求，通过增加或删除相关信息创建。

若发生设计变更，应相应修改施工模型相关模型元素及关联信息，并记录工程及模型的变更信息。模型或模型元素的增加、细化、切分、合并、合模、集成等所有操作均应保证模型数据的正确性和完整性。

施工模型按模型细度可划分为深化设计模型、施工过程模型和竣工模型，其等级代号应符合表 2.1 中的规定。

施工模型细度 **表 2.1**

名称	代号	形成阶段
施工图设计模型	LOD300	施工图设计阶段(设计交付)
深化设计模型	LOD350	深化设计阶段
施工过程模型	LOD400	施工实施阶段
竣工模型	LOD500	竣工验收和交付阶段

土建、机电、钢结构、幕墙、装饰装修等深化设计模型，应支持深化设计、专业协调、施工工艺模拟、预制加工、施工交底等 BIM 应用。

施工过程模型宜包括施工模拟、进度管理、成本管理、质量安全管理等模型，应支持施工模拟、预制加工、进度管理、成本管理、质量安全管理、施工监理等 BIM 应用。

在满足 BIM 应用需求的前提下，宜采用较低的模型细度。

4. 深化设计 BIM 应用

建筑施工中的现浇混凝土结构、预制装配式混凝土结构、钢结构、机电、幕墙、装饰装修等深化设计工作宜应用 BIM 技术。深化设计应制定设计流程，确定模型校核方式、校核时间、修改时间、交付时间等。

深化设计软件应具备空间协调、工程量统计、深化设计图和报表生成等功能，除应包括二维图外，也可包括必要的模型三维视图。

(1) 现浇混凝土结构深化设计 BIM 应用

现浇混凝土结构中的二次结构设计、预留孔洞设计、节点设计（包括梁柱节点钢筋排布及型钢混凝土构件节点设计)、预埋件设计等工作宜应用 BIM 技术。

在现浇混凝土结构深化设计 BIM 应用中，可基于施工图设计模型和施工图创建土建深化设计模型，完成二次结构设计、预留孔洞设计、节点设计、预埋件设计等设计任务，输出工程量清单、深化设计图等。

现浇混凝土结构深化设计模型除应包括施工图设计模型元素外，还应包括二次结构、预埋件和预留孔洞、节点等类型的模型元素。现浇混凝土结构深化设计 BIM 交付成果宜包括深化设计模型、碰撞检查分析报告、工程量清单、深化设计图等。碰撞检查分析报告应包括碰撞点的位置、类型、修改建议等内容。

现浇混凝土结构深化设计 BIM 软件宜具有下列专业功能：二次结构设计；孔洞预留；节点设计；预埋件设计；模型的碰撞检查；深化图生成。

(2) 机电深化设计 BIM 应用

机电深化设计中的专业协调、管线综合、参数复核、支吊架设计、机电末端和预留预埋定位等工作宜应用 BIM 技术。在机电深化设计 BIM 应用中，可基于施工图设计模型或建筑、结构和机电专业设计文件创建机电深化设计模型，完成机电多专业模型综合，校核系统合理性，输出工程量清单、机电管线综合图、机电专业施工深化图和相关专业配合条件图等。

机电深化设计模型可按专业、楼层、功能区域等进行组织。

机电深化设计 BIM 交付成果宜包括机电深化设计模型、碰撞检查分析报告、工程量清单、机电深化设计图（表 2.2）等。

机电深化设计图内容 **表 2.2**

序号	名称	内　　容
1	管线综合图	图纸目录、设计说明、综合管线平面图、综合管线剖面图、区域净空图、综合天花图
2	综合预留预埋图	图纸目录，建筑结构一次留洞图，二次砌筑留洞图，电气管线预埋图
3	设备运输路线图及相关专业配合条件图	图纸目录、设备运输路线图、相关专业配合条件图
4	机电专业施工图	图纸目录，设计说明、各专业深化施工图
5	局部详图、大样图	包括图纸目录、机房、管井、管廊、卫生间、厨房、支架、室外管井和沟槽详图、安装大样图

机电深化设计 BIM 软件除共性功能外，还宜具有下列专业功能：管线综合；参数复核计算；模型的碰撞检查；深化设计图生成；具备与厂家真实产品对应的构件库。

5. 施工模拟应用

施工模拟前应确定 BIM 应用内容、BIM 应用成果分阶段（期）交付的计划，并应对项目中需基于 BIM 技术进行模拟的重点和难点进行分析。涉及施工难度大、复杂及采用新技术、新材料的施工组织和施工工艺宜应用 BIM 技术。

（1）施工组织模拟 BIM 应用

施工组织中的工序安排、资源组织、平面布置、进度计划等工作宜应用 BIM 技术。

在施工组织模拟 BIM 应用中，可基于上游模型和施工图、施工组织设计文档等创建施工组织模型，并将工序安排、资源组织和平面布置等信息与模型关联，输出施工进度、资源配置等计划，指导模型、视频、说明文档等成果的制作。

施工组织模型除应包括设计模型或深化设计模型元素外，还应包括场地布置、周边环境等类型的模型元素，其内容宜符合表 2.3 规定。

施工组织模型元素及信息 **表 2.3**

模型元素类别	模型元素及信息
设计模型或深化设计模型包括的元素类型	设计模型元素或深化设计模型元素及信息
场地布置	现场场地、临时设施、施工机械设备、道路等。几何信息应包括：位置、几何尺寸（或轮廓）。非几何信息包括：机械设备参数、生产厂家以及相关运行维护信息等

续表

模型元素类别	模型元素及信息
场地周边	临近区域的既有建(构)筑物、周边道路等。几何信息应包括:位置、几何尺寸(或轮廓)。非几何信息包括:周边建筑物设计参数及道路的性能参数等
其他	施工组织所涉及的其他资源信息

施工组织模拟BIM应用成果宜包括施工组织模型、虚拟漫游文件、施工组织优化报告等。施工组织优化报告应包括施工进度计划优化报告及资源配置优化报告等。

施工组织模拟BIM软件除具有共性功能外，还宜具有下列专业功能：

1）工作面区域模型划分；

2）将施工进度计划及资源配置计划等相关信息与模型关联；

3）进行碰撞检查（包括空间冲突和时间冲突检查）和净空检查等；

4）对项目所有冲突进行完整记录；

5）输出模拟报告以及相应的可视化资料。

（2）施工工艺模拟BIM应用

建筑施工中的土方工程、大型设备及构件安装（吊装、滑移、提升等）、垂直运输、脚手架工程、模板工程等施工工艺模拟宜应用BIM技术。

在施工工艺模拟BIM应用中，可基于施工组织模型和施工图创建施工工艺模型，并将施工工艺信息与模型关联，输出资源配置计划、施工进度计划等，指导模型创建、视频制作、文档编制等工作。

施工工艺模拟模型可从已完成的施工组织设计模型中提取，并根据需要进行补充完善，也可在施工图、设计模型或深化设计模型基础上创建。

施工工艺模拟BIM应用成果宜包括施工工艺模型、施工模拟分析报告、可视化资料等。

施工工艺模拟BIM软件除共性功能外，还宜具有下列专业功能：

1）将施工进度计划以及成本计划等相关信息与模型关联；

2）实现模型的可视化、漫游及实时读取其中包括的项目信息；

3）进行时间和空间冲突检查；

4）计算分析及设计功能；

5）对项目所有冲突进行完整记录；

6）输出模拟报告以及相应的可视化资料。

（3）竣工验收与交付BIM应用

建筑工程竣工预验收、竣工验收和竣工交付等工作宜应用BIM技术。

竣工验收模型应与工程实际状况一致，宜基于施工过程模型形成，并附加或关联相关验收资料及信息。与竣工验收模型关联的竣工验收资料应符合现行标准规范的规定要求。模型宜根据交付对象的要求，在竣工验收模型基础上形成。

竣工验收BIM应用的交付成果宜包括竣工验收模型及相关文档。竣工验收BIM软件除具有共性功能外，还宜具有下列专业功能：①将模型与验收资料链接；②从模型中查询、提取竣工验收所需的资料；③与实测模型比照。

竣工交付 BIM 应用的交付成果应包括：竣工交付模型和相关文档。竣工交付对象为政府主管部门时，施工单位可按照与建设单位合约规定配合建设单位完成竣工交付。竣工交付对象为建设单位时，施工单位可按照与建设单位合约规定交付成果。当竣工交付成果用于企业内部归档时，竣工交付成果应符合企业相关要求，相关工作应由项目部完成，经企业相关管理部门审核后归档。

2.4.3　建筑工程设计信息模型分类和编码标准

为规范建筑信息模型中信息的分类和编码，实现建筑工程全生命期信息的交换与共享，推动建筑信息模型的应用发展而制定了本标准（GBT 51269—2017），适用于民用建筑及通用工业厂房建筑信息模型中信息的分类和编码。

1. 基本规定

建筑信息模型中信息的分类结构应包含下列内容：

（1）建设成果包括按功能分建筑物、按形态分建筑物、按功能分建筑空间、按形态分建筑空间、元素、工作成果六个分类表；

（2）建设进程包括工程建设项目阶段、行为、专业领域三个分类表；

（3）建设资源包括建筑产品、组织角色、工具、信息四个分类表；

（4）建设属性包括材质、属性两个分类表。

建筑信息模型中信息的分类应符合表 2.4 的规定。

信息的分类　　表 2.4

表代码	分类名称	表代码	分类名称
10	按功能分建筑物	22	专业领域
11	按形态分建筑物	30	建筑产品
12	按功能分建筑空间	31	组织角色
13	按形态分建筑空间	32	工具
14	元素	33	信息
15	工作成果	40	材质
20	工程建设项目阶段	41	属性
21	行为	—	—

单个分类表内的分类对象宜按层级依次分为一级类目“大类”、二级类目“中类”、三级类目“小类”、四级类目“细类”。编码结构应包括表代码、大类代码、中类代码、小类代码和细类代码，各级代码应采用 2 位阿拉伯数字表示。

2. 应用方法

描述复杂对象时，应采用逻辑运算符号联合多个编码一起使用。逻辑运算符号宜采用“＋”“/”“＜”“＞”符号表示。

2.4.4　建筑信息模型设计交付标准

本标准（GBT 51301—2018）编制的目的在于提供一个具有可操作性的、兼容性强的统一基准，以指导基于建筑信息模型的建筑工程设计过程中，各阶段数据的建立、传递和解读，特别是各专业之间的协同，工程设计参与各方的协作以及质量管理体系中的管控等过程。另外，该标准也用于评估建筑信息模型数据的完整度，以用于在建筑工程行业的多方交付。

1. 基本规定

建筑信息模型设计交付应包括设计阶段的交付和面向应用的交付。交付应包含交付准备、交付物和交付协同等方面内容。

建筑信息模型及其交付物的命名应简明且易于辨识。模型单元及其属性命名宜符合下列规定：

（1）宜使用汉字、英文字符、数字半角下划线“_”和半角连字符“-”的组合；

（2）字段内部组合宜使用半角连字符“-”，字段之间宜使用半角下划线“_”分隔；

（3）各字符之间、符号之间、字符与符号之间均不宜留空格。

电子文件夹的名称宜由顺序码、项目简称、分区或系统、设计阶段、文件夹类型和描述依次组成，以半角下划线“_”隔开，字段内部的词组宜以半角连字符“-”隔开。其中设计阶段应划分为方案设计、初步设计、施工图设计、深化设计等阶段。文件夹类型符合表2.5的规定。

文件夹类型 **表2.5**

文件夹类型	文件夹类型(英文)	内含文件主要适用范围
工作中	Work In Progress(简写 WIP)	仍在设计中的设计文件
共享	shared	专业设计完成的文件,但仅限于工程参与方内部协同
出版	published	已经设计完成的文件,用于工程参与方之间的协同
存档	archived	设计阶段交付完成后的文件
外部参考	Incoming	来源于工程参与方外部的参考性文件
资源	resources	应用在项目中的资源库中的文件

电子文件的名称宜由项目编号、项目简称、模型单元简述、专业代码、描述依次组成，以半角下划线“_”隔开，字段内部的词组宜以半角连字符“-”隔开。专业代码宜符合表2.6的规定。

专业代码 **表2.6**

专业(中文)	专业(英文)	专业代码(中文)	专业代码(英文)
规划	Planning	规	PL
总图	General	总	G
建筑	Architecture	建	A
结构	Structure	结	S
给水排水	Plumbing	水	P
暖通	Mechanical	暖	M
电气	Electrical	电	E
智能化	Telecommunications	通	T
动力	Energy Power	动	EP
消防	Fire Protection	消	F
勘察	Investigation	勘	V

续表

专业(中文)	专业(英文)	专业代码(中文)	专业代码(英文)
景观	Landscape	景	L
室内装饰	Interior Design	室内	I
绿色节能	Green Building	绿建	GR
环境工程	Environmental Engineering	环	EE
地理信息	Geography Information System	地	GIS
市政	Civil Engineering	市政	CE
经济	Economics	经	EC
管理	Management	管	MT
采购	Procurement	采购	PC
招投标	Bidding	招投标	BI
产品	Product	产品	PD
建筑信息模型	Building Information Modeling	模型	BIM
其他专业	Other Discipline	其他	X

同一设计阶段或面向同一应用需求多次交付时，文件夹和文件版本应在标识中添加版本号，版本号宜由英文字母 A～Z 依次表示。

2. 交付准备

建筑信息模型交付准备过程中，应根据交付深度、交付物形式、交付协同要求安排模型架构和选取适宜的模型精细度，并应根据设计信息输入模型内容。

模型单元是建筑信息模型中承载建筑信息的实体及其相关属性的集合，是工程对象的数字化表述。建筑信息模型由模型单元组成，交付全过程应以模型单元作为基本操作对象。模型单元以几何信息和属性信息描述工程对象的设计信息，可使用二维图形、文字、文档、多媒体等方式补充和增强表达设计信息。当模型单元的几何信息与属性信息不一致时，应优先采信属性信息。

建筑信息模型所包含的模型单元应分级建立，可嵌套设置，分级应符合表 2.7 的规定。

模型单元的分级 **表 2.7**

模型单元分级	模型单元用途
项目级模型单元	承载项目、子项目或局部建筑信息
功能级模型单元	承载完整功能的模块或空间信息
构件级模型单元	承载单一的构配件或产品信息
零件级模型单元	承载从属于构配件或产品的组成零件或安装零件信息

建筑信息模型包含的最小模型单元应由模型精细度等级衡量，模型精细度基本等级划分应符合表 2.8 的规定。根据工程项目的应用需求，可在基本等级之间扩充模型精细度等级。

模型精细度基本等级划分 表 2.8

等级	英文名	代号	包含的最小模型单元
1.0 级模型精细度	Level of Model Definition 1.0	LOD1.0	项目级模型单元
2.0 级模型精细度	Level of Model Definition 2.0	LOD2.0	功能级模型单元
3.0 级模型精细度	Level of Model Definition 3.0	LOD3.0	构件级模型单元
4.0 级模型精细度	Level of Model Definition 4.0	LOD4.0	零件级模型单元

几何表达精度的等级划分应符合表 2.9 的规定。

几何表达精度的等级划分 表 2.9

等级	英文名	代号	几何表达精度要求
1 级几何表达精度	level 1 of geometric detail	G1	满足二维化或者符号化识别需求的几何表达精度
2 级几何表达精度	level 2 of geometric detail	G2	满足空间占位、主要颜色等粗略识别需求的几何表达精度
3 级几何表达精度	level 3 of geometric detail	G3	满足建造安装流程、采购等精细识别需求的几何表达精度
4 级几何表达精度	level 4 of geometric detail	G4	满足高精度渲染展示、产品管理、制造加工准备等高精度识别需求的几何表达精度

模型单元信息深度等级的划分应符合表 2.10 的规定。

模型单元信息深度的等级划分 表 2.10

等级	英文名	代号	等级要求
1 级信息深度	Level 1 of information detail	N1	宜包含模型单元的身份描述、项目信息、组织角色等信息
2 级信息深度	Level 2 of information detail	N2	宜包含和补充 N1 等级信息，增加实体系统关系、组成及材质，性能或属性等信息
3 级信息深度	Level 3 of information detail	N3	宜包含和补充 N2 等级信息，增加生产信息和安装信息
4 级信息深度	Level 4 of information detail	N4	宜包含和补充 N3 等级信息，增加资产信息和维护信息

模型单元属性值宜标记数据来源。属性值数据来源分类宜符合表 2.11 的规定。

属性值数据来源分类 表 2.11

数据来源	英文	简称	英文简称
业主	Owner	业主	OW
规划	Planers	规划	PL
设计	Designers	设计	DS
勘察	Investigation Surveyors	勘察	IV
审批	Commissionings	审批	CM

续表

数据来源	英文	简称	英文简称
生产	Manufactures	生产	MF
总承包	General Contractors	总包	GC
分包	Sub-contractors	分包	SC
项目管理	Project Managers	项管	PM
资产管理	Asset Managers	资管	AM
软件	Softwares	软件	SW

3. 交付物

建筑工程各参与方应根据设计阶段要求和应用需求，从设计阶段建筑信息模型中提取所需的信息形成交付物。主要交付物的代码及类别按表 2.12 执行。

交付物的代码及类别 **表 2.12**

代码	交付物的类别	备注
D1	建筑信息模型	可独立交付
D2	属性信息表	宜与 D1 类共同交付
D3	工程图纸	可独立交付
D4	项目需求书	宜与 D1 类共同交付
D5	建筑信息模型执行计划	宜与 D1 类共同交付
D6	建筑指标表	宜与 D1 或 D3 类共同交付
D7	模型工程量清单	宜与 D1 或 D3 类共同交付

建筑信息模型的表达方式包括模型视图、表格、文档、图像、点云、多媒体及网页，各种表达方式间应具有关联访问关系。交付和应用建筑信息模型时，最好集中管理并设置数据访问权限。

工程图纸要基于建筑信息模型的视图和表格加工而成，电子工程图纸文件可索引其他交付物。模型建立前，最好制定项目需求书，具体应包含的内容有：

(1) 项目计划概要，至少包含项目地点、规模、类型，项目坐标和高程；

(2) 项目建筑信息模型的应用需求；

(3) 项目参与方协同方式、数据存储和访问方式、数据访问权限；

(4) 交付物类别和交付方式；

(5) 建筑信息模型的权属。

根据建筑信息模型的项目需求书，可以指定建筑信息模型执行计划，具体包含的内容有：

(1) 项目简述，包含项目名称、项目简称、项目代码、项目类型、规模、应用需求等信息；

(2) 项目中涉及的建筑信息模型属性信息命名、分类和编码，以及所采用的标准名称和版本；

(3) 建筑信息模型的模型精细度说明；当不同的模型单元具备不同的建模精细度要求时，分项列出模型精细度；

(4) 模型单元的几何表达精度和信息深度；

(5) 交付物类别；

(6) 软硬件工作环境，简要说明文件组织方式；

(7) 项目的基础资源配置，人力资源配置；

(8) 非相关标准规定的自定义的内容。

4. 交付协同

建筑信息模型的交付协同包括设计阶段的交付协同和面向应用的交付协同。

2.4.5 建筑工程设计信息模型制图标准

编制本标准（JGJT 448—2018）的目的是为了规范建筑工程设计的信息模型制图表达，提高工程各参与方识别设计信息和沟通协调的效率，适应工程建设的需要，其适用于新建、扩建和改建的民用建筑及一般工业建筑设计的信息模型制图。

1. 基本规定

建筑信息模型的制图表达应满足工程项目各阶段的应用需求，并应以模型单元作为基本对象。模型单元的种类分为项目级、功能级、构件级和零件级模型单元。

建筑信息模型能够通过命名和颜色快速识别模型单元所表达的工程对象。

(1) 模型单元命名规则

模型单元的命名应根据项目工程的特征来进行，满足两个规定：简明且易于辨识和同项目中表达相同工程对象的模型单元命名一致。

项目级模型单元命名应由项目编号、项目位置、项目名称、设计阶段和描述字段依次组成，其间宜以下划线“-”隔开。必要时，字段内部的词组宜以连字符“-”隔开，并应符合下列规定：

1) 功能级模型单元命名宜由项目名称、模型单元名称、设计阶段和描述字段依次组成，其间宜以下划线“-”隔开。必要时，字段内部的词组宜以连字符“-”隔开；

2) 构件级模型单元命名宜由项目名称、系统分类、位置、模型单元名称、设计阶段、描述字段依次组成，其间宜以下划线“-”隔开。必要时，字段内部的词组宜以连字符“-”隔开；

3) 零件级模型单元命名宜由模型单元名称和描述字段依次组成，其间宜以下划线“-”隔开。必要时，字段内部的词组宜以连字符“-”隔开。

(2) 颜色设置规则

模型单元应根据工程对象的系统分类设置颜色，并应符合下列规定：

1) 一级系统之间的颜色应差别显著，便于视觉区分，且不应采用红色系；

2) 二级系统应分别采用从属于一级系统的色系的不同颜色；

3) 与消防有关的二级系统以及消防救援场地、救援窗口等应采用红色系。

2. 模型单元表达

(1) 几何信息表达

建筑信息模型中模型单元的几何信息表达应包含空间定位、空间占位和几何表达精度。

现浇混凝土材料的模型单元的空间占位应符合：较高强度混凝土构配件的模型单元不被较低强度混凝土构配件的模型单元重叠或剪切；混凝土强度相同时，模型单元的优先级符合基础、结构柱、结构梁、结构墙、结构板、建筑柱、建筑墙的顺序，较高优先级的不应被较低优先级的模型单元重叠或剪切，相同优先级的模型单元不宜重叠。

构件级模型单元几何表达精度划分为 G1、G2、G3、G4 四个等级。

表 2.13 所示的是结构的模型单元的几何表达精度。

结构模型单元几何表达精度 **表 2.13**

单元	几何表达精度	几何表达精度要求
地基、基础	G1	宜以二维图形表示
	G2	应体量化建模表示空间占位
	G3	构造层厚度不小于 20mm 时，应按照实际厚度建模 应表示安装构件 应区分带形基础、独立基础、满堂基础、桩承台基础、设备基础 有肋式带形基础的肋与基础部分宜独立建模，基础部分按基础类型建模，肋按墙或其他类型建模，并对肋高信息进行表达 箱式满堂基础和框架式设备基础应区分柱、梁、墙、底板、顶板
	G4	构造层厚度不小于 10mm 时，应按照实际厚度建模 应表示各构造层的材质 应表示实际尺寸建模安装构件 应区分带形基础、独立基础、满堂基础、桩承台基础、设备基础 有肋式带形基础的肋与基础部分应独立建模，基础部分应按基础类型建模、肋应按墙或其他类型建模，并应对肋高信息进行表达 箱式满堂基础和框架式设备基础应区分柱、梁、墙、底板、顶板
结构墙柱	G1	宜以二维图形或图例表示
	G2	应体量化建模表示空间占位
	G3	构造层厚度不小于 20mm 时，应按照实际厚度建模 应表示各构造层的材质 应表示安装构件 应区分直形墙、弧形墙、短肢剪力墙（墙肢截面的最大长度与厚度之比小于或等于 6 倍的剪力墙） 应区分矩形柱、异形柱、暗柱 依附于柱上的牛腿和升板的柱帽应按被依附的柱类型建模
	G4	构造层厚度不小于 10mm 时，应按照实际厚度建模 应表示各构造层的材质 应表示实际尺寸建模安装构件 应区分直形墙、弧形墙、短肢剪力墙（墙肢截面的最大长度与厚度之比小于或等于 6 倍的剪力墙） 应区分矩形柱、异形柱、暗柱 依附于柱上的牛腿和升板的柱帽应按被依附的柱类型建模

续表

单元	几何表达精度	几何表达精度要求
梁	G1	宜以二维图形表示
	G2	应体量化建模表示空间占位
	G3	构造层厚度不小于20mm时，应按照实际厚度建模 应表示各构造层的材质 应表示安装构件 应区分基础梁、矩形梁、异形梁、圈梁、过梁 有梁板（包括主、次梁与板）中的梁应区别于其他结构梁
	G4	构造层厚度不小于10mm时，应按照实际厚度建模 应表示各构造层的材质 应表示实际尺寸建模安装构件 应区分基础梁、矩形梁、异形梁、圈梁、过梁 有梁板（包括主、次梁与板）中的梁应区别于其他结构梁
板	G1	宜以二维图形表示
	G2	应体量化建模表示空间占位
	G3	构造层厚度不小于20mm时，应按照实际厚度建模 应表示各构造层的材质 应表示安装构件 应区分有梁板、无梁板、平板、拱板
	G4	构造层厚度不小于10mm时，应按照实际厚度建模 应表示各构造层的材质 应表示实际尺寸建模安装构件 应区分有梁板、无梁板、平板、拱板
配筋	G1	宜以二维图形表示
	G2	主要结构筋、构造筋应建模
	G3	主要结构筋、构造筋、箍筋应建模
	G4	各类配筋应按照实际尺寸建模
钢结构	G1	宜以二维图形表示
	G2	应体量化建模表示主要受力构件
	G3	主要受力构件应按照实际尺寸建模 主要安装构件应建模
	G4	应按照实际尺寸建模

（2）属性信息表达

建筑信息模型的模型单元属性信息表达应包含表达样式和信息深度。

属性信息表达样式应按照属性信息表编制，字段包含属性组、代号、属性名称、属性值和计量单位。

模型单元信息精度划分为N1、N2、N3、N4四个等级。

（3）装配式建筑部品部件表达

装配式建筑部品部件的表达可包括预制的混凝土、钢结构、木结构部品部件等内容，应增加集成关联等方面的内容，体现专业集成设计因素，表达部品部件之间的连接或组装关系。

3. 交付物表达

建筑信息模型设计交付物应包括信息模型、属性信息表、工程图纸、项目需求书、建筑信息模型执行计划、建筑指标表和模型工程量清单。

交付物表达方式应根据设计阶段和应用需求所要求的交付内容、交付物特点选取，应采用模型视图、表格和文档，宜采用图像、点云、多媒体和网页作为表达方式。当提供工程图纸交付物时，应采用图纸化表达方式。

工程图纸命名宜由专业代码、图纸编号、图纸名称、描述等字段依次组成，以下划线“_”隔开，字段内部的词组以连字符“-”隔开。

2.5 BIM技术在结构专业中的应用

BIM技术在设计行业内的发展非常迅速，尤其是在建筑和设备专业最为明显。但是，具体到结构设计，因为结构专业关系到工程安全，所以结构设计分析软件相对独立，在与BIM软件进行信息交互的过程中仍存在亟待解决的关键问题。

2.5.1 项目组织架构

工程项目的设计阶段是全过程BIM模型建立的关键阶段，此阶段的BIM模型质量直接决定着下一阶段能否达到信息共享和交互的问题。设计阶段项目的BIM组织架构设置和模型深度是起决定性作用的。工程项目施工阶段的BIM工作重心和设计阶段是有区别的，这是因为项目的阶段内容和目标不相同。如图2.2、图2.3所示为设计阶段BIM组织架构和施工阶段BIM组织架构图。

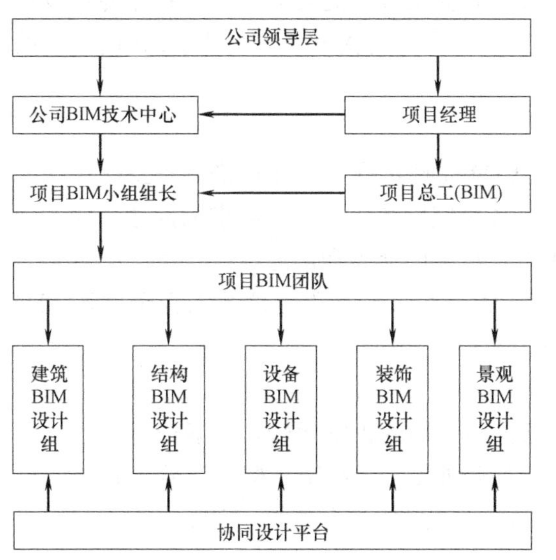

图2.2 设计阶段BIM组织架构

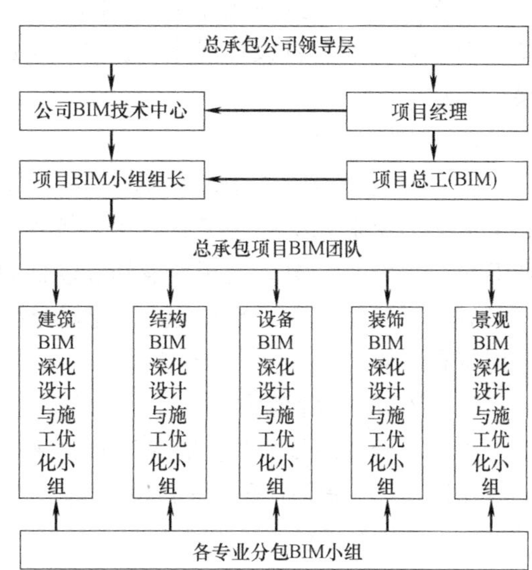

图2.3 施工阶段BIM组织架构

2.5.2 BIM成员分工与职责

1. BIM岗位设置

项目BIM团队按照工作内容、工作性质和工作阶段可以设置不同的岗位，一般包括BIM建模工程师、BIM专业工程师、BIM平台管理员、BIM项目经理和BIM技术总监。项目BIM人员配备的岗位设置和组织结构如图2.4所示。

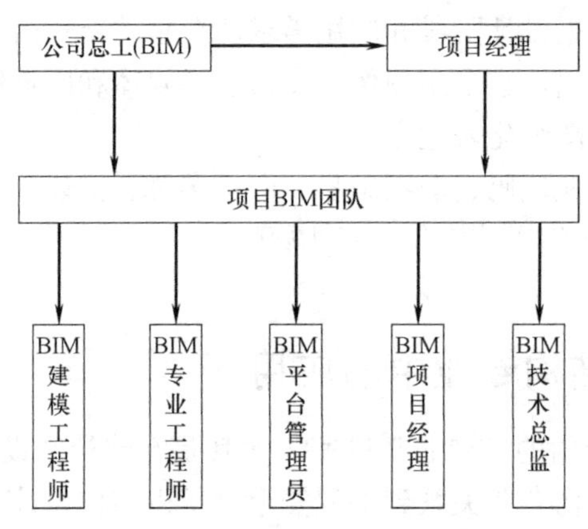

图2.4 岗位设置与组织结构

2. 岗位职责

基于BIM技术工程应用的优势，越来越多的企业和项目开始要求应用BIM，BIM已经成为大型复杂项目必不可少的辅助工具。所以，配备BIM人员形成团队，明确各岗位职责是非常必要的。

(1) BIM建模工程师

BIM建模工程师至少应熟练掌握某一个BIM软件，例如Revit、Bentley、Planbar、Tekla等，并应熟悉不同软件间的模型格式转换和信息交互。此类人员既可根据专业设计图纸创建BIM模型和设计优化，也可在BIM专业工程师的指导下进行BIM正向设计的模型创建工作。

(2) BIM专业工程师

BIM专业工程师具有专业知识背景，精通BIM软件，具有专业资格具备正向设计能力。负责本专业BIM技术工程应用，解决BIM技术应用和专业表达需求的问题。除本专业BIM技术应用以外，对于专业间和软件间BIM信息的交互和沟通也应了解，特别是对BIM建模、模型渲染、虚拟漫游、能耗分析、工程量统计、过程管理等工程全过程BIM应用应有了解。

(3) BIM平台管理员

BIM平台管理员主要负责保障BIM平台软件和硬件的正常运转，一般应具有计算机专业知识背景。管理员负责BIM应用系统、数据协同及存储系统、构件库管理系统的日常维护、备份等工作，负责各系统、各专业人员及权限的设置与维护，负责各项目环境资源的准备及维护。

(4) BIM项目经理

BIM 项目经理负责批准 BIM 实施计划，负责 BIM 项目的全过程管理，确定岗位设置、岗位职责和人员权限，具备推进 BIM 应用的全盘协调能力和管理执行能力。根据项目需求制订任务目标、计划、流程，对项目的进度、成本、质量进行管控，协调项目内外关系，确保 BIM 技术工程应用达到预期目标。

（5）BIM 技术总监

BIM 技术总监将 BIM 技术融入公司管理系统和用于实际工程操作，推动 BIM 正向设计。负责制订 BIM 实施目标、工作计划及协同流程，并组建项目管理与实施团队，组织协调人员进行各专业 BIM 模型的搭建、协同、分析、出图等工作；负责 BIM 交付成果的质量管理；完成信息数据和模型文件的接收或交付。

2.5.3 结构 BIM 典型软件

1. Autodesk BIM 体系

Autodesk 公司提供完整的 BIM 系统解决方案，其 BIM 体系覆盖工程建设项目全生命周期，称之为“工程建设软件集”，在不同设计阶段，不同专业都有相应软件。

软件集包含的主要产品是 Revit、Civil 3d 和 AutoCAD，如图 2.5 所示。

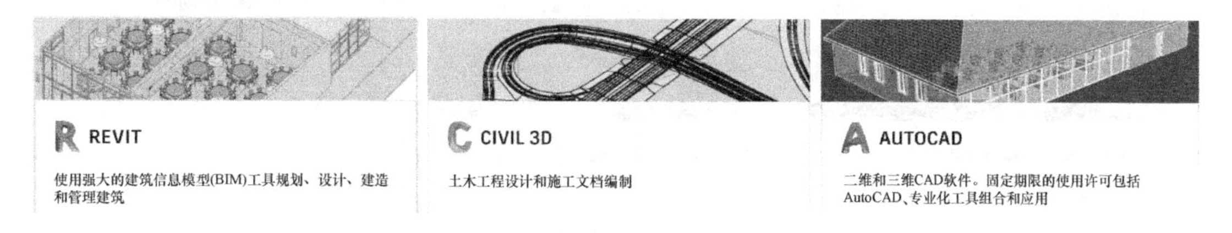

图 2.5 软件集主要产品

软件集还包括分析、渲染、实景捕获软件和其他专用软件，主要有 Infraworks、Navisworks、3ds Max、Advance steel、Robot 等软件，如图 2.6 所示。

如 Autodesk Revit 软件是专门针对工业与民用建筑推出的系列，使用 Revit 软件生成一致、协调、完整的基于模型的建筑设计和文档，Revit 包含适用于建筑设计、MEP 和结构设计、详细设计和工程设计及施工专业人员的工具，各领域的人员采用工作分摊制，共同承担工作并将其保存到同一项目中，并且可以使用 Revit 进行分析和仿真，并通过云进行连接来改进设计。

2. Bentley BIM 体系

Bentley 公司提供的是面向基础设施专业人员的软件，主要是为基础设施行业提供全生命周期的解决方案，有大约近 400 种软件产品，覆盖从设计、施工到后期运营维护和退役处理的各个环节。

BIM 数字化工作流程是通过互联的工作环境来实现的，其综合建模环境中，对于不同专业，通过不同的专业模块形成“数字工程模型”，通过统一的内容创建平台 MicroStation 进行实时的数据协同。

MicroStation 平台上有丰富的专业模块，如其建筑设计软件包含有 OpenBuilding Designer，ProStructues 等建筑类的专业模块，如图 2.7 所示。

另外，ProjectWise 协同工作平台是对于多专业协同的一个工作平台，基于 B/S 和 C/S

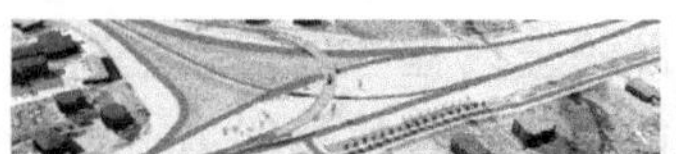

INFRAWORKS

用于规划、设计和分析的地理空间和工程BIM平台

NAVISWORKS MANAGE

具备五维分析和设计仿真的项目审查软件

3DS MAX

用于游戏和设计可视化的三维建模、动画和渲染软件

RECAP PRO

现实捕捉以及三维扫描软件和服务

ADVANCE STEEL

用于钢结构深化设计的三维建模软件

FABRICATION CADMEP

机电深化设计和文档编制软件

INSIGHT

建筑性能分析软件

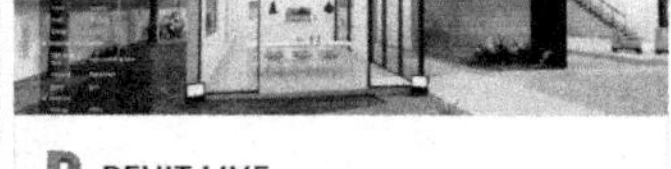

REVIT LIVE

一键单击即可身临其境般体验Revit模型

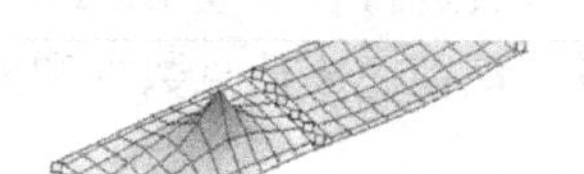

STRUCTURAL BRIDGE DESIGN

桥梁结构分析软件

DYNAMO STUDIO

此编程环境允许设计师创建视觉逻辑，以便设计工作流和

FORMIT PRO

直观的三维草图绘制应用程序，提供原生Revit互操作性

ROBOT STRUCTURAL ANALYSIS PROFESSIONAL

高级BIM集成结构分析和规范合规性验证工具

VEHICLE TRACKING

车辆扫掠路径分析软件

AUTODESK RENDERING

在线进行快速、高分辨率渲染

AUTODESK DRIVE

面向个人和小型团队的CAD相关存储服务

图 2.6 软件集其他产品

OpenBuildings Designer

结合多专业建筑应用，帮助建筑师和工程师们对任何规模、形式和复杂度的建筑进行设计、分析、记录和可视化呈现。

OpenBuildings Speedikon

集成您的工业设计、图纸、报告和数据，满足德国标准。

OpenBuildings Station Designer

Design, Analyze, Visualize, and Simulate Rail and Metro Stations

LEGION Simulator

利用预测功能模拟各种场景，并探索行人和人群与基础设施之间的交互方式。

i-model Plugin for Revit

通过i-model plugin for Revit，用户可以在Revit应用程序中将其模型保存到i-model中。

ProStructures

高效创建精确的钢结构、金属结构和钢筋混凝土结构三维模型。

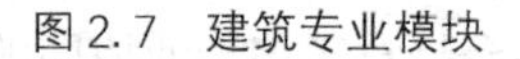

图 2.7 建筑专业模块

结构进行部署，支持云相关技术的应用。该平台不仅可以与的设计模块协作，也可以和其他软件，如 Revit、Office、AutoCAD 等进行集成。

3. Tekla

Tekla 是 Trimble 旗下高级建筑信息建模和结构工程设计软件解决方案产品。Tekla Structures 是以钢结构深化和详图设计为主的软件，其功能包括 3D 实体结构模型、钢结构细部设计、钢筋混凝土结构设计、工程项目管理、自动生成报表和相关图纸等，如图 2.8 所示。

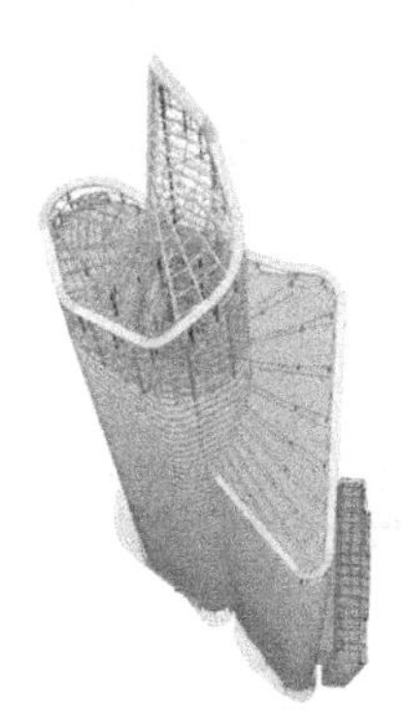

图 2.8 Tekla 软件

Tekla 软件可处理所有材料和最复杂的结构，Tekla Structures 可用于体育场、海上结构、厂房和工厂、住宅大楼、桥梁和摩天大楼。

使用 Tekla 软件创建的模型具备精确、可靠和详细的信息，这正是成功的建筑信息建模（BIM）和施工所需要的东西。Tekla 采用开放的 BIM 方法，可以运行其他供应商的解决方案和加工机械，而仍然与 Tekla 软件衔接。通过应用程序接口 Tekla Open API，可以轻松扩展和增强 Tekla Structures。

用 Tekla 可以用任意材料来建想要的结构，还可以在一个模型里包含多种材料。通过 Tekla Open API 来和其他分析 & 设计软件接口。另外，Tekla Structures 用格式传输形式来和分析 & 设计软件连接。支持格式包括：SDNF，CIS/2 和 IFC。

Tekla 软件让信息有效的传递：建筑师、工程师和承包商可以共享及协调项目信息。Tekla 和主要的 AEC、MEP 和工厂设计软件解决方案均有接口，这多亏了 Open BIM 和 IFC 格式的铺开。软件支持 DGN 和 DWG 格式。Tekla BIM 软件也和施工管理行业有联系，并和分析 & 设计软件有接口。这个开放的解决方案带来的好处包括更好的布置协调和结构信息来支持现场施工。用户可以得到更高的生产率和更少的失误。

Tekla 也和项目管理应用有接口，可以进一步帮助用户来理解和具体化项目信息真正的范围，包括工作计划、材料分类、支付需求和其他项目伙伴创建的对象。另外，将项目管理信息中的重要节点具化成智能的项目对象信息可以让用户有机会来创建项目状态一览表。

4. PKPM

中国建筑科学研究院为建筑行业提供了基于 BIM 的建筑行业专业软件及集成应用解决方案——PKPM-BIM 系统。PKPM-BIM 系统是集成建筑、结构、给排水、暖通、电气、绿建全专业设计软件，能够共享模型数据，互相引用参照，实现专业内和专业间协同设计，如图 2.9 所示。包括如下几个主要功能模块：①构件库管理；②装配式方案；③装配式深化设计；④构件加工图；⑤导出加工数据。

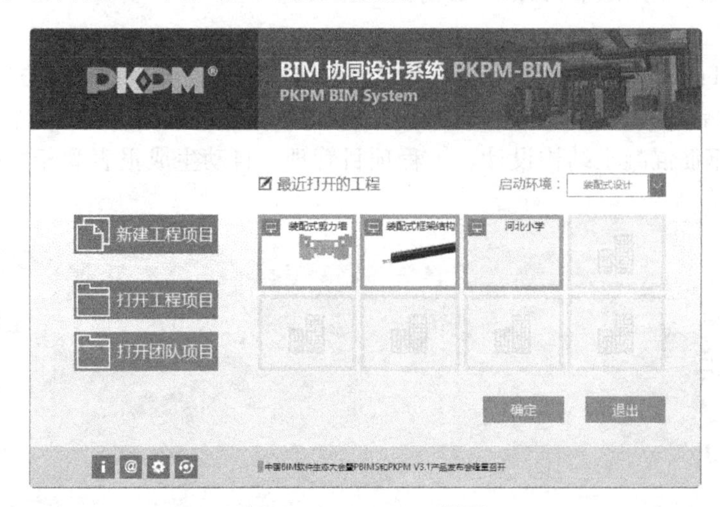

图 2.9 PKPM-BIM 界面

对比传统设计有如下显著优势。

（1）在传统设计方式下，专业间基本是点对点交流，靠文件传递信息，就像一个个信息孤岛，沟通交流成本高。采用 PKPM-BIM 系统后，各个专业的实时数据会上传到基于 BIM 技术的协同设计平台，每个专业都是对集成 BIM 模型存取数据，信息传递简单高效。

（2）在传统设计过程中 CAD 参照是二维模式下的协同工作。PKPM-BIM 是构件级协同工作。首先整体建筑模型，不管有多少人参与、多少专业参与，它的工作过程和工作结果始终只有一个文件。这个文件支持多人同时链接。设计过程中会存放很多版本，软件还可以对这些版本进行管理，能够将设计过程中全部的版本进行记录。不仅如此，软件还支持不同版本间的对比。在软件中可以用不同的颜色来标记新增、修改、删除的构件，同时可快速进行查看。

（3）PKPM-BIM 系统改变了传统二维施工图繁琐抽象的表达，三维信息的共享可以让甲方实时跟进项目设计进度，更改项目方案。

5. YJK

YJK 建筑结构设计软件系统是一套全新的集成化建筑结构辅助设计系统，功能包括结构建模、上部结构计算、基础设计、砌体结构设计、施工图设计和接口软件六大方面。它主要针对当前普遍应用的软件系统中亟待改进的方面和 2010 结构设计规范大量新增的要求而开发，在优化设计、节省材料、解决超限等方面提供系统的解决方案。其核心是 YJK-A 建筑结构计算软件，是多、高层建筑结构空间有限元计算分析与设计软件，适用于框架、框剪、剪力墙、筒体结构、混合结构和钢结构等结构形式，如图 2.10 所示。

YJK 软件数据流通性较强，与国际上一些知名结构分析软件均开放了数据接口，例如 SAP2000、Midas、Etabs、Abaqus 等，并与 Revit、Bentley、Tekla 等软件有数据接口。

YJK 依托于自身模型，建立 Revit 模型与 YJK 结构模型的沟通机制，通过模型互相转化或者模型匹配建立沟通，结构施工图基于 Revit 模型，YJK 模型成为 Revit 下的结构

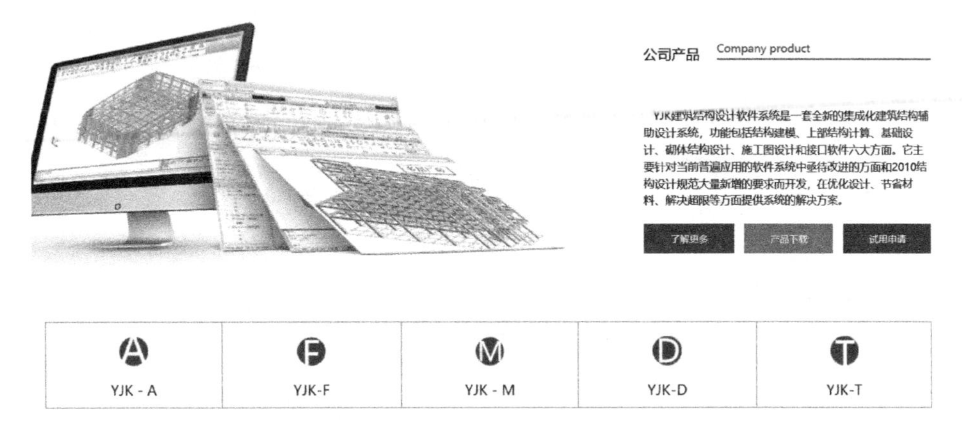

图 2.10 YJK 软件界面

影子模型，结构设计结果依靠 YJK 影子模型，无协同设计平台。

习题

1. 施工模型细度的等级代号是如何规定的？
2. 施工工艺模拟 BIM 应用成果一般包括哪些内容？
3. BIM 设计交付时，电子文件和电子文件夹的命名有哪些要求？
4. 模型单元的种类分为哪几级？

操 作 篇

第3章　软件介绍

BIM离不开软件，这一点毋庸置疑，模型的创建就需要依靠软件来实现，本章以Autodesk公司的建模软件Revit为例，对BIM建模软件做一个介绍。

3.1　软件操作环境

3.1.1　操作界面

Revit的界面是执行显示、编辑图形等操作的区域，目前采用Ribbon界面，即功能区，是一个收藏了命令按钮和图示的面板，功能区把命令组织成一组“标签”，每一组“标签”包含了相关命令。

完整的软件操作界面包括：应用程序菜单、快速访问工具栏、功能区、属性选项板、项目浏览器、绘图区、视图控制栏、状态栏，如图3.1所示。

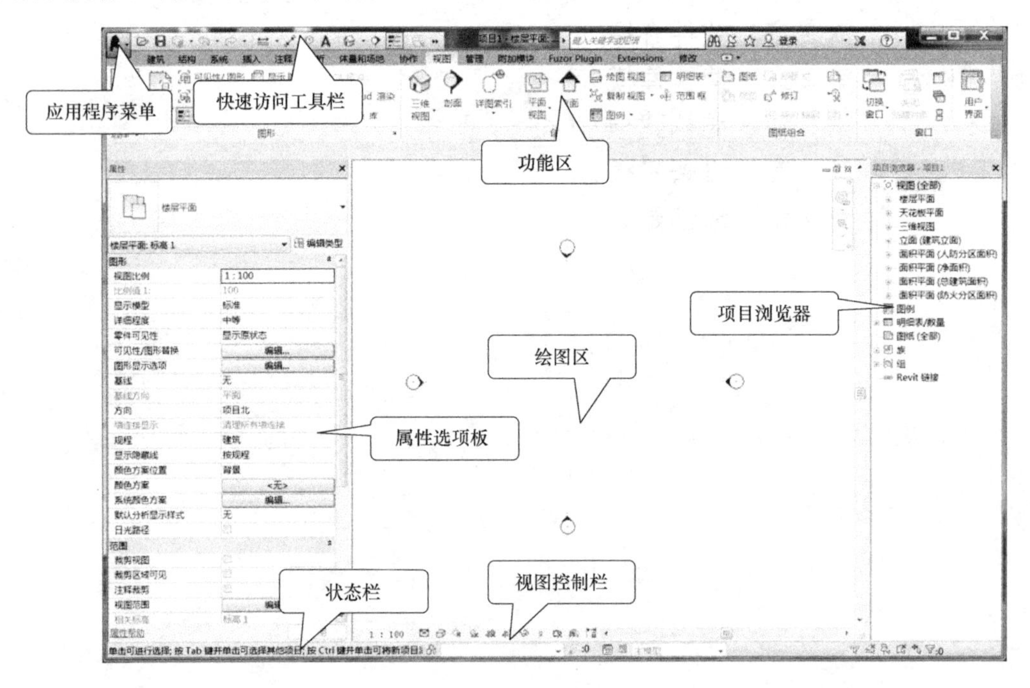

图3.1　操作界面

1. 功能区

创建或打开文件时，功能区会出现，提供创建项目或族所需的全部工具，一般包含主按钮、下拉按钮、分割线。在功能区菜单系统中使用的菜单和按钮如表3.1所示。

调整窗口的大小时，功能区中的工具会根据可用空间的大小自动调整，使所有按钮在大多数屏幕尺寸下都可见。当光标放在任一工具按钮上时，会自动出现该工具的提示界面，如果该工具有被定义的快捷键，则显示在工具名称后的括号内，接着会扩展为一个对该工具的操作和功能更为详细的解释视图，通常会含有一个图示或一小段视频。

在功能区菜单系统中使用的菜单和按钮 **表 3.1**

菜单和按钮	图示和说明
选项卡	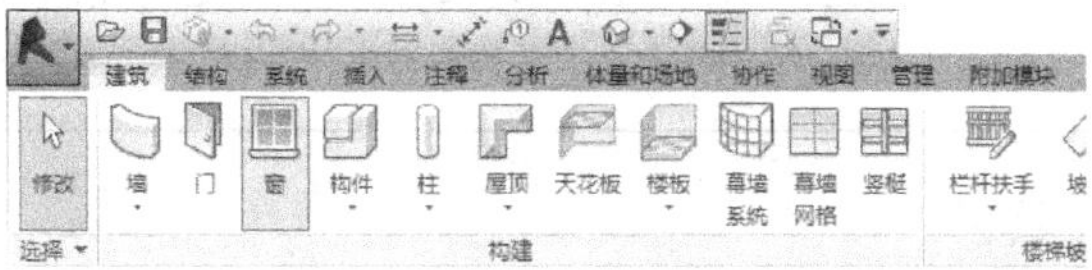 每个选项卡都代表一个活动区域，由多个面板及工具组成
面板	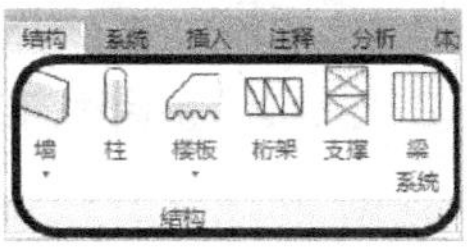 每个选项卡下，工具按相似功能归类
可扩展面板	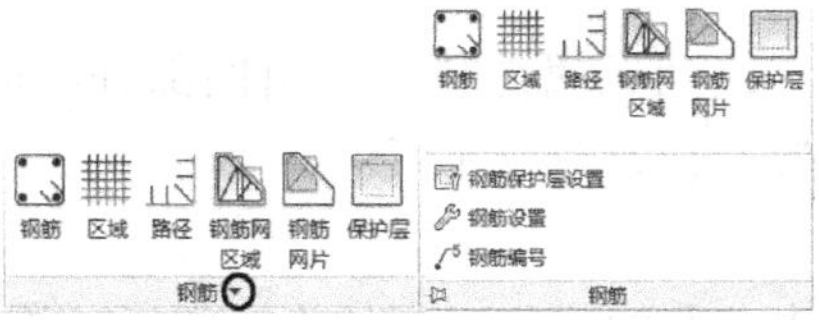 如果选项卡上的可用空间无法显示所有工具，面板上会通过一个小三角符号显示其余工具，图钉会将这些工具固定在面板上，以方便使用
工具	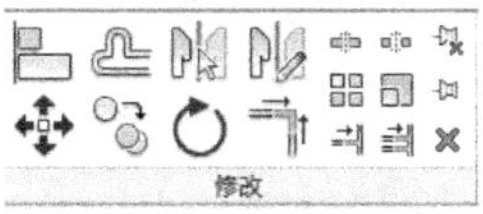 每个面板所包含的具体功能，单击工具按钮将启动该工具
分割按钮	 单击按钮左边图标，可直接启动对应工具；单击按钮右边的小三角符号，可以打开下拉菜单
设置对话框	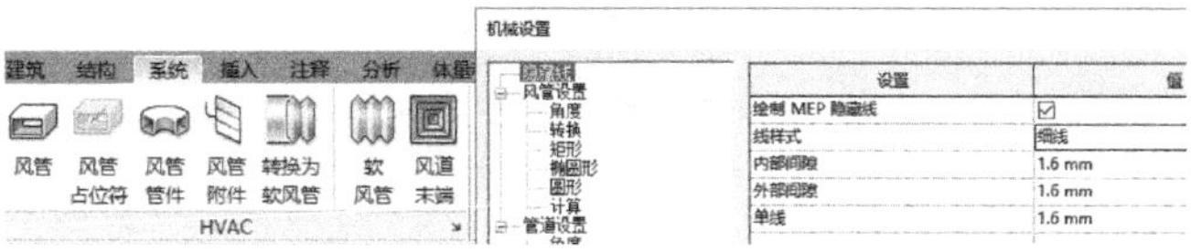 设置对话框通常与相关应用相关，在面板右下角用斜箭头指引

续表

菜单和按钮	图示和说明
上下文选项卡	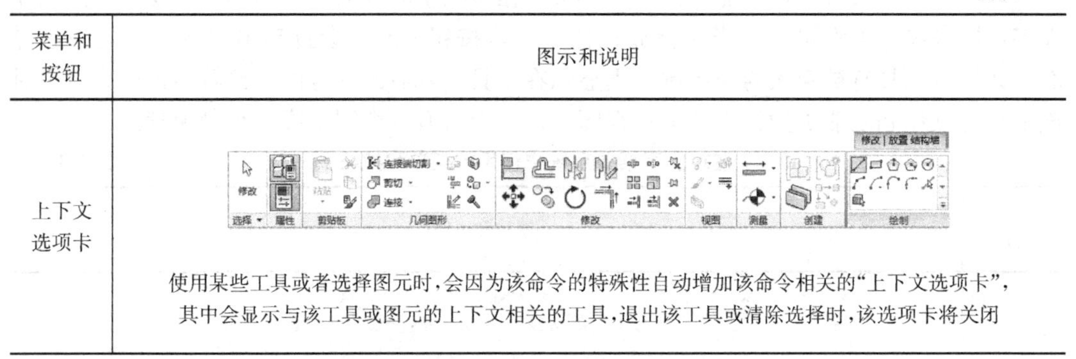 使用某些工具或者选择图元时，会因为该命令的特殊性自动增加该命令相关的“上下文选项卡”，其中会显示与该工具或图元的上下文相关的工具，退出该工具或清除选择时，该选项卡将关闭

2. 快速访问工具栏

包含常用工具集，可对该工具栏进行自定义，如图 3.2 所示。

图 3.2 快速访问工具栏

3. 应用程序菜单

提供主要的文件操作管理工具，包含新建、打开、保存等工具，如图 3.3 所示。

4. 属性选项板

主要功能是查看和修改图元属性特征。由四部分组成，分别是类型选择器、编辑类型、属性过滤器和实例属性，如图 3.4 所示。

5. 项目浏览器

用于管理整个项目中涉及的视图、明细表、图纸、族、组合其他部分对象，呈树状结构，各层级可展开和折叠，如图 3.5 所示。

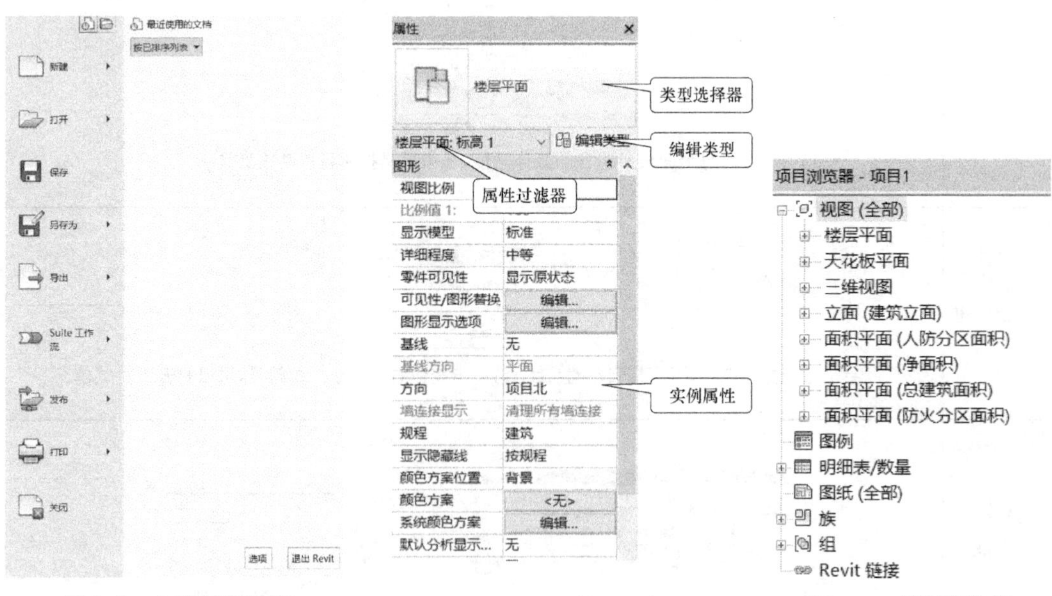

图 3.3 应用程序菜单 图 3.4 属性选项板 图 3.5 项目浏览器

6. 绘图区

主要用于设计操作界面，显示项目浏览器中所涉及的视图、图纸、明细表等相关内容。

7. 视图控制栏

主要是控制当前视图的显示样式，包括视图比例、详细程度、视觉样式、日光路径、阴影设置、视图裁剪、视图裁剪区域可见性、三维视图锁定、临时隐藏、显示隐藏图元、临时视图属性、隐藏分析模型，如图 3.6 所示。

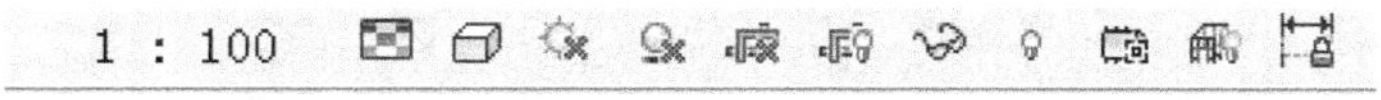

1 : 100

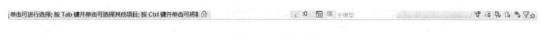

图 3.6　视图控制栏

8. 状态栏

用于显示和修改当前命令操作或功能所处状态，如图 3.7 所示。状态栏主要包括当前操作状态、工作集状态栏、设计选项状态栏、选择基线图元、链接图元、锁定图元和过滤等状态栏。

单击可进行选择; 按 Tab 键并单击可选择其他项目; 按 Ctrl 键并单击可将
:0
主模型
:0

图 3.7　状态栏

3.1.2　系统参数设置

系统参数设置主要是为当前 Revit 操作条件进行设置，包含 9 个选项设置：常规、用户界面、图形、文件位置、渲染、检查拼写、SteeringWheels、ViewCube 和宏，如图 3.8 所示。

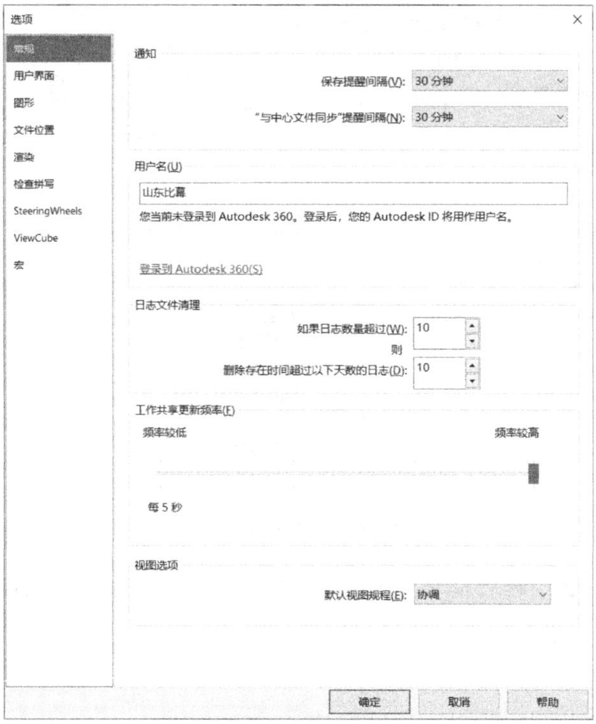

选项
常规
用户界面
图形
文件位置
渲染
检查拼写
SteeringWheels
ViewCube
宏
通知
保存提醒间隔(V): 30 分钟
"与中心文件同步"提醒间隔(N): 30 分钟
用户名(U)
山东比慕
您当前未登录到 Autodesk 360。登录后，您的 Autodesk ID 将用作用户名。
登录到 Autodesk 360(S)
日志文件清理
如果日志数量超过(W): 10
则
删除存在时间超过以下天数的日志(D): 10
工作共享更新频率(F)
频率较低
频率较高
每 5 秒
视图选项
默认视图规程(E): 协调
确定
取消
帮助

图 3.8　系统参数设置

操作方式：单击功能区应用程序菜单中的“选项”按钮。

3.2 项目设置与位置

新建项目文件后，需要进行相应的设置才可以开始建模操作，用户可以在“管理”选项卡中通过相应的工具对项目进行设置，如图 3.9 所示。

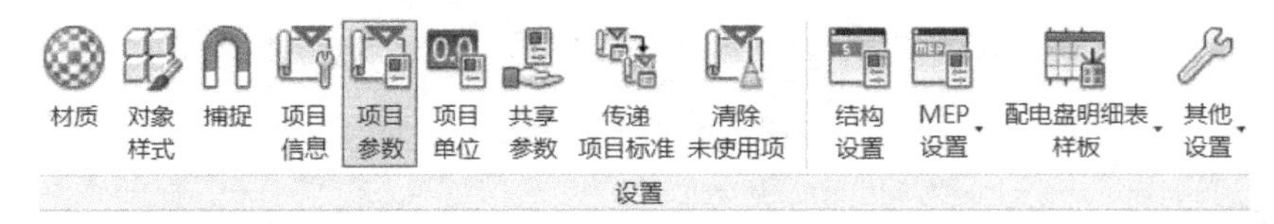

图 3.9 “设置”面板

3.2.1 项目信息

“项目信息”用于指定项目状态、能量数据和客户信息等。选择管理选项卡后，单击设置面板上的项目信息按钮，在系统弹出的“项目属性”对话框中，如图 3.10 所示，可输入当前项目的组织名称、组织描述、建筑名称、作者、项目发布日期、项目状态等信息。

项目属性

族(F)：系统族：项目信息　　载入(L)...

类型(T)：　　编辑类型(E)...

实例参数 - 控制所选或要生成的实例

参数	值
标识数据	
组织名称	
组织描述	
建筑名称	
作者	
能量分析	
能量设置	编辑...
其他	
项目发布日期	出图日期
项目状态	项目状态
客户姓名	所有者
项目地址	请在此处输入地址
项目名称	项目名称
项目编号	项目编号
审定	

图 3.10 项目信息对话框

所有这些信息将被图样空间所调用，并且有些信息将显示在图样的标题栏中，使用“共享参数”可以将自定义字段添加到项目信息中。

3.2.2 项目参数

“项目参数”用于指定可添加到项目中的图元类别并能在明细表中使用的参数，仅用于当前项目。用户可添加新的项目参数、修改已有项目参数或删除不需要的项目参数，如图 3.11 所示。

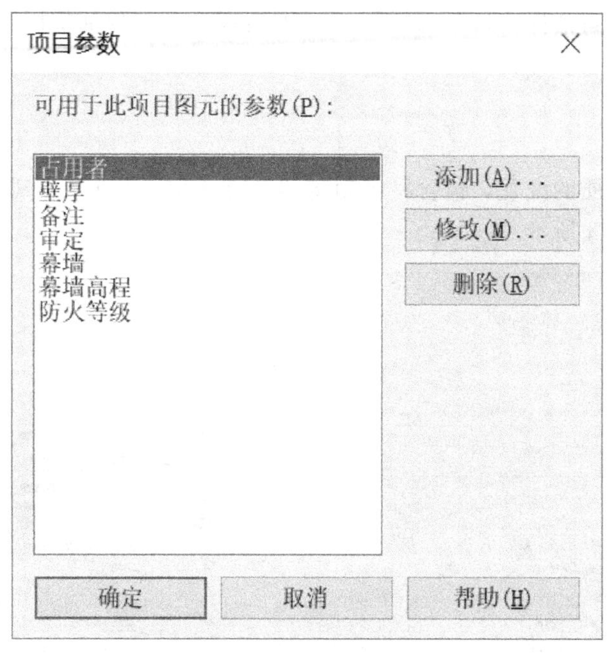

图 3.11　项目参数对话框

3.2.3　项目单位

“项目单位”用于指定项目中各类参数单位的显示格式。项目单位的设置直接影响明细表、报告和打印等数据输出，如图 3.12 所示。

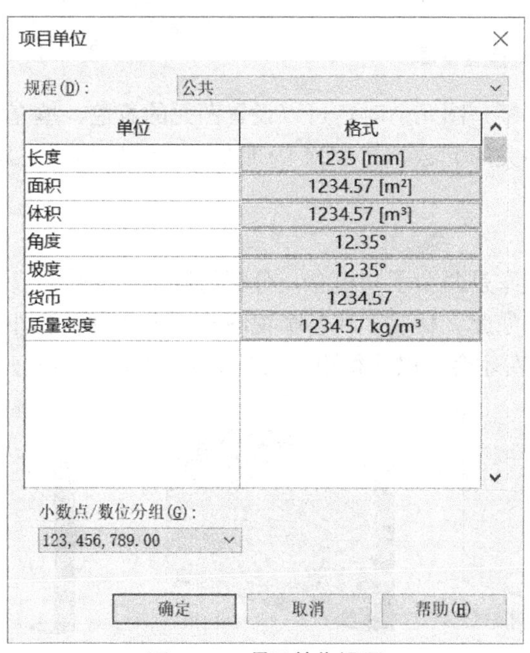

图 3.12　项目单位设置

3.2.4 捕捉

“捕捉”用于进行捕捉的打开/关闭、尺寸标注捕捉、对象捕捉以及临时替换等，如图3.13所示。

3.2.5 材质

“材质”用于材质的设置，包含材质浏览器，有标识、图形、外观、物理、热度等的设置选项，如图3.14所示。

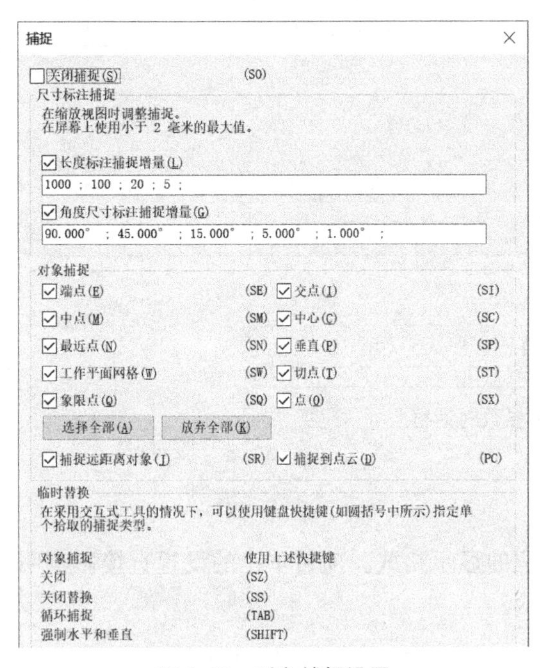

图3.13 对象捕捉设置

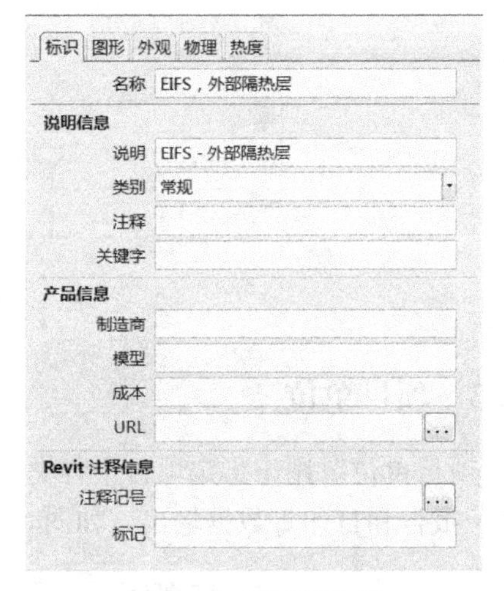

图3.14 材质浏览器

当某一材质应用到某一图元上时，可以设置图元的着色、填充图案、截面填充图案及真实渲染纹理和材质相关的元数据。BIM的理念中，元数据或材质的相关信息与材质的图形方面一样重要。

1. 材质库-图形

材质库和渲染纹理库是两个不同概念，分配材质不总意味着自定义渲染对象外观，除非给材质分配纹理才是如此。材质库在各个视图和输出中对模型外观有重要影响。只有在渲染3D下，渲染材质库才会用以获得更真实的效果，如图3.15所示。

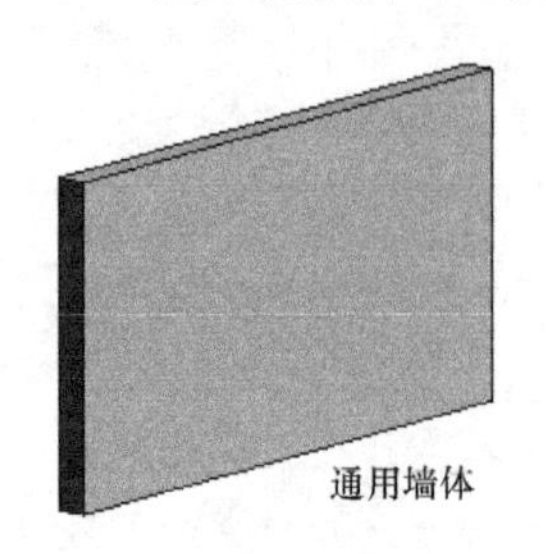

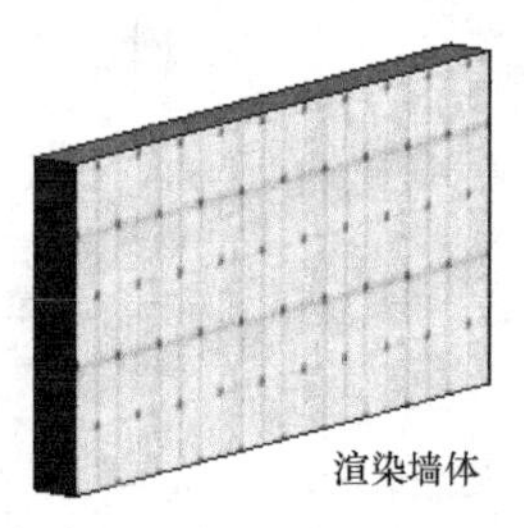

图3.15 墙体的材质效果

材质库是材质和相关资源的集合。软件提供了一部分材质库，其他则需要用户自行创建。

渲染纹理只处理部件和物体表面的美学特征。一般情况下，渲染纹理在软件中是不可见的，除非视图中要求显示渲染纹理。

用户可以自行创建新材质，从而满足个性需求。

2. 材质库-数据

除了材质的图形特征外，在材质浏览器对话框中的标识选项卡下提供文字的基本参数，如说明信息、产品信息、注释信息等，如图 3.16 所示。

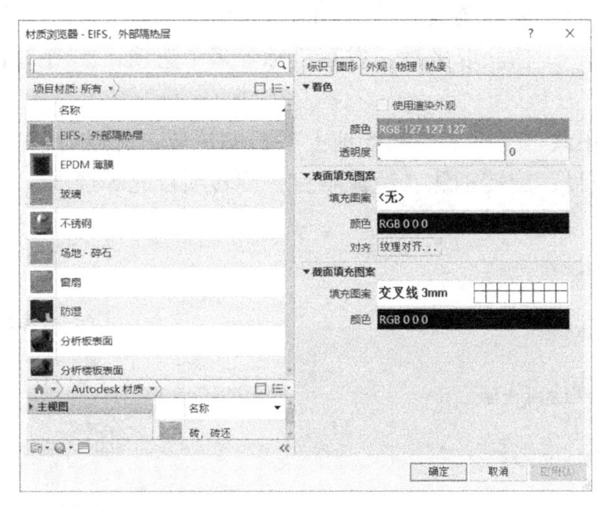

图 3.16　材质浏览器

3.2.6　清除未使用项

用于删除当前项目中未使用的族和类型，类似于 CAD 的清理命令 Purge，如图 3.17 所示。

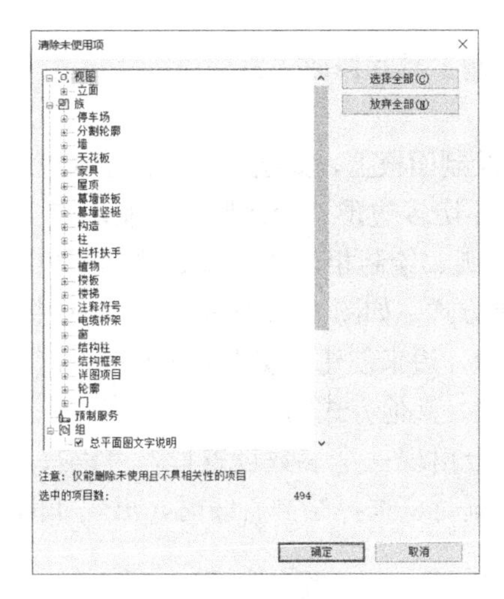

图 3.17　清除未使用项

3.2.7 项目位置

“项目位置”面板包含地点、坐标、位置三部分内容，如图 3.18 所示。

图 3.18 项目位置面板

1. 地点

“地点”用于指定项目的地理位置。对于日光研究、漫游和渲染生成阴影时非常有用。涉密项目不建议进行此项设定。

2. 坐标

“坐标”用于管理链接模型的坐标，使用共享坐标可以记录多个链接文件的相互位置，对于共同协作有重要作用，主要包括获取坐标、发布坐标等多个选项，如图 3.19 所示。

3. 位置

“位置”用于使用共享坐标来控制场地上项目的位置，并且可以修改项目中图元的位置。包括重新定位项目、旋转正北、镜像项目、旋转项目北等选项，如图 3.20 所示。

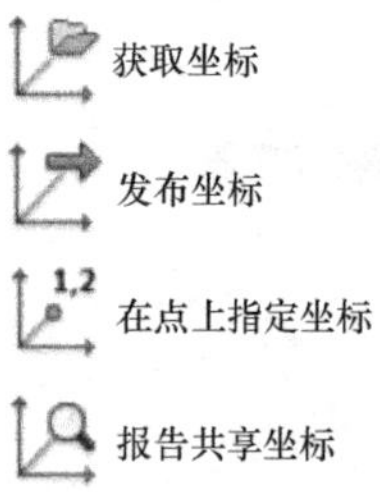

图 3.19 坐标选项

图 3.20 位置选项

3.3 软件常用基本工具与操作

3.3.1 基本工具

基本工具包含两类：绘制工具和修改工具。

1. 绘制工具

基本绘制工具会出现在绘制面板上，如绘制直线、绘制矩形、绘制内接多边形、绘制外切多边形、绘制圆、绘制起点-终点-端点弧、绘制圆心-端点弧、绘制相切-端点弧、绘制圆角弧、拾取线、拾取面共 11 种方式，如图 3.21 所示。其中使用拾取线可以通过选定墙、直线、边来创建，使用拾取面可以借助体量或普通模型的面来创建，其他方式同 CAD。

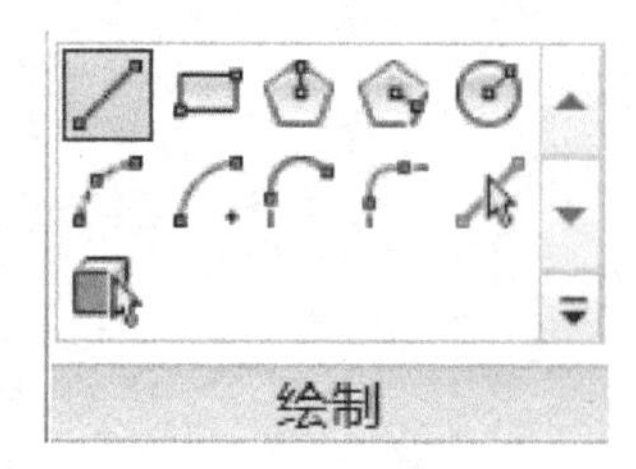

图 3.21 绘制工具

选定工具后，面板下方会出现一个参数设置框，可以进行参数的填写。如进行墙绘制时，选择绘制直线时，出现如图 3.22 所示的参数设置框。

修改 | 放置 墙 高度: 未连接 8000.0 定位线: 墙中心线 ☑链 偏移量: 0.0 ☐半径 1000.0

图 3.22 参数设置框

2. 修改工具

修改工具经常会出现在修改面板上，如图 3.23 所示。具体修改工具的图标及快捷键如表 3.2 所示。

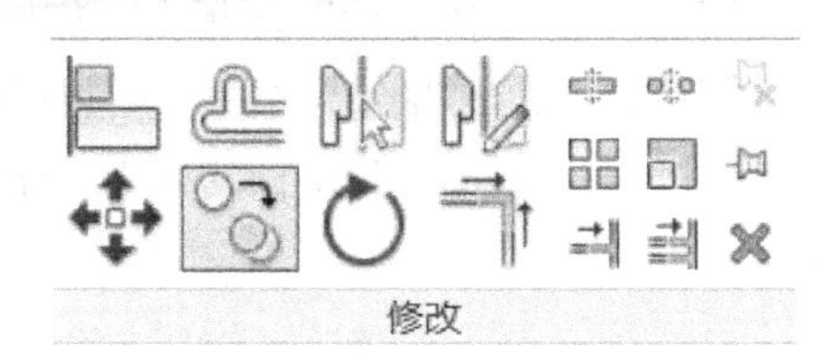

图 3.23 修改工具

修改工具的图标及快捷键 **表 3.2**

序号	图标	修改类型	快捷键	序号	图标	修改类型	快捷键
1		对齐	AL	10		用间隙拆分	
2		偏移	OF	11		解锁	UP
3		镜像-拾取轴	MM	12		阵列	AR
4		镜像-绘制轴	DM	13		缩放	RE
5		移动	MV	14		锁定	PN
6		复制	CO	15		修剪/延伸单个图元	
7		旋转	RO	16		修剪/延伸多个图元	
8		修剪/延伸为角	TR	17		删除	DE
9		拆分	SL				

3.3.2 基本操作

基本操作包括两部分：选择图元和参照平面。

1. 选择图元

模型创建过程中，经常要选择图元进行相关编辑调整，合理选择图元至关重要，方法有如下几种：

（1）单选：选择单一图元；

（2）窗选：有正选和反选两种，同 CAD；

（3）TAB 选择，单选一个图元后，按 TAB 键，会选择与所选图元关联的其他图元；

（4）增选，增加选择一些图元，按 Ctrl 键增选图元；

（5）减选：减少选择一些图元，按 Shift 键减选图元；

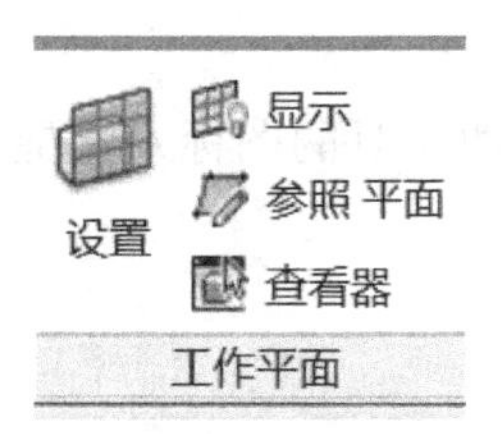

图 3.24 工作平面面板

（6）过滤器选择：需选择某一类图元时，用过滤器进行过滤选。

2. 参照平面

标高轴网进行的是项目的整体定位，局部定位常使用参照平面。参照平面位于“工作平面”面板上，如图 3.24 所示，快捷键是 RP。参照平面如同添加辅助定位线一样，可以在平立剖面上任意添加。在创建族时，参照平面起到定位的作用，非常重要。

3.4 插入管理

基础建模中很重要的一步，就是软件如何进行链接、导入外部文件以及在创建模型时相关族的载入方法。

3.4.1 链接

通过链接将外部独立文件引入到新文件中。当外部文件发生变化时，通过更新，链接后的文件会与之同步，如图 3.25 所示。

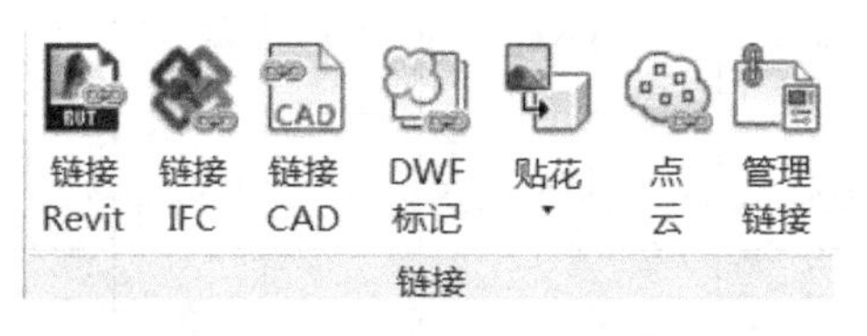

图 3.25 链接面板

1. 链接 Revit 文件

可从外部将已经创建的 Revit 文件通过链接的方式引入到当前项目中，可以选择需要链接的对象（图 3.26），并确定项目的多个定位方式，如图 3.27 所示。

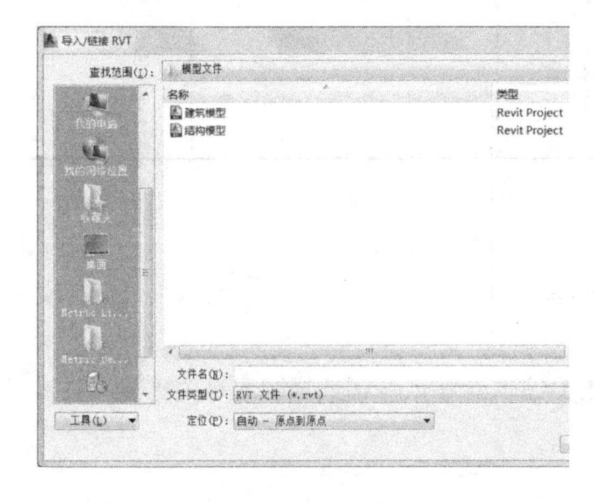

图 3.26 导入/链接 RVT

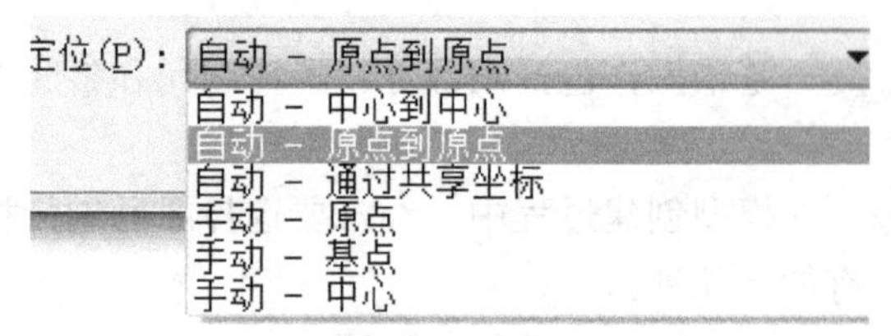

图 3.27 定位方式设置

2. 链接 DWG 文件

通过链接 DWG 文件，可将已有的 DWG 文件引入到当前项目中，在二维平面基础上进行三维模型的搭建，从而提高建模效率。导入的文件为整体，单击其外框可以进行链接文件的选取。

在导入时，需要进行导入设置（图 3.28）。

（1）颜色：有保留、反选和黑白三种选项，默认为保留；

（2）定位：同链接 RVT；

（3）图层 | 标高：有全部、可见、指定三种选项，默认为全部；

（4）导入单位：有自动检测、米、毫米等选项；

（5）放置于：选择放置的标高，默认为标高 1。

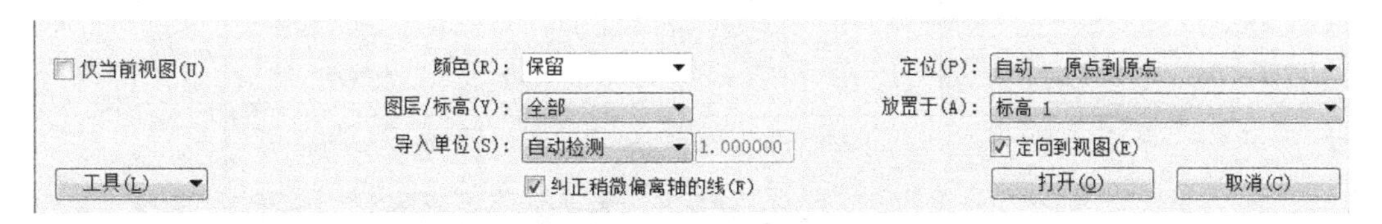

图 3.28 链接 DWG 对话框

3. 放置贴花

使用贴花工具可以将图像放置到建筑模型的表面上，从而设置参数进行渲染。贴花类型对话框如图 3.29 所示。

放置贴花前，需要创建相应的贴花类型，设置相关参数。放置贴花时，在选项栏中输入贴花的宽度和高度值，从而放置贴花。

在视图控制栏中，将显示方式设置为“真实”模式，贴花就会以真实的效果显示在当前项目中。

图 3.29 贴花类型对话框

4. 链接管理

链接到项目中的 RVT 文件、CAD 文件等，都将在链接管理器中统一管理，可在链接管理器中对当前项目中链接的文件进行设置。如图 3.30 所示为管理链接对话框。

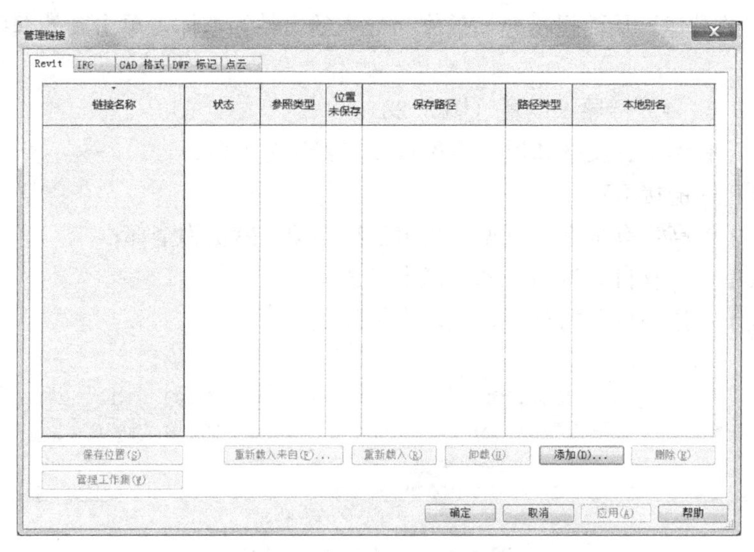

图 3.30 管理链接对话框

各项说明为：

(1) 状态：在当前项目中是否载入链接文件，有“已载入”“未载入”“未找到”三种状态。

(2) 参照类型：将模型链接到另一个项目中时，此链接模型的类型，有“附着”和“覆盖”两种状态。

3.4.2 导入

通过导入外部文件到项目中进行相关操作，与链接方式不同，导入图元在导入后将会与原文件失去关联性，图 3.31 所示为“导入”面板。

1. 导入 CAD 文件

从外部将创建好的 DWG 文件导入到项目中，作为建模辅助和提高建模效率之用。

2. 从文件插入对象

将其他项目中创建的明细表样板、绘图视图和二维详图等文件导入到现有项目中。如选择了包含插入的视图的 Revit 项目，点击打开，弹出插入视图对话框，选择好要插入的视图，单击确定按钮。在项目浏览器中将会创建一个新的明细表视图。

3. 图像的导入和管理

将图像文件（如 bmp、jpg）导入到项目中，用于作为背景图像或用作创建模型时所需的视觉辅助。

3.4.3 载入族

族是创建 Revit 项目模型的基础，添加到 Revit 项目中的所有图元都是使用族创建的，如图 3.32 所示。

1. 从库中载入族

族以 rfa 格式存储于计算机中，形成一个庞大的族库系统，当在 Revit 中创建项目时，可从库中查找所需的族文件，载入到项目中。

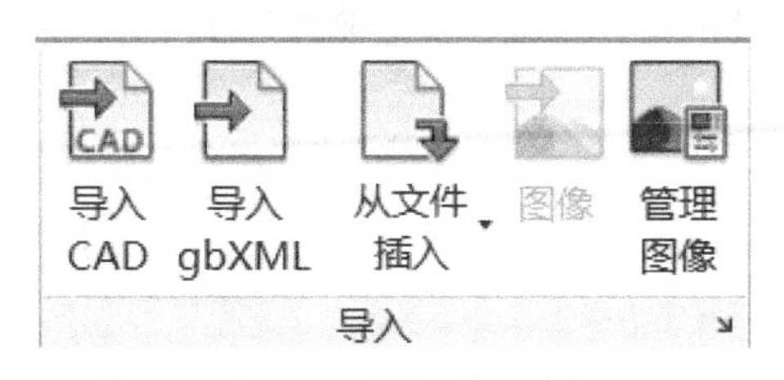

图 3.31 “导入”面板

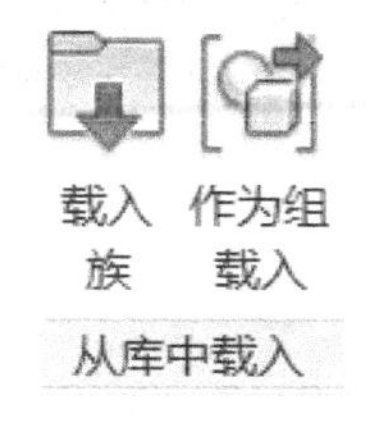

图 3.32 载入族

2. 作为组载入对象

在 Revit 项目模型创建中，可将创建好的 RVT 模型文件以组的形式进行载入，从而使用。

3.5 标高和轴网

标高可以用来确定构件高度方向信息、定义楼层层高及生成平面视图；轴网在确定一个工作平面的同时，主要用于构件的平面定位。标高和轴网共同构建了一个模型的三维网格定位体系。

一般建模时，我们都是先创建标高再绘制轴网，这样可以保证后绘制的轴网系统正确出现在每一个标高视图中。

3.5.1 标高

标高是模型创建的基准，它与构件在高度方向上的定位相关联，其准确程度直接决定着各个专业间的协调性，也是各个专业间模型交换的主要标准，建模之前需要对项目的层高和标高信息进行整体规划。

1. 标高绘制

要绘制标高，需要先进入立面视图下，如图 3.33 所示。

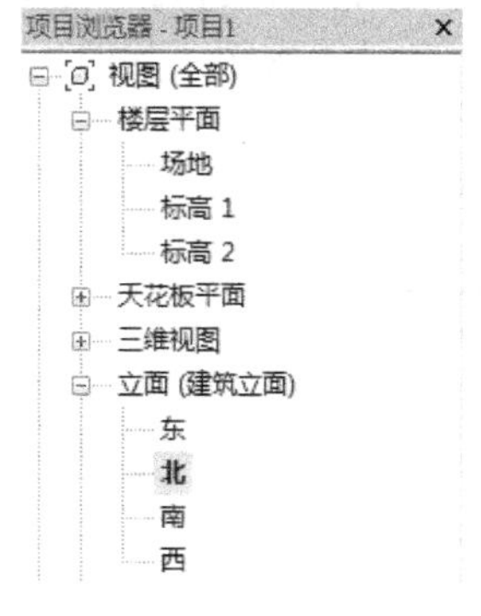

图 3.33 立面视图

创建标高有两种方法：一种是绘制标高，这种方法创建的标高会自动创建平面视图；另一种是复制现有标高，所创建的标高不能直接生成平面视图，需要进行相应的设置。

点击“建筑”选项卡的“基准”面板上的“标高”按钮（快捷键 LL），出现“修改 | 放置标高”上下文选项卡，自动进入“修改 | 放置标高”状态，如图 3.34 所示。

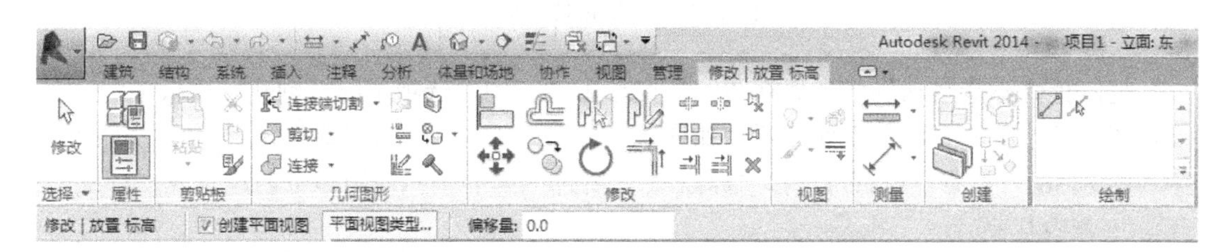

图 3.34 “修改 | 放置标高”上下文选项卡

系统默认设置了两个标高：标高 1 和标高 2，在标高 2 上方 3000mm 的位置绘制一条标高线，从而完成一个标高的绘制，在项目浏览器的楼层平面下会看到新增了一个“标高 3”的平面视图，如图 3.35 所示。

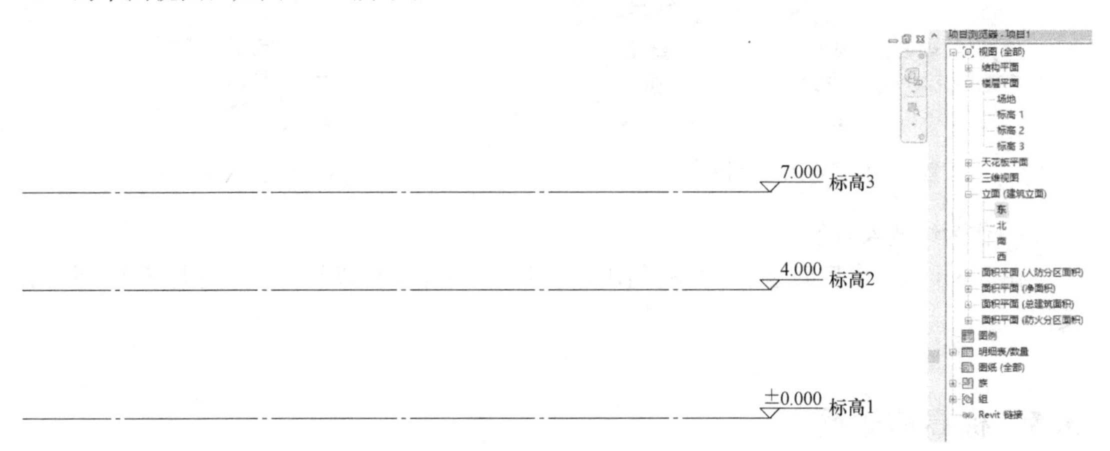

图 3.35 立面视图下绘制创建新标高

利用“修改”面板上的“复制”按钮，向上复制标高 2、3，可以完成标高 4、5 的绘制，标高自动进行名称编号，但项目浏览器相应的楼层平面下不增加“标高 4”和“标高 5”的平面视图，如图 3.36 所示。

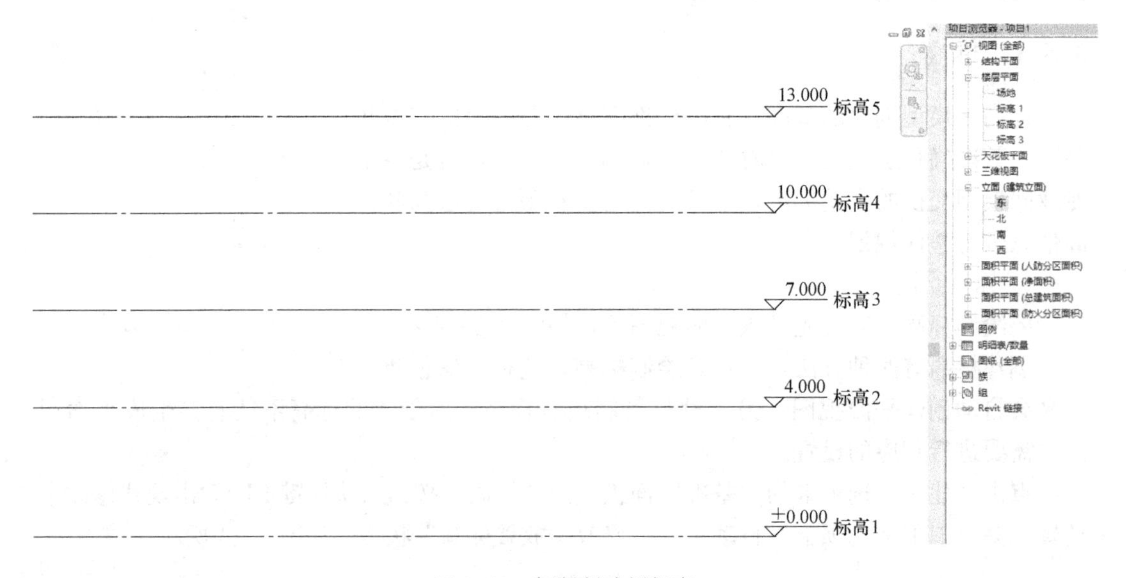

图 3.36 复制创建新标高

复制标高不能自动创建平面视图，需要单击“视图”选项卡的“创建”面板中的“平面视图”按钮下的“楼层平面”项，如图 3.37 所示。在弹出的“新建楼层平面”对话框中（图 3.38），选择“标高 4”和“标高 5”，所选标高的平面视图即可创建完成。

2. 修改标高

选择某一标高，各位置符号的含义如图 3.39 所示。

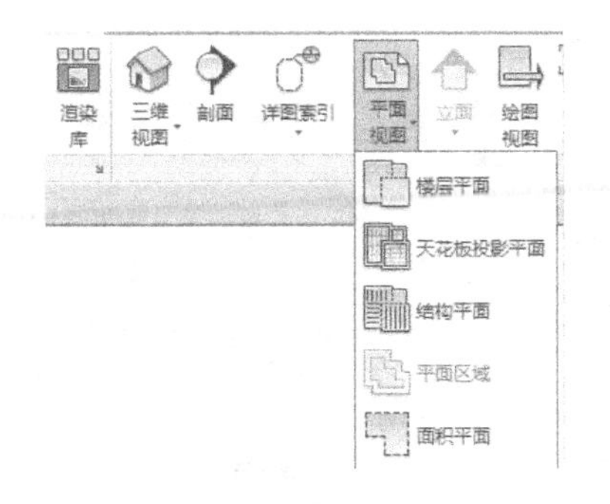

图 3.37 平面视图项

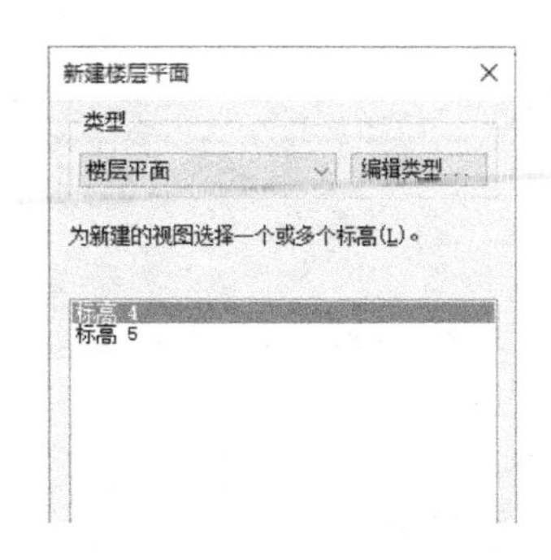

图 3.38 新建楼层平面视图

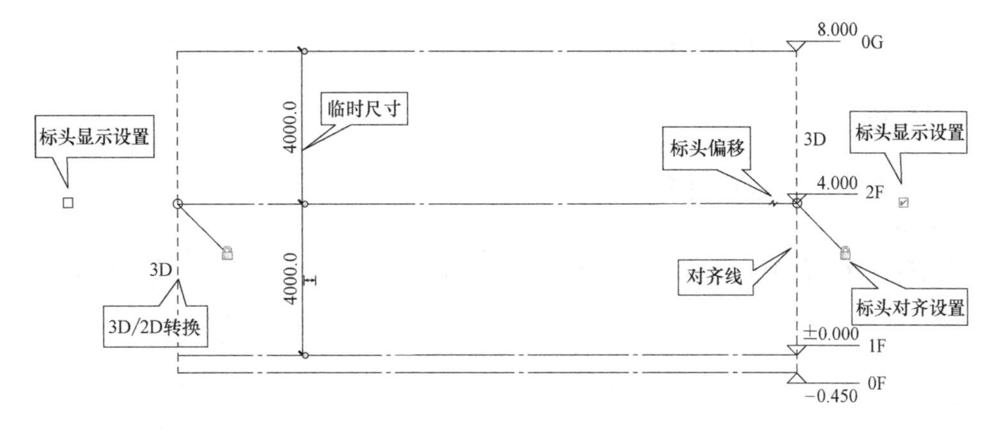

图 3.39 标高位置符号的含义

标头显示设置勾选框，若不勾选，则隐藏该端点符号。在对齐约束锁定的情况下，拖曳端点空心圆圈，可使对齐约束线上的所有标高都跟随拖动，若只想拖动某一条标高线的长度，解锁对齐约束，然后再进行拖曳操作。

若要对标高的端点符号进行转折处理，可单击“标头偏移”位置符号，完成转折的效果如图 3.40 所示。

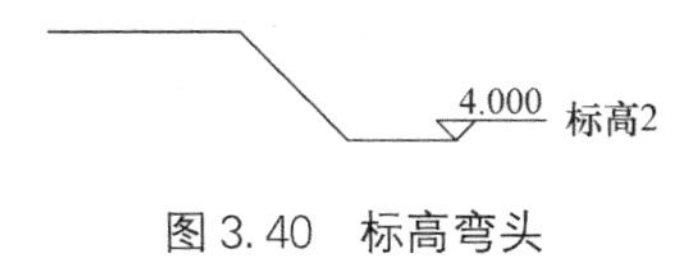

图 3.40 标高弯头

如果要修改标高值，可以单击标高线的数字部分，直接修改即可；标高的名称也可以同样操作。

标高标头的类型可以选择，默认是上标头方式，需要在属性框下拉菜单中选取其他的标头类型，如图 3.41 所示，其类型属性对话框如图 3.42 所示，可以进行标高的其他参数的修改。

单击标高线时，会出现“3D”的提示，表示如果在该视图中调整标高，这个调整会应用到其他所有视图中；单击该“3D”提示，会切换为“2D”，表示如果在该视图中调整标高，这个调整只对该视图起作用，而不会应用到其他所有视图中。

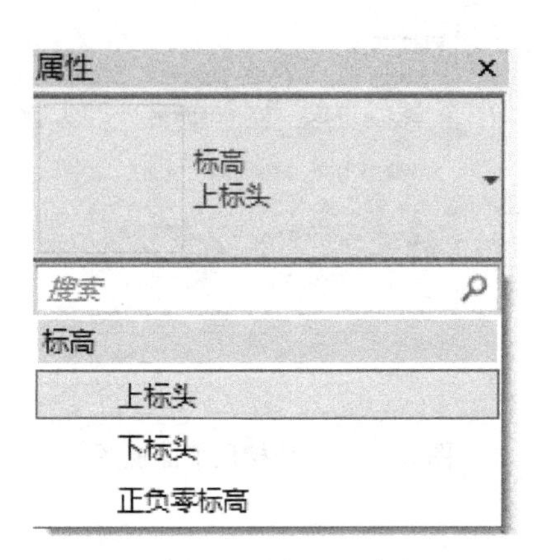

图 3.41 属性框下标高标头

类型属性

族(F)：系统族：标高　载入(L)...

类型(T)：上标头　复制(D)...

重命名(R)...

类型参数

参数	值
限制条件	
基面	项目基点
图形	
线宽	1
颜色	RGB 128-128-128
线型图案	中心线
符号	上标高标头
端点 1 处的默认符号	☐
端点 2 处的默认符号	☑

图 3.42 标头类型属性

3.5.2 轴网

轴网用于平面中对构件进行定位。

1. 创建轴网

要创建轴网，需要先进入平面视图下，图 3.43 所示为切换到标高 1 楼层平面。

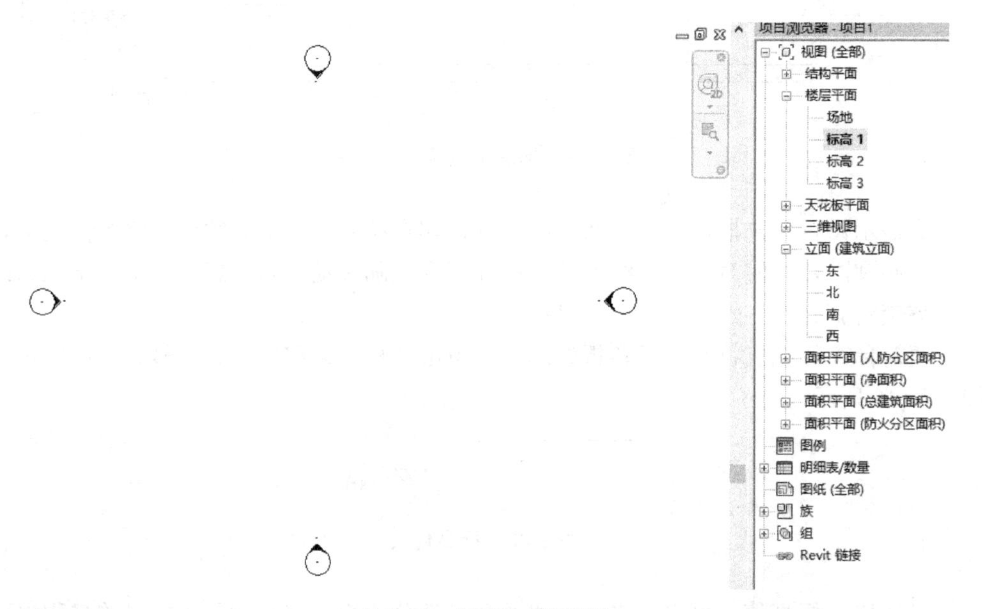

图 3.43 标高 1 楼层平面

点击“建筑”选项卡的“基准”面板上的“轴网”按钮（快捷键 GR），出现“修改｜放置轴网”上下文选项卡，自动进入“修改｜放置轴网”状态，如图 3.44 所示。

创建轴网有两种方法：一种是直接绘制的方法；另一种是通过导入的 CAD 图纸，拾取轴线的方法。

直接绘制：在楼层平面的“标高 1”视图下，单击“修改｜放置轴网”上下文选项卡的“绘制”面板上的“直线”按钮，在绘图区域直接绘制一条竖向轴线，轴线号自动定为

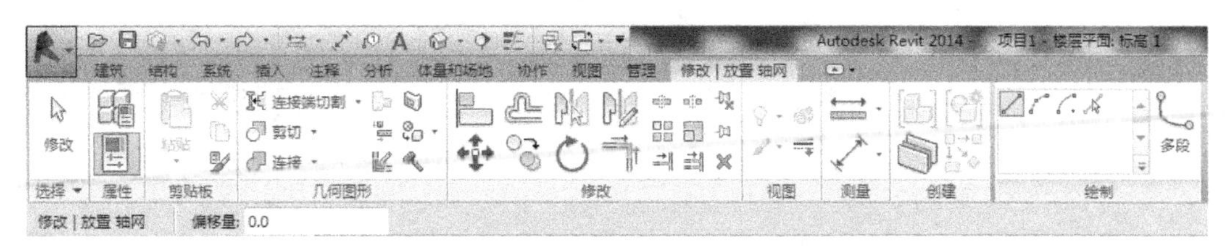

图 3.44 “修改｜放置轴网”上下文选项卡

1，再选择“复制”按钮，并勾选“约束”和“多个”，拖动鼠标至合适数值（6000、6000、4500）后依次单击左键，从而复制出轴线 2、轴线 3、轴线 4 等多条轴线。其中“约束”项是保证正交模式，“多个”项是可以连续复制，如图 3.45 所示。

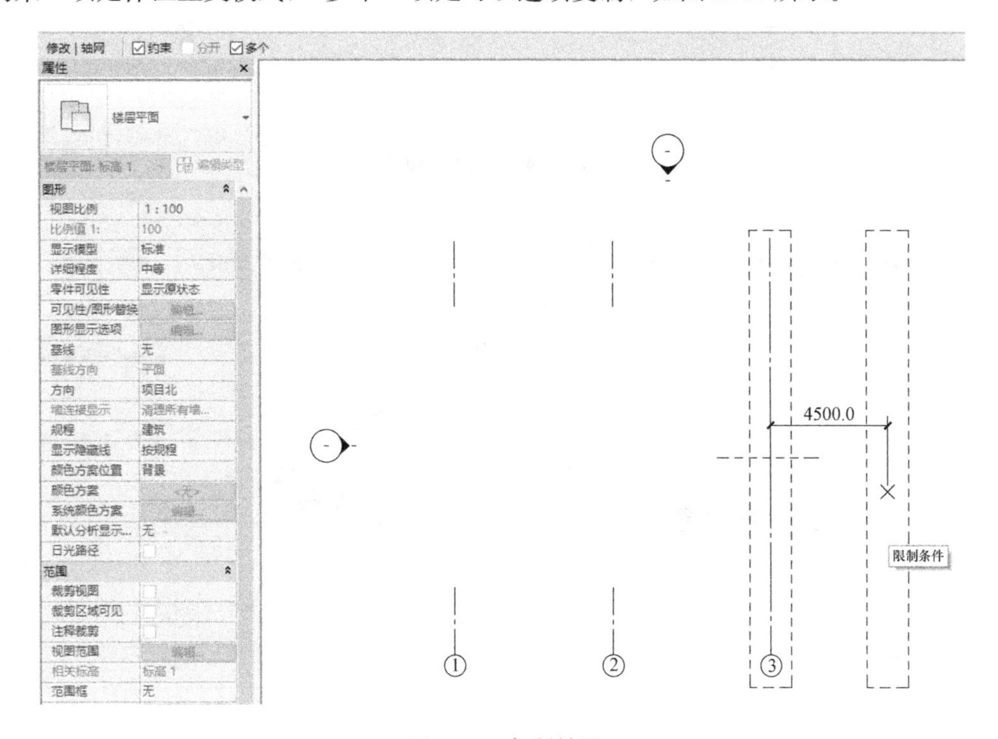

图 3.45 复制轴网

再次单击“修改｜放置轴网”上下文选项卡的“绘制”面板上的“直线”按钮，在绘图区域绘制一条水平向轴线，轴线号自动定为 5，手动将轴线号改为 A，同样使用“复制”操作将水平轴线 A 依次向上复制 4800、4500、1800，得到轴网 B、轴网 C、轴网 D，结果如图 3.46 所示。

切换到楼层平面的“标高 2”视图下，同样可以看到创建的轴网在该标高视图中可见。

除了复制操作外，还可以使用阵列功能实现以上的复制操作。读者可依照图 3.47 的步骤完成相应的操作，注意勾选“成组并关联”项，项目数设为 10 个，“移动到”选择“第二个”单选按钮，选中“约束”复选框，将光标向上移动，输入适当数值，即可完成对轴线的阵列。

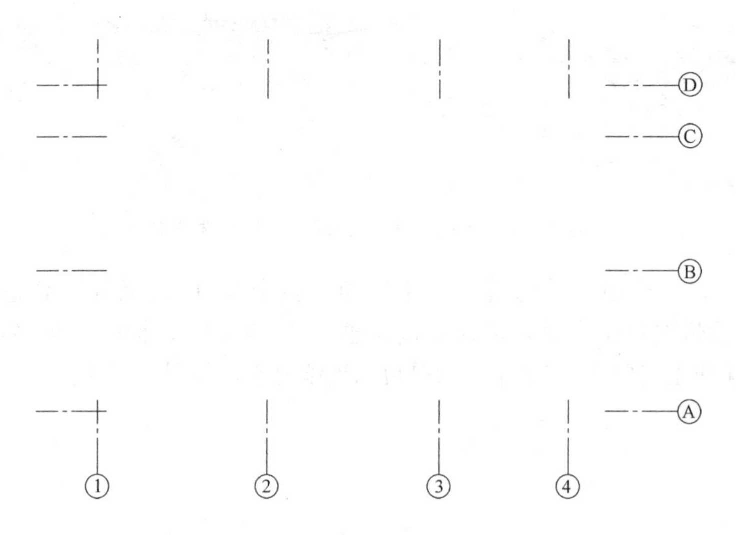

图 3.46 轴网完成绘制效果

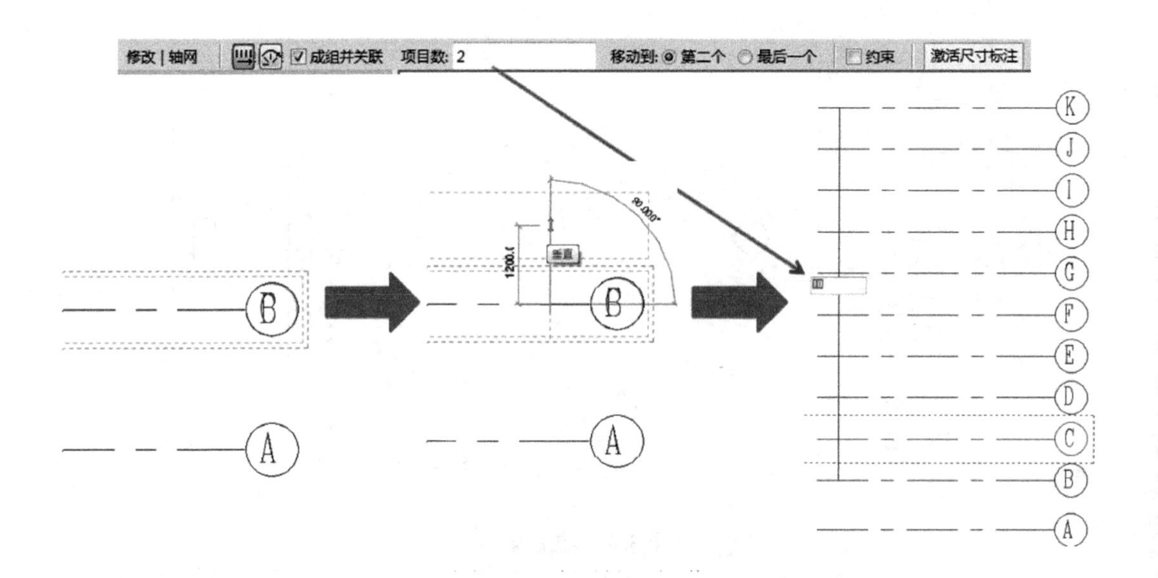

图 3.47 阵列轴网操作

2. 编辑轴网

有关轴网的轴号修改、轴号显示、轴线添加弯头等参照标高的相关位置符号。其他可能需要编辑的内容有轴线类型和轴线的影响范围。

轴线类型可以从属性框中选择，如图 3.48 所示。轴线的类型属性如图 3.49 所示，有符号样式、轴线中段是否连续、轴线颜色、轴线宽度、轴线端点 1、2 是否显示等参数可以修改编辑。

轴网是有影响范围的，即轴网调整后，不是每个楼层平面视图都可以影响到，需要设置一个范围。

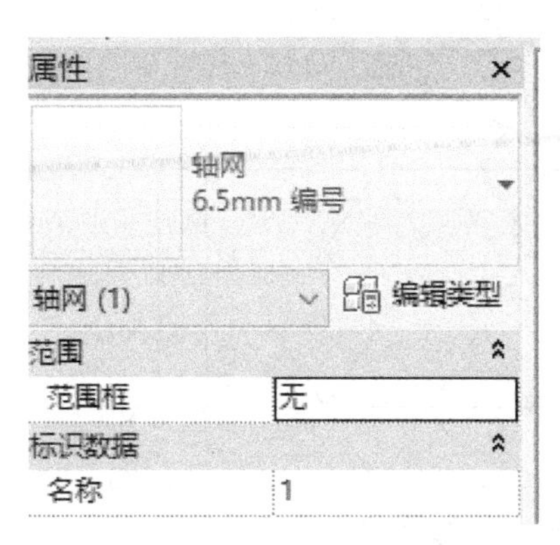

图 3.48 轴网属性框

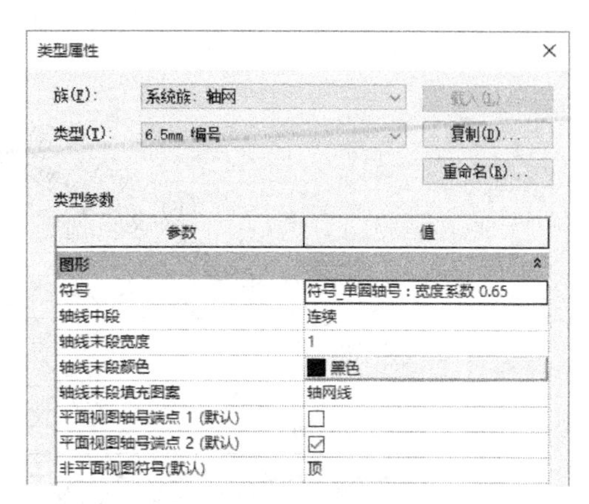

图 3.49 轴网类型属性

习题

1. 简述 Revit 软件的 Ribbon 界面的特点。

2. 图元选择的方法有哪些？

3. 完成如图所示的轴网。

4. 根据下图中给定的尺寸绘制标高轴网。某建筑共三层，首层地面标高为±0.000，层高为 3m，要求两侧标头都显示，将轴网颜色设置为红色并进行尺寸标注。

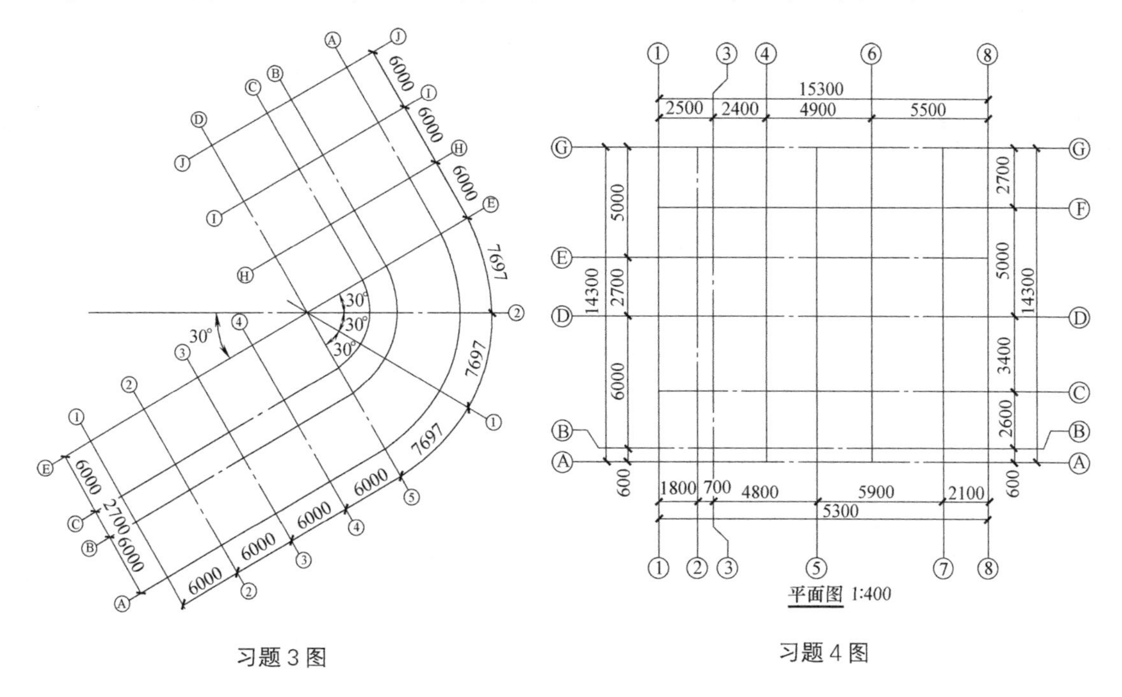

习题 3 图

习题 4 图

5. 根据下图给定数据创建轴网并添加尺寸标注，尺寸标注文字大小为 3mm，轴头显示方式以下图为准。

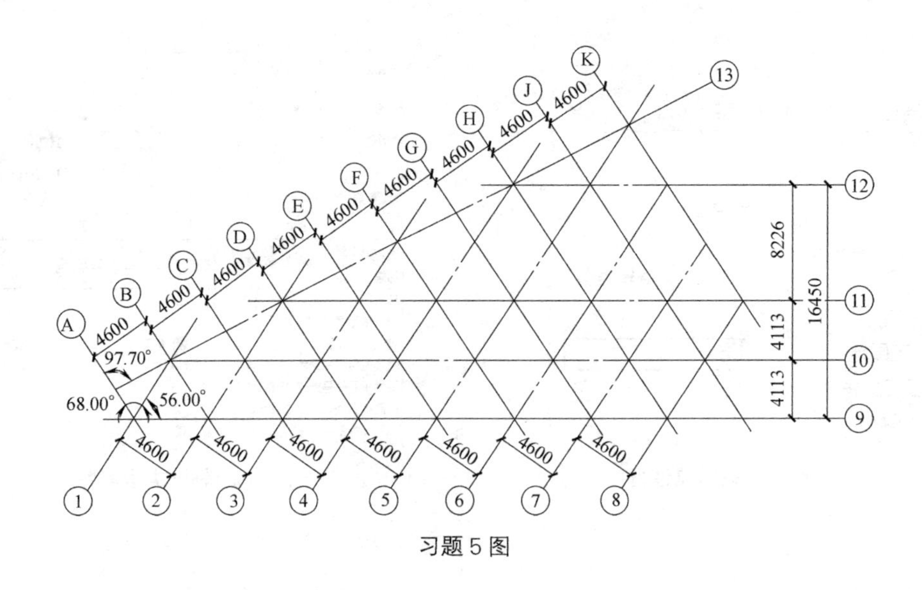
A
B
C
D
E
F
G
H
J
K
13
12
11
10
9
1
2
3
4
5
6
7
8
4600
97.70°
68.00°
56.00°
8226
4113
4113
16450

习题5图

第4章 建筑建模

针对建筑建模，可以选择 Revit 自有样板—建筑样板（文件名为 default. rte)。

建筑建模包括建筑墙、门窗构件、建筑柱、屋顶、天花板、楼板、幕墙图元、栏杆扶手、坡道、楼梯以及模型文字、模型线、房间和洞口等。本章主要介绍建筑墙、门窗构件、屋顶、天花板、洞口、楼板、楼梯、栏杆扶手、房间及明细表，还有体量、场地、渲染漫游等内容。

4.1 建筑墙

建筑墙体是建筑物的重要组成部分，从功能、材质和厚度方面进行表达，主要用于承重、围护和分隔空间。在墙体绘制时，需要考虑墙体的高度，放置墙后可以添加墙饰条或分隔缝、编辑墙的轮廓以及插入门和窗构件。软件提供三种类型的墙体：基本墙、幕墙和叠层墙。

4.1.1 墙

点击“建筑”选项卡的“墙”下拉菜单，选择“墙：建筑”，出现“修改｜放置墙”选项卡，即可进行建筑墙的绘制，如图 4.1 所示。

图 4.1 绘制建筑墙界面

点击“编辑类型”按钮出现“类型属性”对话框，点击“复制”按钮建立一个新的基本墙类型，命名为“A-外墙－240mm”，如图 4.2 所示。

单击“构造”栏中的“结构”对应的“编辑”按钮，弹出“编辑部件”对话框，如图 4.3 所示。

通过添加“面层”功能、赋予“材质”及“厚度”，可以修改墙的构造。以外侧 40mm 厚红色砖墙、内侧 5mm 厚大白粉刷，结构为 195mm 厚混凝土砌块为例，设置好的结果如图 4.4 所示。

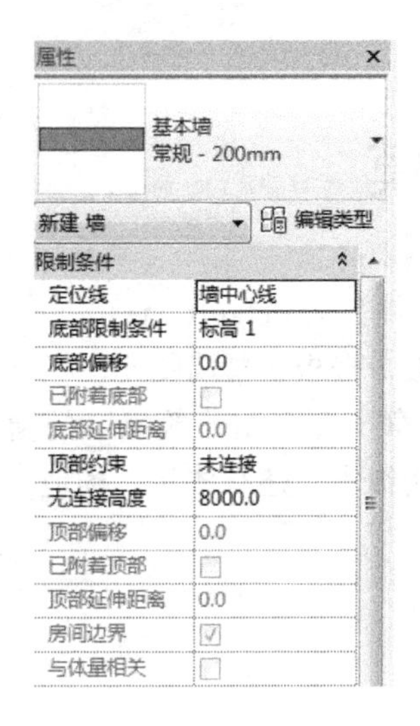

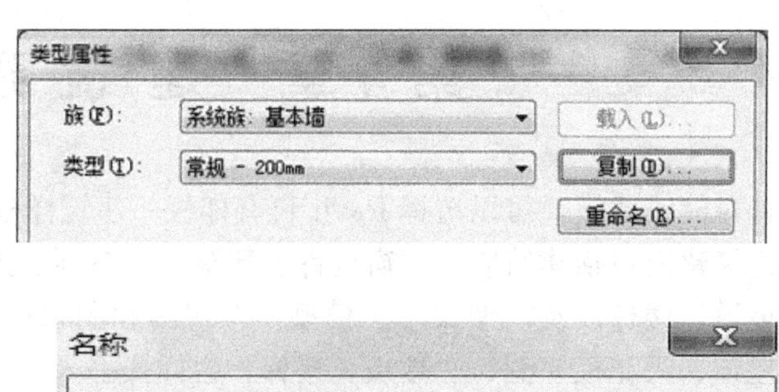

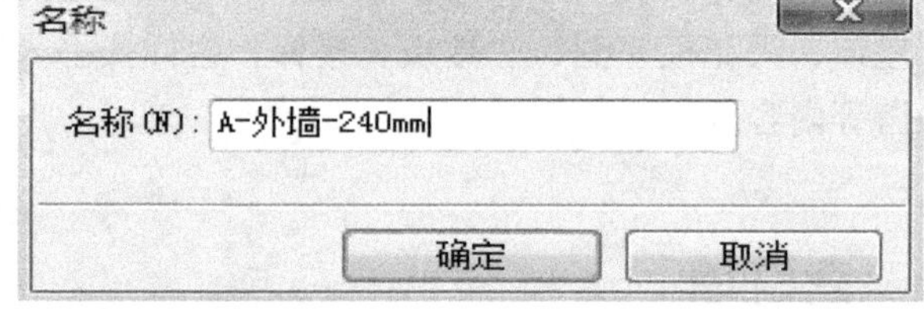

图 4.2　墙类型属性对话框

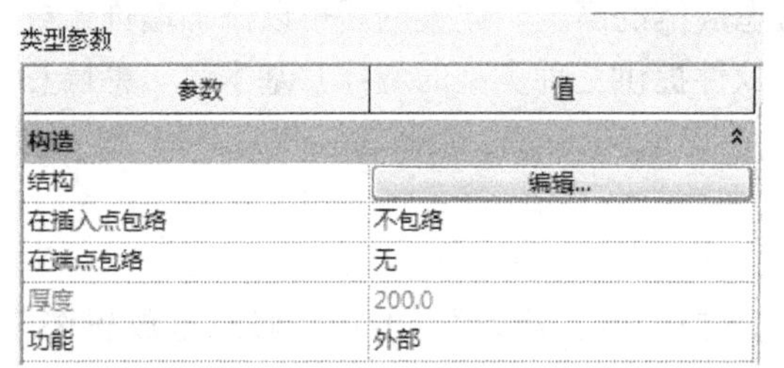

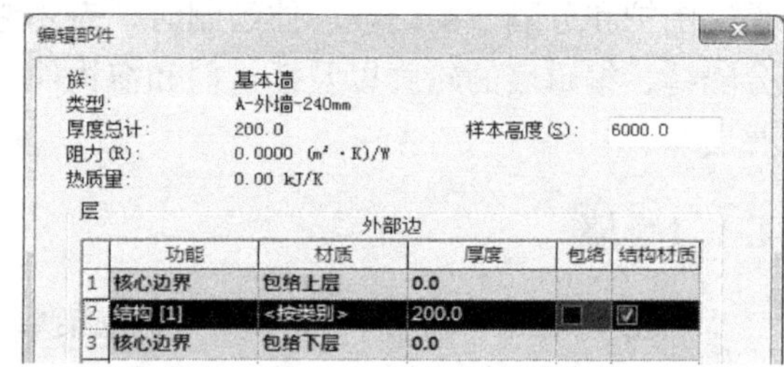

图 4.3　编辑结构部件

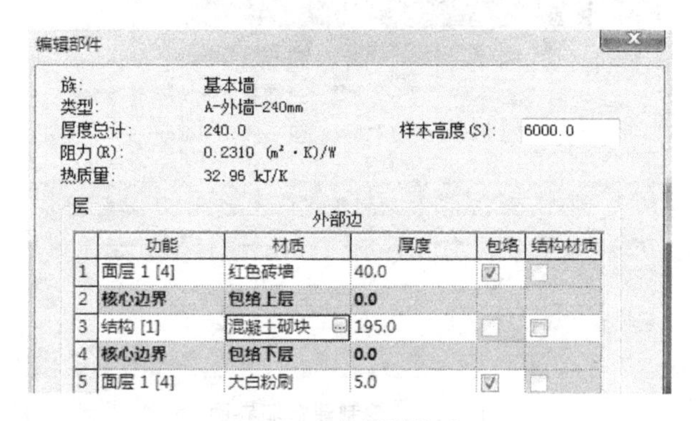

图 4.4　编辑墙构造

放置墙可以有两种方法：

1. 修改状态栏的高度/深度、定位线、链和偏移量

放置墙时，可以状态栏上修改高度/深度、定位线、链和偏移量等，如图 4.5 所示。

图 4.5　修改 | 放置墙

“高度”：墙的墙顶定位标高选择标高，或为默认设置“未连接”输入值。

“深度”：墙的墙底定位标高。

“定位线”：在绘制时，选择要将墙的哪个垂直平面与光标对齐，或要将哪个垂直平面与将在绘图区域中选定的线或面对齐。

“链”：以绘制一系列在端点处连接的墙分段。

“偏移”：输入一个距离，以指定墙的定位线与光标位置或选定的线或面之间的偏移。

2. 在“属性”中修改

墙体的定位线有墙中心线、核心层中心线、面层面内外部及核心面内外部，如图 4.6 所示。

墙体的高度由底部限制条件、底部偏移及顶部约束、无连接高度确定。

绘制时，可以选择直线、矩形、多边形、弧形、拾取等方法绘制墙体。一般可以选择矩形进行外墙绘制，选择直线进行内墙绘制。

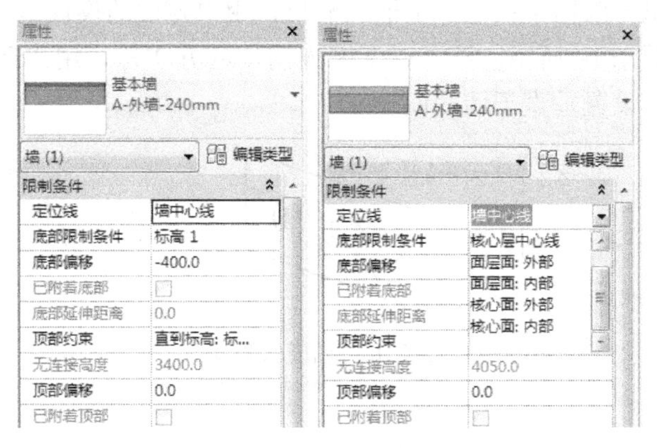

图 4.6 墙实例属性

如图 4.7 在 1～3 轴-A～D 轴间创建 240mm 厚的内外墙，最终建立的三维效果如图 4.8 所示。

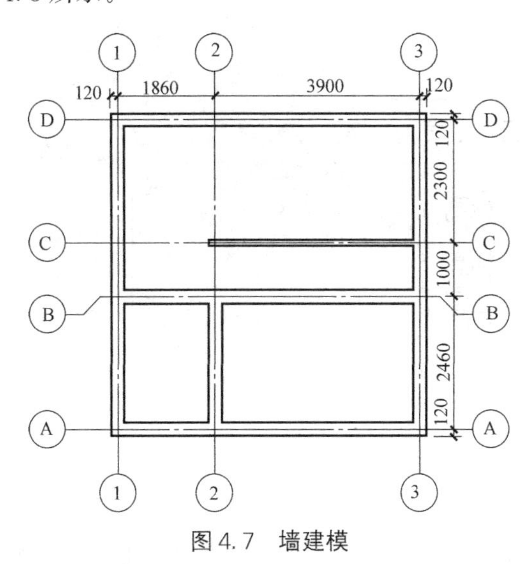

图 4.7 墙建模

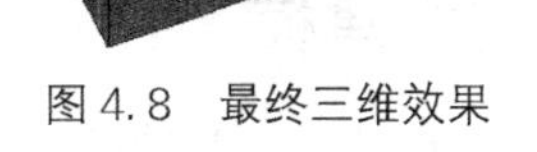

图 4.8 最终三维效果

4.1.2 墙编辑

1. 轮廓编辑

将墙体附着到屋顶会使墙体形状发生改变，编辑轮廓工具是经常用到的功能，该工具可见于“修改 | 墙”选项卡中。该工具会将墙体转化为轮廓草图，接着我们可以根据需要设置墙体的轮廓，一旦完成草图，轮廓形状就会重新调整为3D墙体，如图4.9所示。

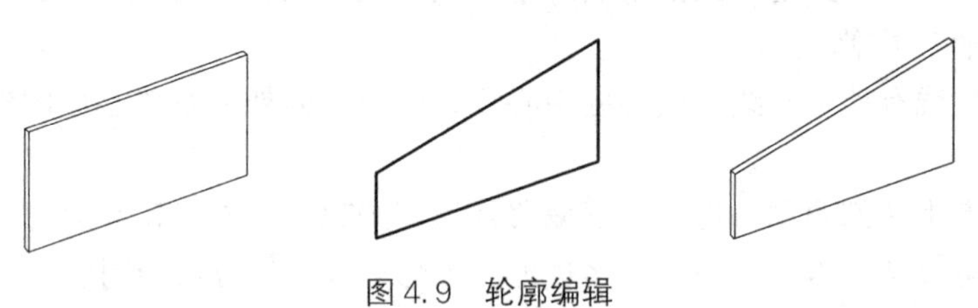

图4.9 轮廓编辑

编辑轮廓工具也可以用于在墙体上嵌入洞口，用户要做的仅仅是在原始轮廓草图上界定一个新形状，如图4.10所示。除了以上嵌入洞口的方式外，用户还可以使用墙洞口工具等方式，洞口轮廓设置垂直于墙表面。

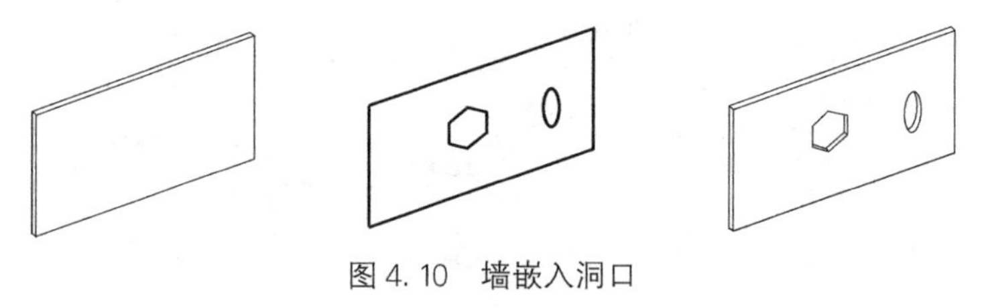

图4.10 墙嵌入洞口

2. 墙体复制

选中所有外墙，单击“选择全部实例”中的“在整个项目中”，然后在面板中激活“复制”命令，选择“粘贴”下拉项的“与选定的标高对齐”，选择标高2，则可将标高1的外墙复制到标高2，如图4.11所示。

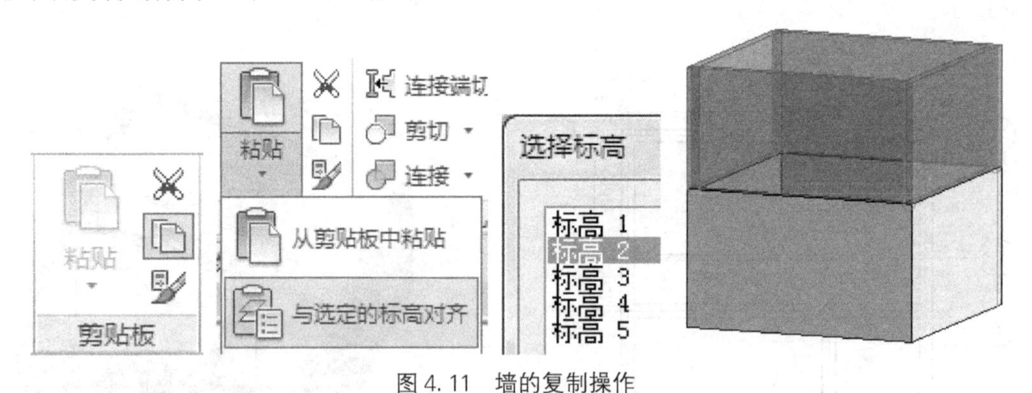

图4.11 墙的复制操作

4.2 门窗建模

门窗建模的主体为墙体，它们和墙体是依附与被依附关系，门窗可以自动识别墙，删除墙体时，门窗随之被删除。门窗在项目中可以修改类型参数，如门窗的宽和高、材质、底高度等。

4.2.1 门

门是基于主体的构件，可添加到任何类型的墙内，软件将自动剪切洞口并放置门。

1. 添加门

在平面视图、剖面视图、立面视图或三维视图中均可以添加门。

单击“建筑”选项卡的“门”按钮出现“修改｜放置门”选项卡，默认“M-单扇-与墙齐”，单击“编辑类型”按钮，选择复制，并命名为M1，尺寸定为：900mm×2100mm，如图4.12所示。

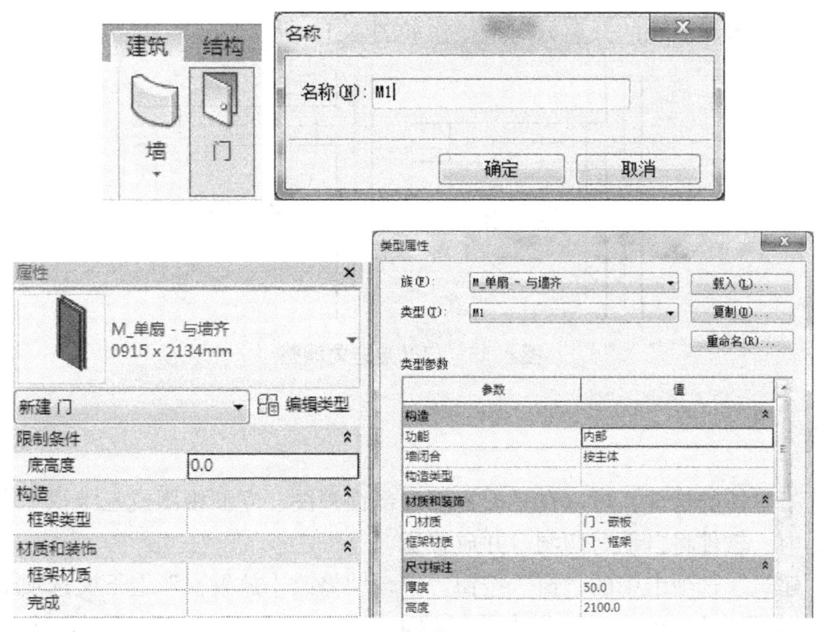

图4.12 载入门

如果没有合适的门，我们可以选择“模式”中的载入族，在Revit自有族库对话框中选择族文件“建筑”中的门，路径如图4.13所示。例如载入推拉门，选择要添加的门类型，然后复制一个类型放置门即可。

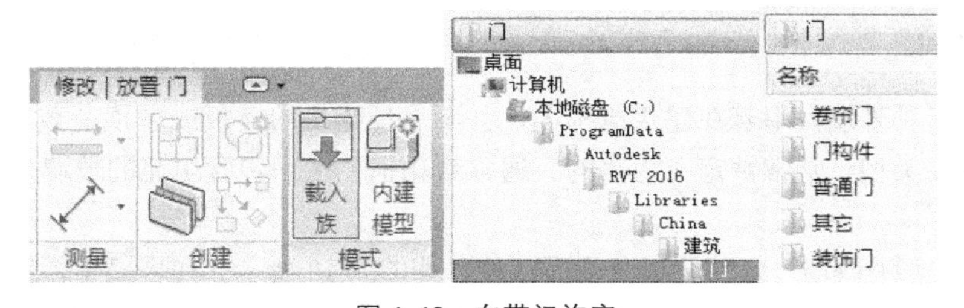

图4.13 自带门族库

2. 修改门模型

门放置时只需在大概位置插入放置，然后通过修改临时尺寸标注可以驱动图元位置，实现精确定位，其详细操作如图 4.14 所示。

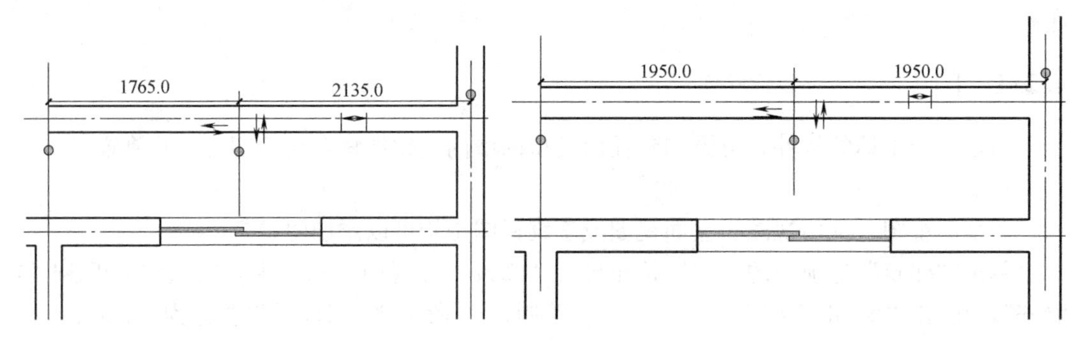

图 4.14 门位置驱动示意

用“空格”键调整门的开启方向，操作如图 4.15 所示。

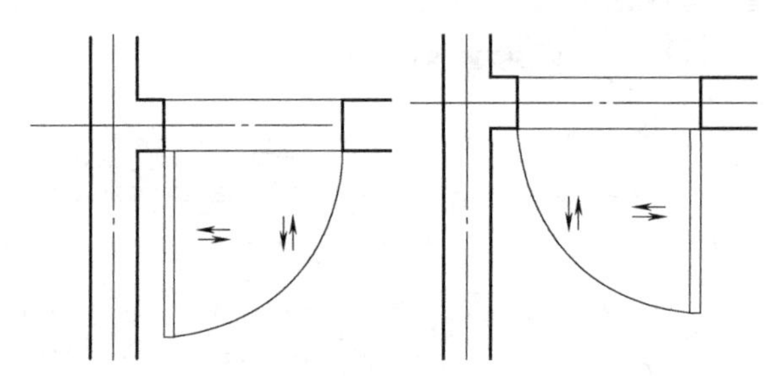

图 4.15 门开启方向调整

4.2.2 窗

窗是基于主体的构件，可以在平面视图、剖面视图、立面视图或三维视图中添加到任何类型的墙内。软件将自动剪切洞口并放置窗。

单击“建筑”选项卡中的“窗”按钮，出现“修改 | 放置窗”上下文选项卡，默认的窗类型为“M_固定”，单击属性栏中的“编辑类型”按钮，并复制类型，建立一个名为 C1（400mm×600mm）的窗，将类型标记修改为 C1，如图 4.16 所示。

选择点击“模式”中的“载入族”按钮，如图 4.17 所示。

出现 Revit 自有族库对话框，选择建筑文件中的窗，路径如图 4.18 所示。选择要添加的窗类型，以“推拉窗”为例，然后指定窗在主体图元上的位置。

4.2.3 幕墙

幕墙是一种外墙，附着在建筑结构上，并不承担建筑的楼板或屋顶荷载。在 Revit 中幕墙是一种墙类型，常常被定义为薄的、通常带铝框的墙，包含填充的玻璃、金属嵌板或薄石。

幕墙的类型有幕墙、外部玻璃及店面三种，如图 4.19 所示。在幕墙中，使用网格线定义放置竖梃的位置。竖梃是分割相邻窗单元的结构图元。在幕墙的三种类型中，幕墙没有网格或竖梃，此墙类型的灵活性最强；外部玻璃具有预设网格；店面具有预设网格和竖梃。后两种可用参数控制幕墙网格的布局模式、网格的间距值及对齐、旋转角度和偏移值。

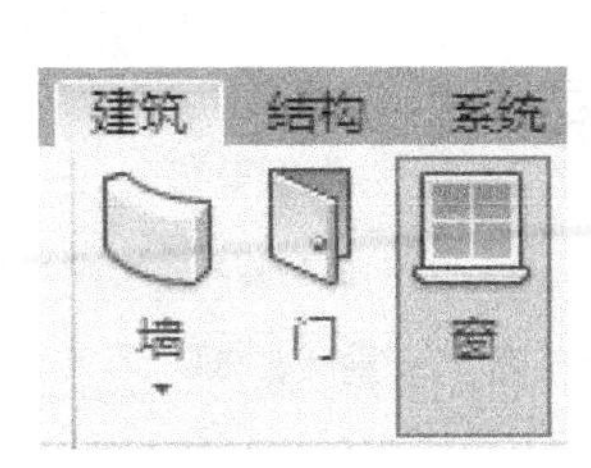

类型属性

族(F): M_固定　　载入(L)...

类型(T): C1　　复制(D)...

重命名(R)...

类型参数

参数	值
构造	
墙闭合	按主体
构造类型	
材质和装饰	
框架外部材质	窗扇
框架内部材质	窗扇
玻璃嵌板材质	玻璃
窗扇	窗扇
尺寸标注	
高度	600.0
默认窗台高度	915.0
宽度	400.0
窗嵌入	19.0
粗略宽度	
粗略高度	

<< 预览(P)　确定　取消　应用

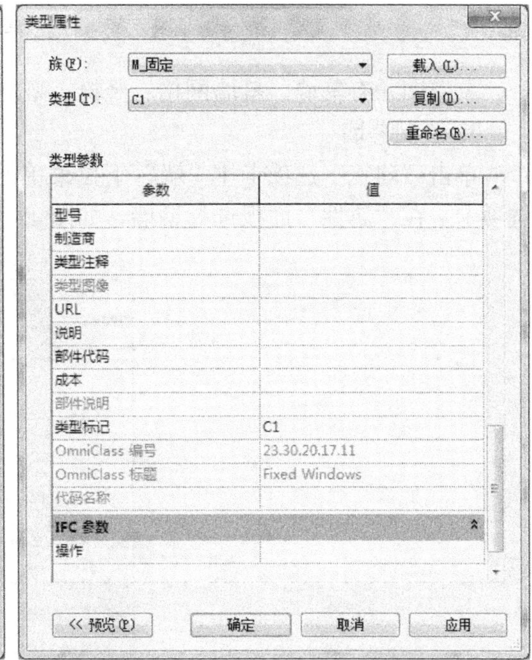

图 4.16　复制一个 C1 型窗

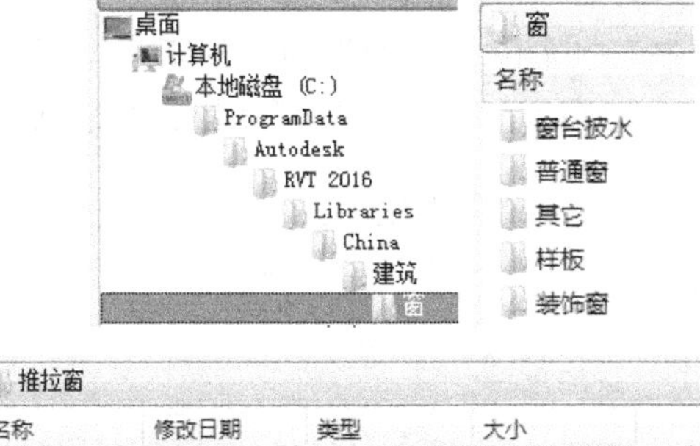

图 4.17　载入窗

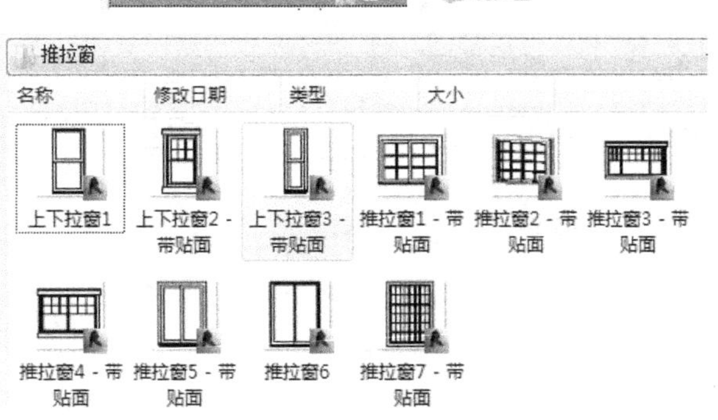

图 4.18　添加窗

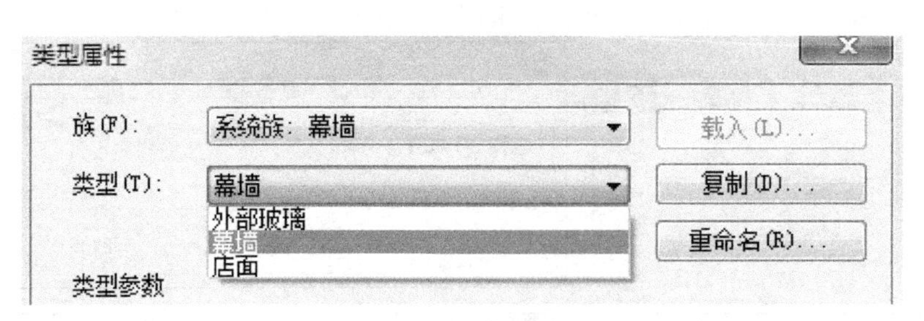

图 4.19 幕墙类型属性

幕墙图元有幕墙、幕墙网格、竖梃、幕墙系统。绘制幕墙的方法和基本墙一样。

1. 绘制幕墙

单击“建筑”选项卡中“墙”下拉菜单的“墙：建筑”按钮，出现“修改 | 放置墙”选项卡。在“属性”面板选择幕墙，如图 4.20 所示。

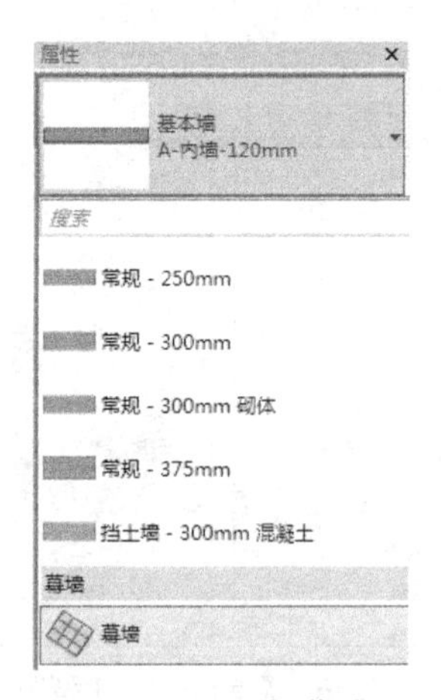

图 4.20 选择幕墙

修改顶部约束和顶部偏移，单击“属性”中“编辑类型”按钮，弹出“类型属性”对话框，“复制”一个以“MQ1”命名的新类型幕墙，勾选“自动嵌入”，修改垂直网格间距为 500，幕墙高度为 2500，即可在标高 2 绘制幕墙，如图 4.21 所示。

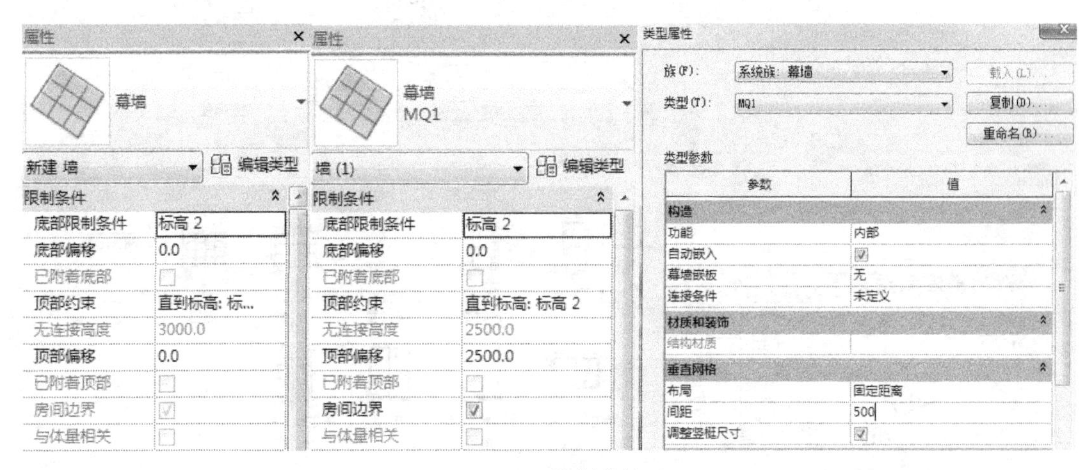

图 4.21 绘制幕墙

2. 编辑幕墙

幕墙网格可以整体分割或局部细分幕墙嵌板。选择幕墙网格（Tab 建切换选择），单击标记即可修改网格临时尺寸。

将竖梃添加到网格上时，竖梃将调整尺寸，以便与网格拟合。如果将竖梃添加到内部网格上，竖梃将位于网格的中心处。选择绘制的幕墙，单击“修改丨墙”面板下的“编辑轮廓”按钮，即可任意编辑其形状。

以水平网格间距为 800、800、900 为例，单击“建筑”选项卡中的“幕墙网格”按钮，进入“修改丨放置幕墙网格状态”选项卡，选择放置中的“全部分段”按钮，如图 4.22 所示。

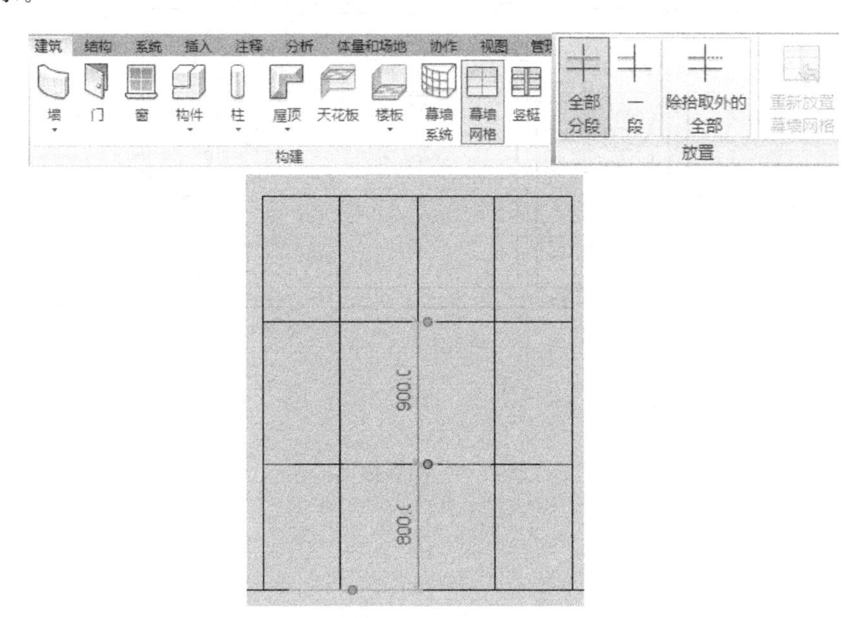

图 4.22 幕墙类型属性及水平网格示例

4.2.4 门窗标记

从“注释”选项卡中选择“按类别标记”按钮放置标记自动标记门窗，可设置引线及方向，选择引线后可设置引线长度，如图 4.23 示。

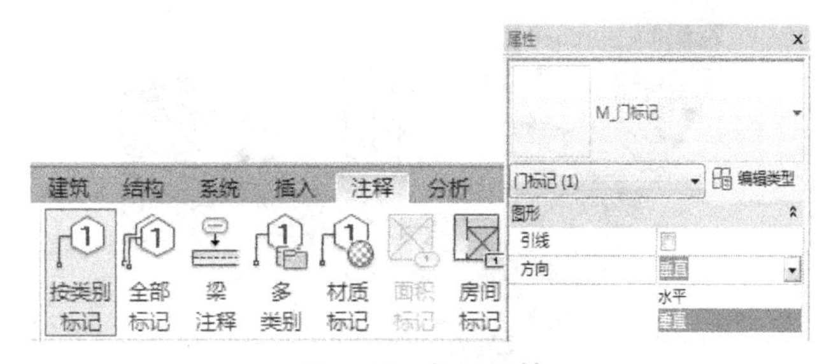

图 4.23 标记属性

标记平行于门窗主体。

添加门窗和标记后的平面如图 4.24 所示，最终三维效果如图 4.25 所示。

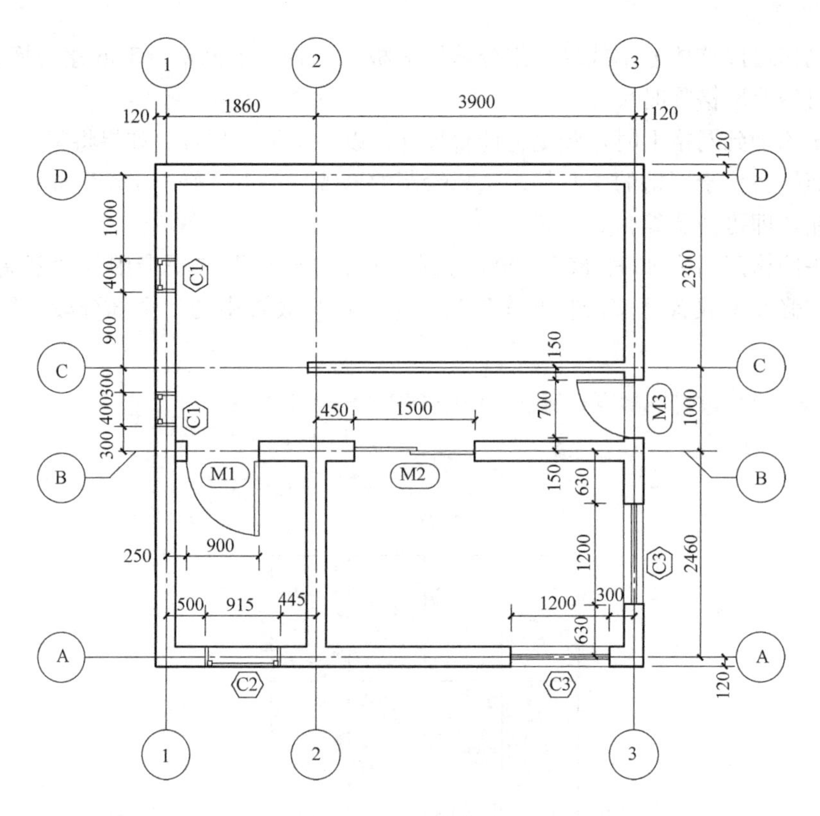

图 4.24 门窗标记

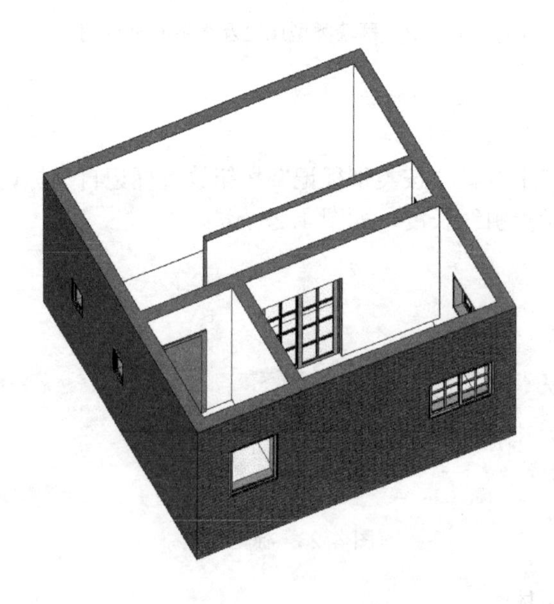

图 4.25 三维效果

4.3 楼板及天花板

4.3.1 楼板

1. 楼板建模

单击“建筑”选项卡，选择“构建”面板中“楼板”下拉菜单中的“楼板：建筑”按钮，出现“修改 | 创建楼层边界”选项卡，同时出现楼板属性栏，如图 4.26 所示。创建的楼板默认位于参考标高下。

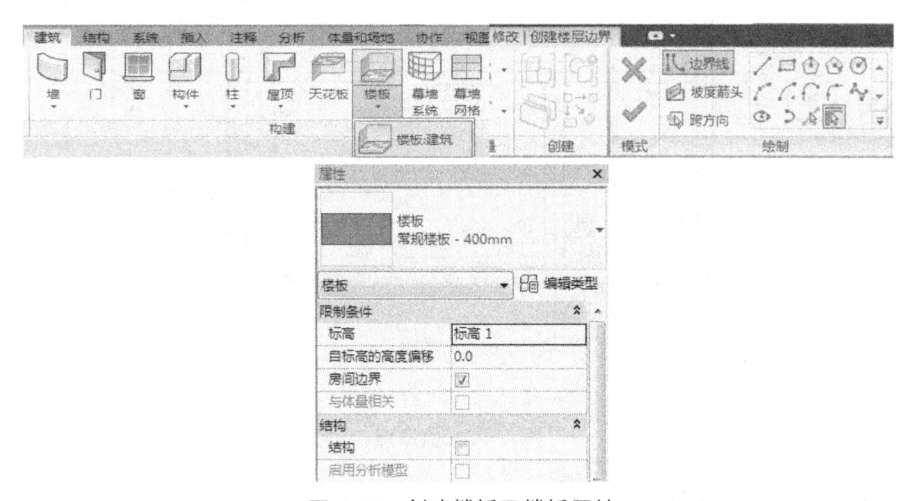

图 4.26 创建楼板及楼板属性

进行楼板建模有三种生成方式：拾取墙方式、绘制边界方式和拾取线方式，默认是拾取墙方式。

(1) 拾取墙方式

使用拾取墙方式时，在绘图区域中选择要用作楼板边界的墙，如图 4.27 所示，楼板自当前标高向下进行偏移建模。注意：使用 Tab 键可以对对象进行切换选择，可一次选中所有墙，单击生成楼板边界。

(2) 绘制边界方式

绘制楼板边界，楼层边界轮廓必须为闭合环，若要在楼板上开洞，在需要开洞的位置绘制另一个闭合环，完成绘制即可，如图 4.28 所示。

(3) 拾取线方式

根据绘图区域中选定的现有墙、线或边创建一条线。

2. 楼板编辑

若要更改绘制好的楼板，需要在平面视图中，选择楼板，然后单击“修改 | 楼板”选项卡“模式”面板中的“编辑边界”按钮，使用绘制工具以更改楼层的边界。

在平面图、剖面图或三维视图中，通过选取楼板的水平边缘添加楼板边缘。单击“建筑”选项卡“构建”面板中的“楼板”按钮，在下拉列表中选择“楼板边缘”。

单击鼠标以放置楼板边缘。单击边缘时，软件会将其作为一个连续的楼板边缘。如果

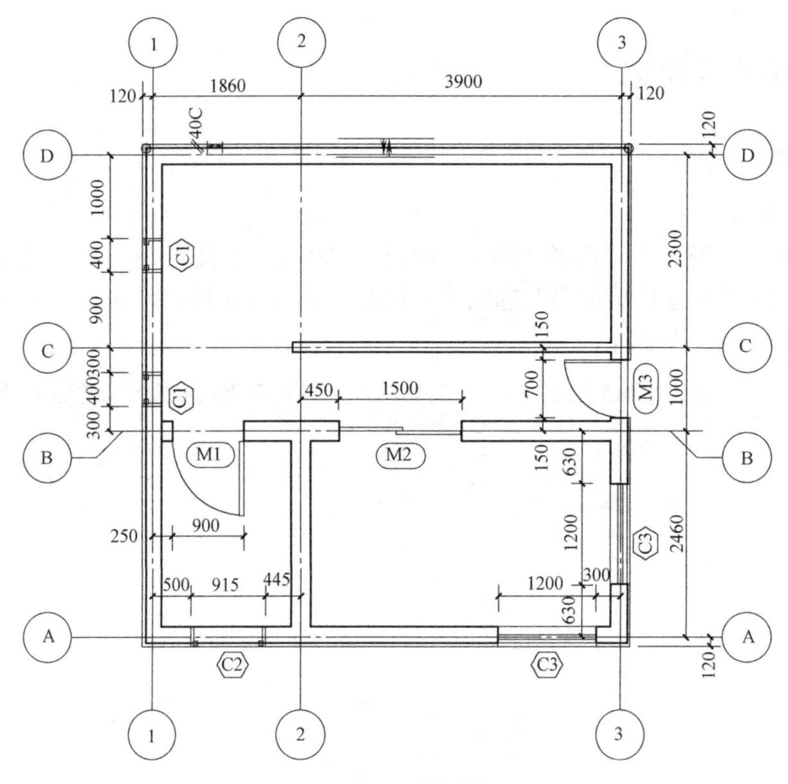

图 4.27　拾取墙

楼板边缘的线段在角部相遇，它们会相互斜接。

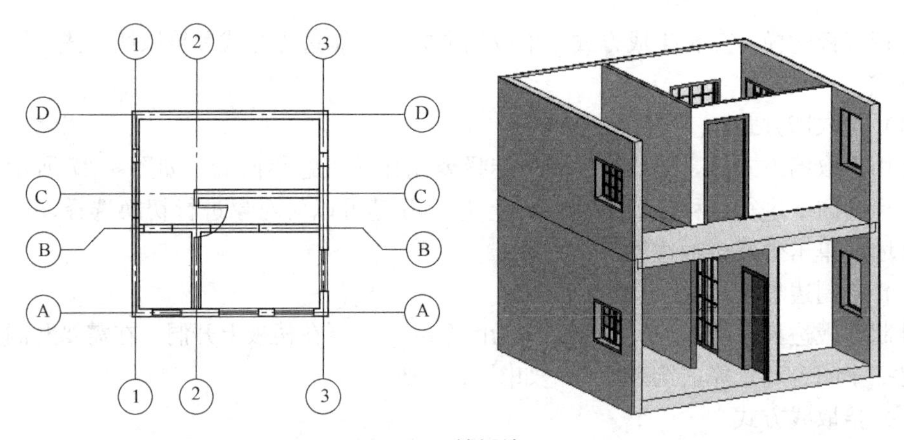

图 4.28　楼板效果

4.3.2　天花板

进入天花板平面视图，单击“建筑”选项卡“构建”面板中的“天花板”工具，进入“修改 | 放置天花板”状态，如图 4.29 所示。

天花板是基于标高进行创建的图元，即在当前标高以上指定距离处（默认为

2600mm）进行创建，可以在天花板“属性”中指定偏移量，如图 4.30 所示。

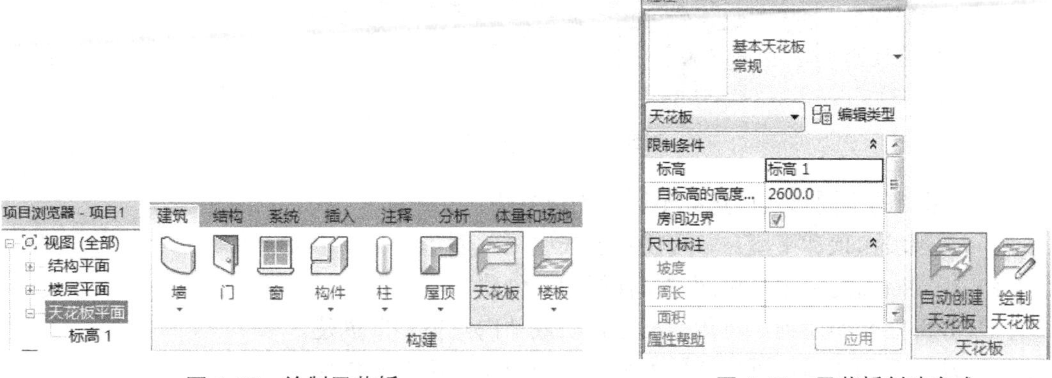

图 4.29　绘制天花板　　　　图 4.30　天花板创建方式

天花板绘制有两种方式：自动创建天花板和绘制天花板。

1. 自动创建天花板

自动创建即将墙作为天花板边界，在单击构成闭合环的内墙时，自动在这些边界内部放置一个天花板，如图 4.31 所示。

2. 绘制天花板边界

绘制天花板与绘制楼板方法一样，使用功能区上“绘制”面板中的工具绘制定义天花板边界的闭合环，如图 4.32 所示。

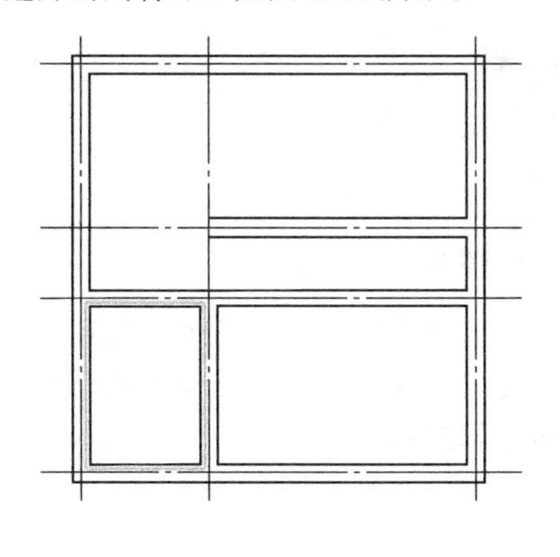

图 4.31　自动创建天花板

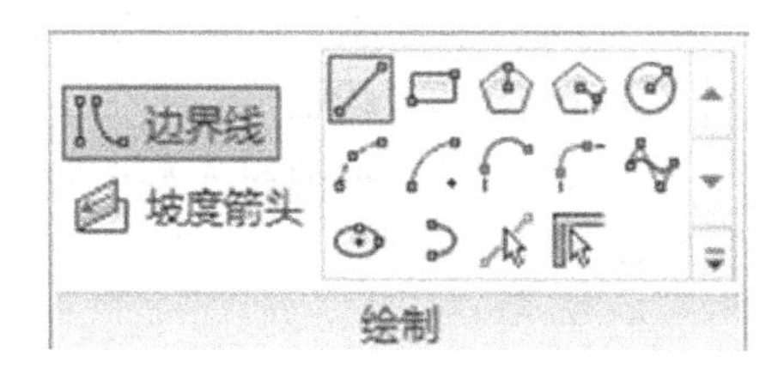

图 4.32　绘制天花板

4.4　屋顶及洞口

4.4.1　屋顶

屋顶建模主要有迹线屋顶、拉伸屋顶、面屋顶等几种方式，如图 4.33 所示。单击“建筑”选项卡中的“屋顶”下拉列表，如图 4.34 所示。

图 4.33 几种屋顶方式

根据屋顶的不同形式可选择不同的创建方法：

1）常规坡屋顶和平屋顶，可用“迹线屋顶”创建。

2）规则断面的屋顶，可用“拉伸屋顶”创建。

3）异形曲面的屋顶，可用“面屋顶”或“内建模型”创建。

4）玻璃采光屋顶，可用特殊类型“玻璃斜窗”系统族创建。

1. 迹线屋顶

屋顶迹线是屋顶周长的二维草图。

在平面图中，选择“迹线屋顶”绘制方式（图 4.35），进入“修改 创建屋顶迹线”状态，即可使用建筑迹线定义边界创建屋顶。

创建屋顶的方式有三种：选取墙方式、绘制边界方式和拾取线方式，类似于楼板建模。

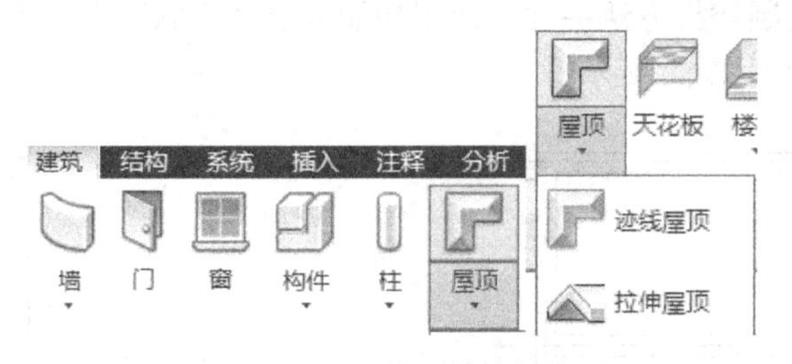

图 4.34 屋顶的两种绘制类型

在“绘制”面板上，创建参照平面，选择某一绘制或拾取工具，例如选择矩形工具。绘制完成后选择边界线编辑“属性”，“定义屋顶坡度”默认 30°，可修改坡度值，坡度可以是度数或百分数，取消勾选无坡度，修改后完成编辑模式即可，如图 4.36 所示。不同坡度设置的结果如图 4.37 所示。

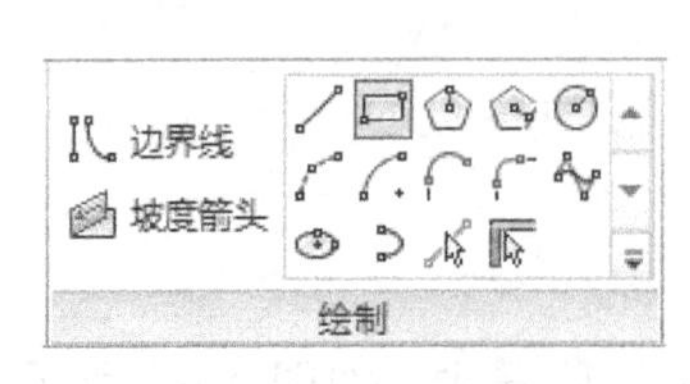

图 4.35 绘制面板

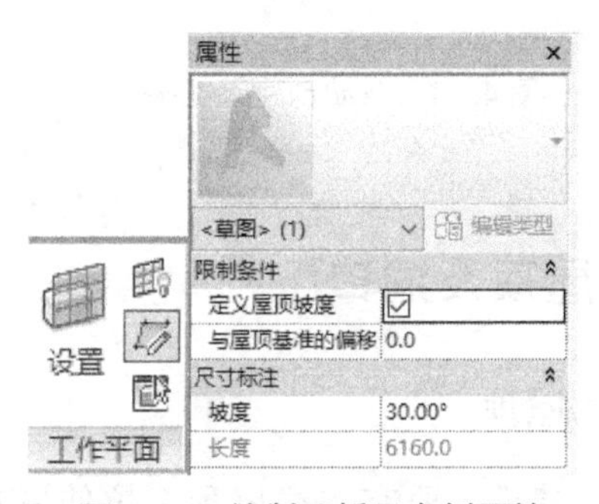

图 4.36 绘制面板及实例属性

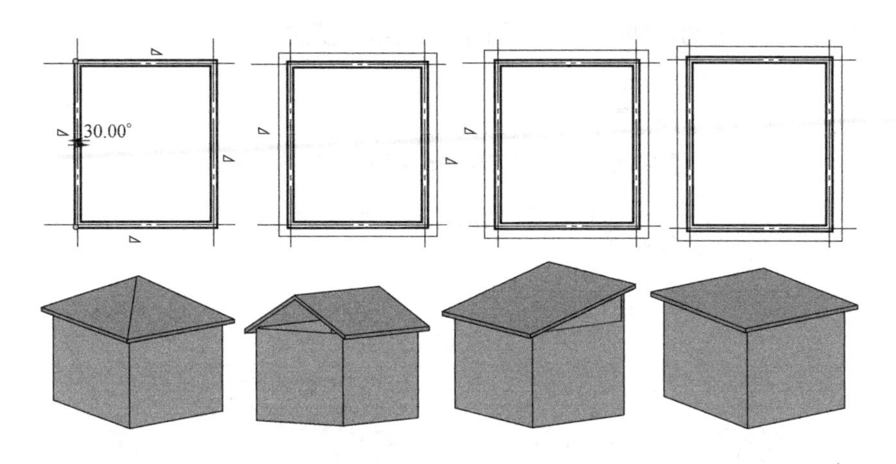

图 4.37　不同坡度设置的屋顶

如图 4.38 所示为使用迹线屋顶方式绘制的 1%和 2%两种坡度的平屋顶效果。

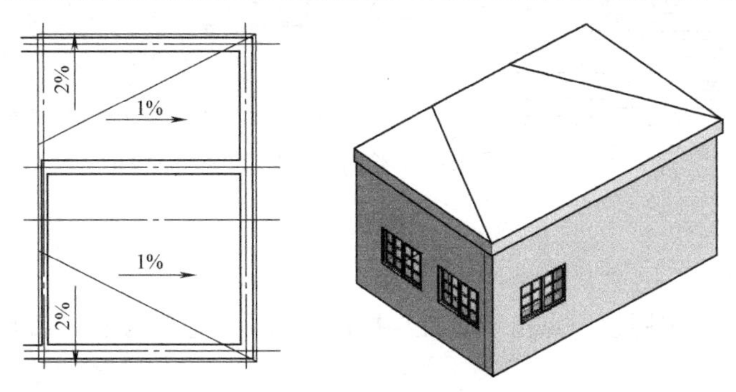

图 4.38　绘制迹线屋顶

2. 拉伸屋顶

拉伸屋顶是通过拉伸绘制的轮廓来创建屋顶的一种方式，在立面图、三维视图或剖面视图下均可创建屋顶。

选择“拉伸屋顶”方式，弹出“工作平面”对话框，指定新的工作平面，如图 4.39 所示。

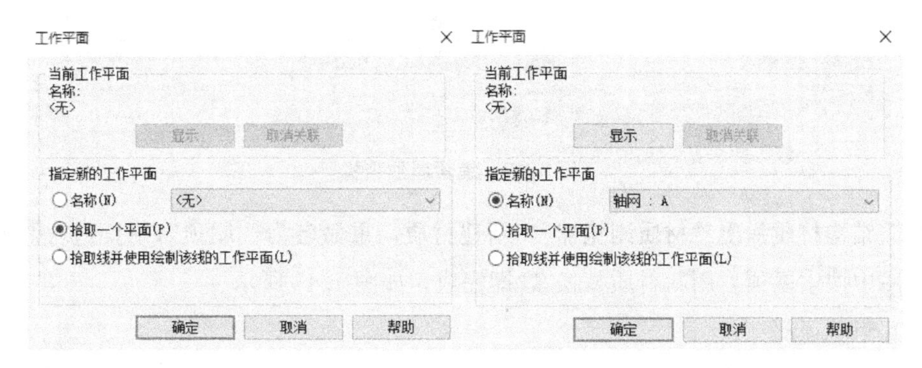

图 4.39　指定工作平面

弹出“转到视图”对话框，选择立面：南或立面：北（图 4.40），用“直线”工具绘制开放环形式的屋顶轮廓，如图 4.41 所示，完成编辑模式。

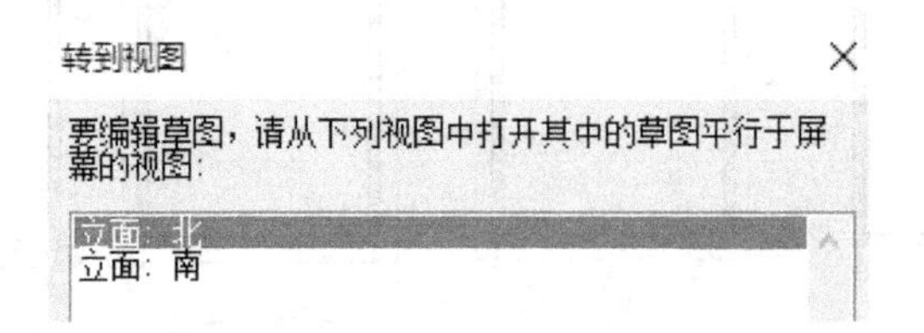

图 4.40 选择立面

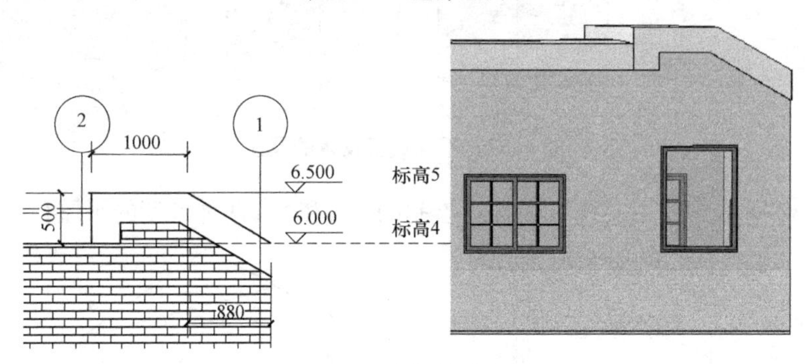

图 4.41 绘制拉伸屋顶

3. 编辑屋顶

(1) 赋予材质

完成屋顶后，选中屋顶，点击“属性”中的“编辑类型”按钮，编辑结构构造，如图 4.42 所示。

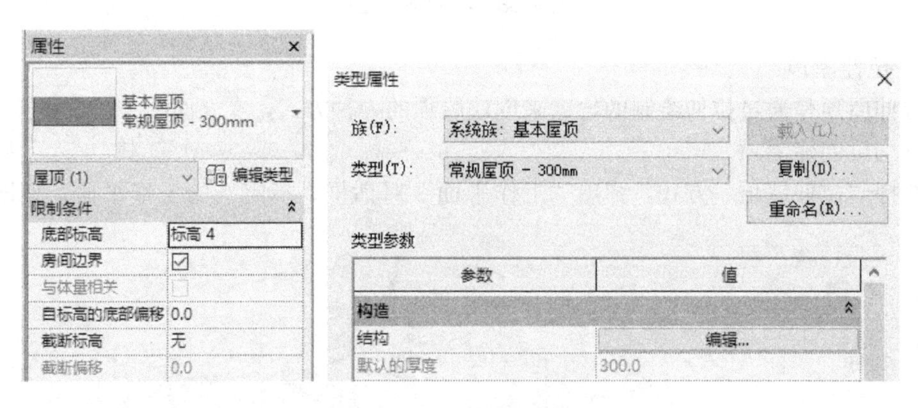

图 4.42 编辑屋顶结构

修改结构材质弹出“材质浏览器”，新建材质，重命名为“屋顶”，打开资源浏览器，在外观库中搜索屋顶，用新材质替换 即完成，如图 4.43 所示。

(2) 附着顶部

选中标高 2 的墙体，在“修改丨墙”选项卡将其“附着顶部”，弹出“警告”窗口，确定即可将墙附着到屋顶，如图 4.44 所示。

最终效果如图 4.45 所示。

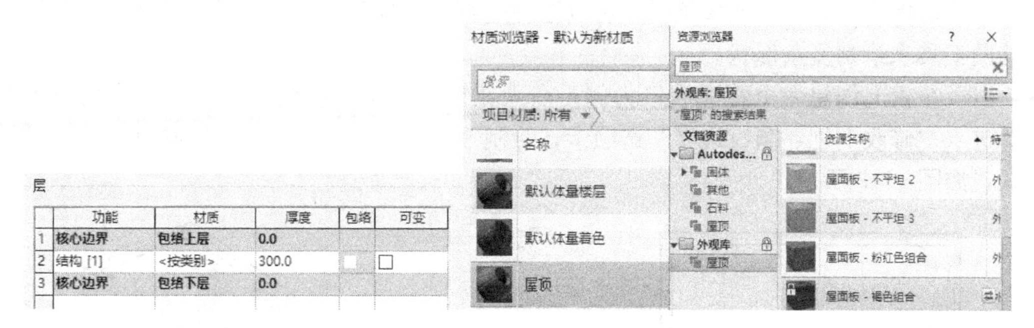

图 4.43 修改屋顶材质

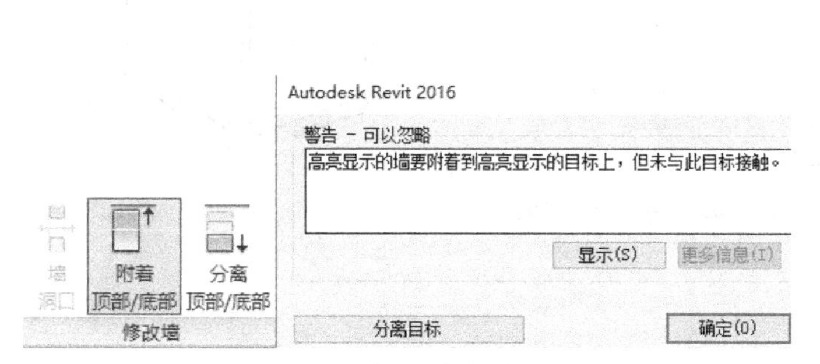

图 4.44 附着/分离到屋顶

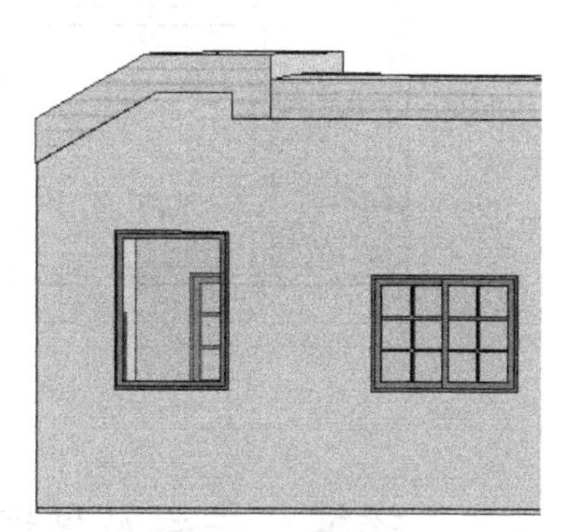

图 4.45 附着效果

4.4.2 洞口

洞口创建有五种方法：按面、竖井、墙、垂直和老虎窗。使用“洞口”工具可以在墙、楼板、天花板、屋顶、结构梁、支撑和结构柱上剪切洞口。

在立面、剖面或三维视图中，单击“建筑”选项卡“洞口”面板中“按面”（图 4.46），系统将进入草图模式，此模式下可以创建任意形状的洞口。

按面：洞口垂直于所选的面。

竖井：放置跨越整个建筑高度的洞口（可调整跨越高度），洞口直接贯穿屋顶、楼板或天花板。

墙：在墙上创建一个矩形洞口，当创建圆形或多边形形状时需要进行墙轮廓编辑。

垂直：洞口垂直于某个标高。

老虎窗：绘制一种开在屋顶上的天窗，如图 4.47 所示。

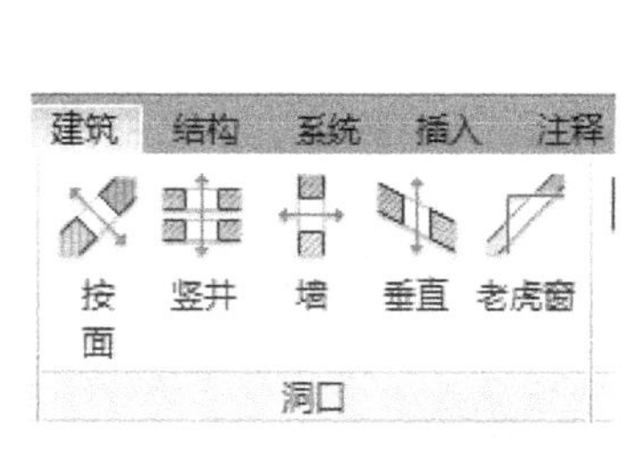

图 4.46 洞口选项卡

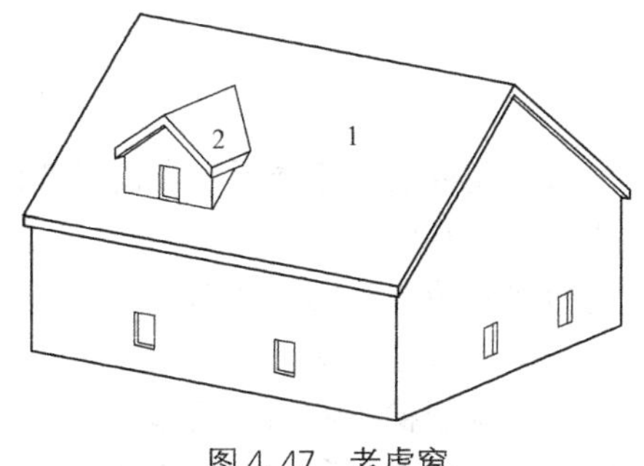

图 4.47 老虎窗

在剪切楼板、天花板或屋顶时，可以选择竖直剪切或垂直于表面进行剪切，还可以使用绘图工具来绘制复杂形状。

以天花板上创建一个管道洞口为例，在天花板平面上，使用“按面”方式拾取天花板，进入“修改丨创建洞口边界”选项卡，绘制300mm×300mm的矩形洞口，完成编辑模式，如图4.48所示。

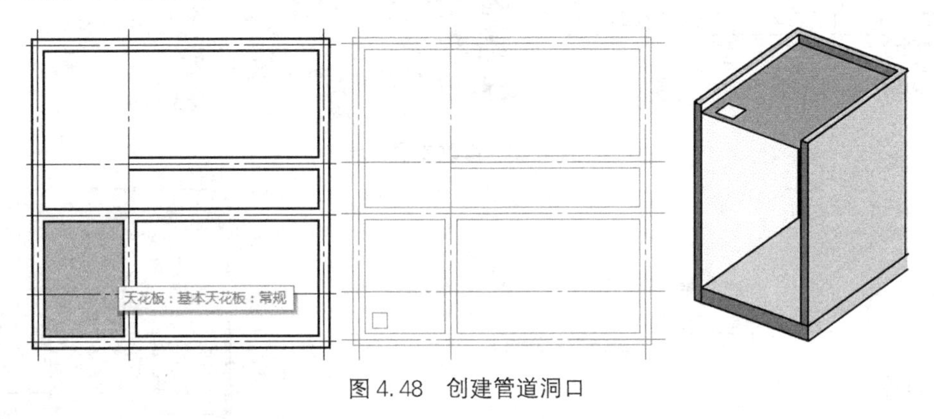

图4.48 创建管道洞口

4.5 楼梯、扶手及坡道

4.5.1 楼梯

一个基于构件的楼梯包含梯段、平台、支撑和栏杆扶手四部分。梯段包含直梯、螺旋梯段、U形梯段、L形梯段和自定义绘制的梯段；平台是在梯段之间自动创建，通过拾取两个梯段，或通过创建自定义绘制的平台；支撑随梯段自动创建，或通过拾取梯段或平台边缘创建；栏杆扶手在创建期间自动生成，或稍后放置。

在平面图中，单击“建筑”选项卡“楼梯坡道”面板中的“楼梯（按构件）”按钮，使用“构件”工具进行绘制，如图4.49所示。

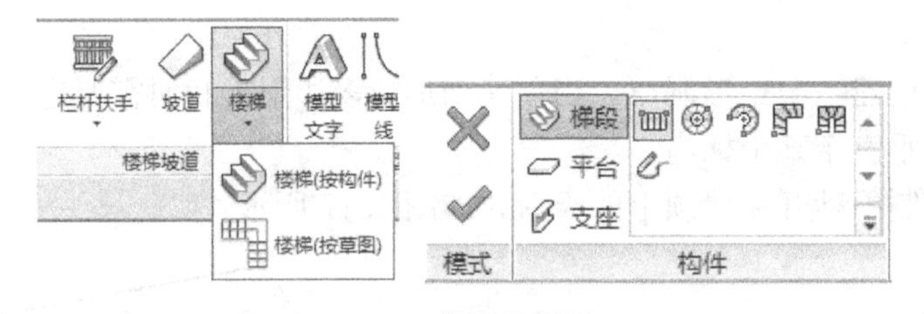

图4.49 楼梯绘制界面

通过绘制梯段创建楼梯：在创建楼梯时，绘制梯段是最简单的方法。绘制梯段时，将自动生成边界和踢面。

通过绘制边界和踢面线创建楼梯：在创建楼梯时，可以通过绘制边界和踢面，而不是由系统自动计算楼梯梯段。绘制楼梯的迹线时，通过以下方法可以更好地进行控制。

创建螺旋楼梯：使用“楼梯”工具来创建小于360°的螺旋。

创建弧形楼梯平台：对于楼梯，如果绘制了具有相同中心和半径值的弧形梯段，就可以创建弧形楼梯平台。

类型选择器中的楼梯默认选择“现场浇筑楼梯”类型，点击“编辑类型”按钮进入类型属性编辑对话框，可以设置踢面高度 180、踏板深度 280、最小梯段宽度 1000，所需踢面数改为 24，如图 4.50 所示。

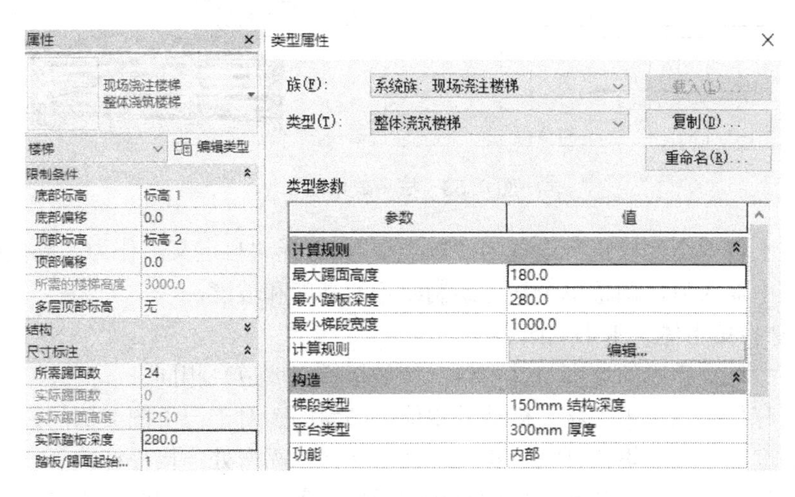

图 4.50 楼梯类型属性

创建参照平面，绘制楼梯，如图 4.51 所示。

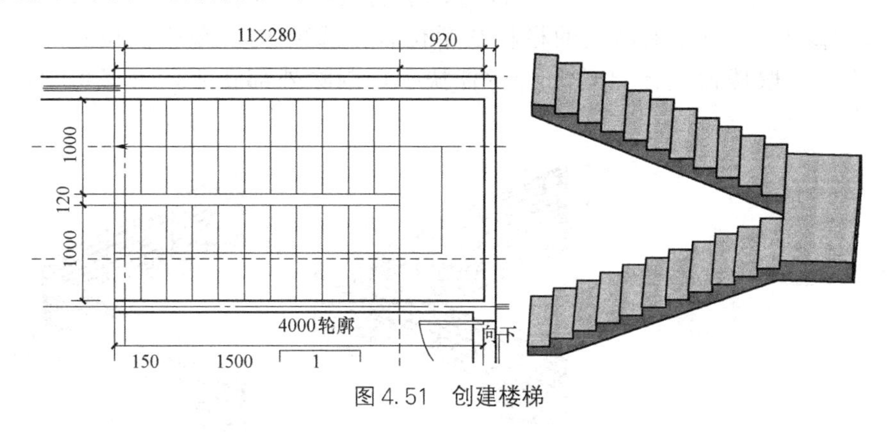

图 4.51 创建楼梯

4.5.2 栏杆扶手

栏杆扶手的结构包括扶栏高度、偏移、轮廓、材质和数量。栏杆扶手一般在楼梯创建时自动创建，还可进行绘制并放置在主体上。

在平面图中，单击“建筑”选项卡“循环”面板中的“栏杆扶手”下拉菜单，如图 4.52 所示。

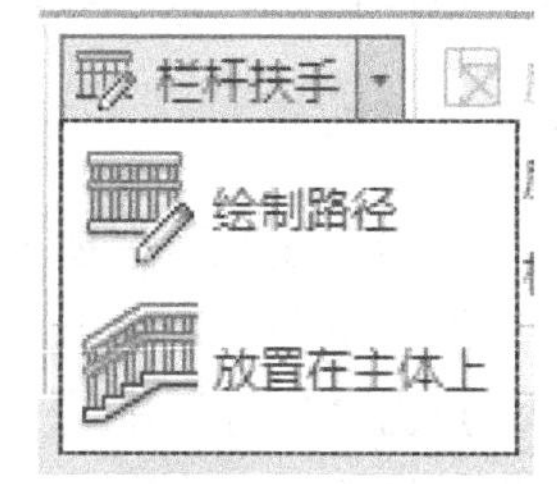

图 4.52 栏杆扶手

栏杆扶手有“绘制路径”和“放置在主体”两种绘制方式：

1. 绘制路径

绘制路径时，栏杆扶手是水平方向的。在平面视图中选中“栏杆扶手”按钮，进入“修改 | 栏杆扶手”状态，然后在

“模式”面板中的“编辑路径”选择“栏杆扶手绘制线”，最终效果如图 4.53 所示。

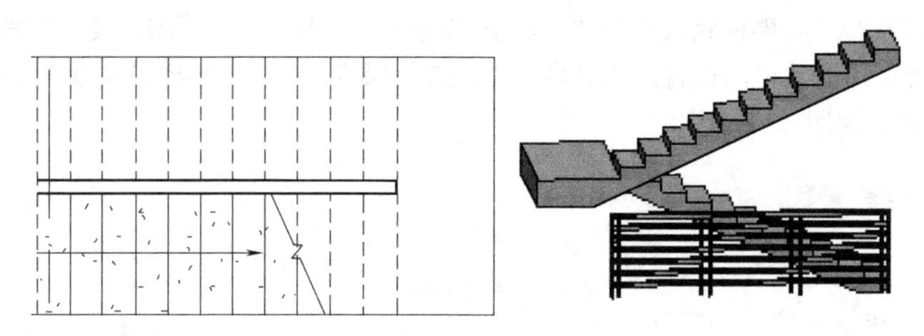

图 4.53　扶手效果图

在选项栏上将“高度校正”设置为“按类型”，选择“自定义”作为“高度校正”，在旁边的文本框中输入值，调整单个扶栏绘制线条的高度和坡度。

“坡度”选择按主体、水平或倾斜。

按主体：栏杆扶手段的坡度与其主体（例如楼梯或坡道）相同。

水平：栏杆扶手段呈水平状，即使其主体是倾斜的。对于与下图类似的栏杆扶手，可能需要进行高度校正或编辑栏杆扶手连接，从而在楼梯拐弯处连接栏杆扶手。

倾斜：栏杆扶手段呈倾斜状，以便与相邻栏杆扶手段实现不间断的连接。

2. 放置在主体

拾取或放置在主体上时栏杆扶手随梯段进行变化。在平面视图中选中“栏杆扶手”进入“修改 | 创建主体上的栏杆扶手位置”选项卡，单击“位置”面板中的“踏板”按钮拾取楼梯主体自动布置栏杆扶手，删除外部扶手，仅保留内部，如图 4.54 所示。

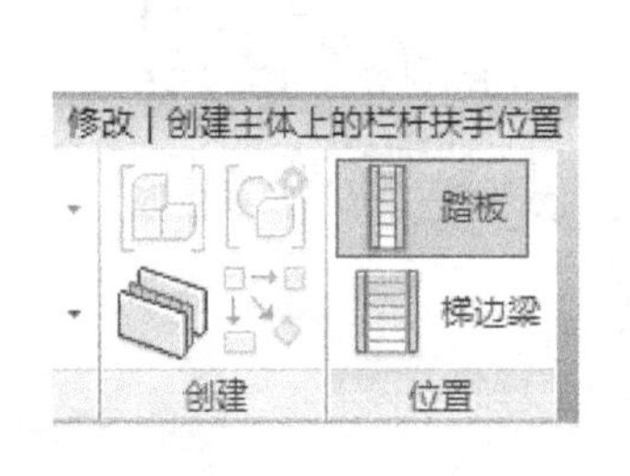

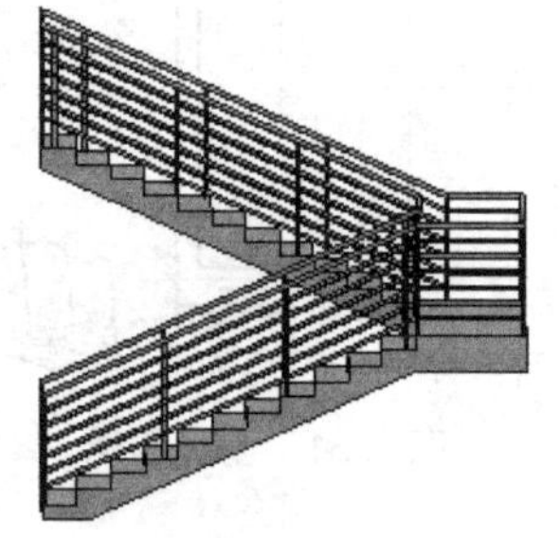

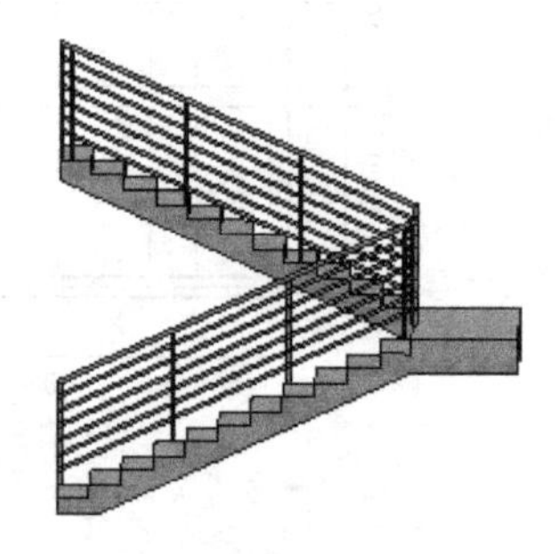

图 4.54　删除外部扶手

选中栏杆扶手，在“属性”面板下点击“编辑类型”按钮，可以修改类型、扶栏结构、顶部扶栏、扶手等，如图 4.55 所示。

4.5.3　坡道

点击“建筑”选项卡“楼梯坡道”面板中的“坡道”按钮（图 4.56），进入“修改 | 绘制坡道草图”选项卡。

点击“属性”中的“编辑类型”按钮，复制并命名为“坡道”，造型选择实体，最大斜坡长度 1000，坡道最大坡度 2，进行绘制。过程如图 4.57 所示。

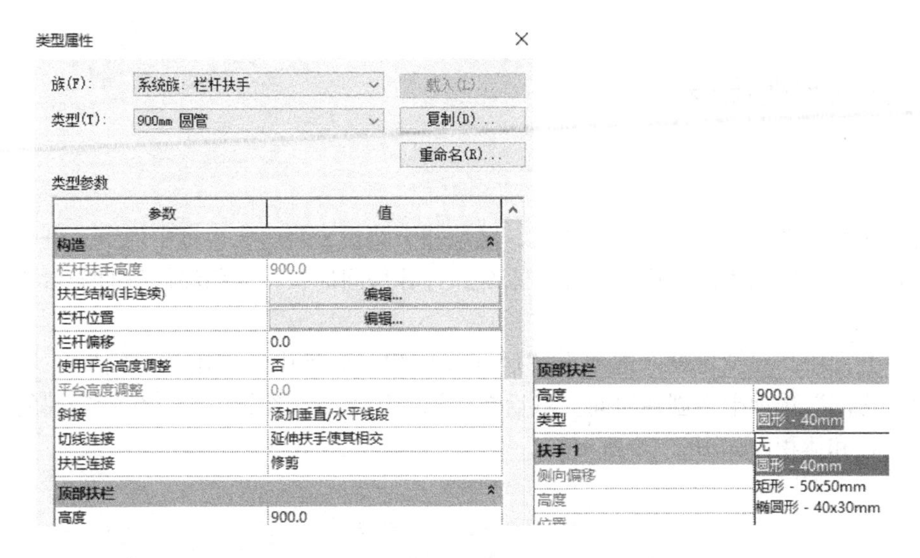

	名称	高度	偏移	轮廓	材质
1	扶栏 1	775.0	0.0	M_圆形扶手 : 30mm	<按类别>
2	扶栏 2	650.0	0.0	M_圆形扶手 : 30mm	<按类别>
3	扶栏 3	525.0	0.0	M_圆形扶手 : 30mm	<按类别>
4	扶栏 4	400.0	0.0	M_圆形扶手 : 30mm	<按类别>
5	扶栏 5	275.0	0.0	M_圆形扶手 : 30mm	<按类别>
6	扶栏 6	150.0	0.0	M_圆形扶手 : 30mm	<按类别>

图 4.55 修改扶手属性

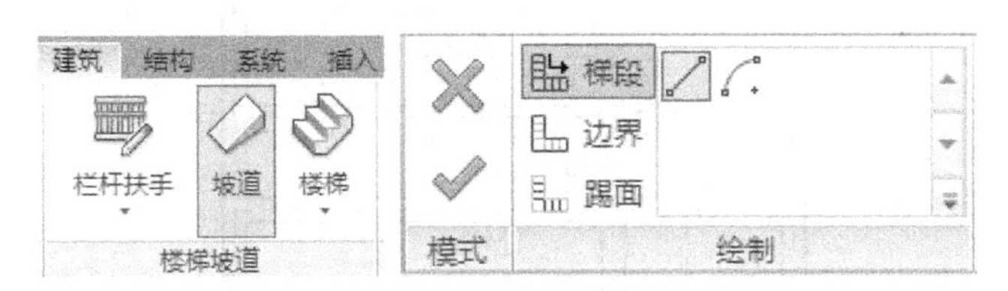

图 4.56 选择“坡道”

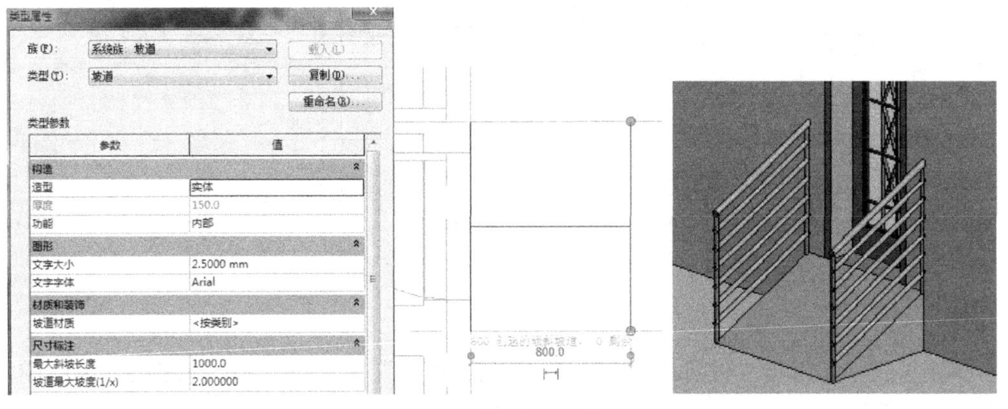

图 4.57 坡道绘制过程

4.6 房间与明细表

4.6.1 房间

房间是基于图元（例如，墙、楼板、屋顶和天花板）对建筑模型中的空间进行细分的部分，这些图元定义为房间边界图元。系统在计算房间周长、面积和体积时会参考这些房间边界图元。

在平面图中，在“建筑”选项卡“房间和面积”面板中，使用“房间”工具在“修改｜放置房间”选项卡中创建房间。然后在“属性”面板中编辑类型，包括房间的命名及编号，面积和体积，如图 4.58 所示。

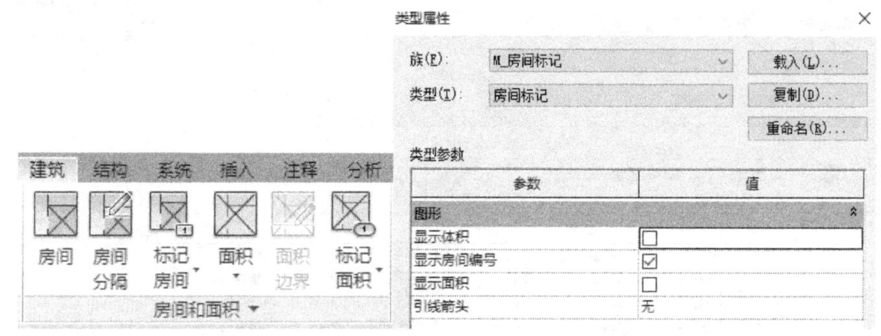

图 4.58 房间与属性

定义表示三个房间：走廊、厨房、卫生间的效果，如图 4.59 所示。

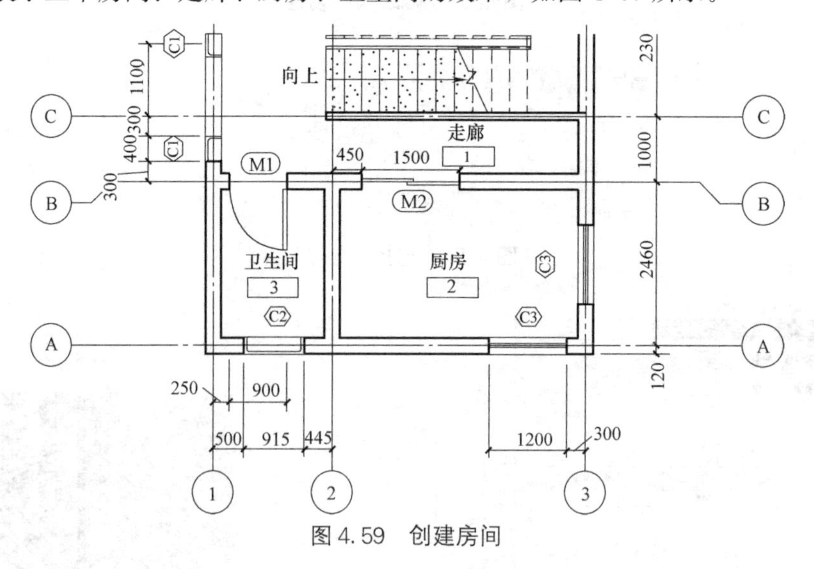

图 4.59 创建房间

4.6.2 明细表

单击“视图”选项“明细表”中的“明细表/数量”按钮进行明细表创建，如图 4.60 所示。

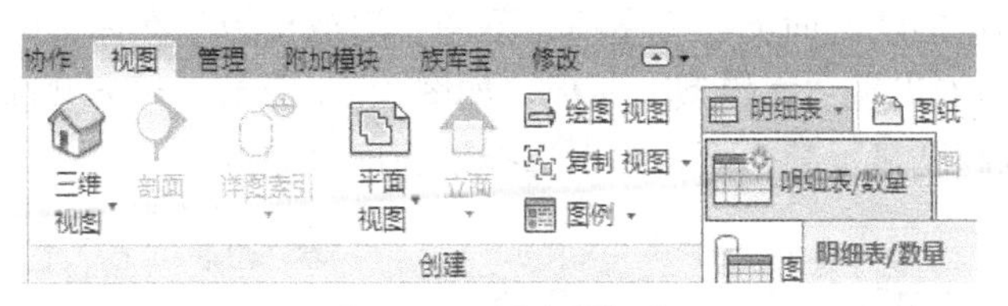

图 4.60 创建明细表

选择名称、编号和面积字段进行创建，如图 4.61 所示。创建的房间、门、窗等明细表如图 4.62 所示

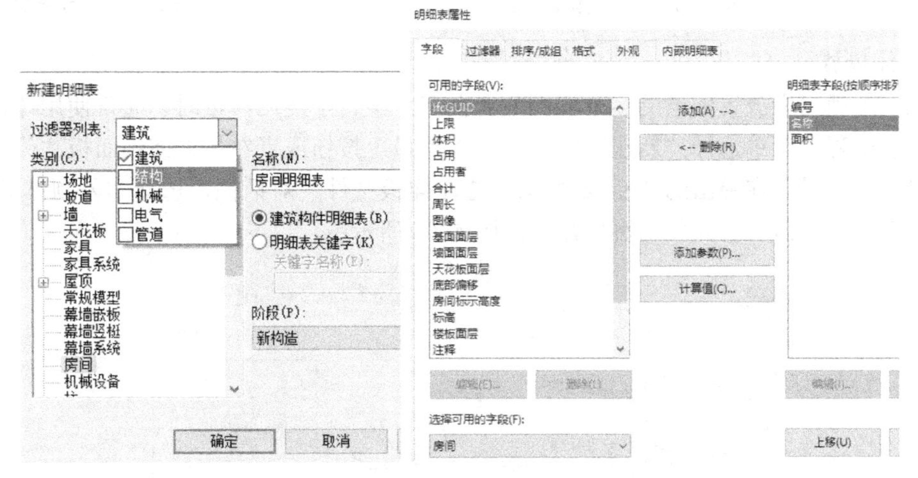

图 4.61 明细表属性

<房间明细表>

A	B	C
编号	名称	面积
1	走廊	16 m²
2	厨房	8 m²
3	卫生间	4 m²
4	卧室	12 m²
5	平台	17 m²

<门明细表>

A	B	C	D
类型	宽度	高度	合计
M1	900	2100	2
M2	1500	2100	1
M3	700	2100	1
总计：4			

<窗明细表>

A	B	C	D	E
类型	宽度	高度	底高度	合计
C1	400	600	900	4
C2	915	1220	915	2
C3	1200	900	900	5
总计：11				

图 4.62 房间明细表及其他明细表

4.7 体量和场地

4.7.1 体量

体量，即使用形状描绘建筑模型的概念，从而探索设计理念。体量可以在项目内部或外部创建。

1. 内建体量

内建体量用于表示项目独特的体量形状。在“体量和场地”选项卡下的“概念体量”面板进行内建体量。输入内建体量的名称，然后单击“确定”进入绘制模式，使用“绘制”面板上的工具创建所需的形状，如图 4.63 所示。

面模型是在体量的任何面上创建屋顶、幕墙、墙或楼板。在体量的三维视图中，单击“体量和场地”选项卡出现“面模型”面板，如图 4.64 所示。在类型选择器中，选择一种类型，移动光标以高亮显示某个面，单击选择该面即可完成。

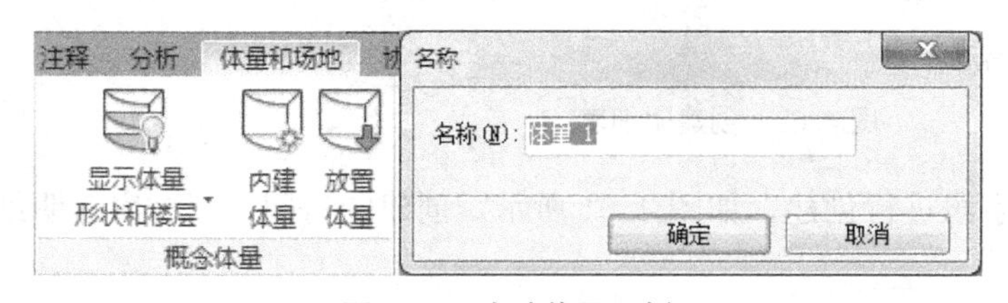

图 4.63　内建体量示例

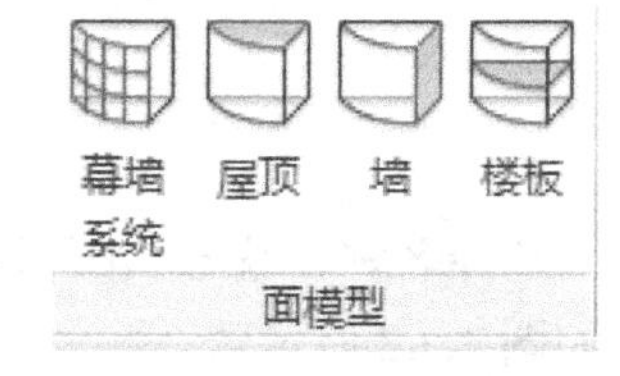

图 4.64　面模型

2. 体量族

在一个项目中放置体量的多个实例或者在多个项目中使用体量时，通常使用体量族。

在应用程序菜单选择“新建”中的“概念体量”按钮或者在最近使用面板“族”模块中新建概念体量。在弹出的“新概念体量-选择样板文件”对话框，选择“公制体量 . rft”族样板文件，单击“打开”即可创建，如图 4.65 所示。

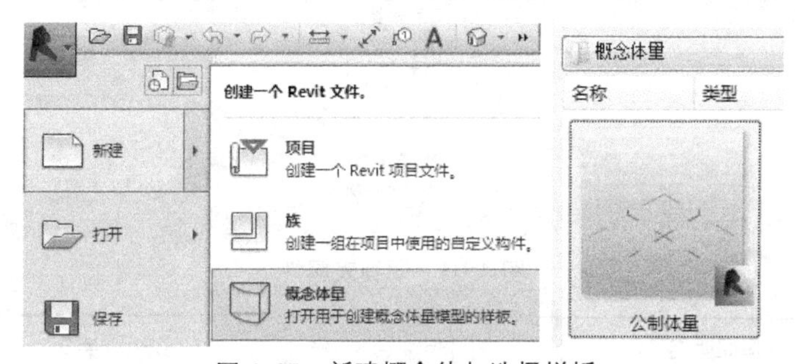

图 4.65　新建概念体与选择样板

在创建体量族时，可以执行以下操作：将其他体量族嵌套到要创建的体量族中；将几何图形从其他应用程序导入到体量族。

4.7.2　场地

建筑场地是场地的一种，包括地形表面，场地构件，停车场构件和建筑地坪。

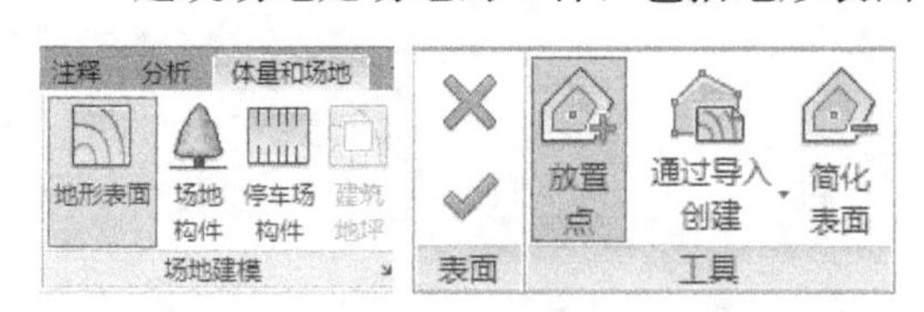

图 4.66　地形表面

1. 地形表面

地形表面创建有三种方式：拾取点方式、三维数据导入方式和点文件创建方式。单击“体量和场地”选项卡中的“场地建模”面板上的“地形表面”按钮，进入“修改丨编辑表面”状态，如图 4.66 所示。

使用“地形表面”的“放置点”按钮，例如放置−0.5 高程的四个点，完成编辑模式，如图 4.67 所示。

修改场地材质，从资源浏览器搜索“草”，替换当前材质，如图 4.68 所示。

2. 场地构件

单击“体量和场地”选项卡“场地建模”中的“场地构件”按钮，进入“修改丨场地构件”状态，属性面板有自带的构件族，也可以选择“模式”中载入族，载入本地族文件（图 4.69）。

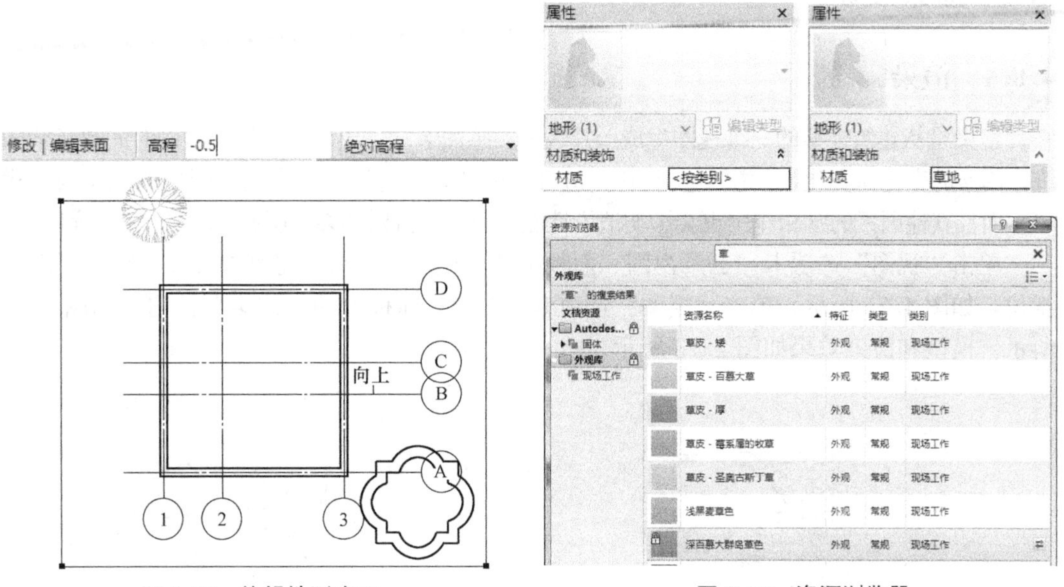

图 4.67 编辑地形表面　　图 4.68 资源浏览器

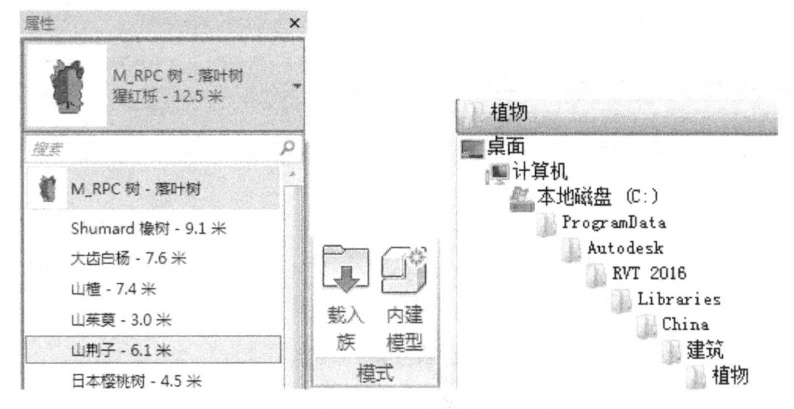

图 4.69 选择族

载入“泳池”构件，路径如图 4.70 所示。

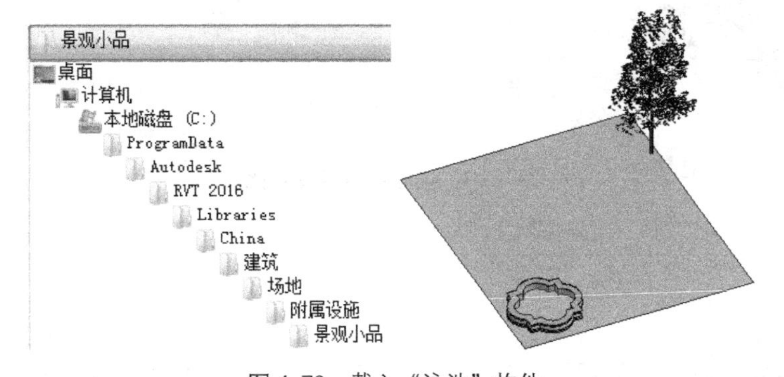

图 4.70 载入“泳池”构件

4.8 渲染漫游

4.8.1 渲染

渲染是从建筑模型的三维视图生成照片级真实感图像。生成渲染图像所需的时间数量会随许多因素的变化而变化，如模型图元和人造灯光的数量，材质的复杂性，图像的大小或分辨率。而且其他因素的互相作用也会影响渲染性能，反射、折射和柔和阴影会增加渲染时间。

单击“视图”选项卡“三维视图”面板中的“相机”按钮，将其放置在二维视图进行定位，如图 4.71 所示。单击“视图”选项卡“图形”面板中的“渲染”按钮，如图 4.72 所示。模型和渲染效果如图 4.73 所示。

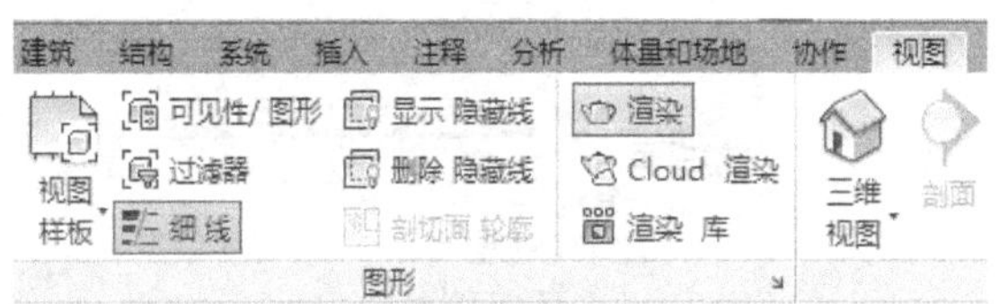

图 4.71 相机工具

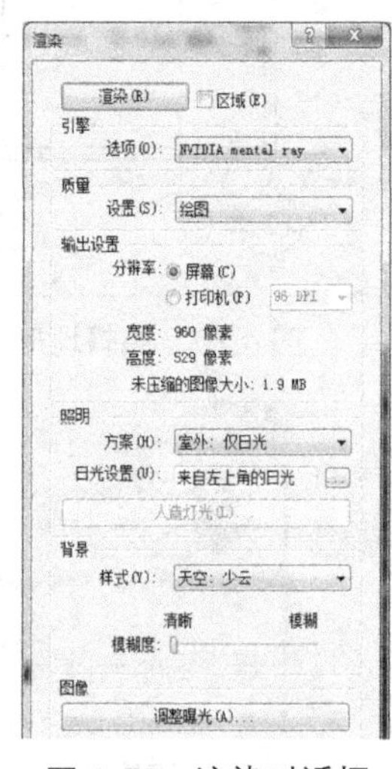

图 4.72 渲染对话框

图 4.73 模型和渲染图对比

4.8.2 漫游

1. 漫游路径

打开要放置漫游路径的视图，选择“视图”选项卡，单击“创建”面板“三维视图”

下拉列表中的“漫游”按钮，如图 4.74 所示。

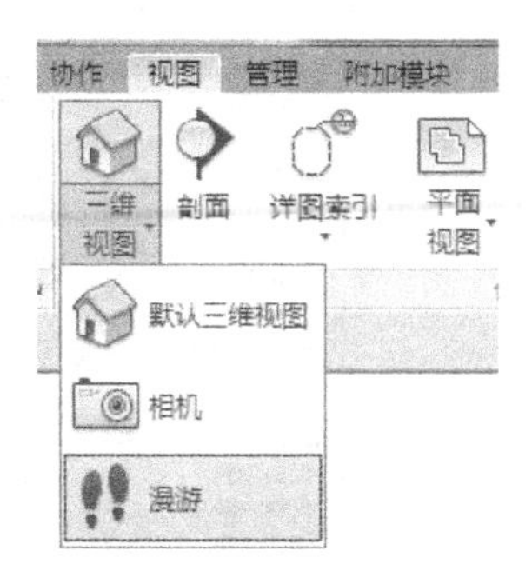

图 4.74 漫游工具

在平面视图中，通过设置相机距所选标高的偏移来修改相机的高度。将光标放置在视图中并单击以放置关键帧，沿所需方向移动光标以绘制路径，再次单击以放置另一个关键帧，路径创建完成，如图 4.75 所示。

还可以编辑关键帧，如图 4.76 所示。

编辑时打开漫游视图，在编辑漫游路径过程中，设置为“真实”效果查看实际视图的修改，如图 4.77 所示。

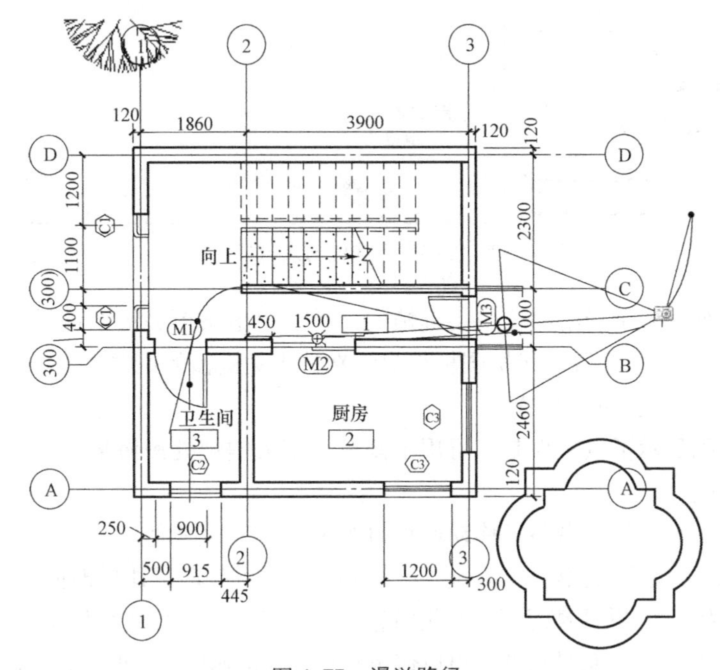

图 4.75 漫游路径

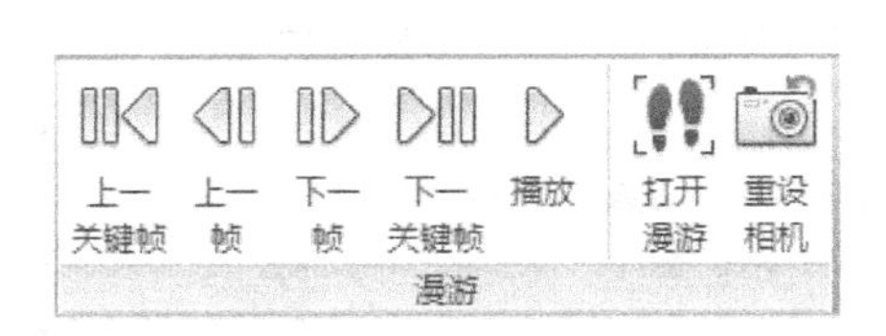

图 4.76 漫游选项卡

图 4.77 漫游视图框

2. 漫游帧

在“属性”选项栏上单击漫游帧对应的按钮“300”以编辑漫游帧。“漫游帧”对话框中具有五个显示帧属性的列：关键帧、帧、加速器、速度和已用时间，如图 4.78 所示。

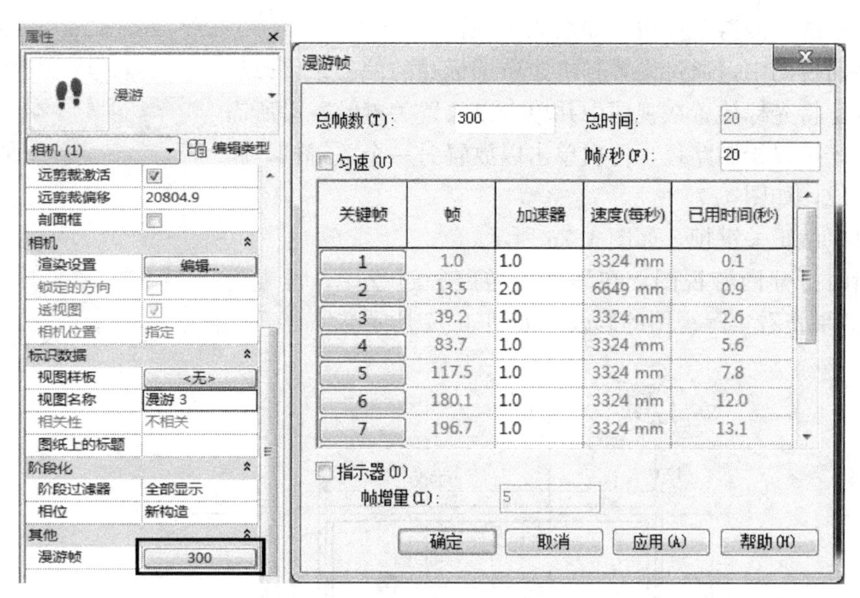

图 4.78　漫游实例属性与漫游帧对话框

"关键帧"列显示了漫游路径中关键帧的总数。单击某个关键帧编号，可显示该关键帧在漫游路径中显示的位置。相机图标将显示在选定关键帧的位置上。

"帧"列显示了关键帧的位置。

"加速器"列显示了数字控制，可用于修改特定关键帧处漫游播放的速度，有效值介于 0.1～10 之间。

"速度"列显示了相机沿路径移动通过每个关键帧时的速度。

"已用时间"显示了从第一个关键帧开始到这一关键帧时已用的时间。

导出漫游视频时，默认情况下，相机沿整个漫游路径的移动速度为匀速。通过增加或减少帧总数或者增加或减少每秒帧数，可以修改相机的移动速度及总时间，如图 4.79 所示。

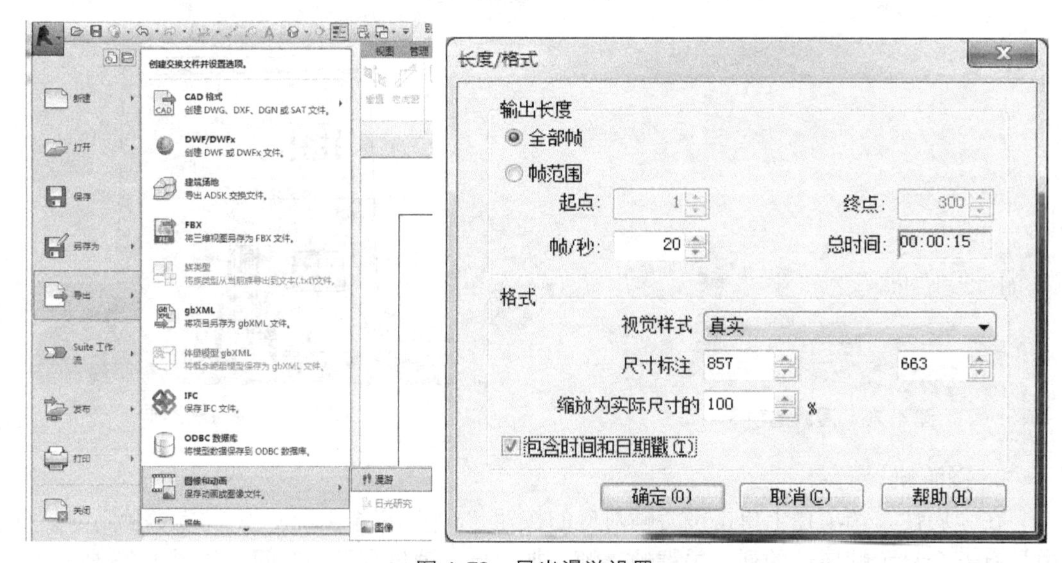

图 4.79　导出漫游设置

4.9 拓展案例

4.9.1 异形墙案例

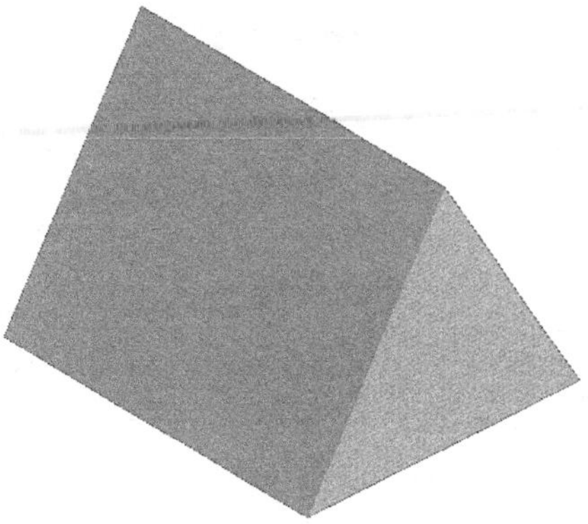

试建立如图 4.80 所示的斜墙模型。

建模步骤如下：

(1) 新建“建筑样板”，命名为“斜墙”。

(2) 在立面视图，创建标高 1 (0.000) 和标高 2 (4.000)。

图 4.80 斜墙模型

(3) 在平面视图中，创建“参照平面”，选择“体量和场地”选项卡，在概念体量面板上点击“内建体量”工具，命名为“斜墙”进行创建，如图 4.81 所示。

(4) 在“绘制”面板中选择“模型线”矩形绘制工具，在标高 1 上绘制边长为 5000mm 和 6000mm 的矩形，在标高 2 上绘制长为 6000mm 的直线，切换到三维，如图 4.82 所示。

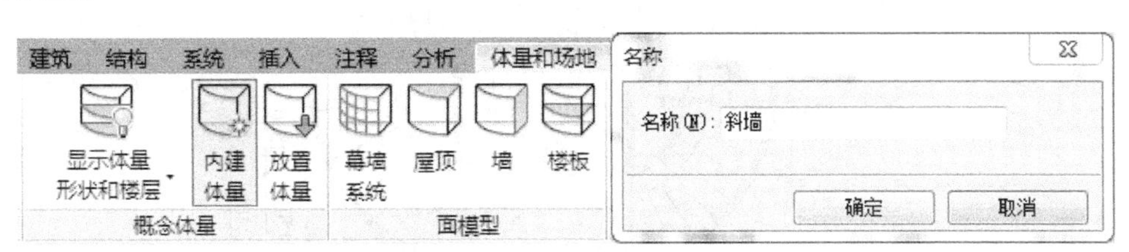

图 4.81 创建体量

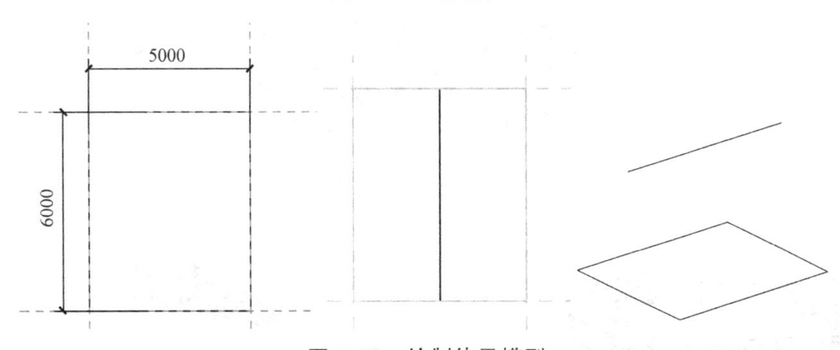

图 4.82 绘制体量模型

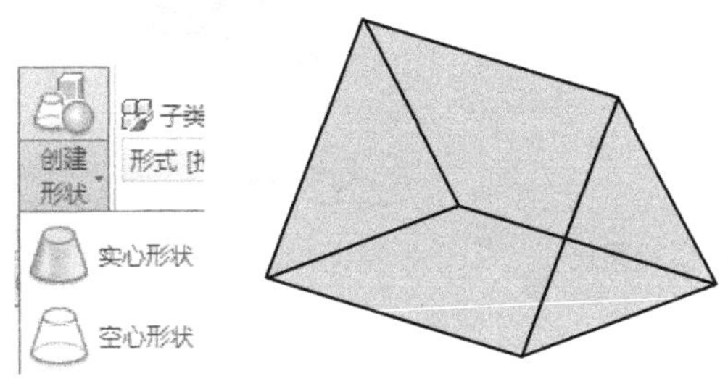

图 4.83 创建形状

(5) 选中完成轮廓，单击右上位置“形状”面板“创建形状”中的“实心形状”按钮，单击“完成体量”，如图 4.83 所示。

(6) 从“建筑”选项卡中选择“面墙”，修改基本墙类型，选择“修改 | 放置 墙”中的拾取面工具，如图 4.84 所示。

(7) 将鼠标置于体量的面上，单击放置即可完成。

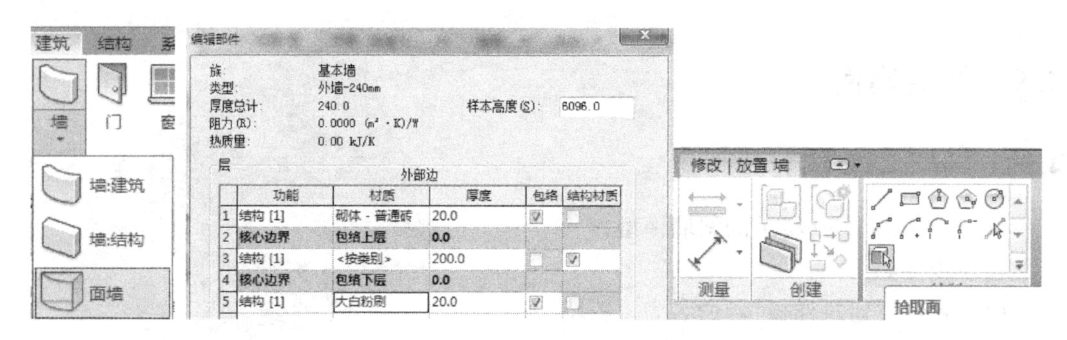

图 4.84 绘制墙

4.9.2 艺术楼梯案例

试建立如图 4.85 所示的艺术楼梯模型。

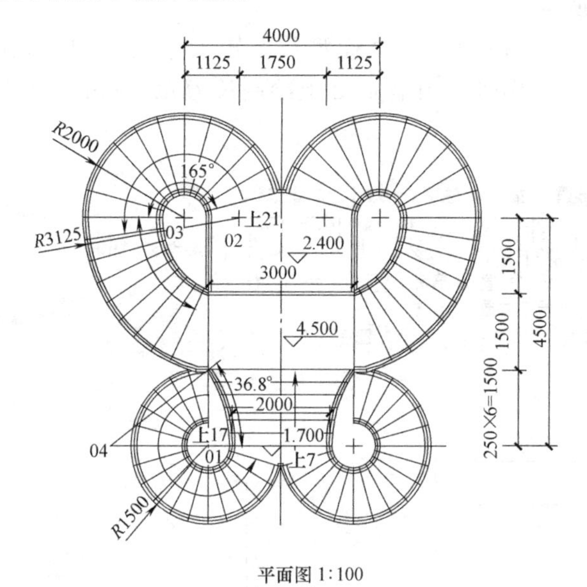

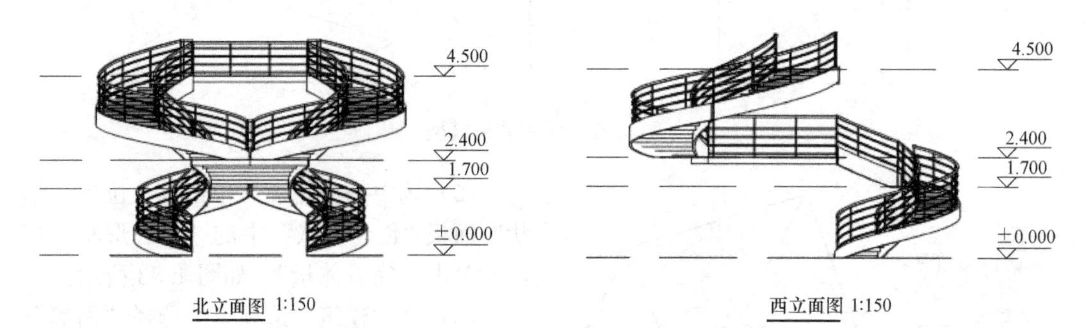

图 4.85 艺术楼梯案例

步骤如下：

(1) 新建“建筑样板”，命名为“艺术楼梯”。

(2) 在立面创建标高 1（±0.000）、标高 2（1.700）、标高 3（2.400）、标高 4（4.500）。

(3) 在“视图”选项卡中创建“平面视图”，然后在楼层平面选中“标高 3 和标高 4”。

(4) 在“标高 1”平面视图中创建参照平面，如图 4.86 所示。

(5) 单击“建筑”选项卡的“楼梯坡道”按钮，创建“楼梯（按构件）”。

(6) 修改类型属性，踢面高度、梯段类型、平台厚度。

(7) 选择“圆心-端点螺旋”构件，绘制标高 1 至标高 2 段，如图 4.87 所示。

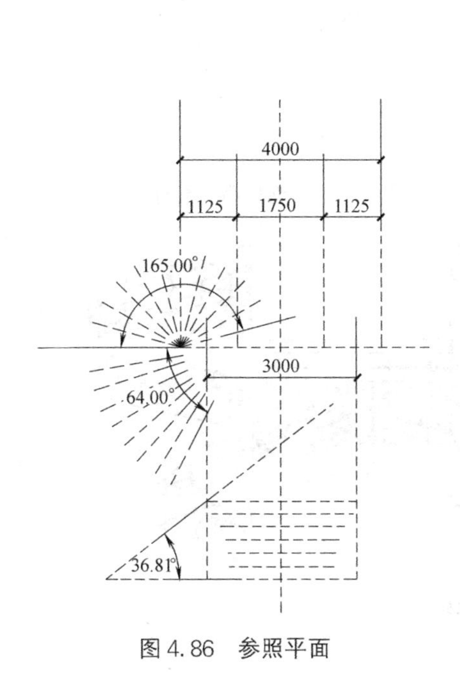

图 4.86 参照平面

图 4.87 绘制标高 1 至标高 2

(8) 选择创建草图用“圆心-端点弧”绘制标高 2 至标高 3 段，如图 4.88 所示。

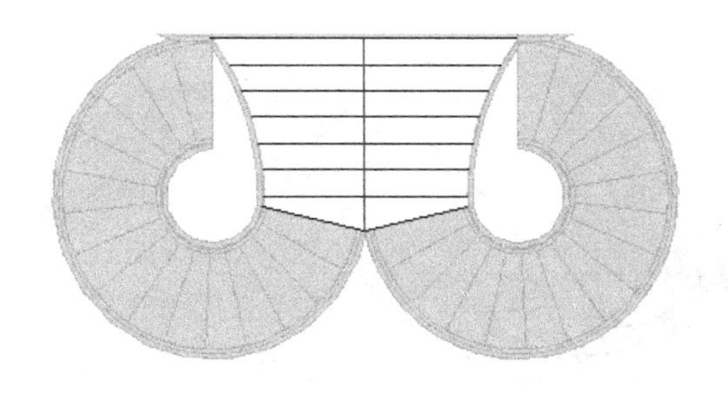

图 4.88 绘制标高 2 至标高 3

(9) 创建平台，如图 4.89 所示。

(10) 同理，选择创建草图用“圆心-端点弧”绘制标高 3 至标高 4 段，如图 4.90 所示。

(11) 在三维图修改栏杆扶手，完成后的效果图如图 4.91 所示。

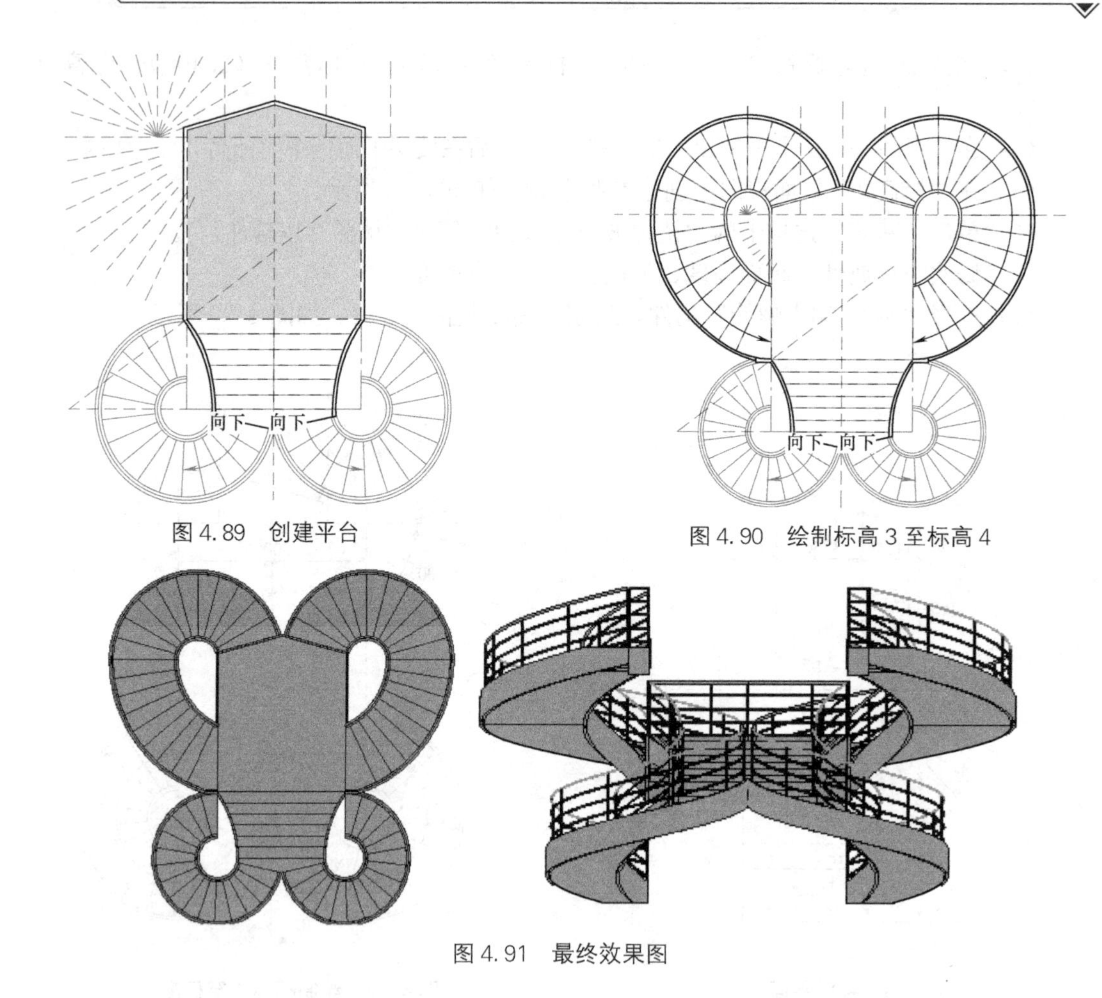

图 4.89　创建平台

图 4.90　绘制标高 3 至标高 4

图 4.91　最终效果图

4.9.3　造型幕墙案例

试建立如图 4.92 所示的造型幕墙模型。

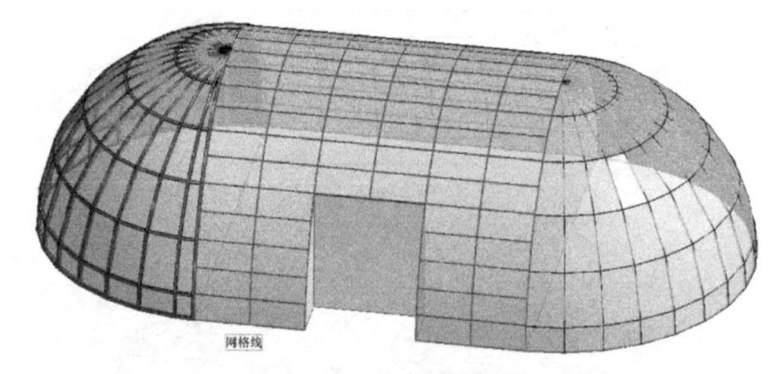

图 4.92　造型幕墙模型

步骤如下：

(1) 新建“建筑样板”，命名为“造型幕墙”。

(2) 在立面修改标高 1（±0.000），标高 2（±3.500）。

(3)“体量和场地”选项卡的概念体量中内建体量工具，命名“幕墙”。

(4) 在标高 1 建立十字参照平面，拾取竖直的参考平面到东立面下用“起点圆心端点弧”创建实心形状，旋转180°出现四分之一球，完成体量即可，如图4.93所示。

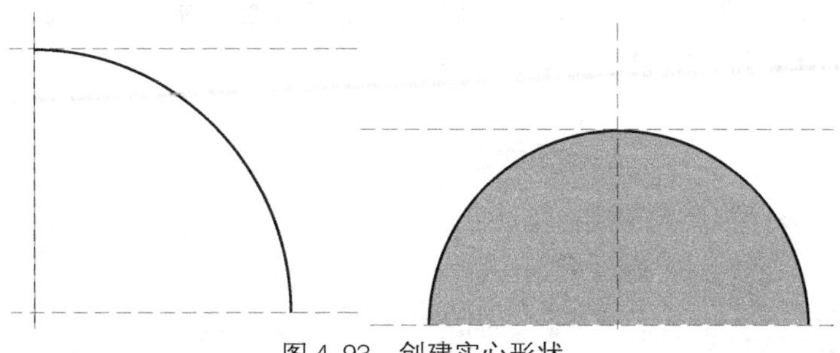

图4.93 创建实心形状

(5) 在标高1中，选择所建体量复制并旋转180°，向右移动6000，如图4.94所示。

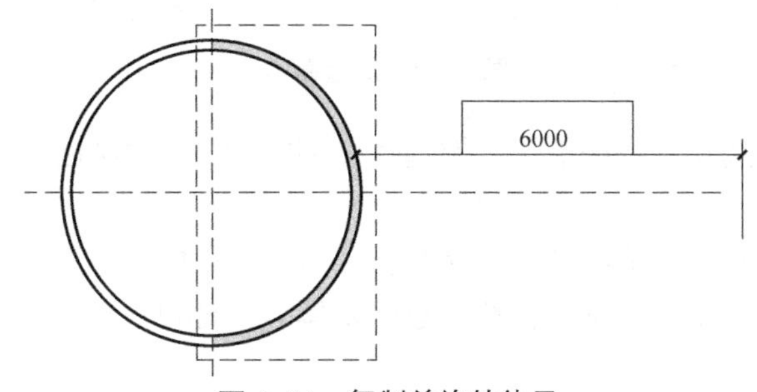

图4.94 复制并旋转体量

(6) 拾取半圆与直径，创建实心形状，拖拽拉伸即可，如图4.95所示。

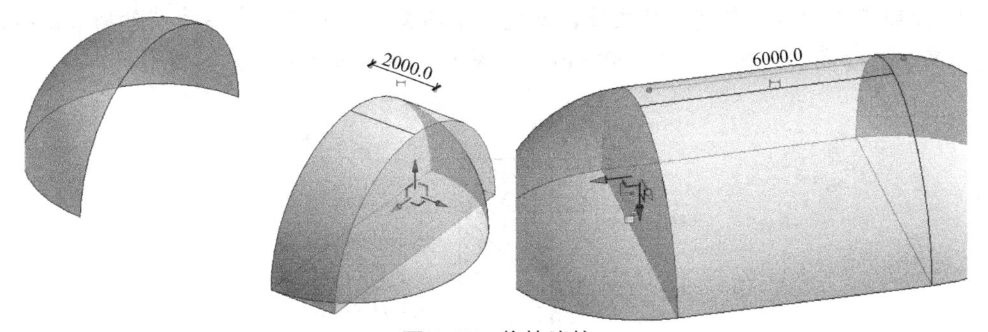

图4.95 拖拽连接

(7) 在标高1处的两条参考平面中间再建两条参考平面，距离2000，在线框模式下绘制矩形，创建空心形状，如图4.96所示。

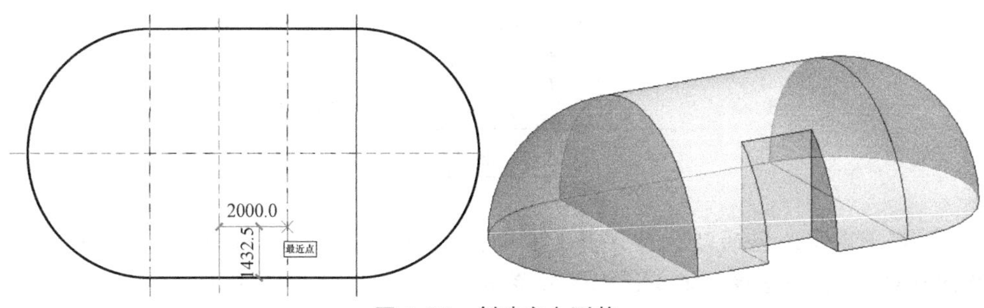

图4.96 创建空心形状

(8)“建筑”选项卡构建中里“幕墙系统”工具，编辑类型设置为1000mm和500mm（网格1间距500，网格2间距1000），“修改丨放置幕墙系统”多重选择中“选择多个”选择所建体量创建系统，效果如图4.97所示。

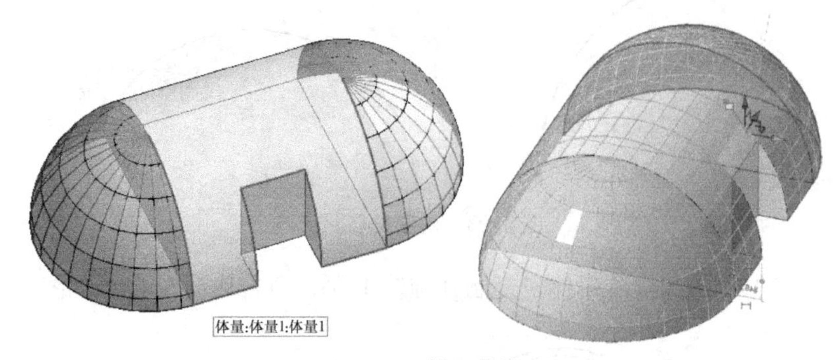

图4.97 放置幕墙

(9)通过Tab键选择一块嵌板，右键选择全部实例，将“属性”改为玻璃，编辑类型厚度改为35mm。

(10)“建筑”选项卡中的“竖梃”构建，编辑类型复制一个75×25的类型（厚度75mm，宽度25mm），单击全部网格线，删除幕墙竖梃即可。

习题

1. 按照下图所示，新建项目文件，创建如下墙类型，并将其命名为“外墙”。以标高1到标高2为墙高，创建半径为5000mm（以墙核心层内侧为基准）的圆形墙体。

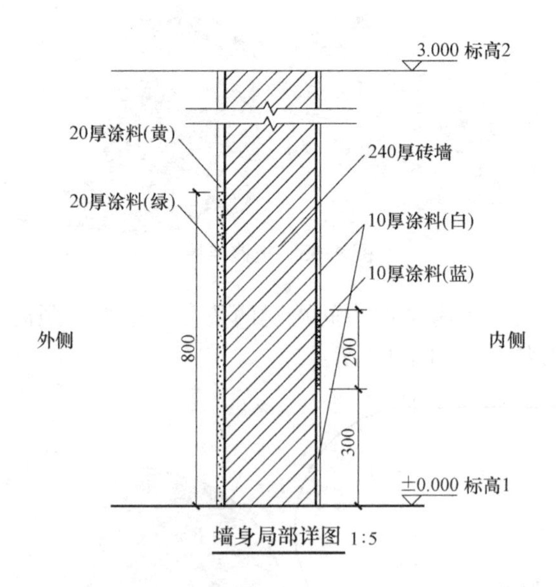

2. 根据下图中给定的尺寸及详图大样新建楼板，顶部所在标高为±0.000，命名为“卫生间楼板”，构造层保持不变，水泥砂浆层进行放坡，并创建洞口。

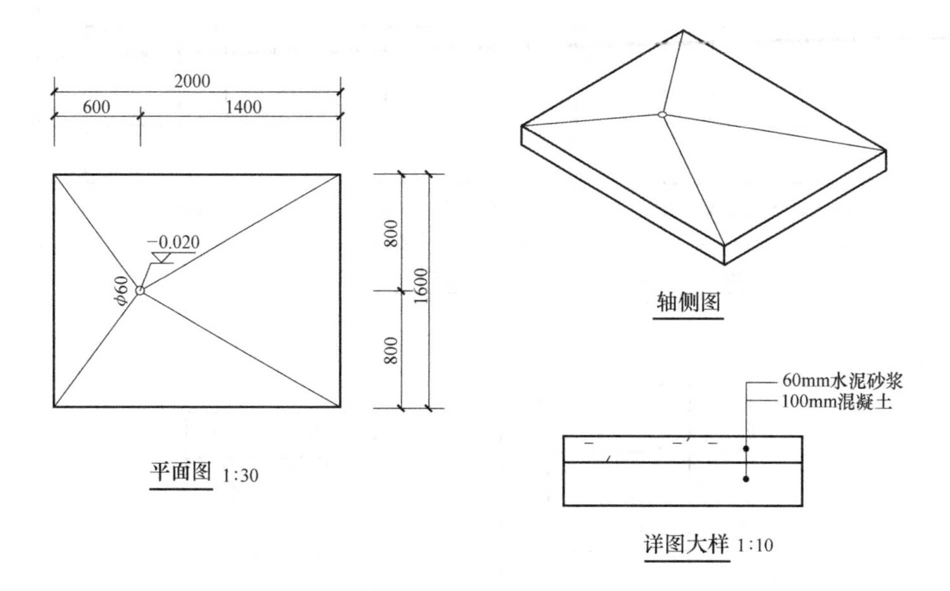

3. 按照下图平、立面绘制屋顶，屋顶板厚均为400，其他建模所需尺寸可参考平、立面图自定。

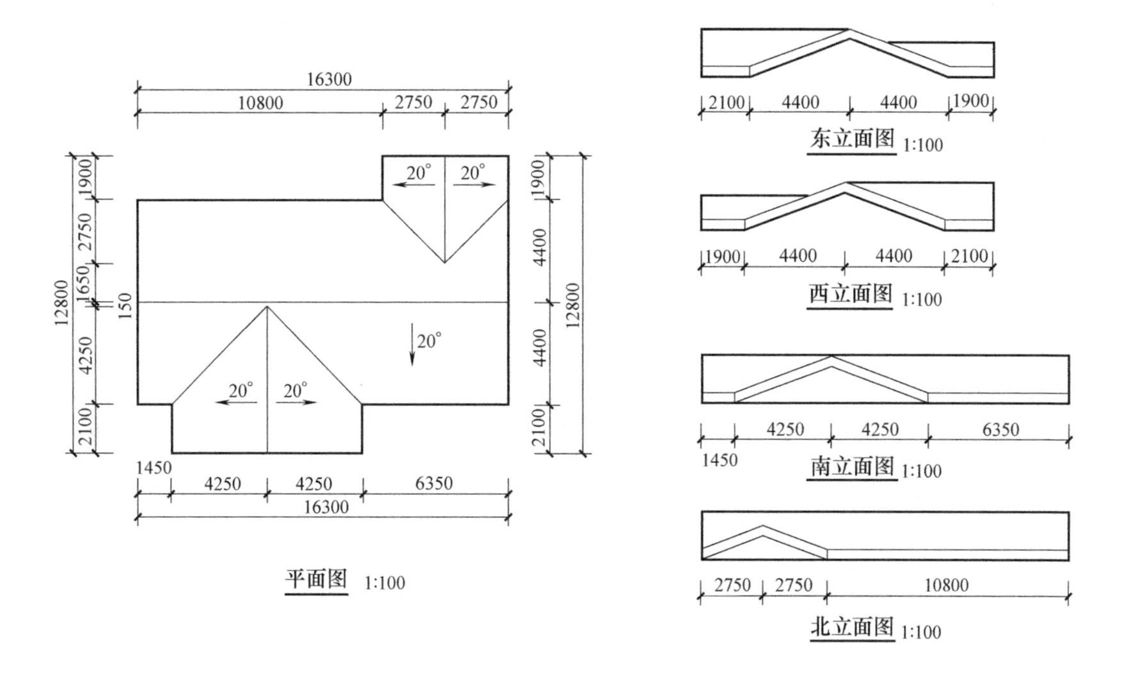

4. 用体量创建下图中的“仿央视大厦”模型。

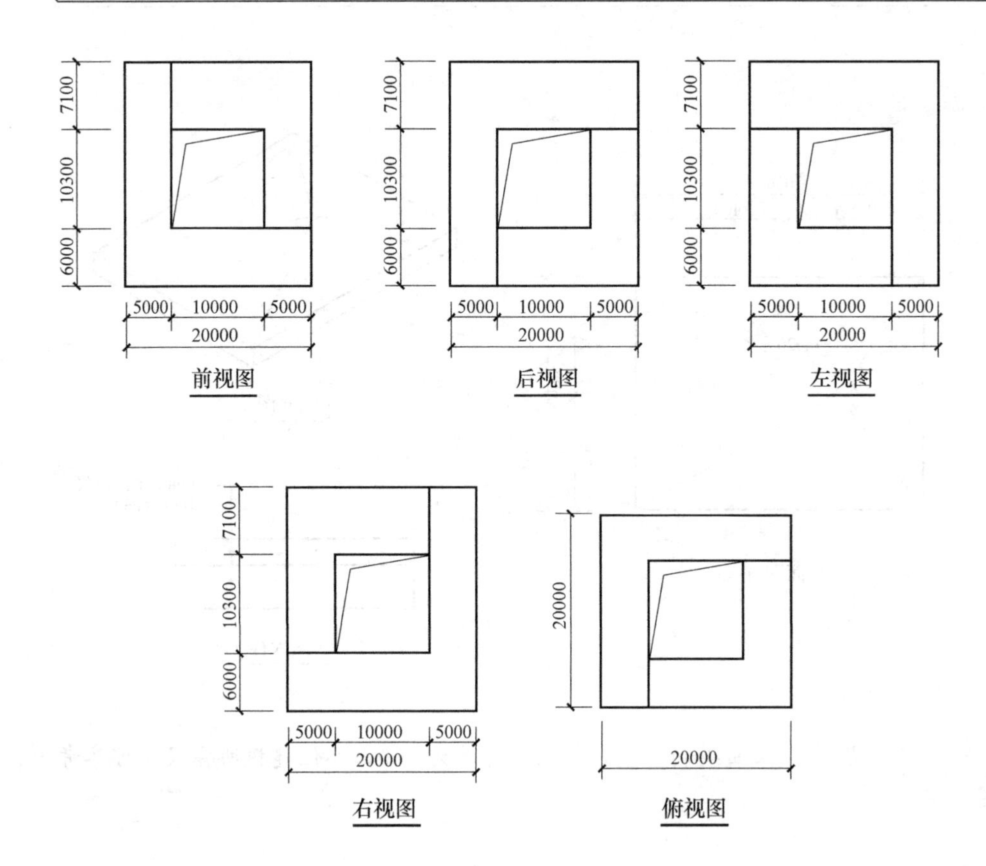
7100
10300
6000
5000
10000
5000
20000
前视图
后视图
左视图
右视图
俯视图

第 5 章　结 构 建 模

建筑结构设计包括上部结构设计和基础设计。本章依照结构设计顺序，从上部结构开始介绍，依次为结构柱建模、结构梁建模、结构墙建模、结构楼板建模、桁架与支撑建模，接着是基础建模，最后为钢筋建模。

5.1　结构柱建模

结构柱是承载竖向荷载的结构图元，主要作用是承担梁和板传递过来的荷载。

尽管结构柱与建筑柱共享许多属性，但结构柱还有一些特殊的性质和行业标准定义的其他属性，结构图元（如梁、支撑和独立基础）与结构柱可以连接，但与建筑柱不能连接。

5.1.1　载入结构柱族

单击“插入”选项卡中的“载入族”按钮，在弹出的对话框中选择要载入的结构柱，单击“打开”即可载入到项目中，如图 5.1 所示。

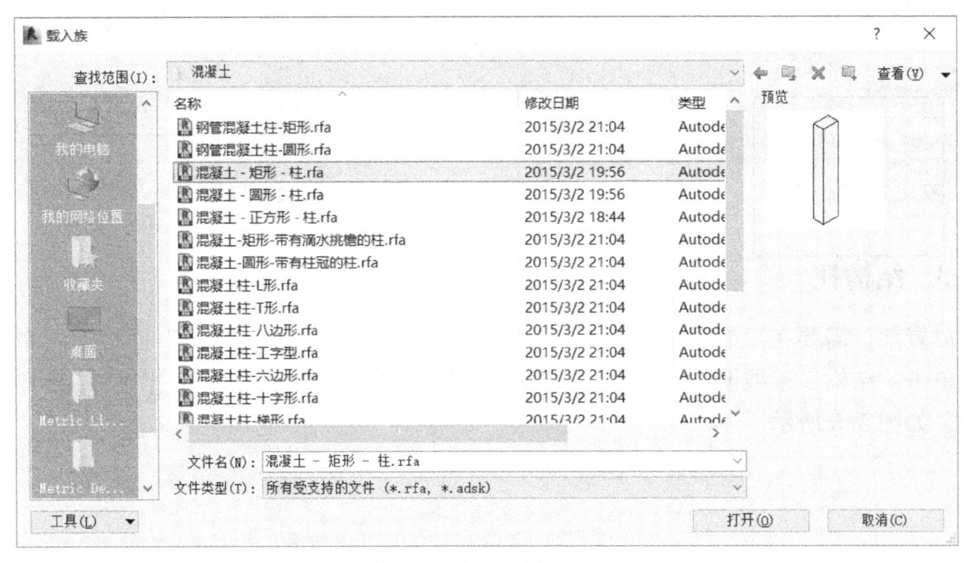

图 5.1　选择要载入的族

另一种载入族的方法为：单击“结构”选项卡的结构面板中的“柱”按钮，进入创建结构柱的命令，如图 5.2 所示。

在结构柱“属性”选项板（图 5.3）中，单击“编辑类型”，在弹出的“类型属性”对话框（图 5.4）中，单击“载入”按钮，进行所需结构柱族的载入。

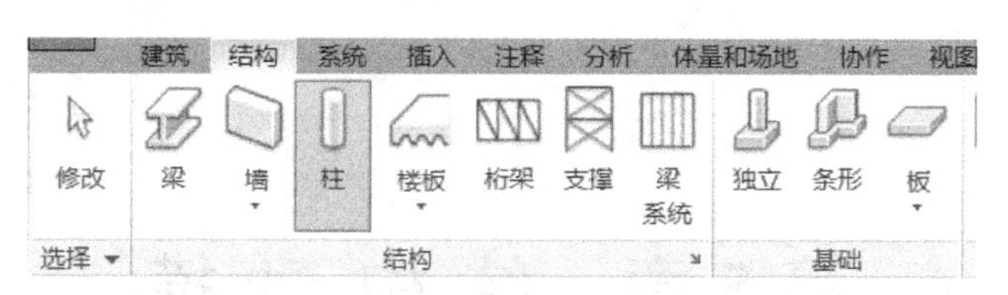

图 5.2　结构柱命令

5.1.2　设置结构柱属性

在结构柱的“属性”选项板中，可以设置结构柱某一个构件的实例属性，如“结构材质”“顶底部标高”“顶底部偏移”等属性，以及钢柱“顶底部连接”和混凝土柱“钢筋保护层”等属性。

进入“类型属性”对话框，可以设置结构柱某一类型的构件属性，如“尺寸标注”等。

“类型属性”对话框中，“复制”按钮可以复制构件当前类型的属性到一个新的类型。“重命名”按钮仅对当前类型的名字进行重命名，不影响其他属性（图 5.4）。

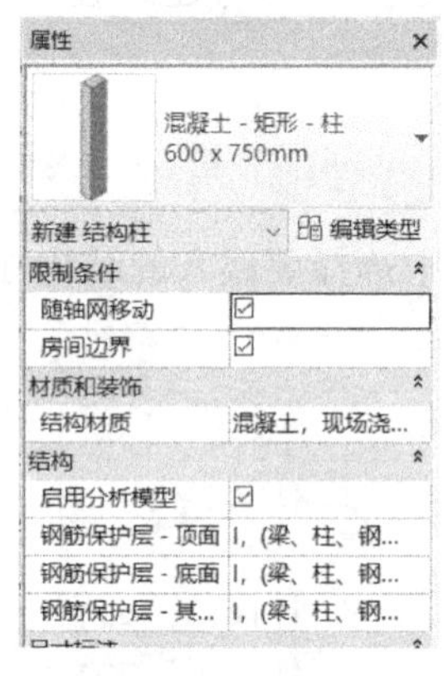

图 5.3　实例属性

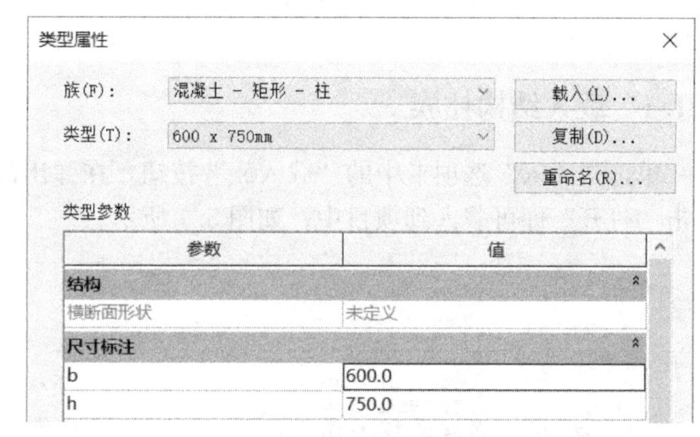

图 5.4　类型属性

5.1.3　结构柱

放置前，需要在“上下文”选项卡下选择“放置”“多个”“标记”面板上的布置方式。单击“结构”选项卡中的“柱”按钮（快捷键 CL），进入“修改 | 放置 结构柱”选项卡，如图 5.5 所示。

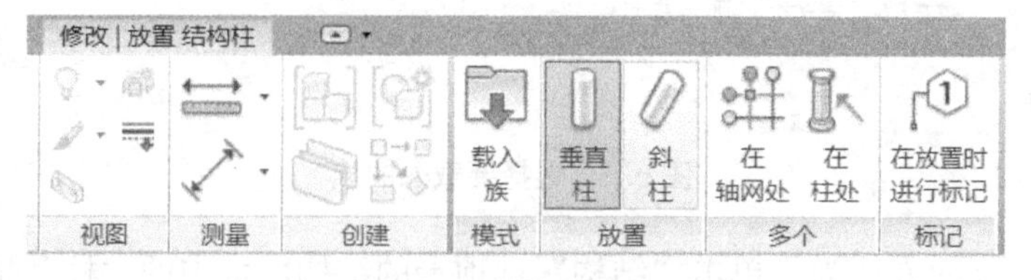

图 5.5　结构柱命令

1. 垂直柱

选择其中的“垂直柱”命令，即可布置垂直方向的结构柱。

放置方式有两种：“在轴网处”和“在柱处”。这两种放置方式会分别将柱放在轴网上或建筑柱中。放置柱时，使用“空格键”可以更改柱的方向，从而使柱与选定位置的轴网对齐。其他命令如图 5.6 所示。

图 5.6 垂直柱其他命令

放置后旋转：放置结构柱后，可以同时对结构柱进行旋转操作。

深度：以当前标高为柱顶，深度为柱长，向下延伸。

高度：以当前标高为柱底，高度为柱长，向上延伸。

标高/未连接：设置柱另一端的位置。以当前标高为起点，直到设定的某一标高或者“未连接”后指定的高度。

2. 斜柱

选择其中的“斜柱”命令，即可布置不垂直的结构柱。

斜柱放置方式有两种：

(1) 首先在平面视图中，选择两端的标高，分别为“第一次单击”的标高和“第二次单击”的标高。然后通过在平面中的两次点击确定斜柱两端的平面位置，从而完成斜柱的绘制。

(2) 勾选“三维捕捉”，然后进入三维视图，分别点选斜柱两端的位置，完成斜柱的绘制。

其他命令如图 5.7 所示。

图 5.7 斜柱其他命令

顶/底部截面样式：顶/底部截面的形状样式共有三种：“垂直于轴线”“水平”“垂直”。如图 5.8 所示。

图 5.8 顶/底部截面样式

5.1.4 结构柱修改

选择已经放置的结构柱，可以通过属性框的实例属性和“上下文”选项卡的功能面板进行修改。

1. 实例属性修改

选择已放置的结构柱，在属性框中修改该柱的实例属性，不影响其他柱的属性，如可以修改限制条件，如图 5.9 所示。

限制条件	
柱定位标记	
底部标高	标高 1
底部偏移	-2500.0
顶部标高	标高 1
顶部偏移	0.0
柱样式	倾斜 - 端点控制
柱顶随轴网移动	☑
柱底随轴网移动	☑
房间边界	☑
横截面旋转	0.000°

构造	
底部截面样式	竖直
底部延伸	0.0
顶部截面样式	垂直于轴线
顶部延伸	0.0
材质和装饰	
结构材质	混凝土，现场...

结构	
启用分析模型	☑
钢筋保护层 - 顶面	I，(梁、柱、...
钢筋保护层 - 底面	
钢筋保护层 - 其...	I，(梁、柱、...

图 5.9 限制条件

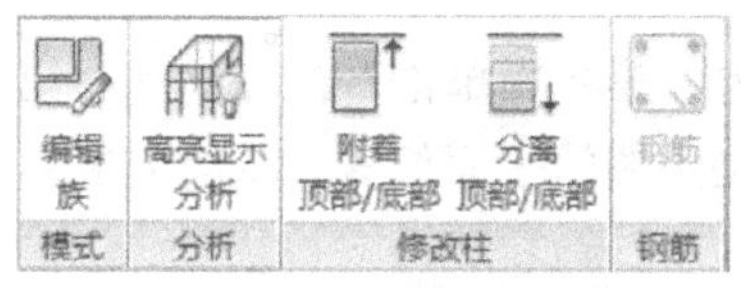

图 5.10 修改 | 结构柱选项卡

2. 上下文选项卡中柱的修改

选择已放置的结构柱，在“修改 | 结构柱”上下文选项卡下，有几个面板可用于修改，如图 5.10 所示。

5.1.5 结构柱建模操作

（1）新建项目，样板文件选择“结构样板”。

（2）创建新的结构标高，分别为−0.050m，3.550m 和 7.150m，如图 5.11 所示。

（3）创建轴网如图 5.12 所示。

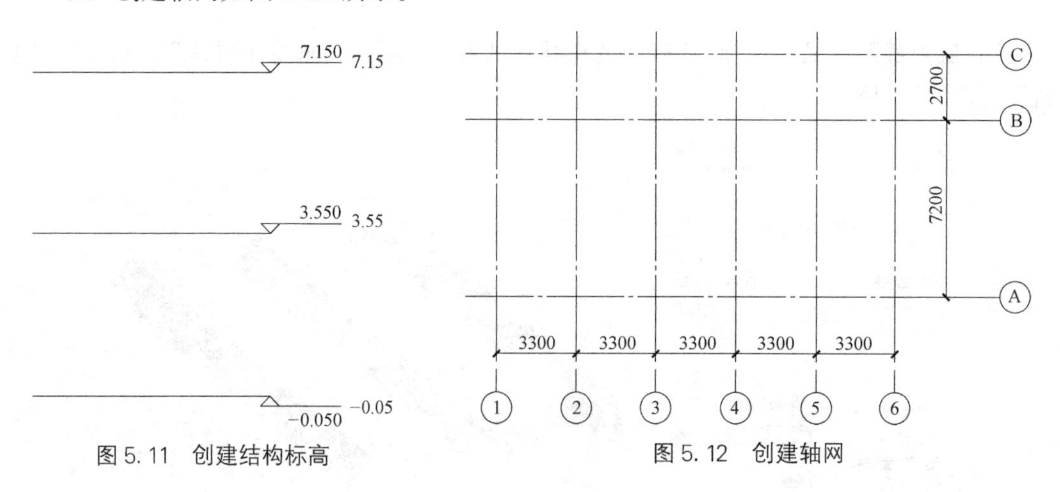

图 5.11 创建结构标高　　图 5.12 创建轴网

（4）在结构柱的类型属性对话框中，单击“复制”按钮，如图 5.13 所示，创建新类型“500mm×500mm 矩形混凝土”结构柱。

（5）在状态栏设置“高度”为“3.550（标高）”，如图 5.14 所示。

（6）在 1 轴 3 轴与 A 轴 B 轴 C 轴交汇处放置结构柱，并进入三维视图查看效果，如图 5.15 所示。

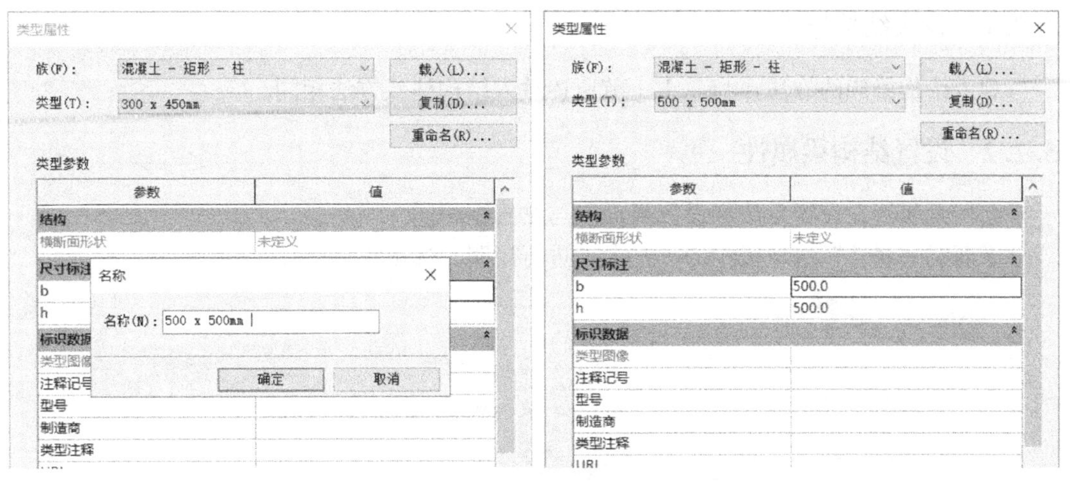

图 5.13 创建结构柱类型

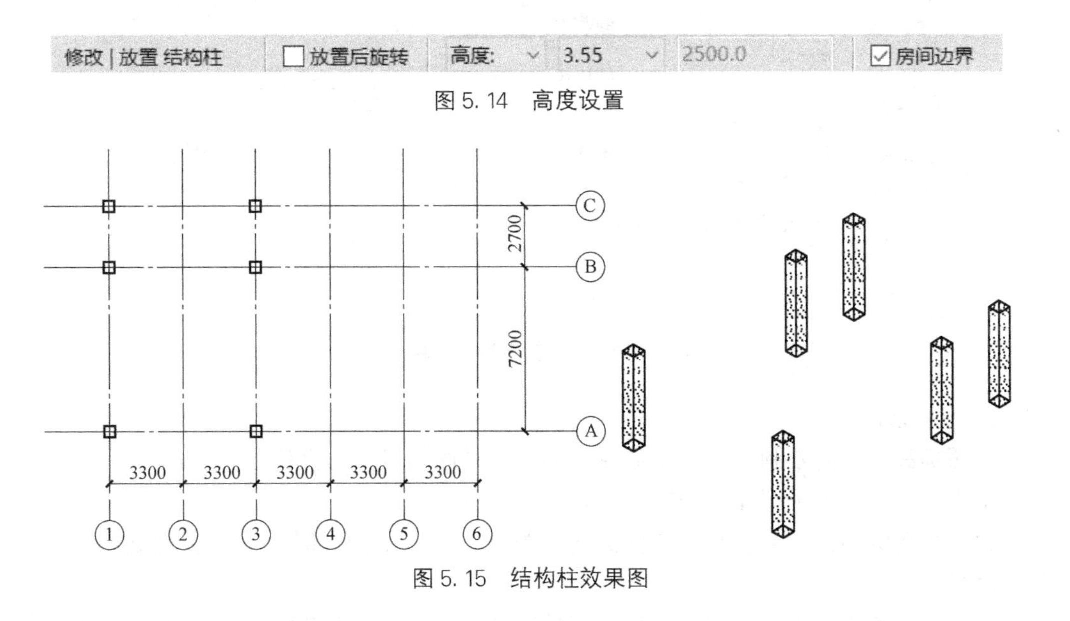

图 5.14 高度设置

图 5.15 结构柱效果图

5.2 结构梁建模

梁是由支座支承，承受外力，以弯曲为主的构件，通过特定梁类型属性定义的结构框架图元。梁主要承担由楼板传递过来的荷载。

单击“结构”选项卡中的“梁”按钮（快捷键 BM）放置结构梁，如图 5.16 所示。

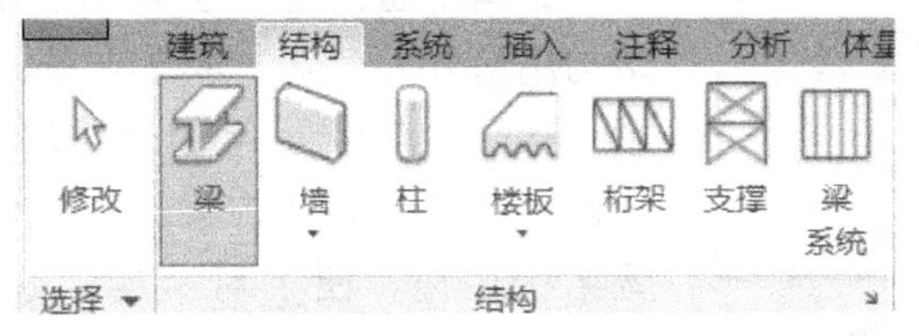

图 5.16 放置结构梁

5.2.1　载入结构梁族

载入结构梁族的方法，与5.1.1节所述载入结构柱族方法相同。

5.2.2　设置结构梁属性

结构梁属性在设置方法和设置界面上与结构柱相同。

下面对“属性”选项板中的一些参数进行说明，选项板如图5.17所示。

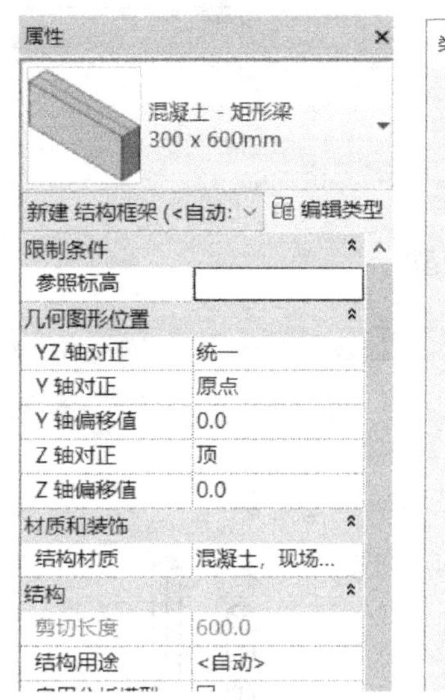

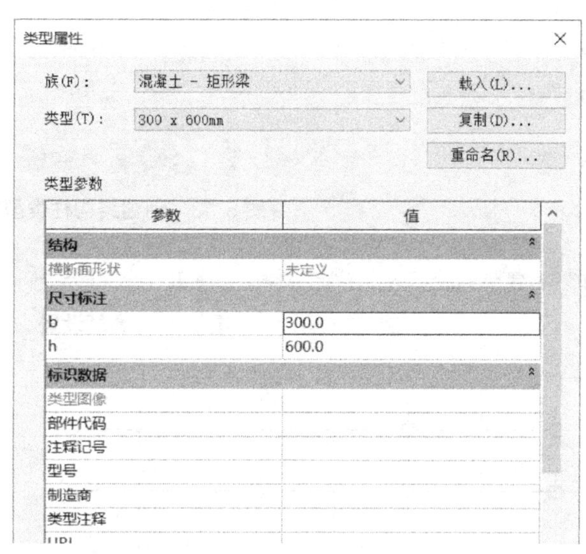

图5.17　梁属性选项板

1. 限制条件

参照标高：标高限制，取决于放置梁的工作平面，该值为只读。

工作平面：放置了图元的当前平面，该值为只读。

起点标高偏移：梁起点与参照标高间的距离。当锁定构件时，会重设此处输入的值，锁定时只读。

终点标高偏移：梁终点与参照标高间的距离。当锁定构件时，会重设此处输入的值，锁定时只读。

2. 材质和装饰

结构材质：控制结构图元的隐藏视图显示。“混凝土”或“预制”将显示为隐藏。某图元如果被其他图元隐藏且未被指定，则不会显示。

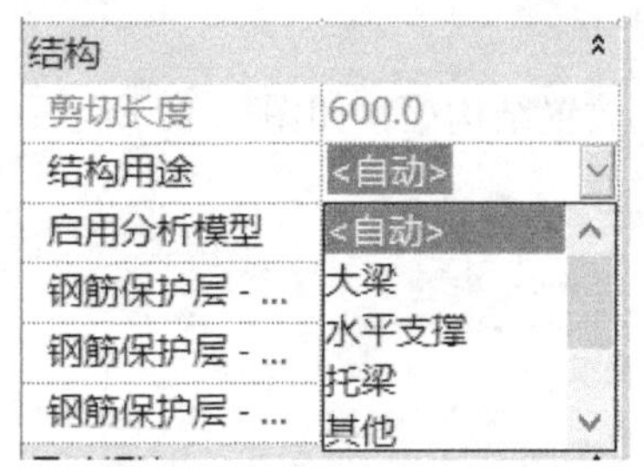

图5.18　指定结构用途

3. 结构

结构用途：这个参数用于指定结构的用途，梁的结构用途分为大梁、水平支撑、托梁、其他以及檩条。系统默认“自动”，会根据梁的支撑情况自动选取，用户也可以在绘制结构梁的时候自行修改结构用途。设置结构用途，便于对结构梁进行筛选和统计，如图5.18所示。

钢筋保护层—顶面： 只适用于混凝土梁。与梁顶面之间的钢筋保护层距离。

钢筋保护层—底面： 只适用于混凝土梁。与梁底面之间的钢筋保护层距离。

钢筋保护层—其他面： 只适用于混凝土梁。从梁到邻近图元面之间的钢筋保护层距离。

5.2.3 结构梁

对结构梁的属性进行设定后，即可进行梁的布置。

1. 普通梁

绘制结构梁。启动梁命令后，会出现“修改丨放置 梁”选项卡。在“绘制”面板里包含了不同的绘制方式，可以在平面内绘制所需几何形状的梁，如图 5.19 所示。默认使用直线方式绘制结构梁，也可以选择线进行布置。

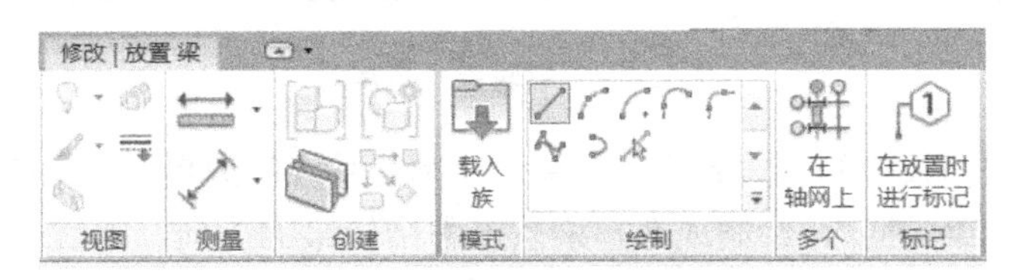

图 5.19　绘制梁的不同方式

其他命令如图 5.20 所示：

图 5.20　绘制梁的其他命令

放置平面： 系统会自动识别绘图区当前标高平面，作为结构梁的放置平面，也可自行修改。

三维捕捉： 勾选“三维捕捉”可以在三维视图内，通过点选捕捉已有图元上的点，绘制结构梁。

链： 勾选“链”后，绘制梁时将会把上一根梁的终点作为下一根梁的起点，不间断绘制结构梁。当梁较多且连续集中时，推荐使用此功能。

2. 梁系统

利用“梁系统”可以创建一组平行放置的结构梁图元。

首先单击“结构”选项卡中的“梁系统”按钮（快捷键 BS），出现“修改丨创建梁系统边界”选项卡，如图 5.21 所示。

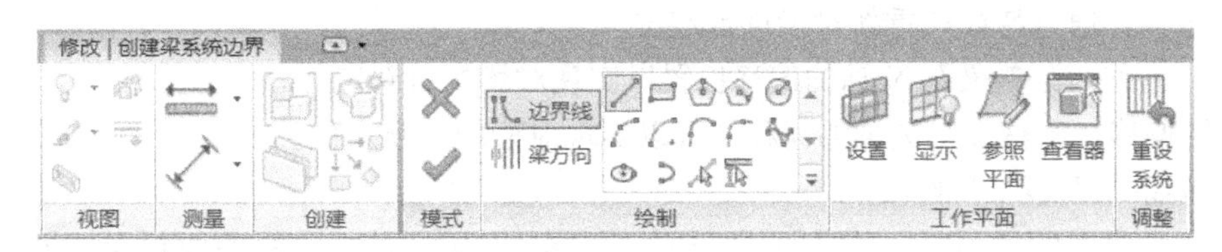

图 5.21　创建梁系统边界选项卡

梁系统是一定数量的梁按照一定的排布顺序组成的。不仅每个梁设置了自己独立的属性，而且整个梁系统也有自己的属性。

选中梁系统，在“属性”选项板中，编辑梁系统的属性，包括布局规则、梁类型等，如图 5.22 所示。

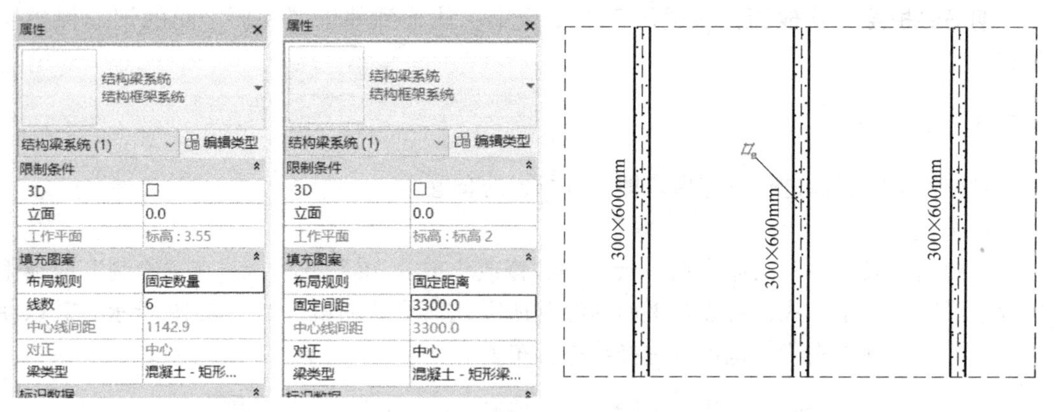

图 5.22 编辑梁系统属性

首先使用绘制面板中的“边界线”命令，绘制梁系统的边界。梁系统的边界必须是闭合的。然后单击“梁方向”，绘制或选择梁系统中结构梁的方向。最后单击“√”完成绘制。如图 5.23 所示。

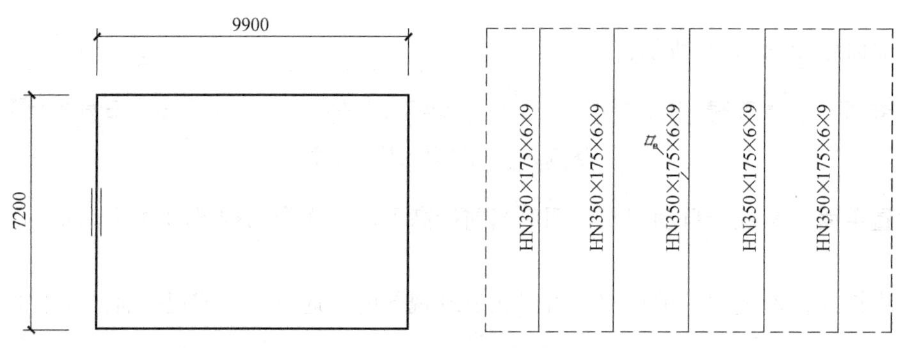

图 5.23 结构梁系统布置

5.2.4 结构梁修改

1. 梁的对正修改

在修改选项卡中提供了专门的梁对正工具，如图 5.24 所示。

梁的对正工具分为对正点、Y 轴偏移和 Z 轴偏移三种。

对正点：通过特征点重新对梁进行定位。

Y 轴偏移：调整梁在 Y 轴的偏移位置以实现对梁的重新定位。

Z 轴偏移：调整梁在 Z 轴的偏移位置以实现对梁的重新定位。

2. 梁系统面板工具修改

选择已建立的梁系统，在上下文选项卡中会出现如图所示的各面板及工具，如图 5.25 所示。

编辑边界：单击后，系统进入梁系统边界线草图绘制模式，可以对梁系统的边界线进行重新定义。

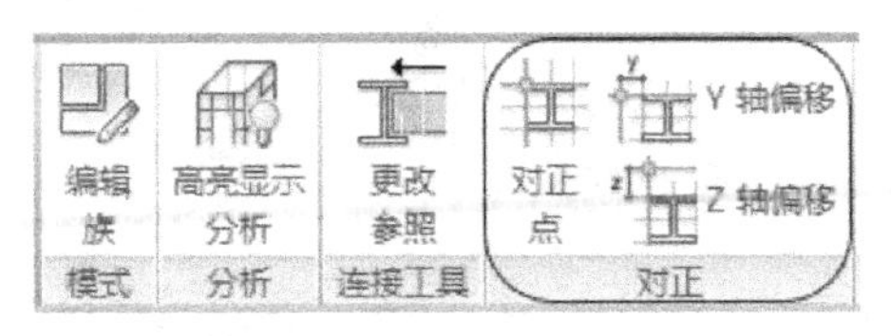

图 5.24 梁对正工具面板

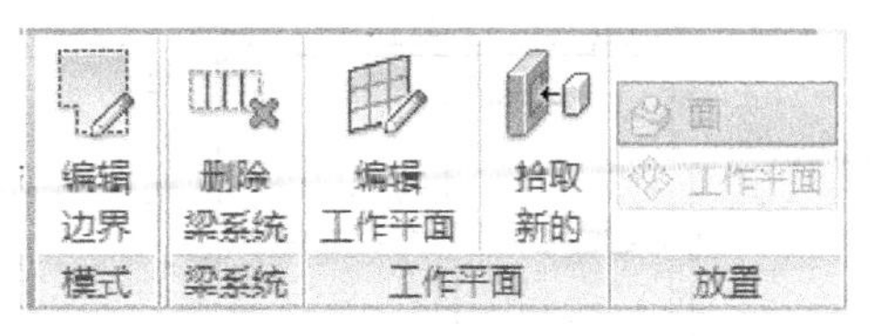

图 5.25 梁系统修改面板

删除梁系统：单击后系统会删除选择的梁系统，但其中的各个梁依然存在，成独立的梁。

编辑工作平面：给当前梁系统重新指定新的工作平面。

5.2.5 结构梁建模操作

（1）进入“3.550”标高，启动“结构梁”命令。

（2）在“类型选择器”中选择“混凝土-矩形梁”族，并修改状态栏参数，如图 5.26 所示。

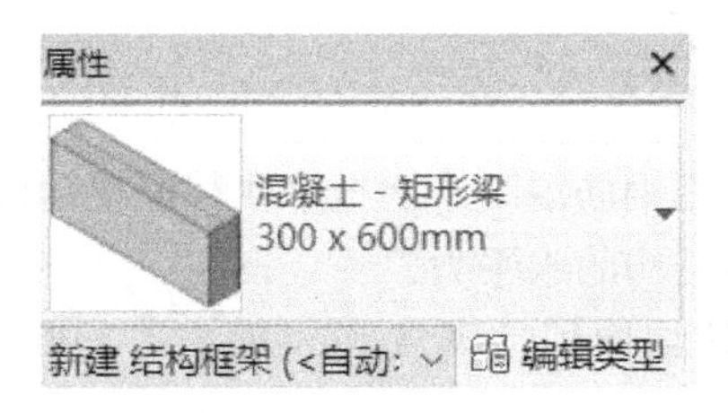

图 5.26 选择梁并修改参数

（3）单击“编辑类型”按钮，进入“类型属性”对话框，复制建立新类型：“250mm×500mm”矩形梁，如图 5.27 所示。

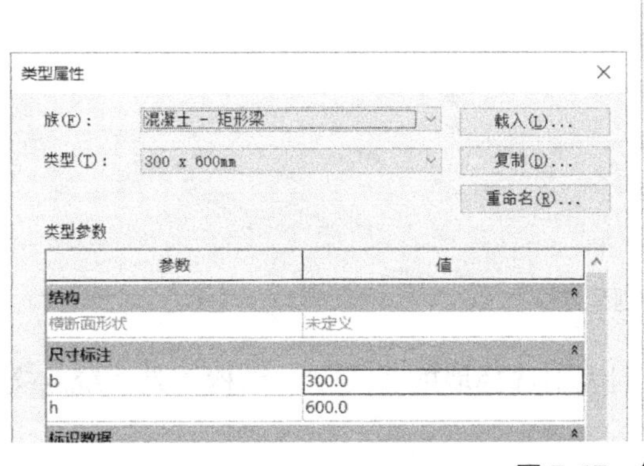

图 5.27 复制新类型梁

（4）进入“修改 | 放置 梁”选项卡，选择“直线”绘制方式。

（5）依次点击结构梁的两端，建立如图 5.28 所示的结构梁，进入三维视图查看效果，如图 5.29 所示。

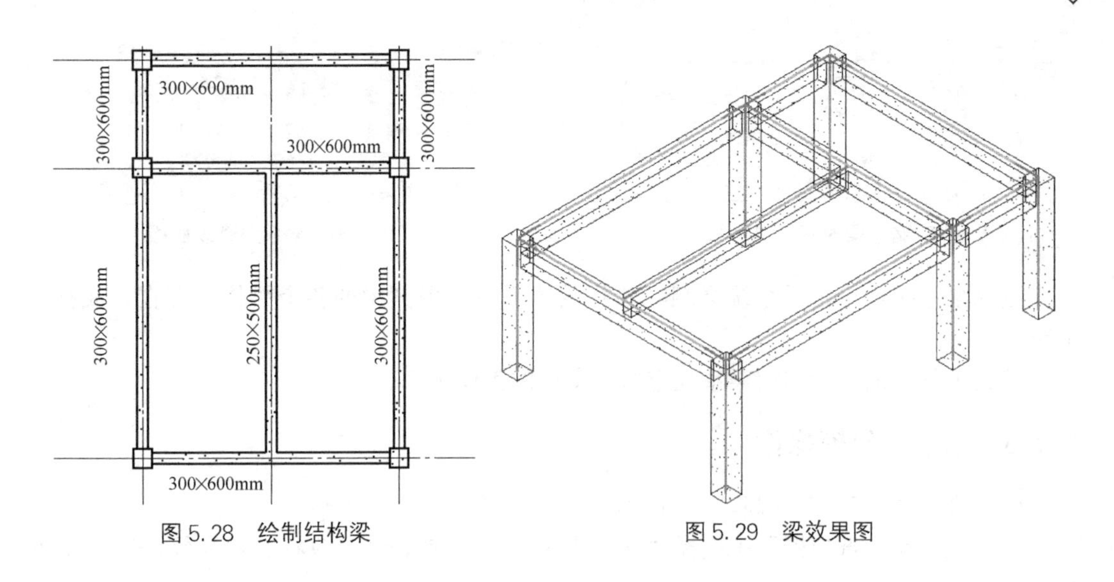

图 5.28 绘制结构梁　　　　图 5.29 梁效果图

5.3 结构墙建模

结构墙，即剪力墙，是用钢筋混凝土墙板来代替框架结构中的梁柱，能承担各类荷载引起的内力，并能有效控制结构的水平力。

在创建结构墙体时，其结构用途默认为“承重”，建筑墙的结构用途默认为“非承重”。

5.3.1 创建结构墙类型

创建结构墙的命令为：单击“结构”选项卡中“墙”的下拉列表选择“墙：结构墙”按钮，如图 5.30 所示。或直接单击“墙”按钮，程序默认选择结构墙。

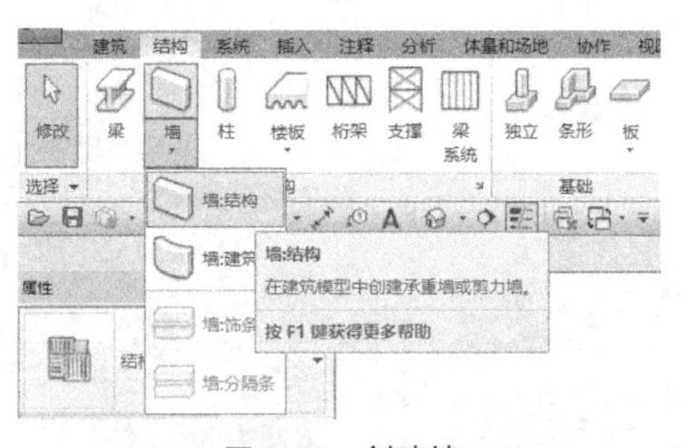

图 5.30 创建墙

在“属性”选项板的“类型选择器”下拉列表中选择墙的族类型。结构墙是系统族文件，不能通过加载族的方式添加到项目中。

选择结构墙后，需要对墙的实例属性进行设置，设置其“底部限制条件”“底部偏移”“顶部约束”等，如图 5.31 所示。

若需要新的结构墙体形式，可选择相似墙体，并在“属性”选项板中单击“编辑类型”按钮，进入“类型属性”对话框，单击“复制”，输入新名称，完成类型复制。然后在“类型属性”对话框中，单击“结构”一栏中的“编辑”按钮。在弹出的“编辑部件”对话框中，对墙体的结构层和非结构层进行增加或删除，并赋予合适的材质和厚度，如图 5.32 所示。

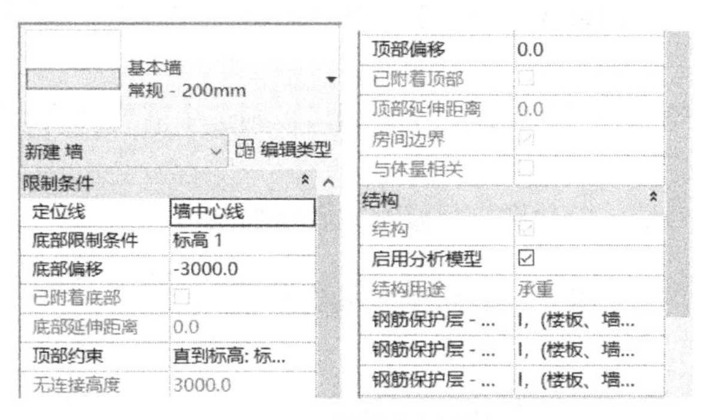

图 5.31　设置实例属性

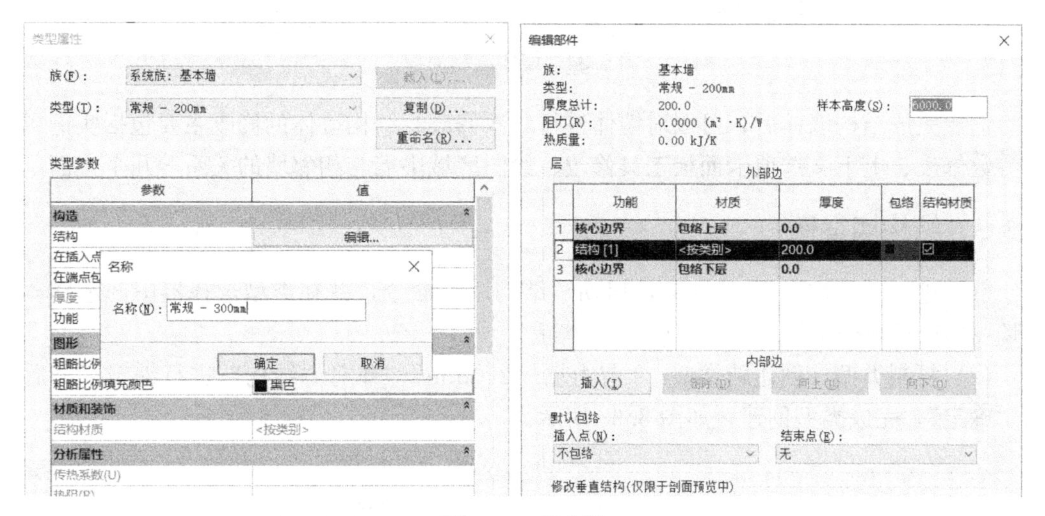

图 5.32　复制墙

其他参数如图 5.33 所示：

图 5.33　其他参数

标高（仅限三维视图）：为墙的墙底定位选择标高。可以选择一个非楼层标高。在平面视图中则默认为当前平面视图所在标高。

深度： 为墙的底部约束选择标高，或为默认设置“未连接”输入一个值。如果希望墙从墙底定位标高向上延伸，请选择“高度”。

定位线： 选择在绘制时要将墙的哪个垂直平面与光标对齐，或要将哪个垂直平面与将在绘图区域中选择的线或面对齐。

链： 单击此选项，以绘制一系列在端点处连接的墙分段。

偏移（可选）：输入一个距离，以指定墙的定位线与光标位置或与选定的线或面之间的偏移。

5.3.2 结构墙

启动结构墙命令后，会出现“修改丨放置 结构墙”选项卡，使用如图 5.34 所示“绘制”面板里的绘制方式，对墙体进行绘制。如“直线”“矩形”“圆形”“拾取线”“拾取面”等。

如果需要对墙的轮廓进行编辑或者增加洞口，则选中需要修改的墙体，单击“编辑轮廓”按钮。

在三维或立面下对墙体的轮廓进行修改或者增加洞口。

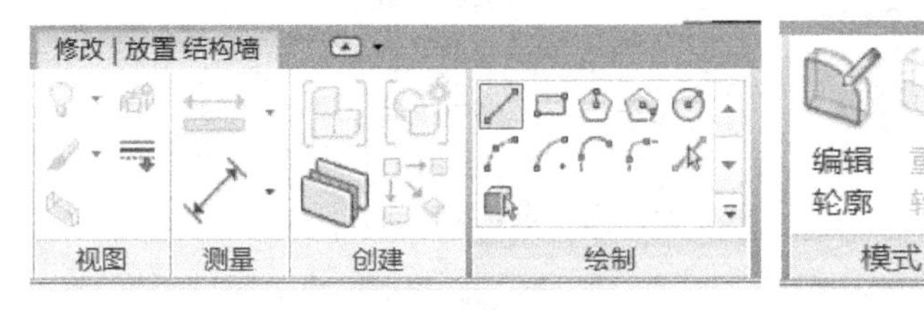

图 5.34 墙体绘制面板

创建完成结构墙体后，可以对墙体进行二次修改。结构墙体的修改主要包括实例属性的参数修改、上下文选项卡面板工具修改、绘图区域中墙与相邻墙的关系等几个方面。

5.3.3 结构墙案例

(1) 进入“结构平面－0.05”，启动“结构墙”命令，并在类型选择器中，选择“基本墙 常规－200mm”。

(2) 复制类型，创建新类型：“剪力墙－240mm”，并对“结构”进行编辑。最后单击“确定”，完成类型创建，如图 5.35 所示。

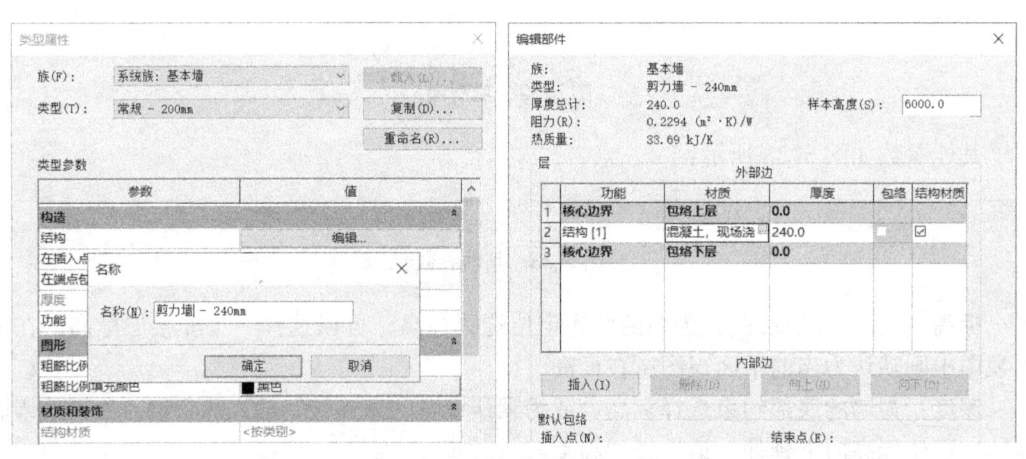

图 5.35 创建并编辑剪力墙

(3) 修改状态栏参数，高度设为“3.55（标高）”，如图 5.36 所示。

图 5.36 修改参数

(4) 使用“直线”或“矩形”命令，绘制结构墙。绘制位置如图 5.37 所示。

(5) 进入三维视图查看效果，如图 5.38 所示。

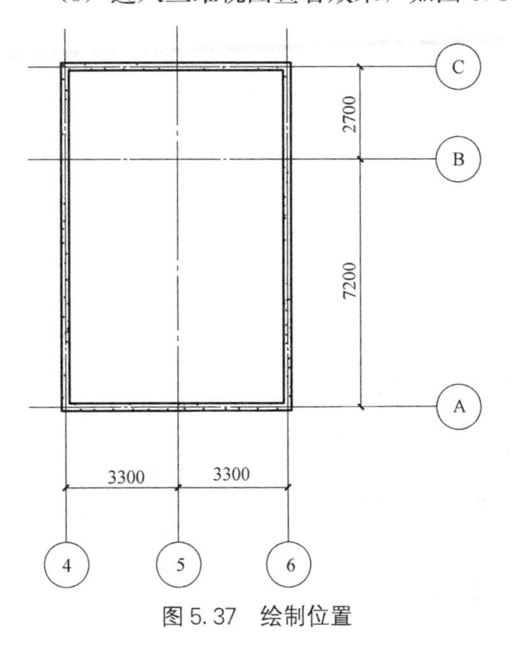

图 5.37 绘制位置

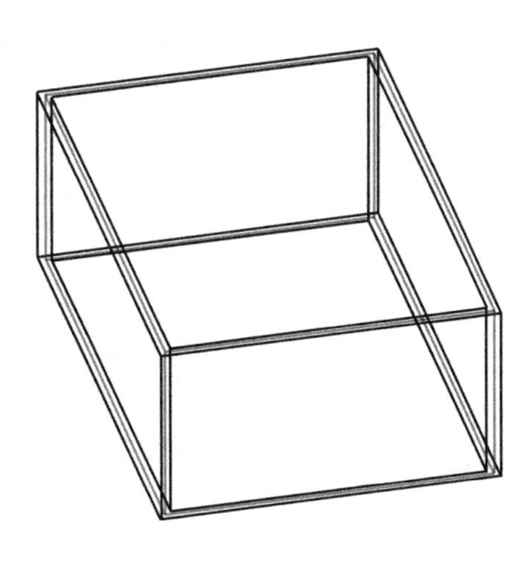

图 5.38 结构墙效果图

5.4 结构楼板建模

5.4.1 创建结构楼板类型

创建结构楼板的命令为：单击“结构”选项卡中的“楼板”下拉菜单，选择“楼板：结构”，如图 5.39 所示。如果直接单击“楼板”按钮，程序默认选择结构楼板。

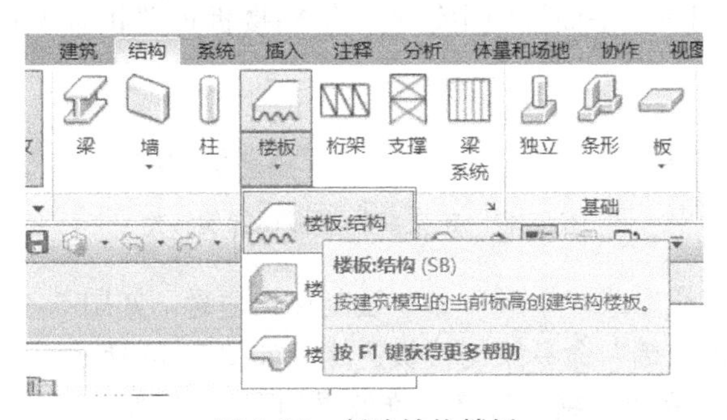

图 5.39 创建结构楼板

结构楼板也是系统族文件，只能通过复制的方式创建新类型。

启动命令后，在功能区会显示“修改 | 创建楼板边界”选项卡，包含了楼板的编辑命令，如图 5.40 所示。

在“类型选择器”中，指定结构楼板类型。或如图 5.41 所示，通过单击“编辑类型”按钮，进入“类型属性”对话框，复制类型，点击“编辑”按钮以添加、修改或删除楼板层，完成类型创建。具体同“创建结构墙类型”。

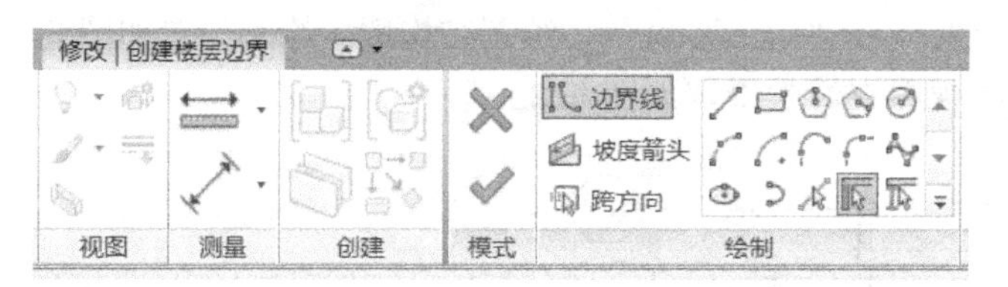

图5.40 “修改 | 创建楼板边界”选项卡

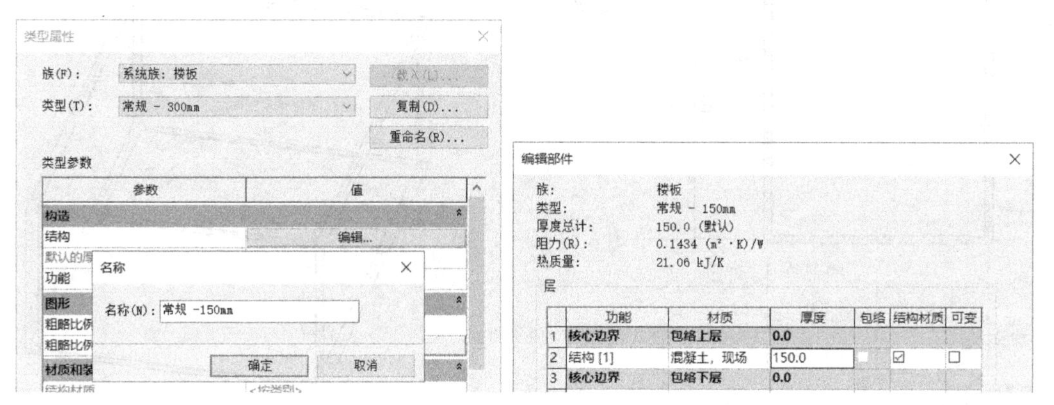

图5.41 创建结构墙类型

5.4.2 结构楼板

1. 绘制边界

在“绘制”面板，单击“边界线”按钮，选择合适的楼板边界的绘制方式。选择后，在选项栏中，可以进行绘制时的相关设置。选项栏中的内容会随着绘制方式的改变而改变。草图必须形成闭合环或边界条件。

只要三维视图的工作平面设置为要放置结构楼板的工作平面，就可以在三维视图中绘制楼板，但是通常我们是在平面视图中绘制。结构楼板顶部相对于其所在标高进行偏移，如图5.42所示。

图5.42 定义结构楼板顶部偏移量

方法1：使用“直线”或“矩形”命令绘制楼板边缘，如图5.43所示。

方法2：使用“拾取墙”命令绘制楼板边缘，如图5.44所示。

单击“√”按钮，完成绘制。最终三维效果如图5.45所示。

2. 坡度箭头

单击“坡度箭头”按钮，可以创建倾斜结构楼板。不添加坡度箭头，程序会创建平面楼板。

“绘制”面板中，提供了两个绘制坡度箭头的工具，“直线”和“拾取线”，默认选中“直线”。

第一次单击鼠标左键，确定坡度箭头的起点，此时显示出一根鼠标处带有箭头的虚线。将鼠标移至坡度线的终点，再次单击鼠标左键，完成坡度箭头的创建，如图5.46所示。

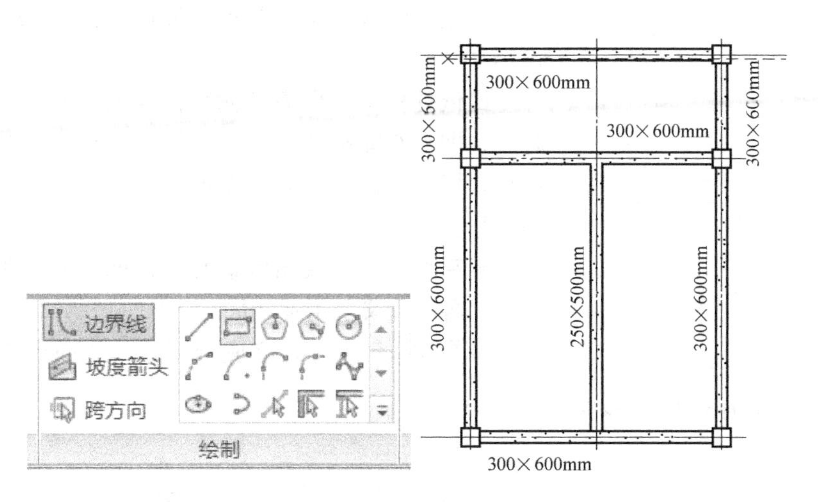

图 5.43 使用“直线”或“矩形”命令绘制楼板边缘

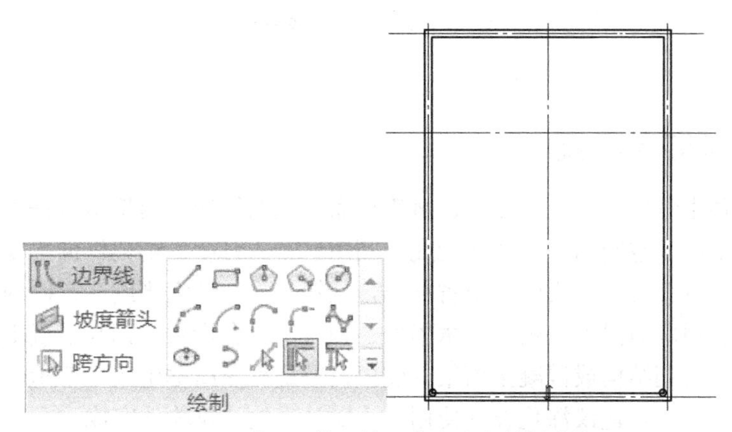

图 5.44 使用“拾取墙”命令绘制楼板边缘

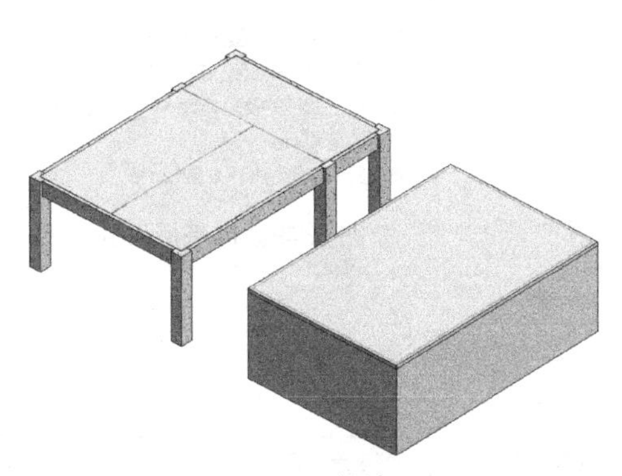

图 5.45 三维效果图

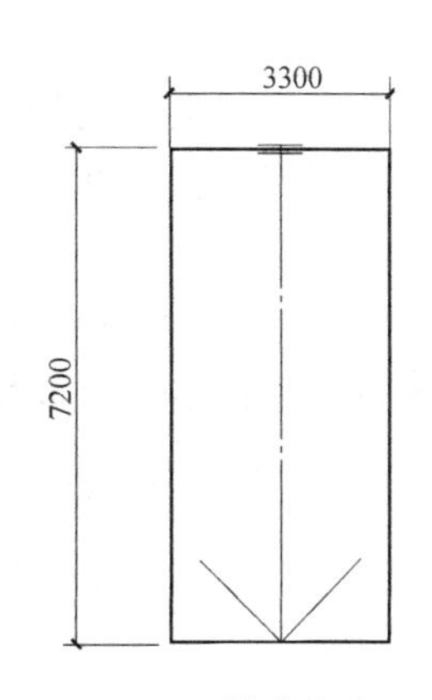

图 5.46 坡度箭头

单击鼠标左键确定终点后，“属性”选项面板会显示坡度箭头的相关属性，如图 5.47 所示。在属性面板中完成设置。

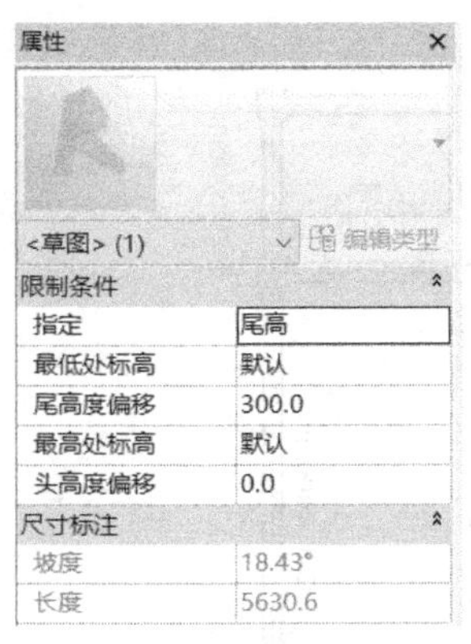

图 5.47 坡度箭头属性面板

指定：包含“尾高”和“坡度”两个选项。默认选择尾高。

最低处标高、尾高度偏移：这两项对应坡度箭头的起点，即没有箭头的一端。在最低处标高一栏选择一个标高，尾高度偏移指楼板在坡度起点处相对于该标高的偏移量。

最高处标高、头高度偏移：这两项对应坡度箭头的终点，各项含义与上述相同。

单击“√”按钮，完成绘制，其立面效果如图 5.48 所示。

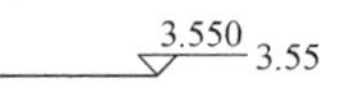

图 5.48 倾斜结构楼板效果图

5.5 桁架与支撑建模

桁架是一种由杆件彼此在两端用铰链连接而形成的结构。桁架由直杆组成，一般具有三角形单元的平面或空间结构，从而能充分利用材料的强度，桁架杆件主要承受轴向拉力或压力，在跨度较大时可比实腹梁节省材料，减轻自重并增大刚度。常用的有钢桁架、钢筋混凝土桁架、预应力混凝土桁架、木桁架、钢与木组合桁架、钢与混凝土组合桁架等。

系统可以进行钢结构或混凝土桁架的建模，但是仅能简单生成桁架示意模型。如果进行节点深化过于复杂，建议深化设计使用 Tekla 等其他专业软件完成。

5.5.1 创建桁架

软件自带部分类型的桁架族，如图 5.49 所示。绘制桁架需要载入族，载入方法同“载入结构柱”。

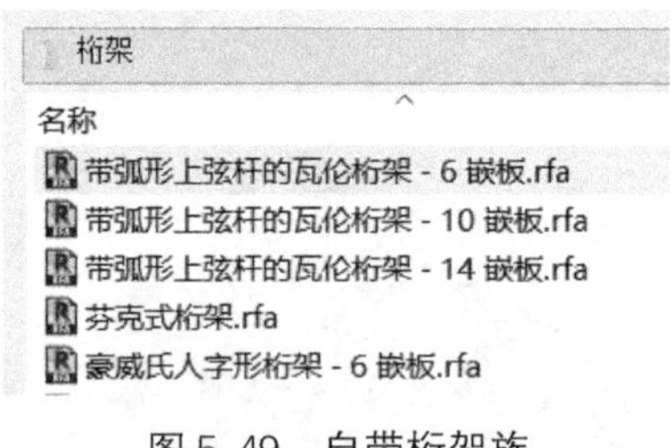

图 5.49 自带桁架族

在“结构”选项卡中单击“桁架”命令，在选项栏中设置放置标高，如图 5.50 所示。

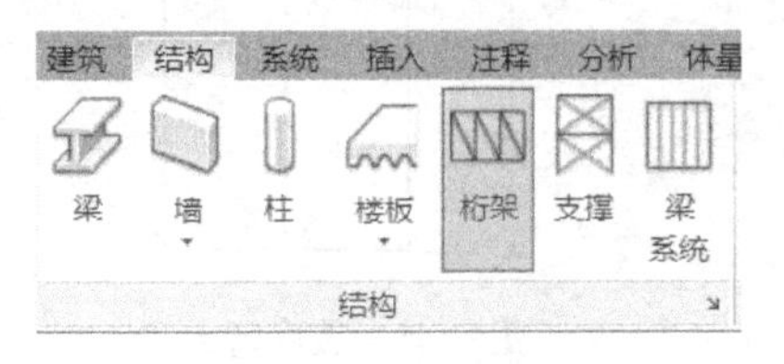

修改 | 放置 桁架 放置平面: 标高 : 标高 2 链

图 5.50 放置桁架

在“类型选择器”中选择所需的桁架，在“属性”选项板中设置结构及尺寸等属性。然后在绘图区域单击两次分别作为桁架的左端点和右端点，完成效果如图 5.51 所示。

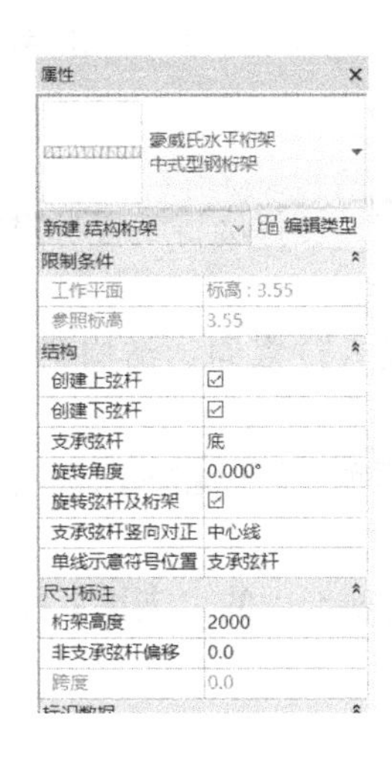

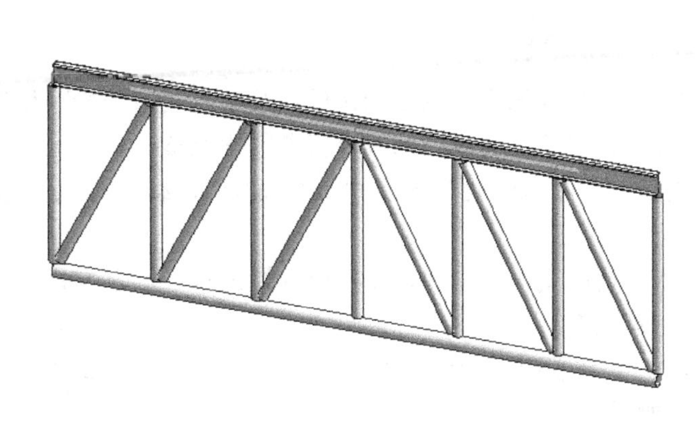

图 5.51 修改并完成桁架

创建好桁架后，当鼠标放在桁架的任意位置时，桁架会在各杆轴线上显示虚线。

5.5.2 桁架修改

若要修改桁架，可以单击鼠标左键选中桁架，然后单击“编辑类型”按钮进入“类型属性”对话框，在“类型属性”对话框中设置桁架相关属性，如上弦杆、腹杆、下弦杆的框架类型及连接情况。如图 5.52 所示。

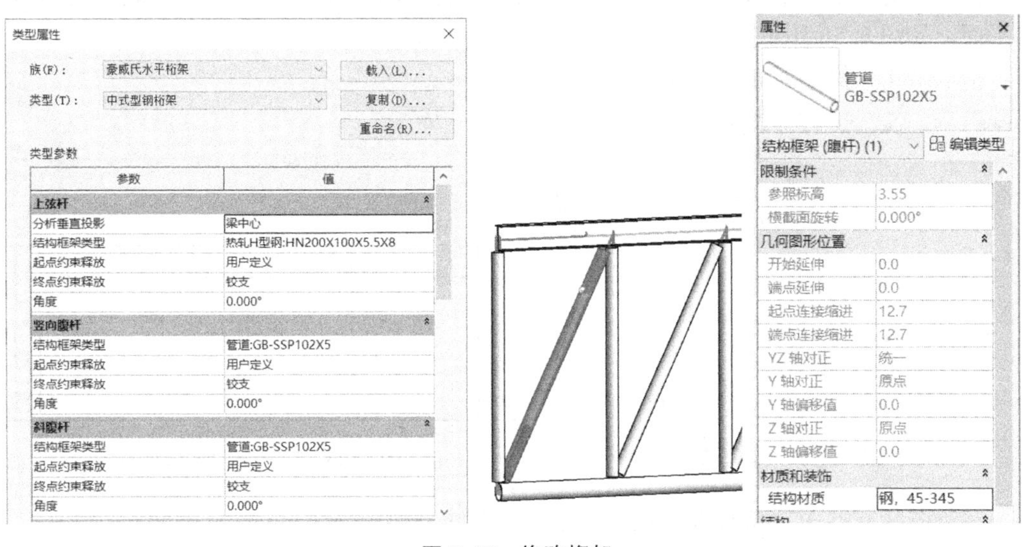

图 5.52 修改桁架

结构框架类型： 定义上弦杆的结构框架类型。

起点约束释放： 定义释放条件：“铰支”“固定”或“弯矩”。

终点约束释放： 定义释放条件：“铰支”“固定”或“弯矩”。

角度： 绕形状纵轴旋转。

此方法可以一次性修改桁架中所有弦杆和腹杆。若要单独修改某一根杆，需按

“Tab”键进行切换选择到某一根杆上，单击后即可在“属性”选项板中修改相应参数。

5.5.3 创建支撑

支撑是加强结构水平刚度的构件，绘制方法与“梁”相似。支撑会将其自身附着到梁和柱，并根据建筑设计中的修改进行参数化调整。

“支撑”与“结构梁”同属“结构框架”，载入方法及载入位置同“结构梁”，如图5.53所示。

载入合适的支撑类型后，便可以开始创建。创建方式有两种，可以在平面视图或立面视图中创建支撑。

方法1：放置时切换到“西”立面视图，单击“结构”选项卡中的“支撑”按钮，如图5.54所示。

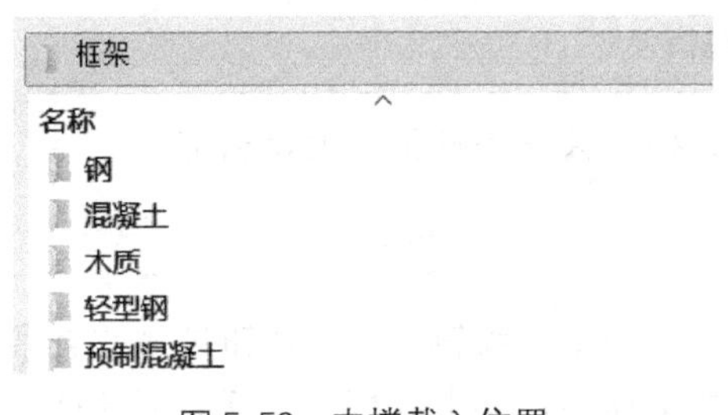

图5.53 支撑载入位置

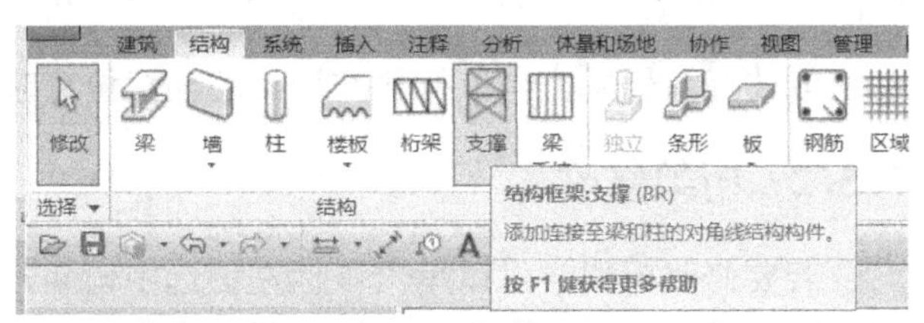

图5.54 创建支撑

在弹出的“工作平面”对话框中，可以选择名称或者拾取一个平面，来确定支撑的工作平面，如图5.55所示。

拾取结构梁侧平面如图5.56所示。

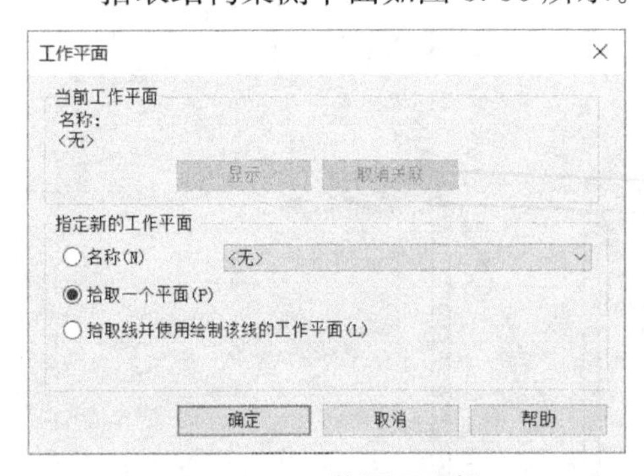

图5.55 工作平面面板

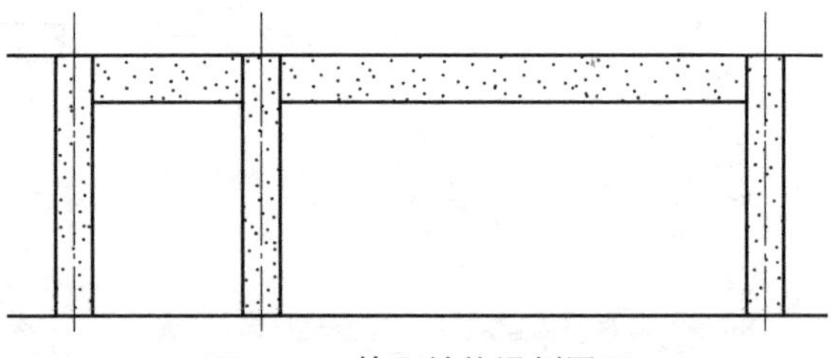

图5.56 拾取结构梁侧平面

在绘图区域点选支撑的两端来绘制支撑，如图5.57所示。

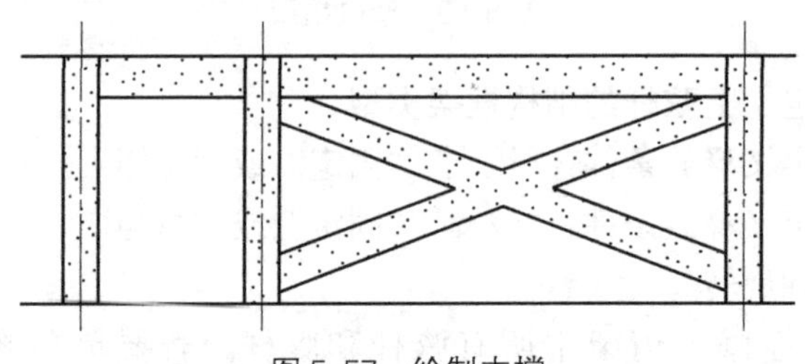

图5.57 绘制支撑

方法 2：在平面视图中绘制。绘制时无须设置工作平面，但需要在“选项栏”中定义“起点”和“终点”的标高，如图 5.58 所示。

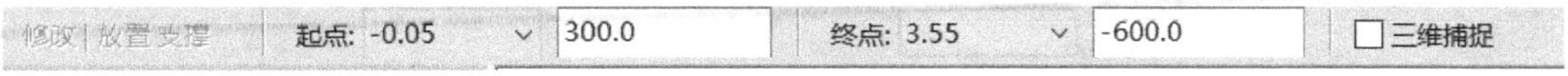

修改 | 放置 支撑　起点: -0.05　300.0　终点: 3.55　-600.0　☐三维捕捉

图 5.58　选项栏

然后在如图 5.59 所示的绘图区域继续点选支撑的两端即可。

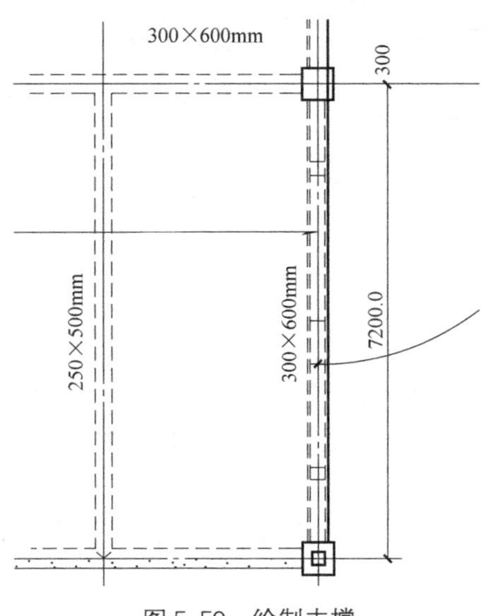

图 5.59　绘制支撑

两次绘制的支撑三维效果如图 5.60 所示，第一次支撑起点位于柱上，第二次支撑起点位于梁上，所以绘制形状存在差异，可以通过移动支撑起点来改变位置。

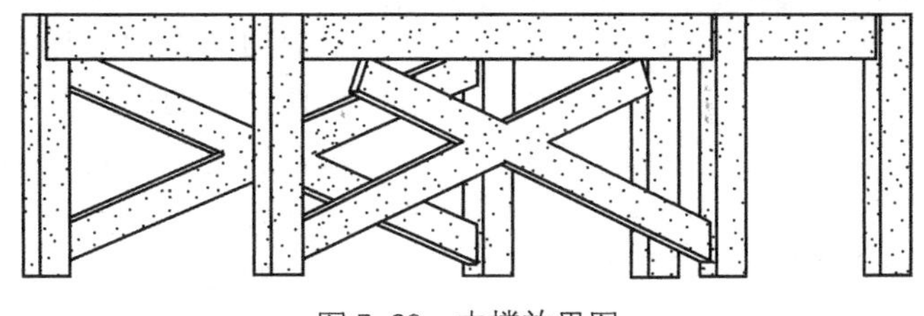

图 5.60　支撑效果图

5.5.4　支撑编辑

绘制完成支撑后，可以在“属性”选项板中对支撑进行编辑。支撑“属性”选项板中的“限制条件”“几何图形位置”与“材质”的和“结构梁”的编辑方法相同。

其他编辑：选择一个支撑。在“属性”选项板的“结构”下，如图 5.61 所示，选择下列“起点附着类型”选项之一。

距离：如果支撑起点位于梁上，则该值指定的是梁的最近端与支撑起点之间的距离。

比率：如果支撑起点位于梁上，则该值指定的是该起点位置相对于梁的百分比。例如，值 0.5 会将起点放置在附着梁的两个端点之间的正中位置。

选择相应选项后，输入“起点附着比率”或“起点附着距离”的值。如果支撑起点位于柱上，则该选项变为“起点附着高程”和“终点附着高程”。

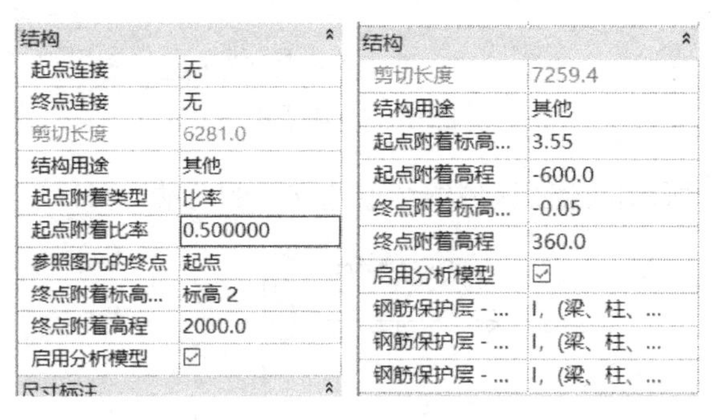

图 5.61 结构面板

5.6 基础建模

基础是指建筑物地面以下的承重结构，如基坑、承台、框架柱、地梁等，是建筑物的墙或柱子在地下的扩大部分，其作用是承受建筑物上部结构传下来的荷载，并把它们连同自重一起传给地基。

软件中的基础包括独立基础、条形基础和基础底板三种类型。

5.6.1 独立基础

创建独立基础的命令为：单击“结构”选项卡“基础”面板中的“独立”按钮，如图5.62所示。

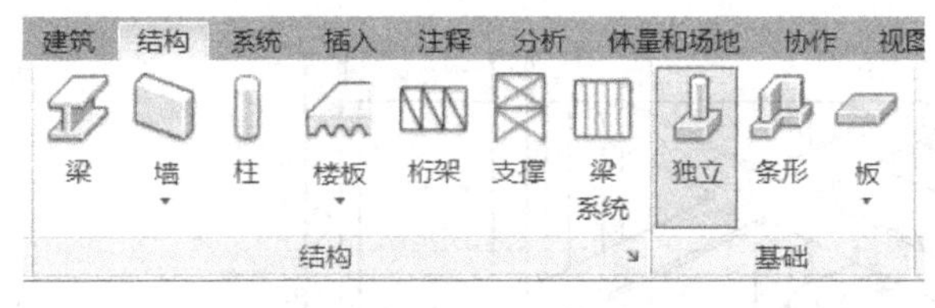

图 5.62 创建“独立”基础

启动命令后，在“属性”选项板的“类型选择器”下拉菜单中选择合适的独立基础类型，如果没有合适的族，可以载入外部族文件，载入方法同前面章节。如果没有合适的尺寸类型，可以在“属性”选项板点击“编辑类型”，进入“类型属性”选项卡，通过复制的方法创建新类型，然后修改尺寸即可。如图5.63所示。

在放置前，可对“属性”选项板中“标高”和“偏移量”两个参数进行修改，调整放置的位置。下面对“属性”选项板中的一些参数进行说明。

限制条件：

标高：将板约束到的标高。

主体：将独立板主体约束到的标高。

偏移：指定独立基础相对其标高的顶部高程。

随轴网移动：将柱限制条件改为轴网。

材质和装饰：

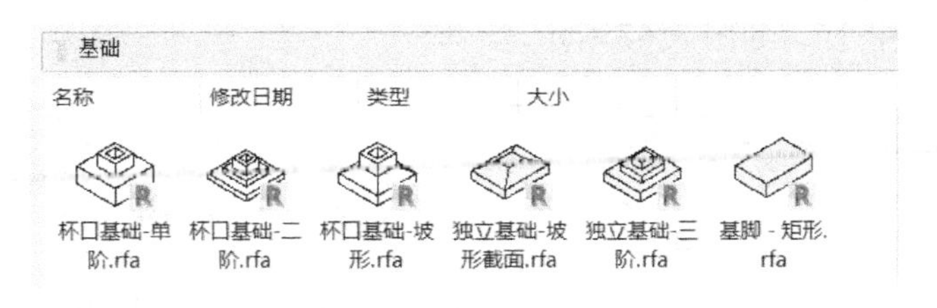

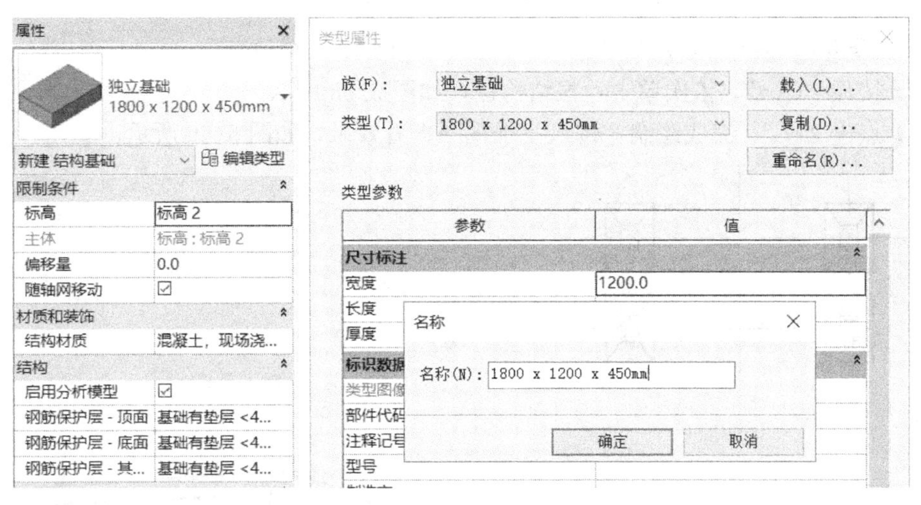

图 5.63 选择合适的独立基础类型

结构材质：为图元结构指定材质。此信息可包含于明细表中。

结构：

启用分析模型：显示分析模型，并将它包含在分析计算中。默认情况下处于选中状态。

钢筋保护层—顶面：指定钢筋保护层与图元顶面之间的距离。

钢筋保护层—底面：指定钢筋保护层与图元底面之间的距离。

钢筋保护层—其他面：指定从图元到邻近图元面的钢筋保护层距离。

独立基础的放置方法有三种。

(1) 在绘图区域直接单击放置。如果需要旋转，可在放置之前勾选选项栏中的“放置后旋转”，如图 5.64 所示；或者在放置前或放置后，按“空格键”进行旋转。

修改 | 放置 独立基础 ☐ 放置后旋转

图 5.64 选项栏

(2) 单击“修改丨放置独立基础”选项卡中的“在轴网处”，选择需要放置基础的相交轴网进行放置，如图 5.65 所示。

(3) 单击“修改丨放置独立基础”选项卡中的“在柱处”，选择需要放置基础的结构柱，即会将独立基础放在结构柱底。

以第三个方法为例，创建独立基础。

(1) 进入“−0.05”结构平面，启动“独立基础”命令。

(2) 在“类型选择器”中选择所需的独立基础类型，如图 5.66 所示。

(3) 单击“在柱处”，如图 5.67 所示。

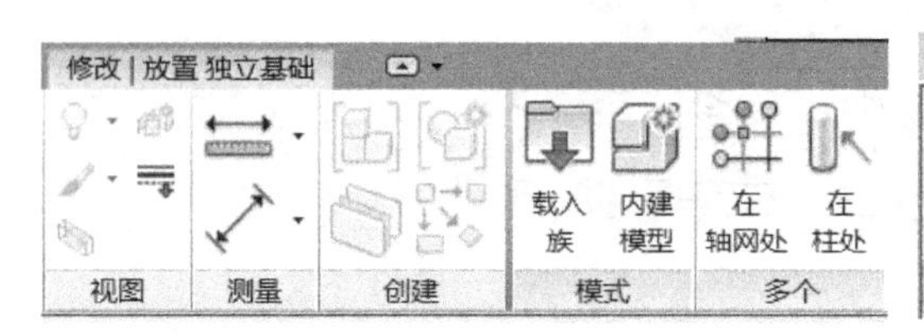

图 5.65 单击“在轴网处”

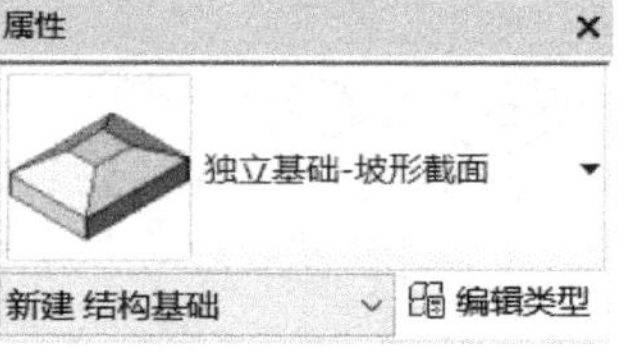

图 5.66 选择类型

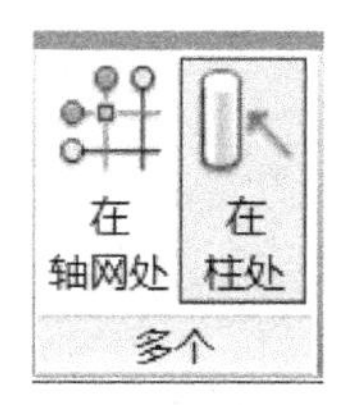

图 5.67 单击“在柱处”

(4) 按住“Ctrl”，依次单击六根结构柱，如图 5.68 所示。

(5) 点击“√”，完成绘制，进入三维视图查看效果，如图 5.69 所示。

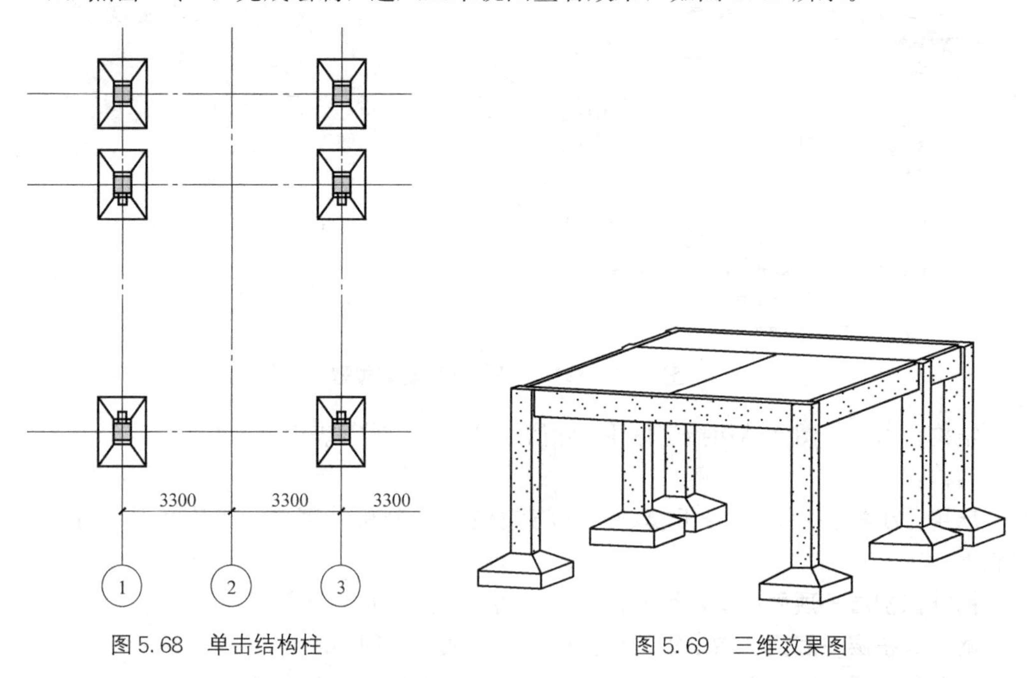

图 5.68 单击结构柱

图 5.69 三维效果图

5.6.2 条形基础

创建条形基础的命令为：单击“结构”选项卡中的“条形”按钮，如图 5.70 所示。

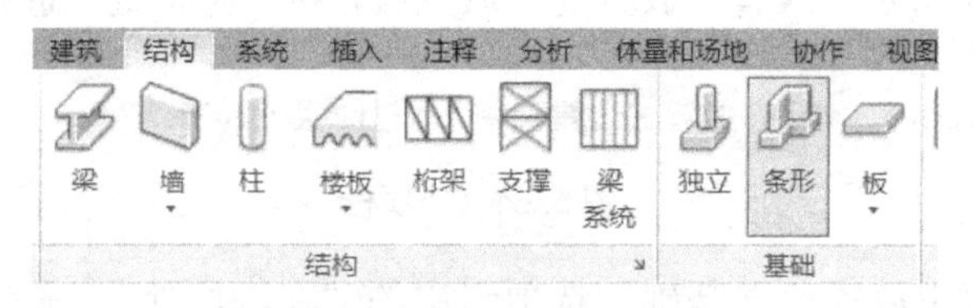

图 5.70 “结构”选项卡

启动命令后，在“属性”选项板“类型选择器”的下拉菜单中选择合适的条形基础类型。条形基础类型主要有“承重基础”和“挡土墙基础”两种。用户可根据实际工程情况进行选择。

条形基础是系统族，用户只能使用系统自带的条形基础类型，通过复制的方法添加新类型。如图 5.71 所示，在“属性”选项板单击“编辑类型”，进入“类型属性”选项卡，通过复制的方法创建新类型，修改参数即可。

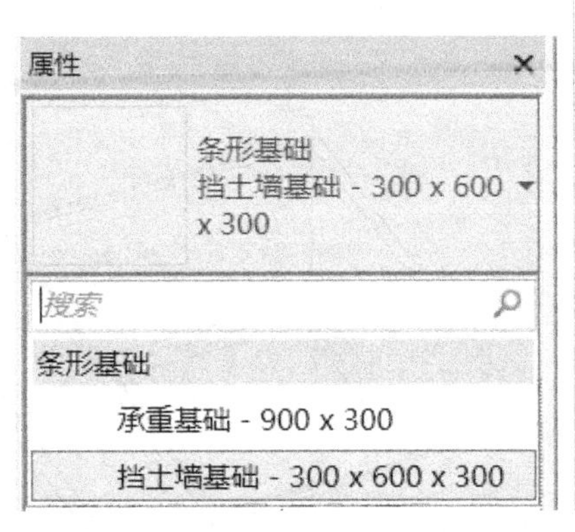

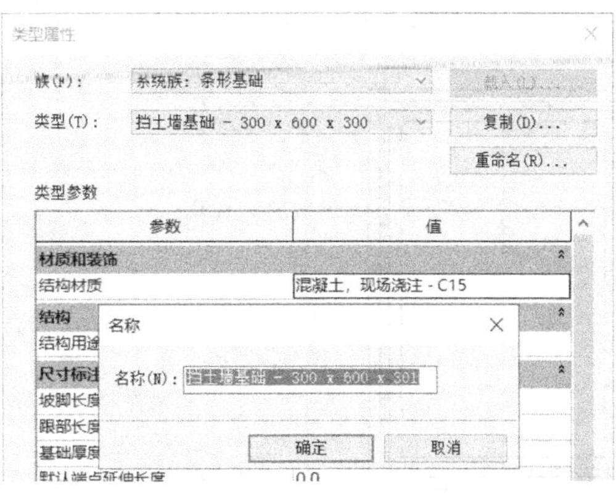

图 5.71　添加条形基础

下面对不同结构用途的类型参数进行说明。

结构用途：指定墙使用类型：挡土墙或承重墙。

坡脚长度：仅挡土墙。指定从主体墙边缘到基础的外部面的距离。

跟部长度：仅挡土墙。指定从主体墙边缘到基础的内部面的距离。

宽度：仅承重墙。指定承重墙基础的总宽度。

基础厚度：指定基础厚度。

默认端点延伸长度：指定基础将延伸至墙终点之外的距离。

不在嵌入对象处打断：指定位于嵌入对象（如延伸到墙底部的门和窗）下方的基础是连续还是打断的。

条形基础是依附于墙体的，所以只有在有墙体存在的情况下才能创建条形基础，并且条形基础会随着墙体的移动而移动，随着墙体的删除而删除。

图 5.72　绘制条形基础

绘制条形基础的方法有两种：

(1) 在绘图区直接单击需要使用条形基础的墙体，如图 5.72 所示。

(2) 单击“修改 | 放置条形基础”选项卡中的“选择多个”按钮，如图 5.73 所示。然后按住“Ctrl”或者直接框选，选择多个墙体，依次添加多个墙下条形基础。单击“完成”，完成绘制。

以第一个方法为例，创建条形基础。

(1) 进入“−0.05”结构平面，启动“条形基础”命令。

(2) 在“类型选择器”中选择所需的独立基础类型，如图 5.74 所示。

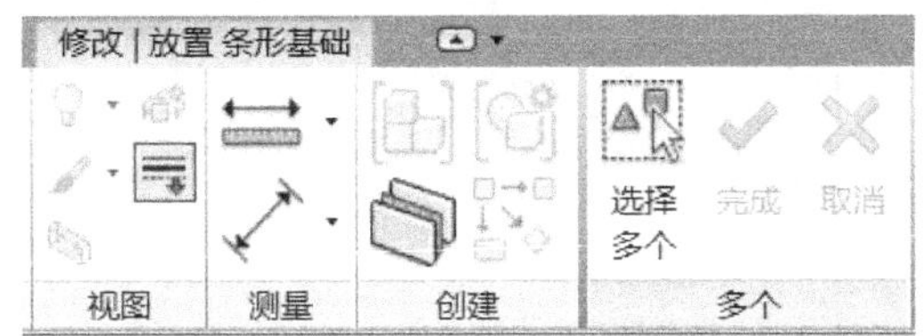

图 5.73　“修改 | 放置条形基础”选项卡

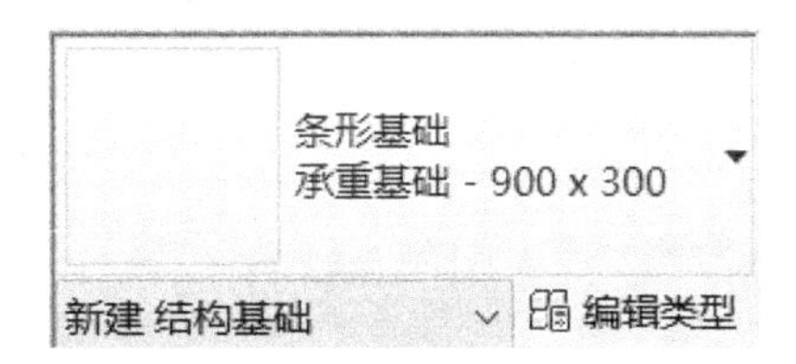

图 5.74　选择独立基础类型

(3) 依次单击四条结构墙，创建条形基础，如图 5.75 所示。

(4) 进入三维视图查看效果，如图 5.76 所示。

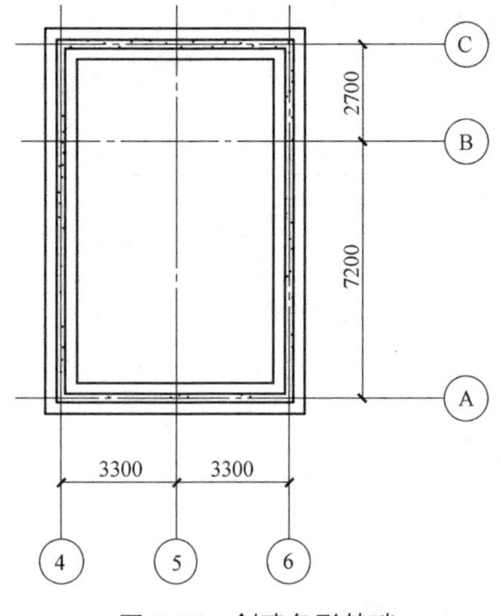

图 5.75 创建条形基础

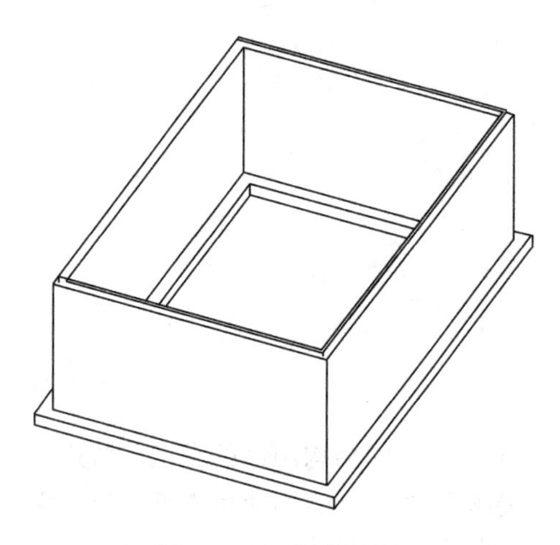

图 5.76 三维效果图

5.6.3 板基础

创建基础板的命令为：单击“结构”选项卡中的“板”按钮，如图 5.77 所示。

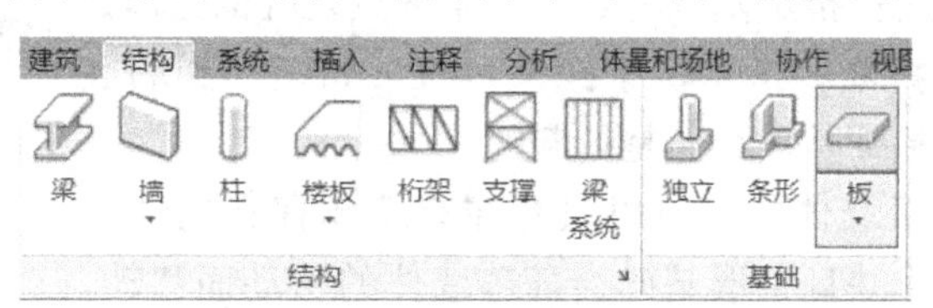

图 5.77 “结构”选项卡

和条形基础一样，板基础也是系统族文件，用户只能使用复制的方法添加新的类型，如图 5.78 所示。

板基础的属性设置和绘制方式和结构楼板相同，可以参照 5.4 节结构楼板建模。

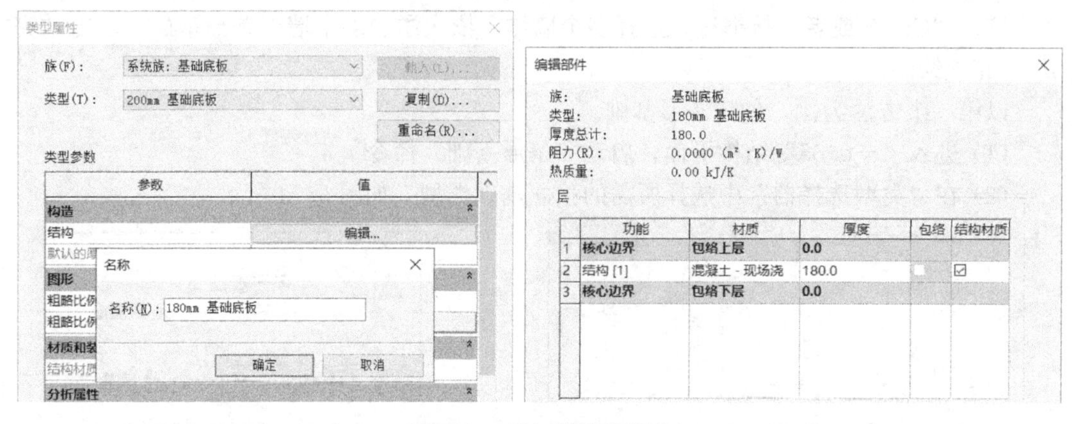

图 5.78 添加板基础类型

5.7 结构钢筋

使用钢筋工具可以将钢筋图元添加到相关有效结构主体上，结构主体包括结构框架、结构柱、结构基础、楼板、结构墙、楼板边等。在选择了有效结构主体图元时，上下文选项卡的“钢筋”面板或“修改”选项卡中将出现钢筋布置工具，也可以通过单独的钢筋布置工具进行布置。

5.7.1 钢筋的基本设置

布置钢筋前，需要使用“钢筋设置”对话框对钢筋建模进行常规设置。

在“结构”选项卡的“钢筋”面板下拉菜单上点击“钢筋设置”命令，如图 5.79 所示。

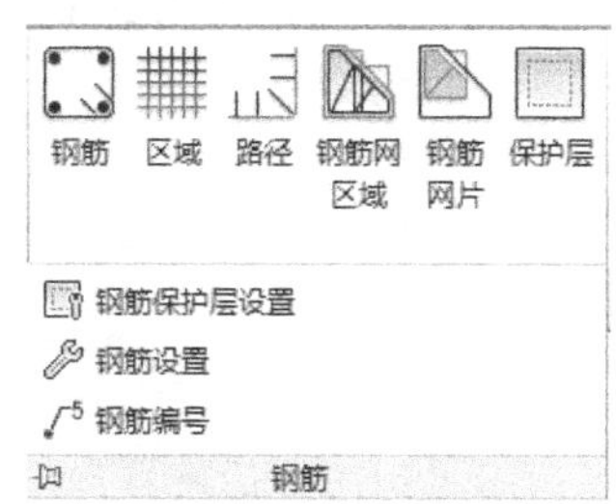

图 5.79 钢筋设置面板

在弹出的“钢筋设置”对话框中，用户可以对“常规”“钢筋舍入”“钢筋演示视图”“区域钢筋”“路径钢筋”进行设置，其中，常规和钢筋舍入选项如图 5.80 和图 5.81 所示。

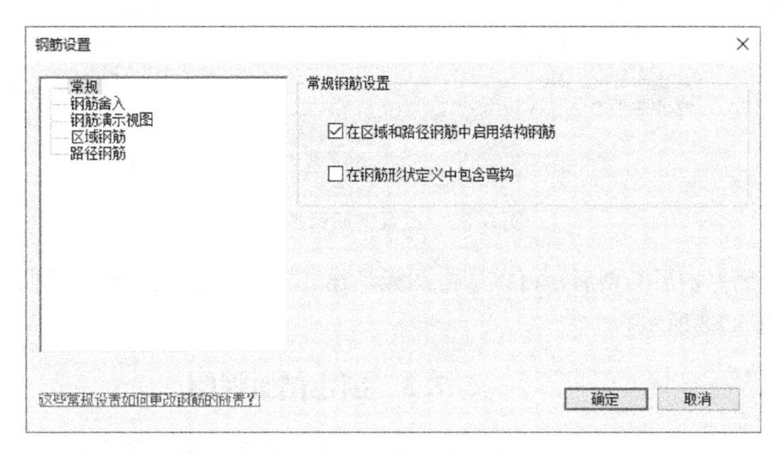

图 5.80 钢筋常规选项

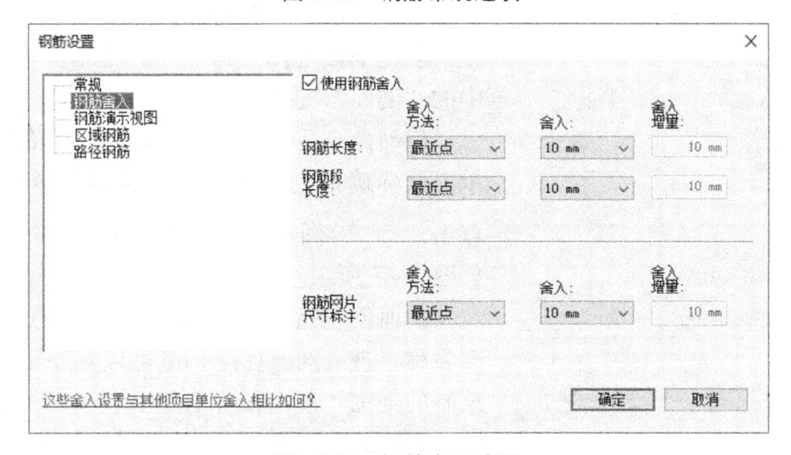

图 5.81 钢筋舍入选项

5.7.2　设置混凝土保护层

在添加钢筋前，需要对混凝土保护层厚度进行设置。

设置方法为：单击“结构”选项卡中的“保护层”按钮，再单击选项栏最右侧的“...”按钮，打开“钢筋保护层设置”对话框，对保护层进行复制、添加及修改等操作，如图 5.82 所示。

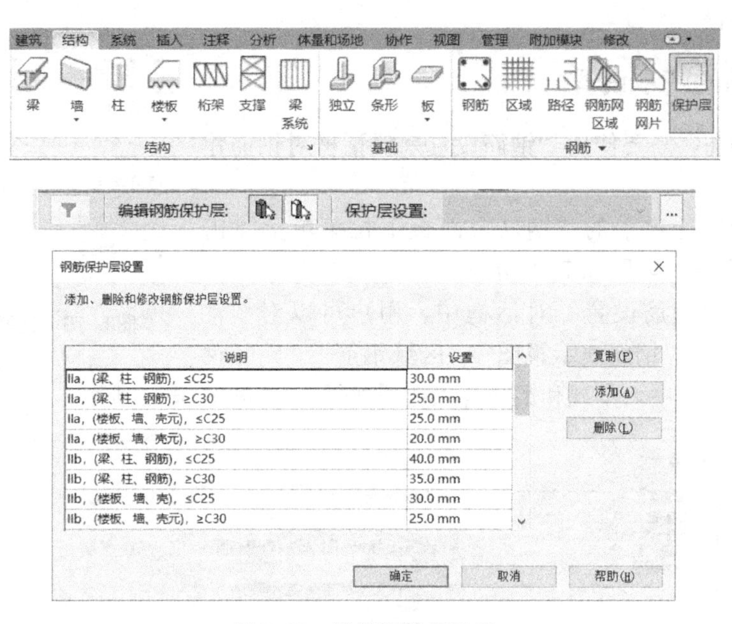

图 5.82　设置钢筋保护层

设置好钢筋保护层类型后，可以选中图元，在“属性”选项板对某个图元的保护层进行修改，如图 5.83 所示。

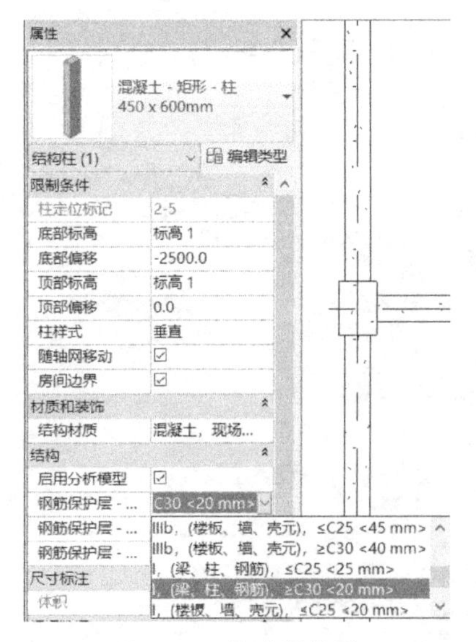

图 5.83　修改保护层

5.7.3　创建剖面视图

放置钢筋需要进入剖面视图放置，所以在放置钢筋前，应创建剖面视图。

创建剖面视图的命令是：单击“视图”选项卡中的“剖面”按钮，如图 5.84 所示。

启动命令后，单击鼠标确定剖面的起点，再次单击鼠标确定剖面的终点。绘制完毕后选中剖面，点击“⇆”图标，可以对剖面的方向进行翻转，如图 5.85 所示。

剖面创建完毕后，可以在项目浏览器中双击剖面名称，进入剖面视图。也可以在平面视图中选中绘制的剖面，单击鼠标右键选择“转到视图”按钮进入对应的剖面视图，如图 5.86 所示。

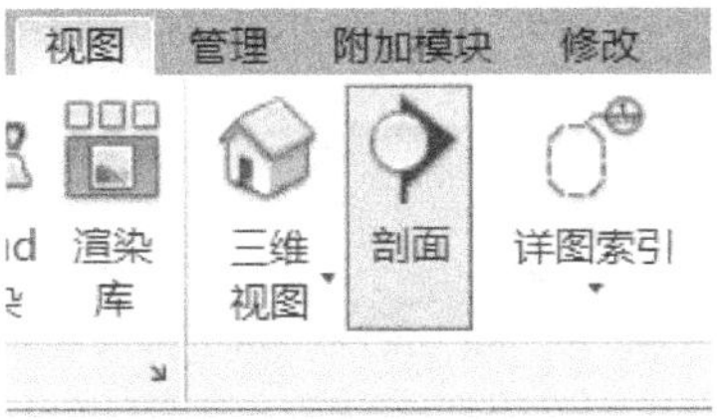

图 5.84 创建剖面视图

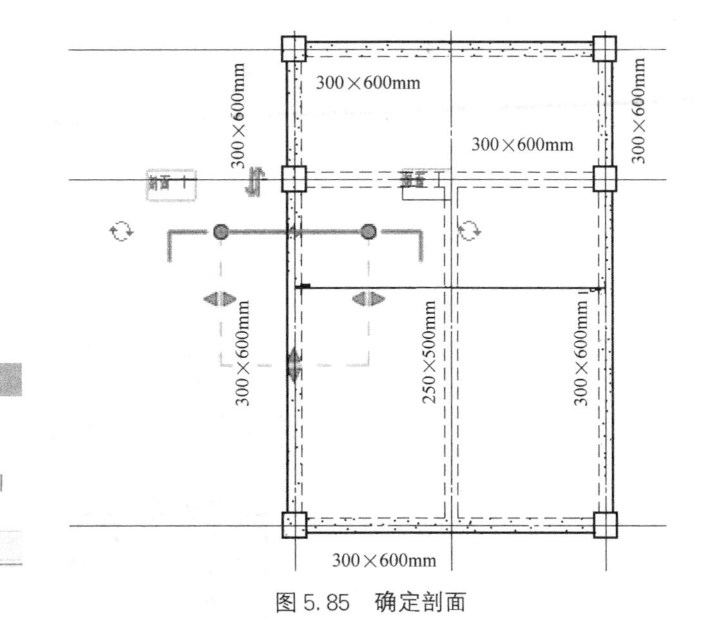

图 5.85 确定剖面

5.7.4 放置钢筋

(1) 在剖面视图中，单击“结构”选项卡中的“钢筋”按钮，准备放置钢筋，如图 5.87 所示。或单击结构梁，在“修改 | 结构框架”选项卡中单击“钢筋”按钮，如图 5.88 所示。

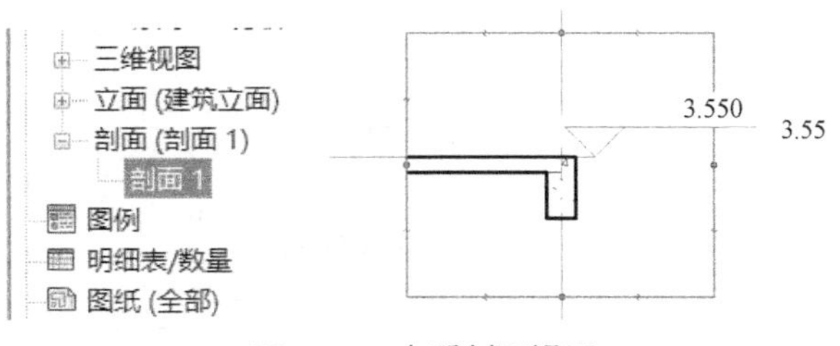

图 5.86 查看剖面视图

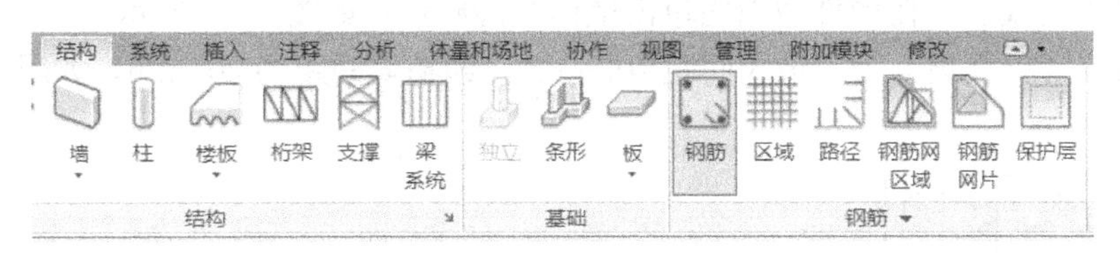

图 5.87 “结构”选项卡

(2) 在状态栏中选择钢筋形状，单击“ ”图标可以启动和关闭钢筋形状浏览器。若没有所需的钢筋形状，可以通过载入族的方式，载入钢筋形状。

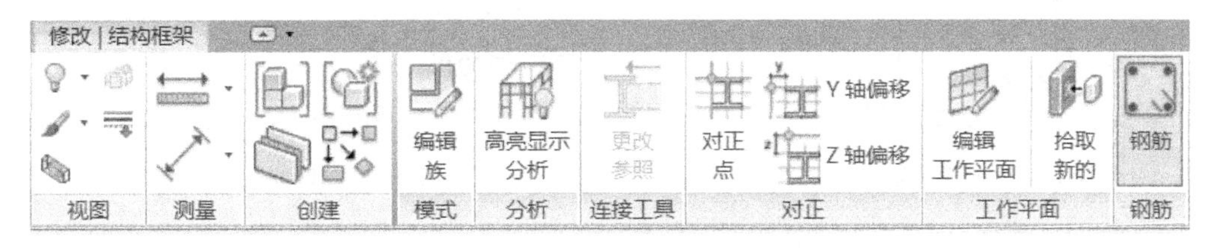

图 5.88 “修改 | 结构框架”选项卡

(3) 选择 33 号钢筋形状，作为箍筋，如图 5.89 所示。接下来设置钢筋的放置平面和放置方向，如图 5.90 所示。

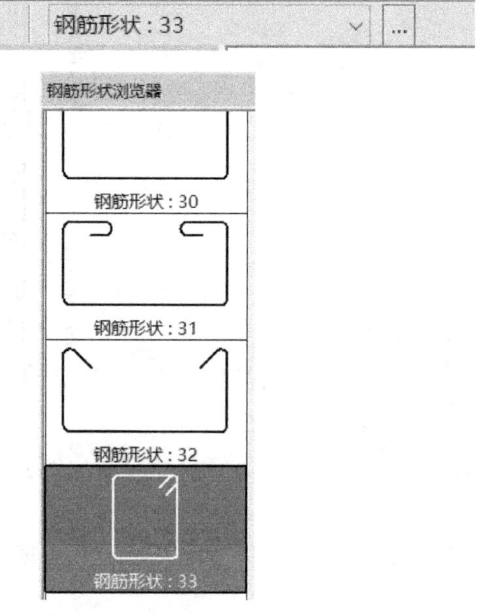

图 5.89 选择钢筋形状

图 5.90 设置钢筋状态

(4) 设置完成后，在构件截面内单击鼠标左键放置，如图 5.91 所示。

(5) 设置“钢筋集”为“最大间距 200mm”，即箍筋间距为 200mm，如图 5.92 所示。

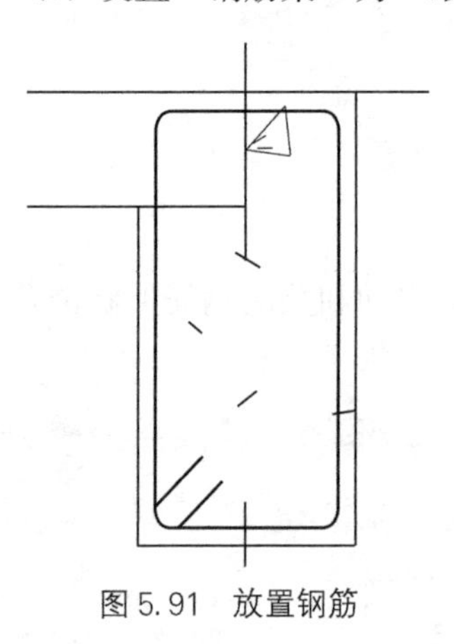

图 5.91 放置钢筋

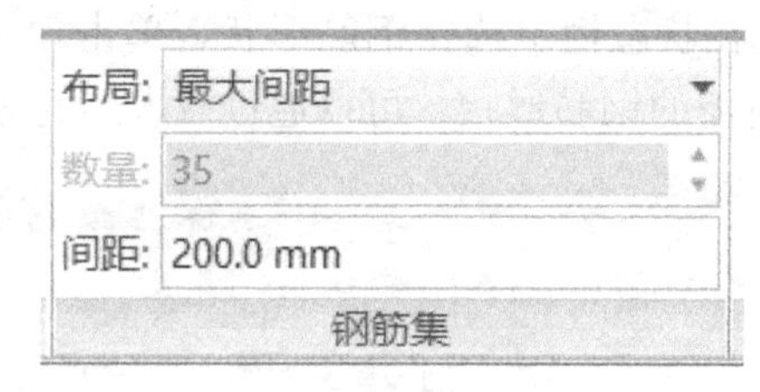

图 5.92 设置间距

5.7.5 钢筋显示设置

为了能在其他视图中看见钢筋，需进行钢筋显示设置。

图 5.93 单击“编辑”

在剖面视图中，选中钢筋，在“属性”选项板中，单击“视图可见性”对应的“编辑”按钮，如图 5.93 所示。

在弹出的“钢筋图元视图可见性状态”对话框中，可以对钢筋在不同视图的显示状态进行设置。勾选“三维视图”的“清晰的视图”和“作为实体查看”后，可在三维视图中实现较为真实的钢筋显示效果。如图 5.94 所示。

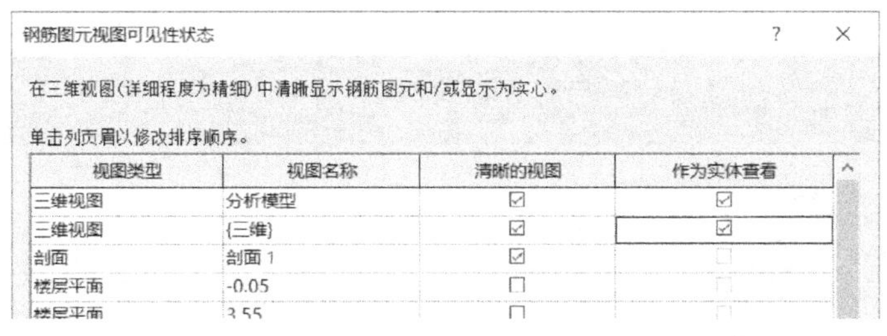

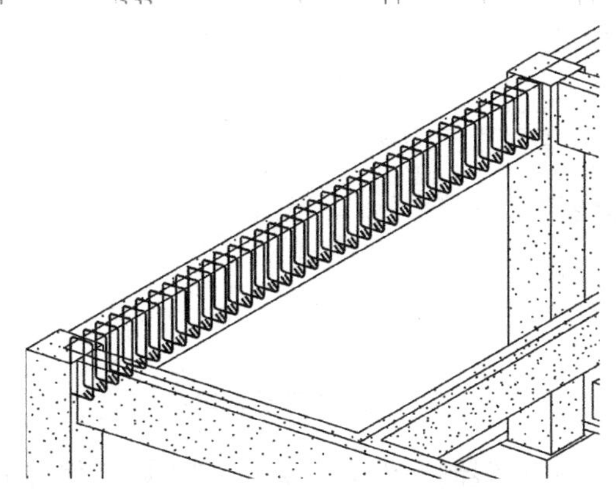

图 5.94 可见性状态对话框与三维效果图

5.8 拓展案例

5.8.1 条形基础案例

创建一个条形基础模型，尺寸如图 5.95 所示，长度为 3m，材质为“混凝土-现场浇筑-C20”。

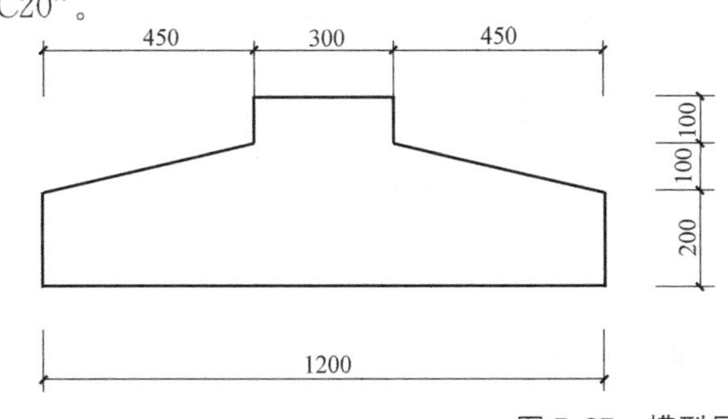

图 5.95 模型尺寸

操作步骤：

1. 创建结构墙

结构墙厚度为 300mm，长度为 3m，材质为“混凝土-现场浇筑-C20”，如图 5.96 所示。

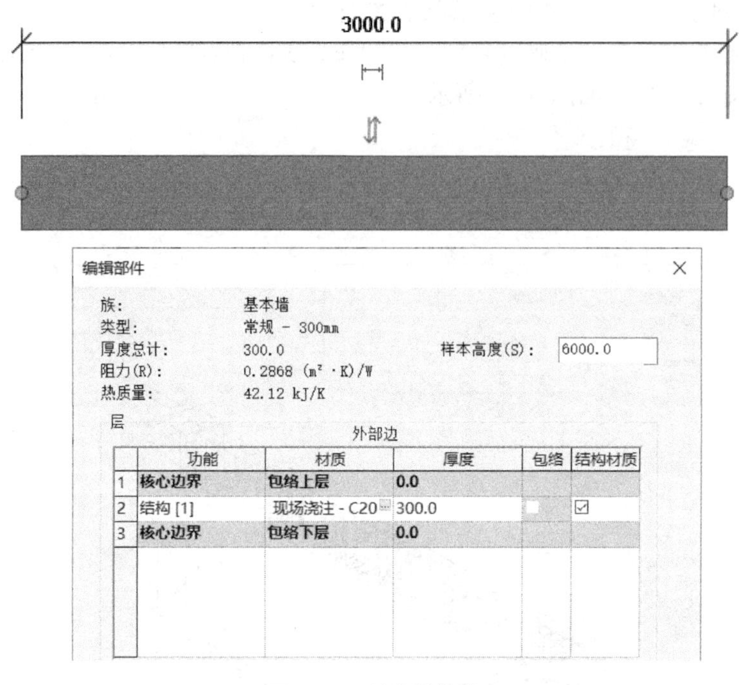

图 5.96　创建结构墙

然后设置墙体的高度。底部限制条件为“标高 1”，底部偏移为“0.0”，顶部约束为“直到标高：标高 1”，顶部偏移为“200.0”。

2. 绘制条形基础

条形基础为系统族，仅可对现有矩形截面条形基础进行尺寸设置。单击“结构”选项卡中的“条形”按钮，选择“条形基础：承重基础”，单击“编辑类型”，复制新类型为“承重基础—1200×200”，并如图 5.97 所示，设置其尺寸及材质。

尺寸标注	
宽度	1200.0
基础厚度	200.0
默认端点延伸长度	0.0
不在插入对象处打断	☑

图 5.97　设置尺寸

然后单击绘制的结构墙，完成墙下条基的绘制。因条形基础处于标高之下，平面视图不可见，可在三维视图查看，如图 5.98 所示。

3. 绘制两侧斜面

(1) 进入东立面视图，单击“结构”选项卡中“构件”下拉菜单中的“内建模型”按钮，在弹出的“族类别和族参数”对话框中，选择“结构基础”，并将其命名为“条形基础”，如图 5.99 所示。

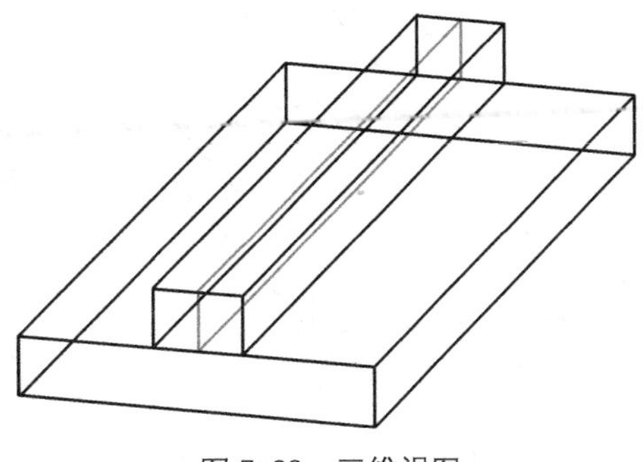

图 5.98　三维视图

(2) 单击“创建”选项卡中的“拉伸”按钮，弹出“工作平面”对话框，选择“拾取一个平面”，单击“确定”。然后将鼠标指针放在矩形条形基础的截面边线上，选择该截面。

(3) 进入绘制命令，绘制如图 5.100 所示的草图。

(4) 点击“√”，完成绘制，进入三维视图，将起点和终点拉伸至结构墙的两端并锁定，如图 5.101 所示。

(5) 设置拉伸模型的材质，最后点击“√”完成模型，如图 5.102 所示。

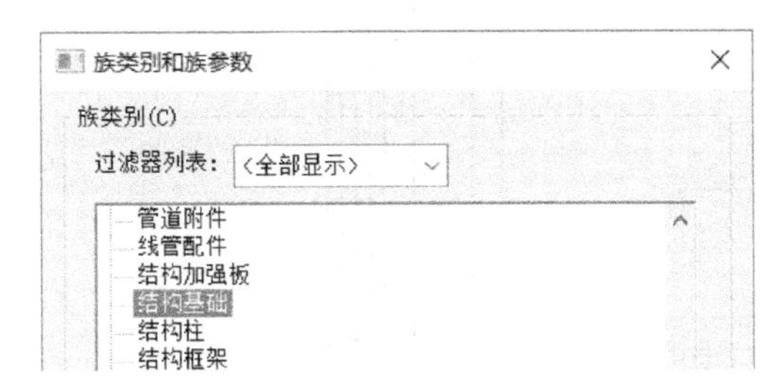

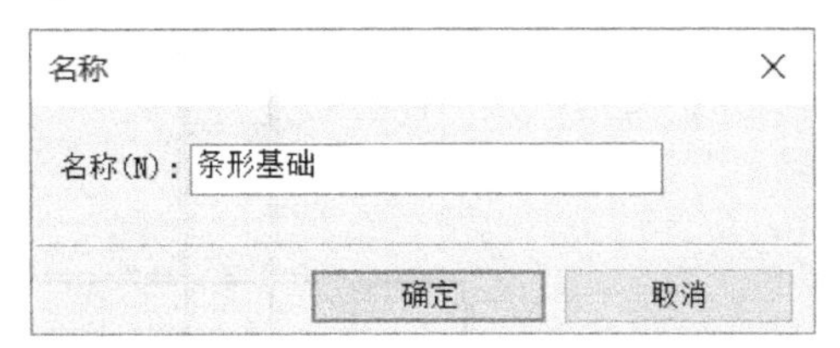

图 5.99　命名“条形基础”

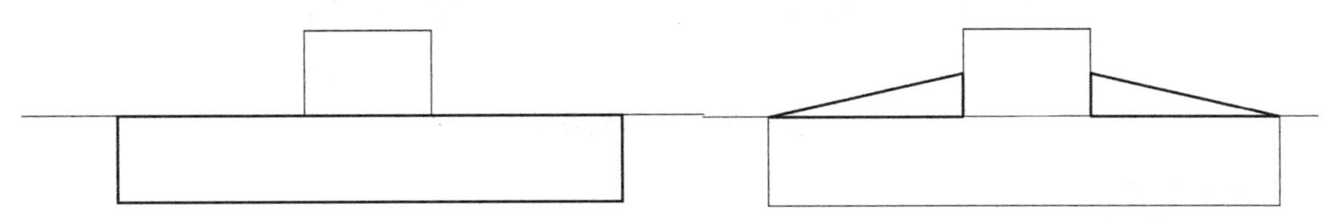

图 5.100　绘制草图

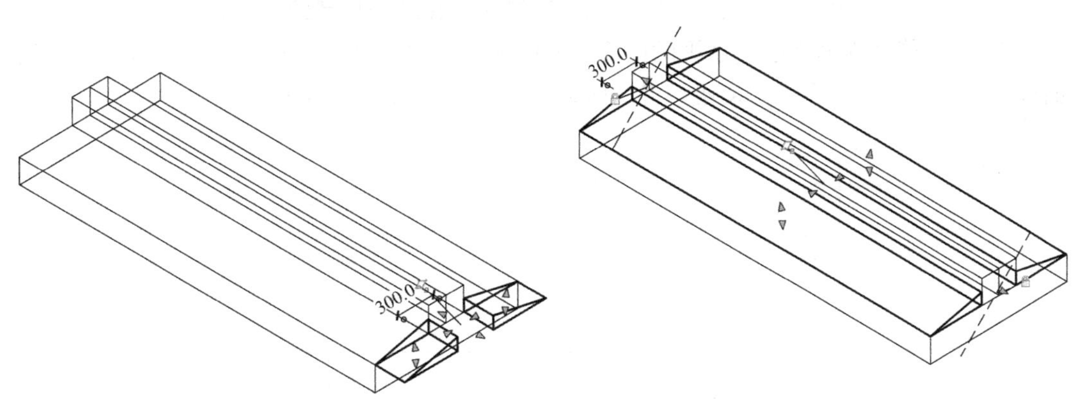

图 5.101　调节端点

材质和装饰	
材质	<按类别>

材质和装饰	
材质	现场浇注 - C20

图 5.102　设置材质并完成模型

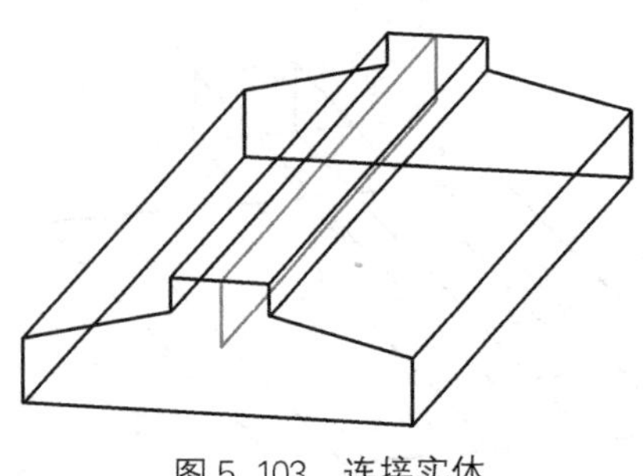

图 5.103 连接实体

4. 连接实体

使用“连接”命令，将三个实体模型，连接成一个实体模型。单击“修改”选项卡中的“连接”按钮，依次对三个实体进行互相连接，如图 5.103 所示。

5.8.2 结构柱配筋案例

对已有异形柱模型，如图 5.104 所示，按要求进行钢筋建模：配筋为 1 根直径 8mm，间距 200mm 的箍筋；1 根直径 6mm，间距 200mm 的箍筋；3 根拉筋，间距 200；16 根纵筋，直径 12mm，均为三级钢。

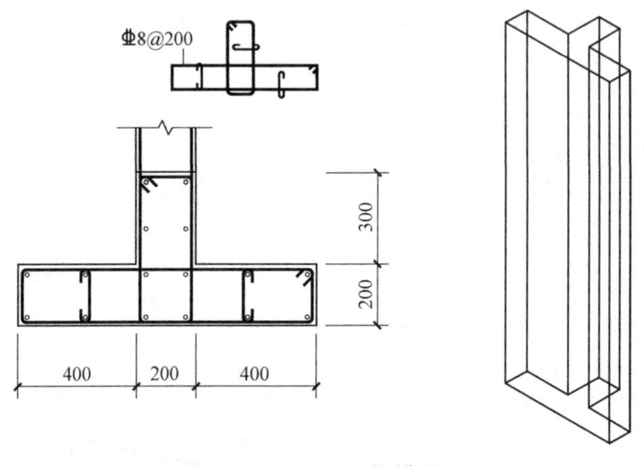

图 5.104 异形柱模型

操作步骤：

1. 创建剖面

进入北立面，单击“视图”中的“剖面”按钮，在结构柱旁绘制垂直的剖面。

Revit 不能在立面中绘制水平的剖面，所以如果要水平剖切结构柱，需要对垂直的剖面进行旋转。点击“旋转”按钮，将剖面旋转 90°，如图 5.105 所示。

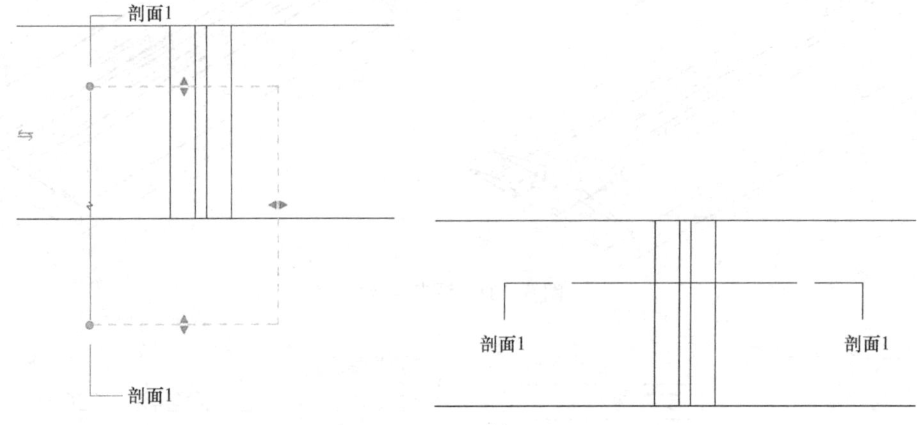

图 5.105 剖面图

2. 设置保护层厚度

进入剖面，选中结构柱，在属性选项板里，设置保护层厚度为 20mm，如图 5.106 所示。

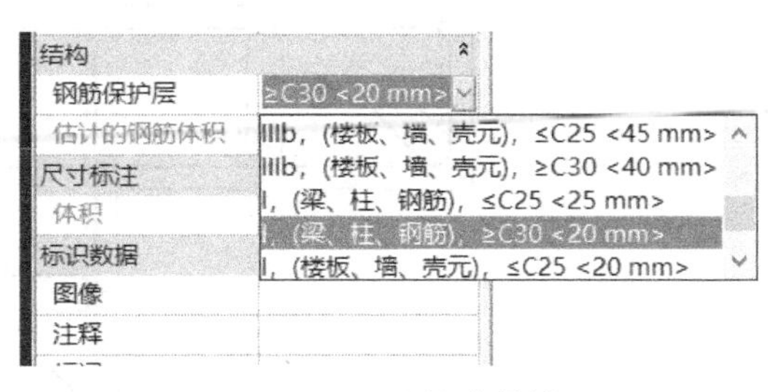

图 5.106 属性选项板

3. 放置箍筋

单击"修改 | 结构柱"选项卡中的"钢筋"按钮，打开"钢筋形状浏览器"，选择"钢筋形状：33"，如图 5.107 所示。设置放置平面为"当前工作平面"，放置方向为"平行于工作平面"。

将鼠标移动到结构柱的截面上，单击空格键可调整箍筋弯钩的位置。当钢筋位置及形状合适时，单击鼠标左键即可放置。放置箍筋如图 5.108 所示。

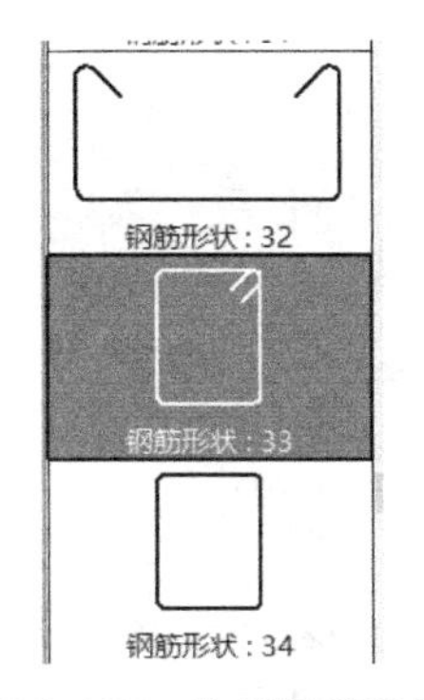

图 5.107 选择钢筋形状

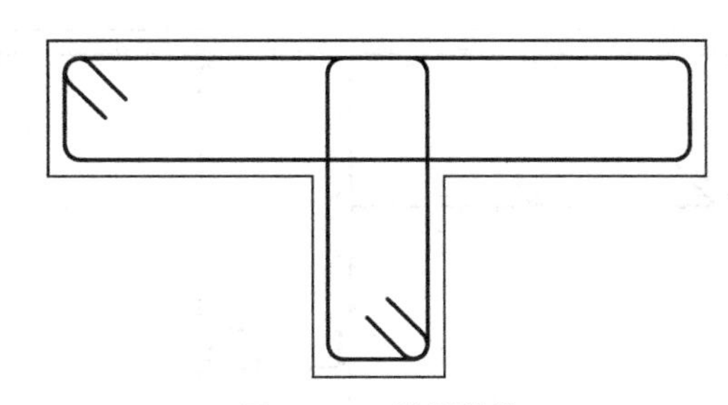

图 5.108 放置箍筋

4. 放置拉筋

单击"结构"选项卡中的"参照平面"按钮，绘制如图 5.109 所示的参照平面。以便进行拉筋和纵筋的近似定位。

创建钢筋，选择"钢筋形状：02"，设置放置平面为"当前工作平面"，放置方向为"平行于工作平面"，放置时敲击空格可改变钢筋方向，放置拉筋如图 5.110 所示。

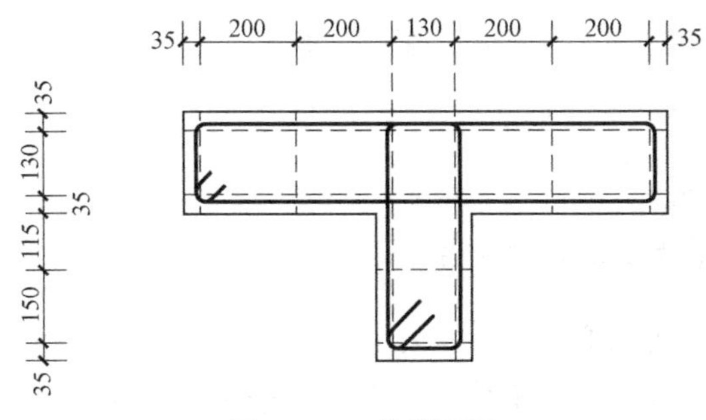

图 5.109 参照平面

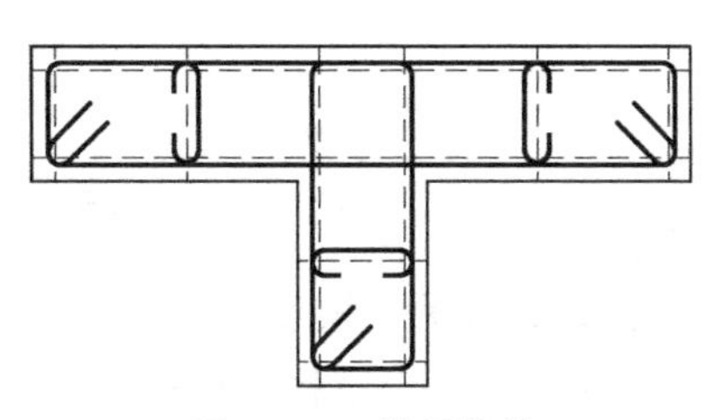

图 5.110 放置拉筋

5. 放置纵筋

创建钢筋，选择"钢筋形状：01"，设置放置平面为"当前工作平面"，放置方向为"垂直于保护层"，放置纵筋如图 5.111 所示。

6. 设置钢筋直径及间距

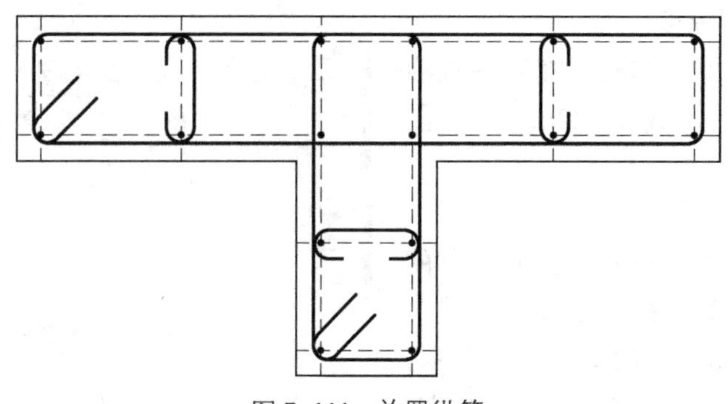

图 5.111 放置纵筋

选择第一根箍筋，在属性选项板中的类型选择器中选择“8 HRB400”，代表直径为 8mm 的三级钢，如图 5.112 所示。

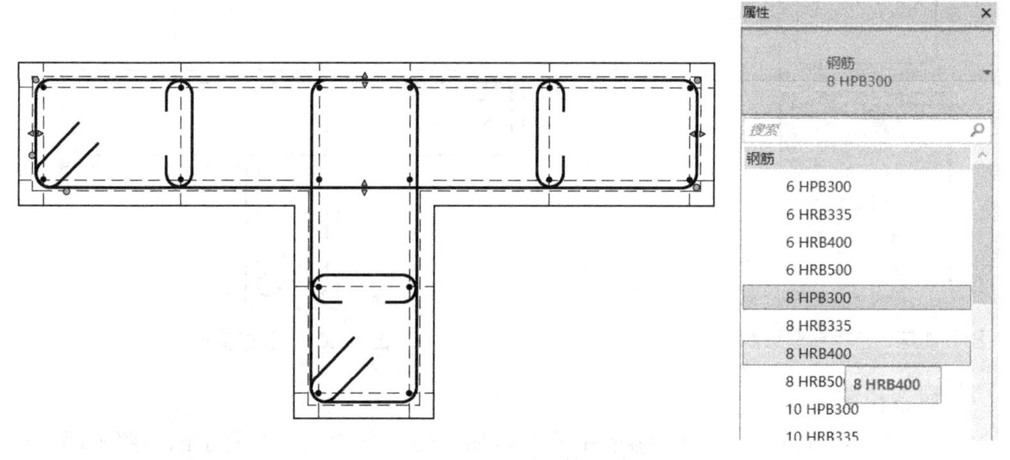

图 5.112 设置箍筋属性

在“修改丨结构钢筋”选项卡的“钢筋集”中设置钢筋间距为 200mm，如图 5.113 所示。

图 5.113 “修改丨结构钢筋”选项卡

同理设置另一根箍筋为“6 HRB400”，最小净间距 200mm。

按住“Ctrl”选择三根拉筋，设置钢筋类型为“6 HRB400”，最小净间距 200mm。

按住“Ctrl”选择 16 根纵筋，设置钢筋类型为“12 HRB400”，钢筋集为“单根”，如图 5.114 所示。

7. 设置钢筋可见性

按住鼠标左键框选所有构件。单击“修改丨选择多个”选项卡中的“过滤器”按钮，在弹出的“过滤器”对话框中只勾选“结构钢筋”，单击“确定”，完成所有钢筋的选择。

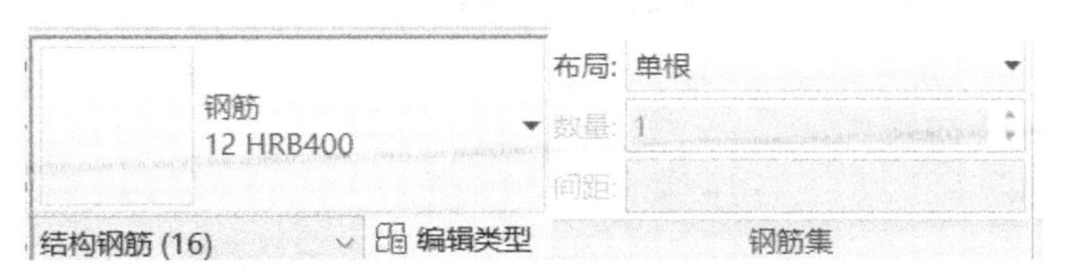

图 5.114 设置钢筋类型与钢筋集

在属性选项板中，单击“视图可见性”中的“编辑”按钮，勾选“三维视图”下的“清晰的视图”和“作为实体查看”，单击“确定”按钮，完成所有钢筋的可见性设置。

至此完成了钢筋的布置，进入三维视图，查看效果，如图 5.115 所示。

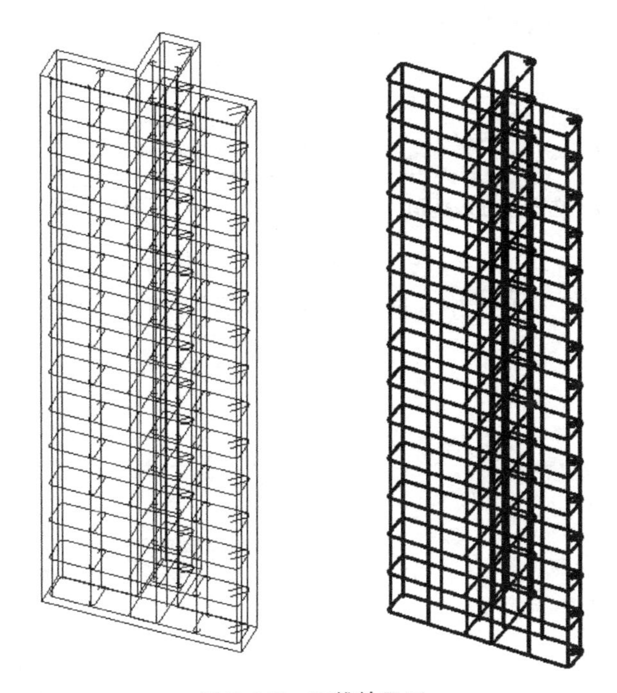

图 5.115 三维效果图

8. 统计工程量，计算结构钢筋总体积

(1) 单击“视图”选项卡中的“明细表”下拉菜单中的“明细表/数量”按钮，如图 5.116 所示。

图 5.116 选择明细表

（2）在弹出的“新建明细表”对话框中，类别选择“结构钢筋”，如图 5.117 所示。

（3）添加字段：“族与类型”“钢筋长度”“总钢筋长度”“钢筋直径”“钢筋体积”和“合计”。如图 5.118 所示。

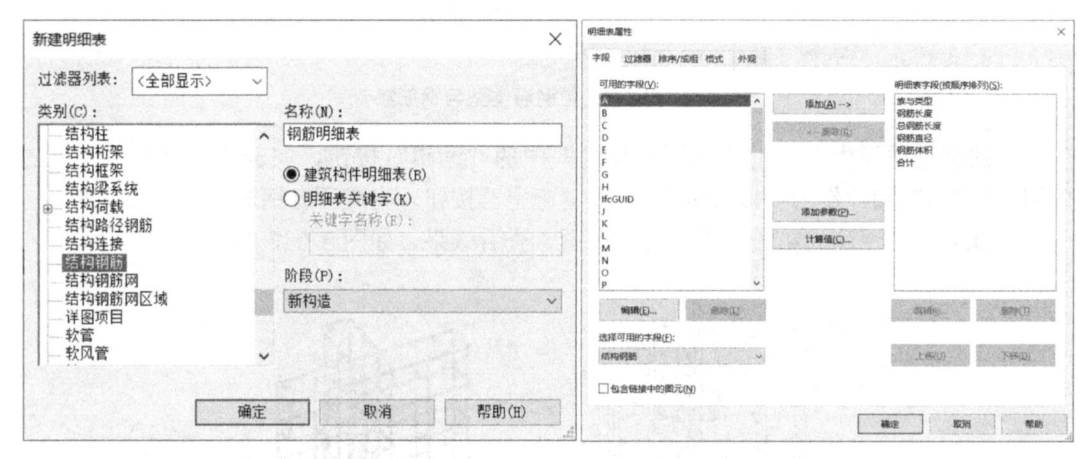

图 5.117　选择明细表类别　　　　图 5.118　添加字段

在“排序/成组”选项卡中勾选“总计”，设置排序方式为“族与类型-升序”，如图 5.119 所示。在“格式”选项卡中，选择“钢筋体积”，勾选“计算总数”，计算总体积，如图 5.120 所示。

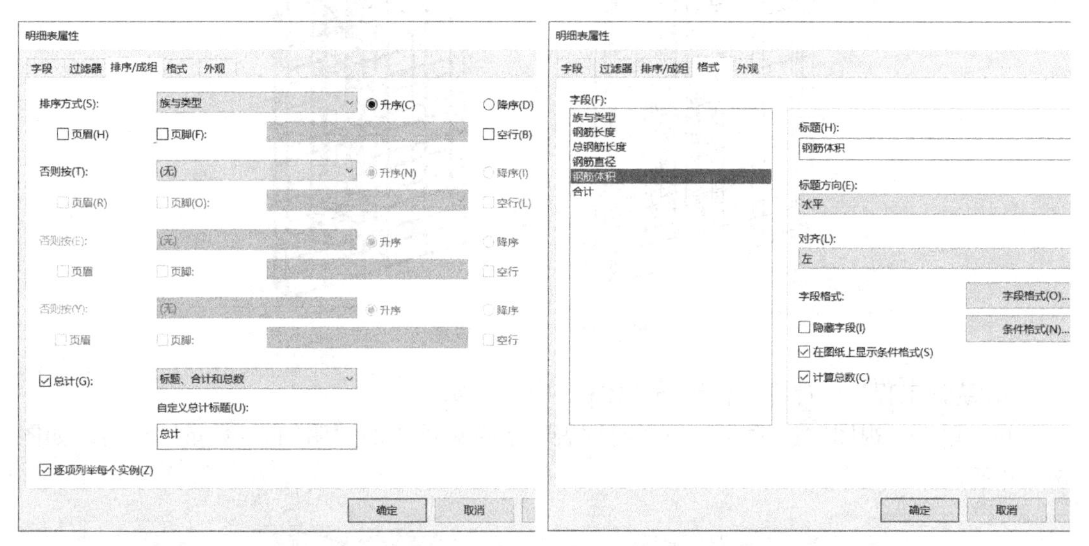

图 5.119　“排序/成组”选项卡　　　　图 5.120　“格式”选项卡

单击“确定”按钮，完成工程量统计，明细表如图 5.121 所示。

5.8.3　结构坡道案例

试绘制一段坡道，尺寸如图 5.122 所示，厚度为 200mm，材质为“现浇混凝土 C20”。

操作步骤：

<钢筋明细表>					
A	B	C	D	E	F
族与类型	钢筋长度	总钢筋长度	钢筋直径	钢筋体积	合计
钢筋：6 HRB400	1360 mm	20400 mm	6 mm	576.80 cm³	1
钢筋：6 HRB400	250 mm	3750 mm	6 mm	106.03 cm³	1
钢筋：6 HRB400	250 mm	3750 mm	6 mm	106.03 cm³	1
钢筋：6 HRB400	250 mm	3750 mm	6 mm	106.03 cm³	1
钢筋：8 HRB400	2400 mm	36000 mm	8 mm	1809.56 cm³	1
钢筋：8 HRB400	2960 mm	2960 mm	8 mm	148.79 cm³	1
钢筋：12 HRB400	2960 mm	2960 mm	12 mm	334.77 cm³	1
钢筋：12 HRB400	2960 mm	2960 mm	12 mm	334.77 cm³	1
钢筋：12 HRB400	2960 mm	2960 mm	12 mm	334.77 cm³	1
钢筋：12 HRB400	2960 mm	2960 mm	12 mm	334.77 cm³	1
钢筋：12 HRB400	2960 mm	2960 mm	12 mm	334.77 cm³	1
钢筋：12 HRB400	2960 mm	2960 mm	12 mm	334.77 cm³	1
钢筋：12 HRB400	2960 mm	2960 mm	12 mm	334.77 cm³	1
钢筋：12 HRB400	2960 mm	2960 mm	12 mm	334.77 cm³	1
钢筋：12 HRB400	2960 mm	2960 mm	12 mm	334.77 cm³	1
钢筋：12 HRB400	2960 mm	2960 mm	12 mm	334.77 cm³	1
钢筋：12 HRB400	2960 mm	2960 mm	12 mm	334.77 cm³	1
钢筋：12 HRB400	2960 mm	2960 mm	12 mm	334.77 cm³	1
钢筋：12 HRB400	2960 mm	2960 mm	12 mm	334.77 cm³	1
钢筋：12 HRB400	2960 mm	2960 mm	12 mm	334.77 cm³	1
钢筋：12 HRB400	2960 mm	2960 mm	12 mm	334.77 cm³	1
钢筋：12 HRB400	2960 mm	2960 mm	12 mm	334.77 cm³	1
总计：22				8209.52 cm³	

图 5.121　钢筋明细表

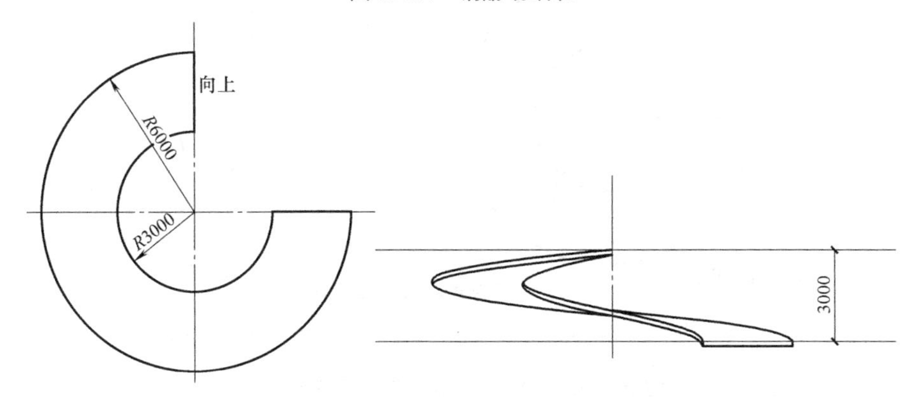

图 5.122　结构坡道示例

1. 绘制参照线

(1) 绘制参照平面，相交点作为圆心。

(2) 单击“建筑”选项卡中的“模型线”按钮，绘制半径为3000mm 和6000mm 的圆形模型线，并通过拆分图元命令，修改为270°圆弧，如图 5.123 所示。

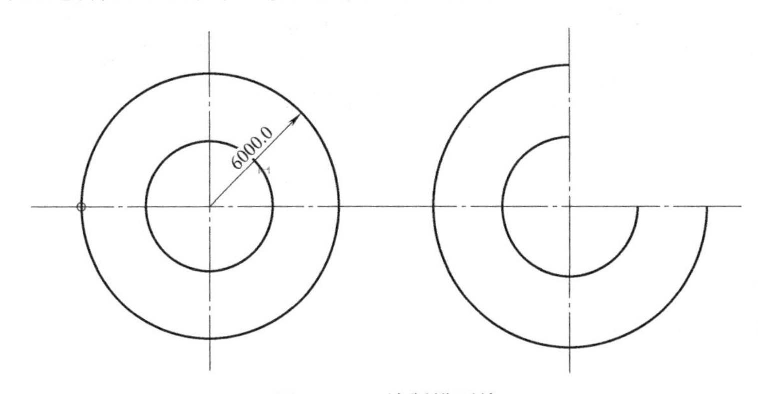

图 5.123　绘制模型线

2. 绘制坡道

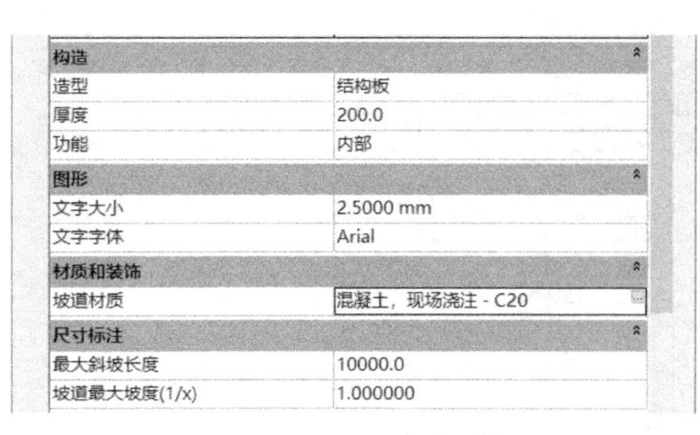

构造	
造型	结构板
厚度	200.0
功能	内部
图形	
文字大小	2.5000 mm
文字字体	Arial
材质和装饰	
坡道材质	混凝土，现场浇注 - C20
尺寸标注	
最大斜坡长度	10000.0
坡道最大坡度(1/x)	1.000000

图 5.124　设置坡道属性

(1) 单击“建筑”选项卡中的“坡道”按钮。然后单击属性选项板的“编辑类型”按钮，设置造型为“结构板”，厚度为 200，坡道材质为“混凝土-现场浇筑-C20”，坡道最大坡度“1.0”，如图 5.124 所示。

(2) 设置边界。单击“边界”按钮，选择“拾取线”命令。拾取绘制的两条模型线，如图 5.125 所示。

(3) 设置踢面。删除原模型线，并调整边界线。单击“踢面”按钮，选择“直线”命令。绘制两条踢面线，如图 5.126 所示。

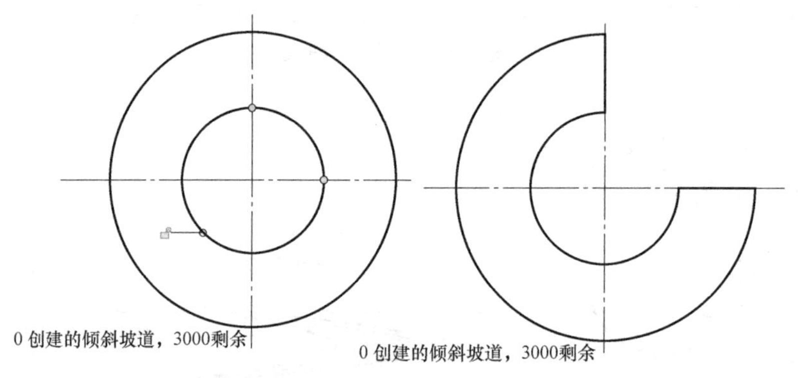

图 5.125　拾取模型　　　　图 5.126　绘制踢面线

(4) 在属性选项板中设置底部标高为“标高 1”，顶部标高为“标高 2”。“标高 1”为±0.000m，“标高 2”为 3.000m。单击“√”完成绘制。

3. 删除模型线，查看三维效果及立面效果，如图 5.127 所示。

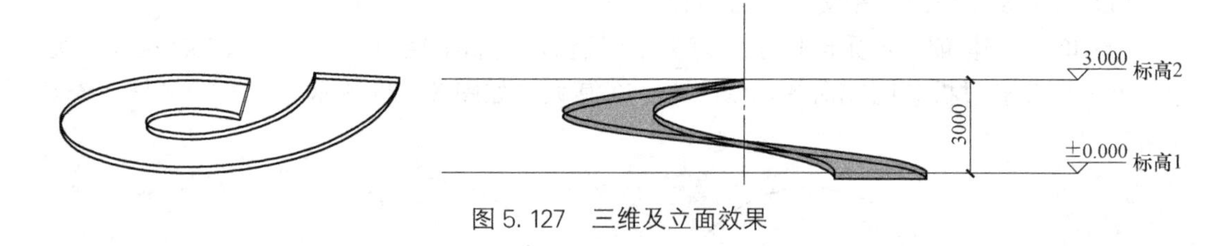

图 5.127　三维及立面效果

习题

1. 结构柱、梁建模时，有哪些重要的参数？
2. 结构墙与建筑墙有哪些异同点？
3. 简述钢筋建模的流程。

第 6 章　设 备 建 模

作为一款智能的设计和制图工具，Revit MEP 可以创建面向建筑设备的建筑信息模型。软件采用整体设计理念，从整座建筑物的角度来处理信息，将暖通、排水和电气系统与建筑模型关联起来，为工程师提供更佳的决策参考和建筑性能分析。

6.1　暖通建模

Revit MEP 具有强大的管路系统三维建模功能，可以直观反映系统布局，实现所见即所得。在项目中新建一个“机械样板”，如图 6.1 所示，其项目浏览器下的视图如图 6.2 所示。

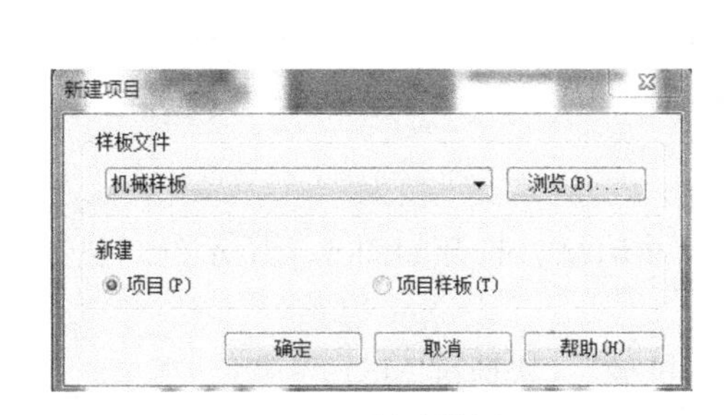

图 6.1　新建样板

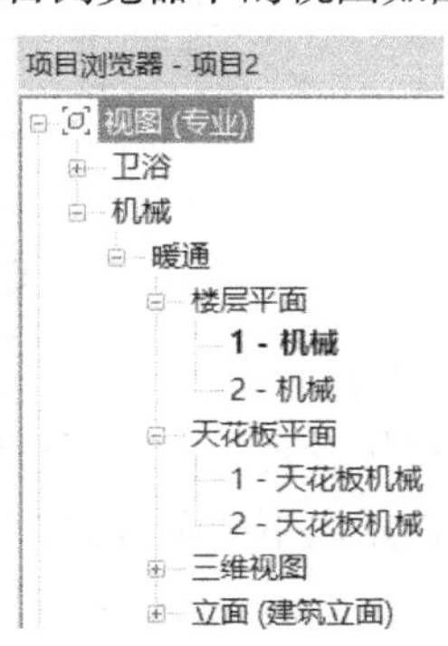

图 6.2　项目浏览器视图

6.1.1　风管参数设置

在风管系统建模前，先进行风管的参数设置：风管类型和风管尺寸。

1. 风管类型设置

单击功能栏中的“系统”选项，选中 HVAC 选项板上的“风管”，如图 6.3 所示。通过“属性”选项板的类型选择器进行选择和编辑风管的类型，如图 6.4 所示。软件提供的机械样板项目样板文件中都默认配置了圆形风管、矩形风管和椭圆形风管，默认的风管类型和风管连接方式有关。

图 6.3　风管按钮与状态栏

单击“编辑类型”按钮，打开“类型属性”对话框，可以对风管类型进行配置。在

“类型属性”对话框“管件”列表中“布管系统配置”参数的值中，单击“编辑”按钮，可以指定绘制风管时添加到风管管路中的管件，如图 6.5 和图 6.6 所示。在“标识数据”中可以为风管添加标识。

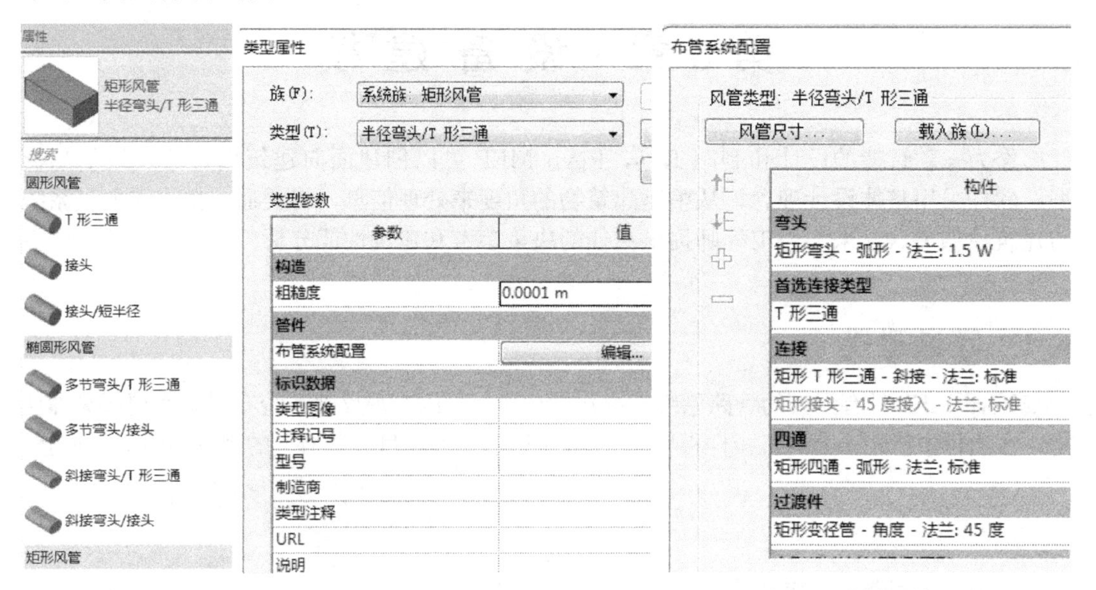

图 6.4　风管类型配置　　图 6.5　风管类型属性　　图 6.6　布管系统配置

2. 风管尺寸设置

通过“机械设置”对话框可以编辑风管尺寸信息。打开如图 6.7 所示的“机械设置”对话框，可以用以下两种方式：

(1) 单击功能区中的“系统”选项卡的“机械”(快捷键 MS)。

(2) 单击功能区中“管理”选项卡的“MEP 设置”下拉列表的机械设置。

单击“矩形”“椭圆形”“圆形”可以分别定义对应形状的风管尺寸，可以通过“新建尺寸”或“删除尺寸”进行添加和删除风管尺寸。如绘图区域存在已绘制的某尺寸风管，该尺寸将不能在尺寸列表中删除，除非先删除相应项目中的风管。

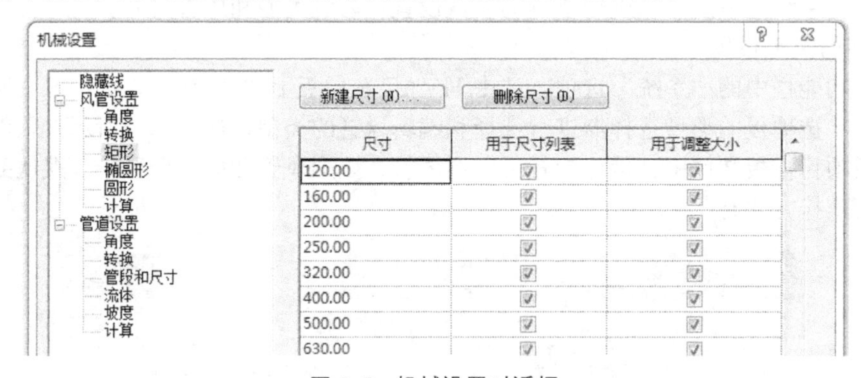

图 6.7　机械设置对话框

6.1.2　风管建模

1. 风管属性设置

对风管的管件进行修改，一般弯头选择为“法兰 1.0W”，三通及其他管件可以按照默认设置。因为风管在绘制过程中需要不断地改变方向及高程，提前对其设置，可减少绘制过程中的麻烦。

2. 绘制风管

在平立剖视图和三维视图下均可以绘制风管，其快捷键为 DT。进入风管绘制模式后，“修改 | 放置风管”选项卡和选项栏同时激活，如图 6.8 所示。

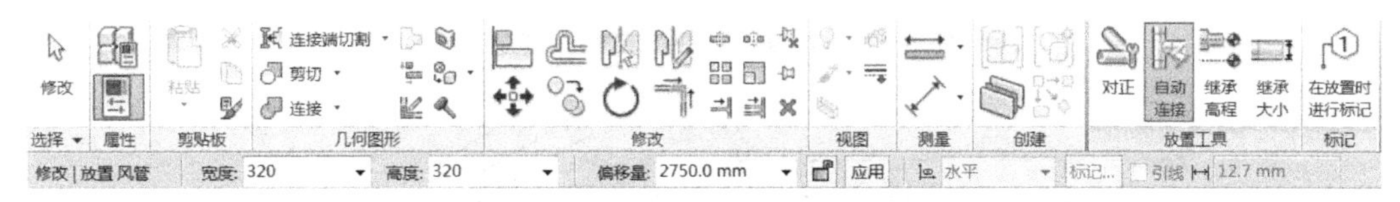

图 6.8 修改 | 放置风管选项卡和选项栏

风管建模的步骤是先选择风管类型，然后选择风管尺寸，再指定风管偏移，最后指定风管的起点和终点。

风管的绘制需要两次单击，第一次单击确认风管的起点，第二次单击确认风管的终点。在第二次单击前可更改风管尺寸，软件能自动形成变径。

如果要建立一段位于当前标高以上 2.750m，名称为“S-送风”，由 6m 长，宽 320mm、高 320mm 的管径变径为 3m 长，宽 500mm、高 400mm 的管径风管模型，可以按以下步骤进行。

首先选择系统类型为“送风”，打开“类型属性”对话框，单击“复制”按钮弹出“名称”对话框，改为“S-送风管”，如图 6.9 和图 6.10 所示。

图 6.9 系统类型“送风”

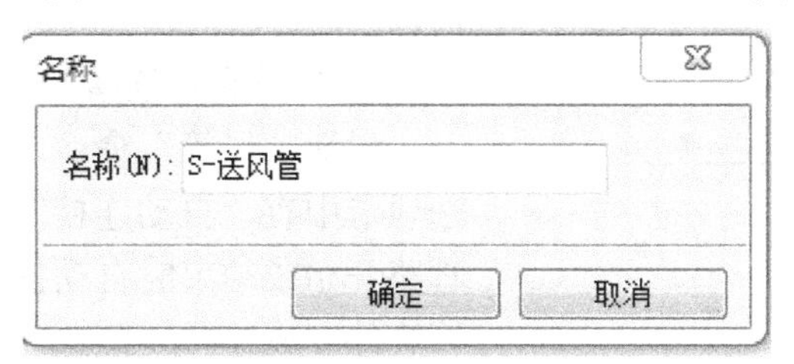

图 6.10 类型名称定义

修改选项栏的宽度和高度分别为 500 和 400，如图 6.11 所示，第一次单击确认风管的起点，水平移动距离 6000 后第二次单击确认第一段风管的终点，然后修改选项栏的宽度和高度分别为 320 和 320，水平移动距离 3000 后再次单击确认第二段风管的终点，从而完成绘制。偏移量表示风管中心线相对于当前平面标高的高度距离，默认单位为 mm。如图 6.12 和图 6.13 所示的分别为水平夹角 180°和 90°风管的平面视图和三维视图效果。

图 6.11 状态栏风管宽度高度修改

3. 风管对正与编辑

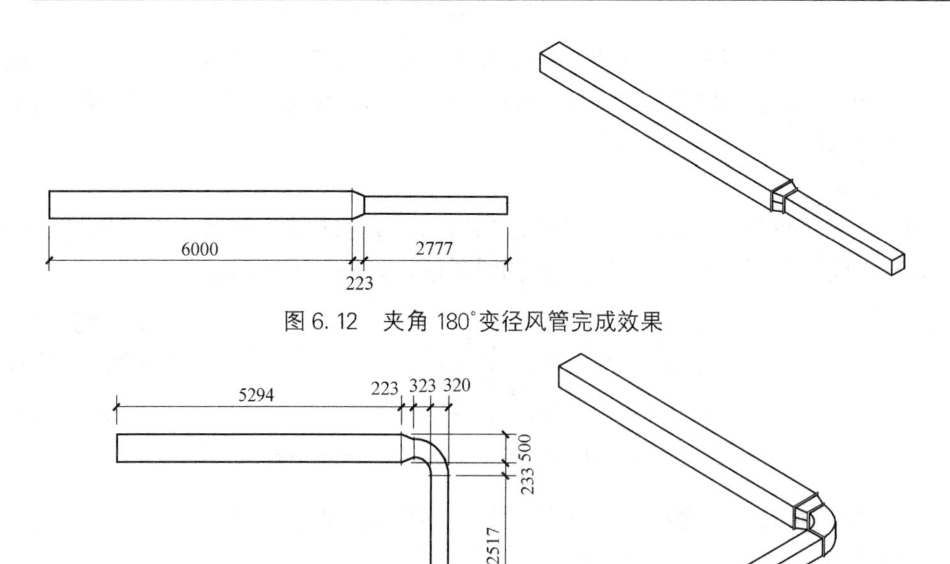

图 6.12 夹角 180°变径风管完成效果

图 6.13 夹角 90°变径风管完成效果

绘制风管时，可以通过“修改 | 放置风管”选项卡中的“对正”指定风管的对齐方式。单击“对正”，打开“对正设置”对话框，如图 6.14 所示。

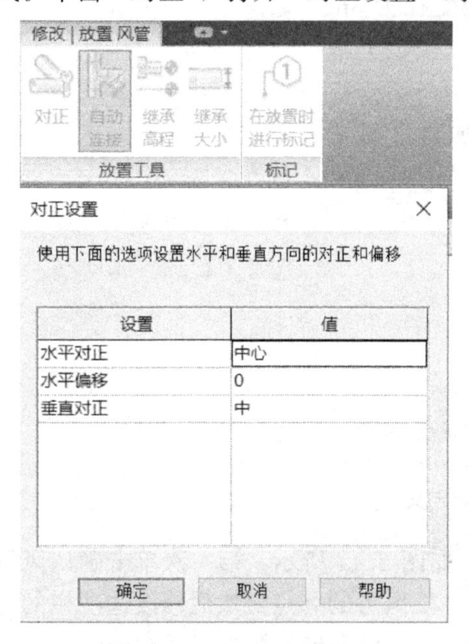

图 6.14 对正设置

风管绘制完成后，可以使用“对正”命令修改风管的对齐方式。选中需要修改的管段，单击功能区中的“对正”按钮，如图 6.15 所示。进入“对正编辑器”，选择需要的对齐方式和对齐方向，单击完成，不同对齐方式的效果如图 6.16 所示。

4. 风管自动连接

激活“风管”命令后，“修改 | 放置风管”选项卡中有“自动连接”按钮，用于某一段风管管路开始或结束时自动捕捉相交风管，并添加风管管件完成连接。此选项默认是激活状态。绘制不同高程的正交风管，可以自动添加风管管件完成连接，如图 6.17 所示。

5. 风管管件的使用

风管管路中包含大量连接风管的管件。可以通过自动添加和手动添加两种方式来放置风管管件。

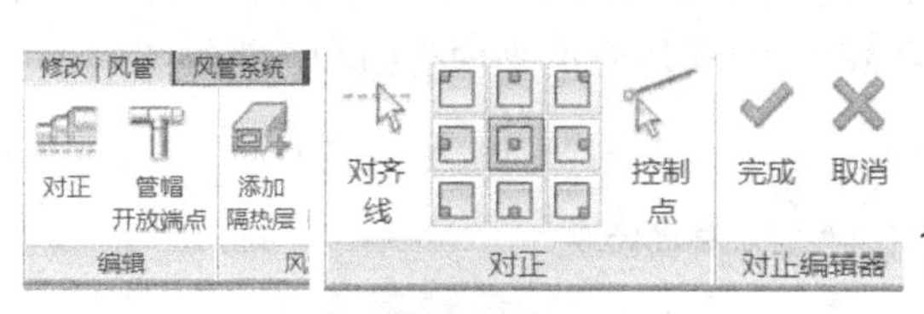

图 6.15 风管编辑与对正编辑器

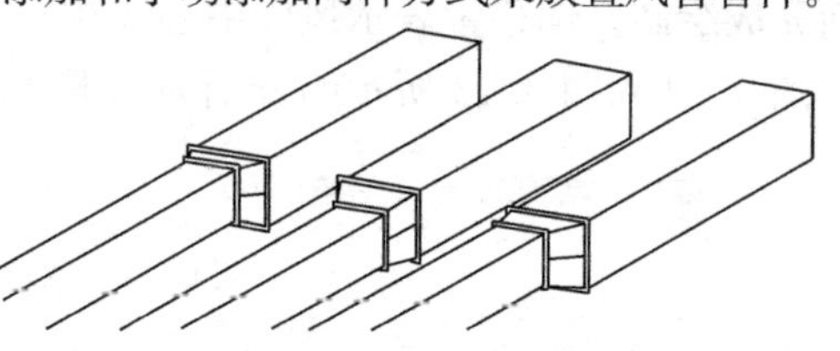

图 6.16 风管不同对正方式

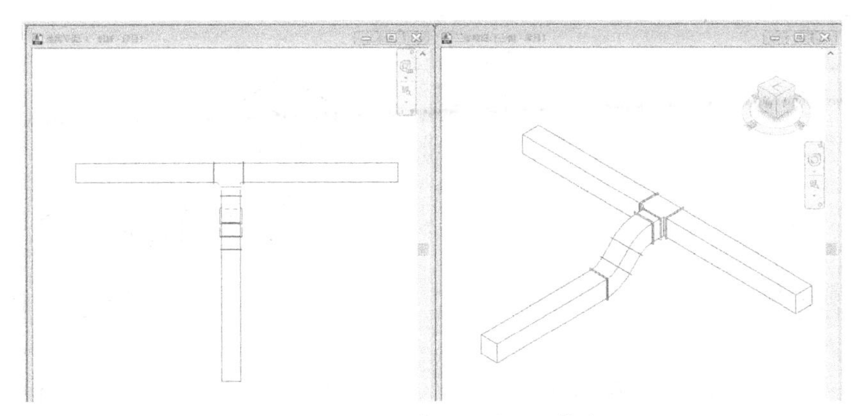

图 6.17 不同高程自动添加管件

(1) 自动添加风管管件

一般绘制某种类型风管时，可在风管“类型属性”对话框中的“管件”指定风管管件，根据风管自动布局加载到风管管路中，可指定弯头、T 形三通、接头、四通、变径过渡件、活接头等。

(2) 手动添加风管管件

对于管件列表中无法指定的管件类型，例如偏移、Y 形三通、斜 T 形三通、斜四通等，使用时需要手动插入到风管中或者将管件放置到所需位置后再手动绘制风管。

在绘图区域中单击某一管件，管件周围会显示一组管件控制柄，可用于修改管件尺寸、调整管件方向和进行管件升降级，如图 6.18 所示。

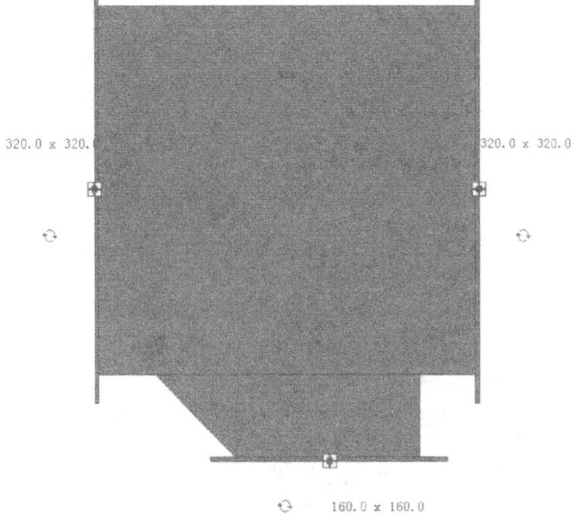

图 6.18 风管管件控制柄

单击 ⇆ 符号可实现管件水平或垂直翻转 180°。

单击 ↻ 符号可旋转管件，管件连接风管后该符号不再出现。

6. 风管附件放置

单击“系统”中的“风管附件”，在“属性”对话框中选择要插入的风管附件，放置到风管中，如图 6.19 所示。图 6.20 表示在风管上放置了过滤器和排烟阀的效果。

7. 风管显示设置

(1) 视图详细程度

视图设置三种详细程度：粗略、中等和精细。

在粗略程度下，风管默认是单线显示；在中等和精细程度下，风管默认是双线显示。

(2) 可见性/图形替换

打开“可见性/图形替换”对话框，在“模型类别”选项卡中可以设置风管的可见性。设置“风管”类别可以整体控制风管族的可见性，还可以分别设置风管族的子类别的可见性，如图 6.21 所示。

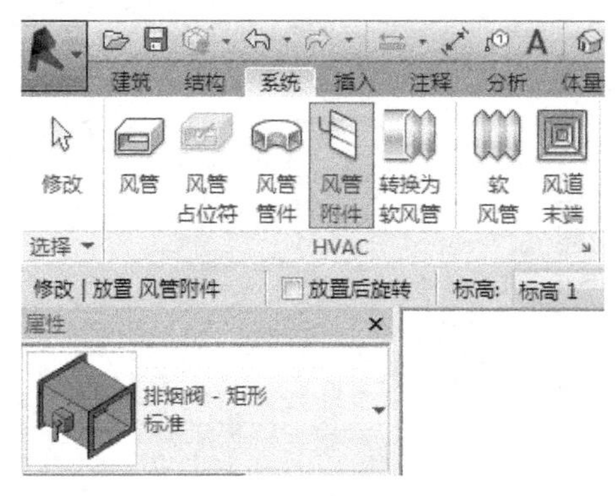

图 6.19 风管附件

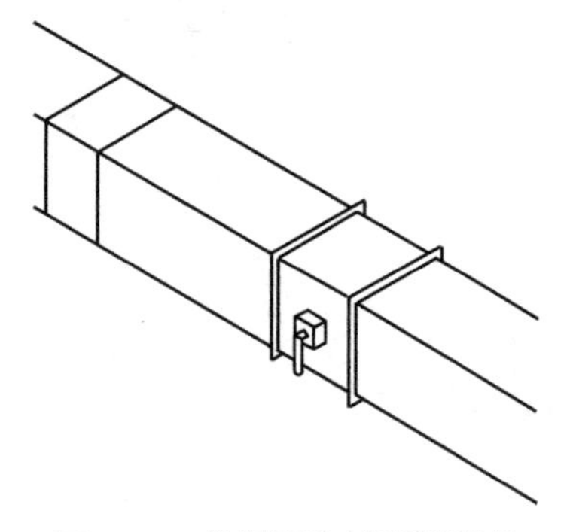

图 6.20 排烟阀和过滤器附件

楼层平面: 1 - 机械的可见性/图形替换

模型类别 | 注释类别 | 分析模型类别 | 导入的类别 | 过滤器

☑ 在此视图中显示模型类别(S)　　如果没有选中某个类别，则该类别将不可见。

过滤器列表(F): 机械

可见性	投影/表面			截面		半色调	详细程度
	线	填充图案	透明度	线	填充图案		
☑ 详图项目						□	按视图
☑ 软风管						□	按视图
☑ 面积						□	按视图
☑ 预制零件						□	按视图
☑ 风管						□	按视图
☑ 中心线							
☑ 升							
☑ 降							
☑ 风管内衬						□	按视图

图 6.21 风管可见性控制

(3) 隐藏线

通过“机械设置”对话框中的“隐藏线”设置可以设置图元间的交叉、发生遮挡关系时的显示，如图 6.22 所示。

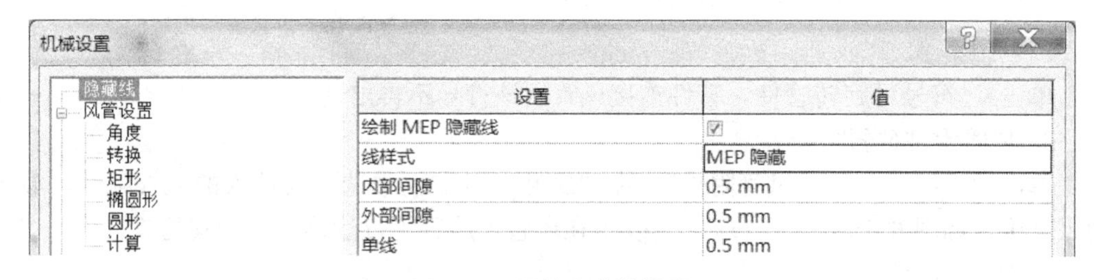

图 6.22 风管隐藏线设置

6.1.3 暖通设备建模

1. 风道末端

使用风道末端工具可以在风道末端的风管上放置风口、格栅和散流器。

(1) 风道末端族的载入

在风管添加风道末端装置前，将项目中需要的族类型文件载入到当前项目中。单击

“系统”选项卡下“HVAC”选项板上的“风道末端”，单击“载入族”按钮，进入“载入族”对话框，如图 6.23 所示。

图 6.23　风道末端族载入

(2) 风道末端的布置

完成族的载入后，可以将风道末端布置到风管之上。单击“系统”选项卡下“HVAC”选项板上的“风道末端”，在属性框类型选择器下拉列表中找到相应风道末端族类型，单击“编辑类型”按钮，在类型属性设置对话框中，修改相关参数并赋予材质，如图 6.24 所示。

(3) 风道末端的管道连接

对于基于主体的风道末端族，在其放置过程中已经自动将风道末端与主体风管相连了，只需调节其内部高度即可。对于非主体的风道末端族，放置完成后还需将其与相应管道进行连接。

2. 机械设备

机械设备在软件中是以族文件的形式放置到项目中的，如风机、锅炉、加热器、热交换器、散热器等。机械设备是构建暖通系统的一个重要组成部分，具有多样性、连接性和灵活性的特点。

(1) 机械设备族的载入

单击“系统”选项卡下“机械”选项板上的“机械设备”，单击“载入族”按钮，进入“载入族”对话框，如图 6.25 所示。

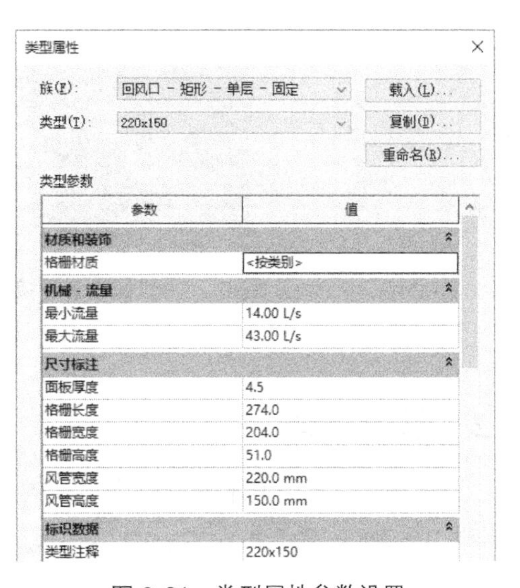

图 6.24　类型属性参数设置

(2) 机械设备的放置及管道连接

完成设备族的载入后，可以把设备实例放置到项目模型中去，并与已有的各种管道进行连接，以形成完整的系统。

基本操作步骤是：

(1) 先选择族类型并设置相关参数，类型参数（如材质、机械参数、尺寸大小）以及实例参数（如放置标高、标高偏移）。

（2）选择放置基准，包括放置在垂直面上、放置在面上和放置在工作平面上。

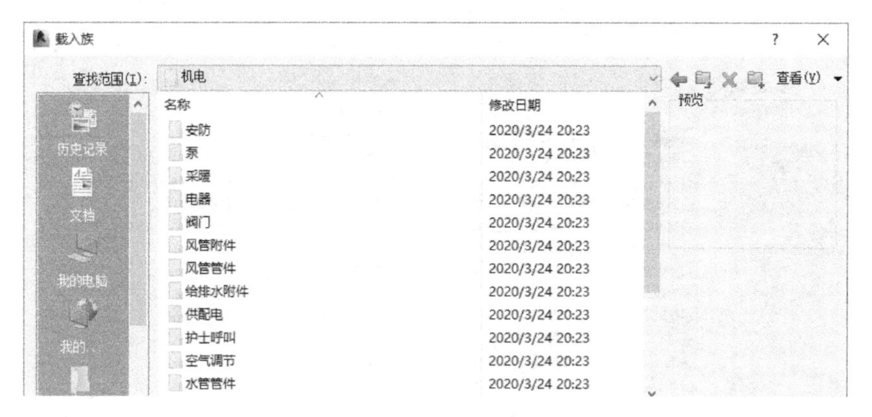

图 6.25 机械设备载入族

（3）放置机械设备族，光标移动到绘图区域，光标附近会显示设备的平面图随光标移动而移动，按空格键可以对设备进行旋转。

（4）机械设备管道的连接，可以单击选择已放置的设备，会显示所有与该设备连接的管道连接件，如图 6.26 所示。可以在管道符号或连接件加号上单击鼠标右键，在快捷菜单中选择绘制管道或软管等，如图 6.27 所示。

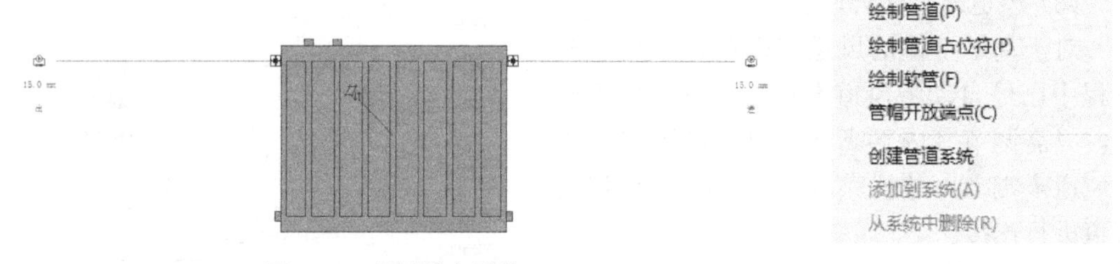

图 6.26 机械设备连接

图 6.27 机械设备右键菜单

6.2 管道建模

水管系统包括空调水系统、生活给排水系统及雨水系统等。软件的管道设计功能可以使排水工程师更加方便迅速地布置管道、调整管道尺寸、控制管道显示、进行管道标注和统计等。

首先新建一个项目样板，单击“浏览”，选择“Plumbing-DefaultCHSCHS”样板。

6.2.1 管道设计参数设置

给排水管道的样式均为圆形，按照材质的不同可分为 PP-R 管、U-PVC 管、镀锌钢管、PE 管等，根据系统的要求选择相应材质的管道。在项目中创建管道系统时，不但要设定管道的系统，还要进行管道的布管系统的配置。

合理设置管道参数可以有效减少后期管道的调整工作，主要的设置有管道尺寸设置、管道类型设置以及流体设计参数等。

1. 管道尺寸设置

通过“机械设置”中的“尺寸”选项设置当前项目的管道尺寸信息，快捷键是 MS。打开“管段和尺寸”选项，右侧面板会显示在当前项目中使用的管道尺寸列表，如图 6.28 所示。

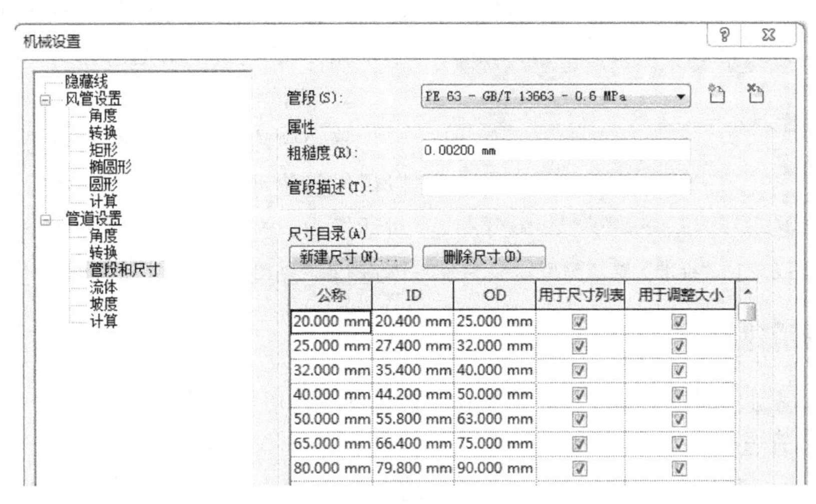

图 6.28　管段和尺寸设置

单击“新建尺寸”或“删除尺寸”可以添加或删除管道的尺寸。新建管道的公称直径和现有列表中管道的公称直径不允许重复。如果在绘图区域已经绘制了某尺寸的管道。则该尺寸在“机械设置”尺寸列表中将不能删除，需要先删除项目中的管道，才能删除“机械设置”尺寸列表中的尺寸。

2. 管道类型设置

管道属于系统族，无法自行创建，但可以修改和删除族类型。

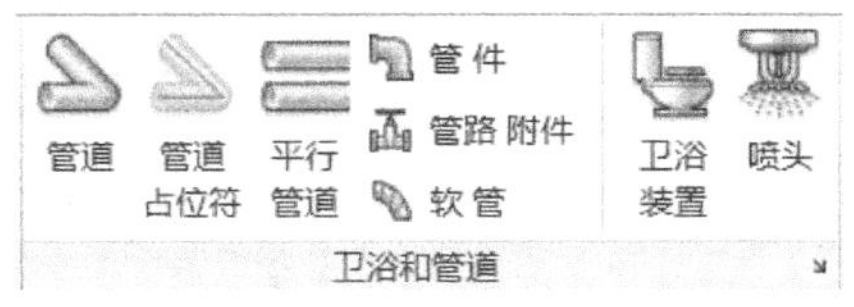

图 6.29　管道选项

单击如图 6.29 中“系统”选项卡下“卫浴和管道”选项板上的“管道”，通过“属性”对话框来对管道类型进行编辑，打开“类型属性”对话框，选择“管段和管件”参数“布管系统配置”对应的“编辑”按钮，对管件类型进行编辑，如图 6.30 所示。

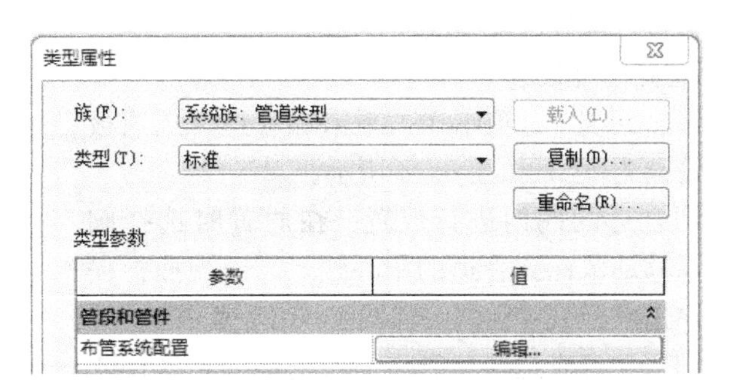

图 6.30　管道类型属性

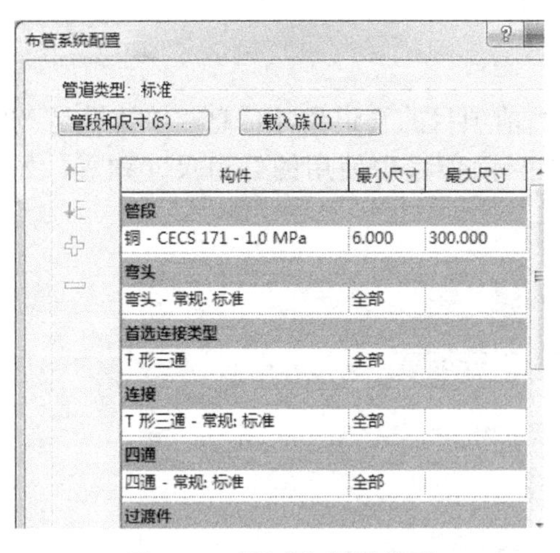

图 6.31 “标准”管道类型

默认配置的“标准”管道类型如图 6.31 所示。通过在“管件”列表中配置各类型管件族，可以指定绘制管道时自动添加到管路中的管件，如弯头、T 形三通、接头、四通、过渡件、活接头、法兰等。如果用到系统中没有的管件类型，需要手动添加到管道系统中，如 Y 形三通、斜四通等。

3. 流体设计参数

管道中流体的设计参数也可以设置，用以提供管道水力计算依据。在“机械设置”对话框中，选择“流体”，对不同温度下的流体进行“黏度”和“密度”的设置。

6.2.2 管道建模

在平面视图、剖面视图、立面视图和三维视图中均可绘制管道。

1. 绘制管道

单击“系统”选项卡下“卫浴和管道”选项板上的“管道”，系统进入“修改｜放置管道”状态（快捷键 PI），如图 6.32 所示。

图 6.32 “修改｜放置管道”状态

管道绘制的基本步骤为：选择管道类型、选择管道尺寸、指定管道偏移和指定管道起点和终点。

如图 6.33 为绘制一段管径为 150mm 的循环供水管道，输入管径为 150mm，标高为 2750mm，开始进行绘制。在绘制过程中管道会自动生成管件，保证管道的连续性。

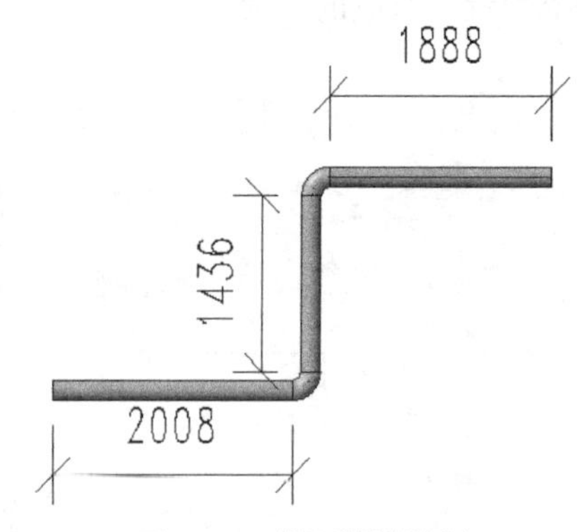

图 6.33 循环管道绘制

2. 管路附件设置

单击“系统”选项卡中“卫浴和管道”选项板上的“管路附件”，如图 6.34 所示。

找到合适的阀门进行放置。在放置时选择阀门，然后移动鼠标到管道的中心线，当出现捕捉提示时，左击鼠标放置阀门，如图 6.35 所示。放置阀门时特别要注意应选择与管道一致的阀门，这样才符合现场的施工规范。

图 6.34　管路附件

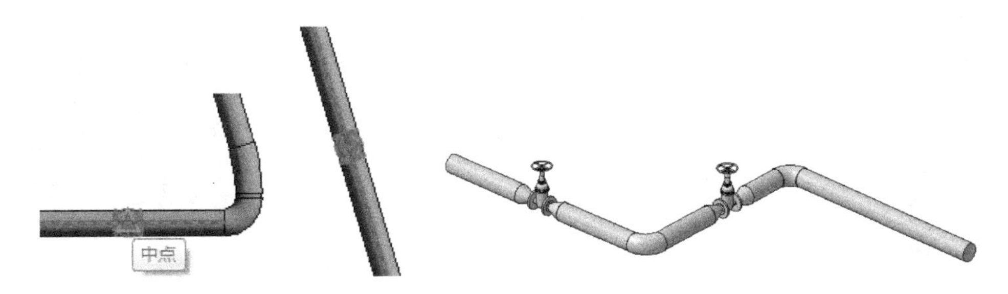

图 6.35　阀门管件放置

6.2.3　卫浴装置建模

卫浴装置在软件中以族文件的形式放置于项目中，如马桶、浴盆、蹲便器和小便器等，是构建给排水系统的重要组成部分。卫浴装置往往连接到热水、给水以及电气系统等多个类型的系统上。

1. 卫浴装置族载入

单击“系统”选项卡下“卫浴和管道”选项板上的“卫浴装置”，单击“载入族”按钮，进入卫生器具载入族对话框，如图 6.36 所示。

图 6.36　卫浴装置族载入

2. 添加卫浴装置

完成族的载入后，可以将卫浴装置放置到项目模型中。在属性框类型选择器下拉列表中找到相应卫浴装置族类型，单击“编辑类型”按钮，在类型属性设置对话框中，修改相关参数并赋予材质，如图 6.37 所示。放置卫浴装置的方法和放置卫浴装置后需要将卫浴装置连接到系统中的方法与上节的管道末端基本相同，如图 6.38 所示。

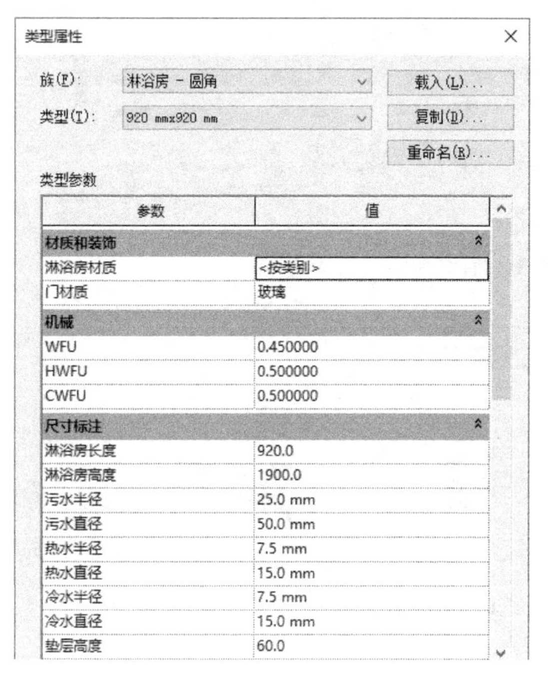

图 6.37 卫浴装置类型属性

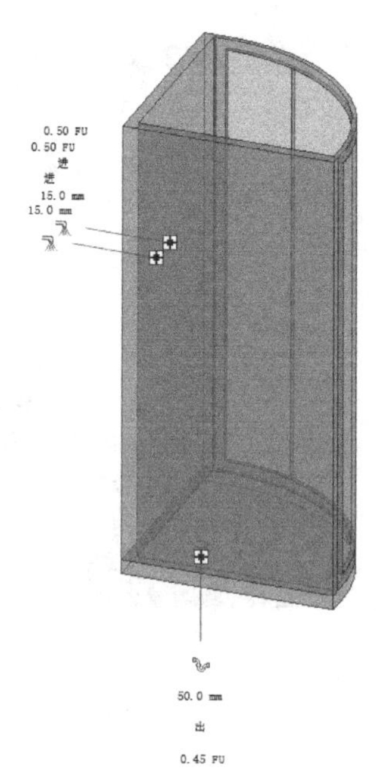

图 6.38 卫浴装置系统连接件

6.3 电气建模

电缆桥架和线管的敷设是电气布线的重要部分。

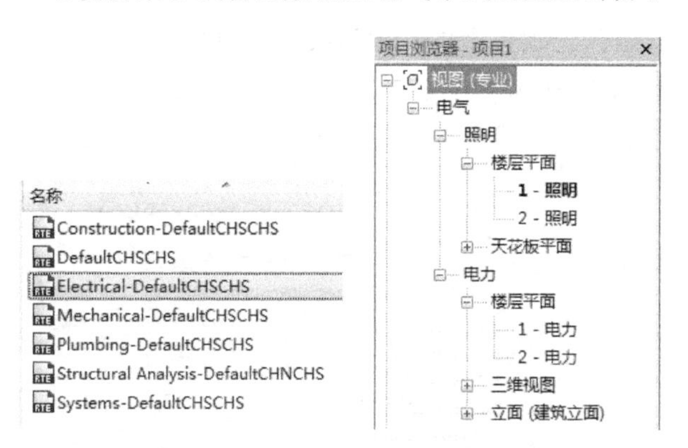

图 6.39 电气样板文件与视图

首先新建一个项目样板，单击“浏览”，选择“Electrical-DefaultCHSCHS”样板，如图 6.39 所示。

6.3.1 电气参数设置

单击“系统”选项卡的“电气”选项板上的“电缆桥架”，系统进入“修改 | 放置电缆桥架”状态，如图 6.40 所示。属性栏中单击“编辑类型”，可以对桥架进行绘制前的准备工作。首先对桥架进行重命名，命名为“电缆桥架”，如图 6.41 所示。

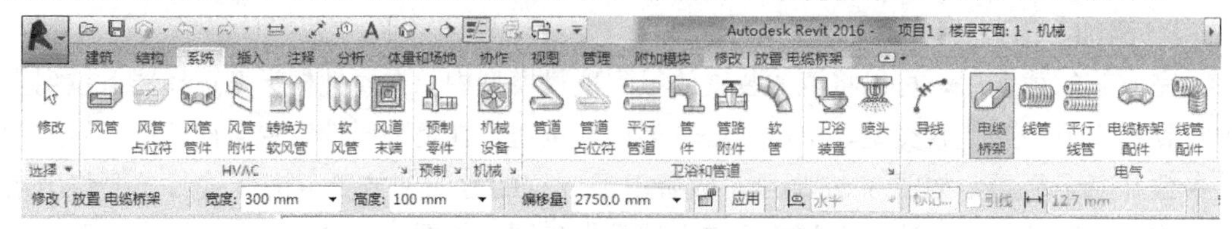

图 6.40 修改 | 放置电缆桥架状态

设置桥架使用的连接件。点击“水平弯头”，发现没有可用的管件族，此时应该在外部路径中载入已经准备好的管件族。点击菜单栏上方的“插入”选项卡下的“插入族”工具，找到本地族的路径文件夹，找到相应的管件族点击载入，如图 6.42 所示，返回到项目中。

载入后再打开“属性”中的“编辑类型”依次选定管件，如图 6.43 所示。

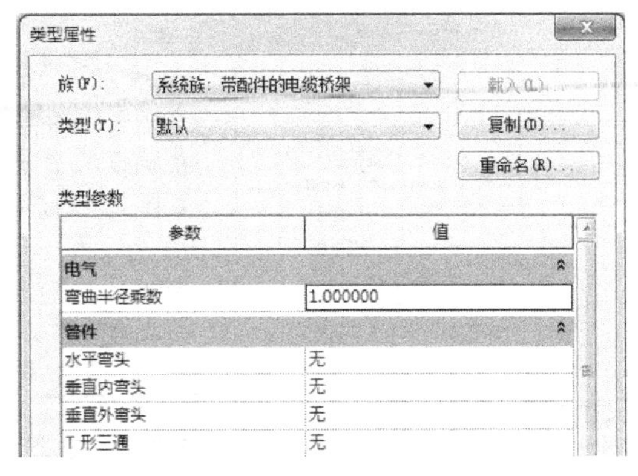

图 6.41 电缆桥架类型属性

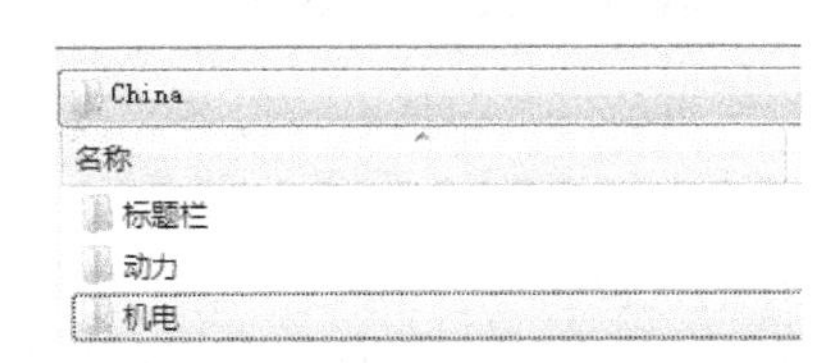

图 6.42 插入桥架配件族

类型属性

族(F): 系统族：带配件的电缆桥架 载入(L)...

类型(T): 默认 复制(D)...

重命名(R)...

类型参数

参数	值
电气	
弯曲半径乘数	1.000000
管件	
水平弯头	槽式电缆桥架水平弯通：标准
垂直内弯头	槽式电缆桥架垂直等径上弯通：标
垂直外弯头	槽式电缆桥架垂直等径上弯通：标
T 形三通	槽式电缆桥架水平三通：标准
交叉线	槽式电缆桥架水平四通：标准
过渡件	槽式电缆桥架异径接头：标准
活接头	槽式电缆桥架活接头：标准

图 6.43 管件选定结果

6.3.2 电缆桥架建模

进入“楼层平面”视图下的“1-电力”，设置平面的视图范围，在“视图范围”对话框中编辑置顶为“标高 2”，“偏移量”设置为 0，如图 6.44 所示。其“可见性/图形替换”属性中需要勾选“电缆桥架”和“电缆桥架配件”两个选项，这样才能保证电缆桥架能够正常显示。

最后准备绘制桥架。在左侧属性栏中选择需要绘制的桥架类型，输入桥架的尺寸和偏移量，开始绘制桥架。左键单击确定电缆桥架起点位置，再次单击确定电缆桥架终点位置。这样电缆桥架就绘制完成了，如图 6.45 所示。

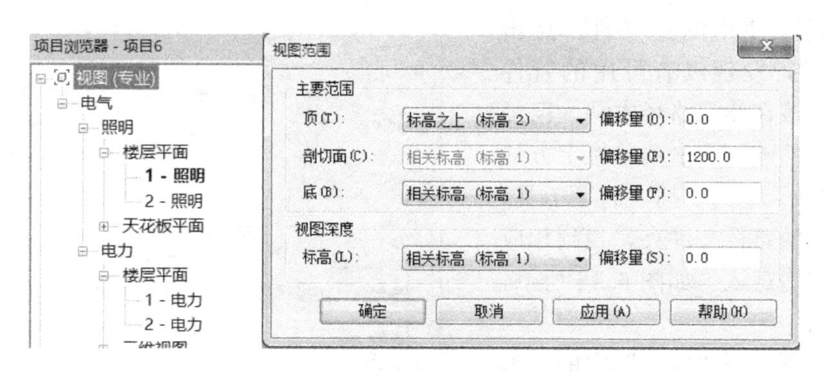

图 6.44 视图范围设置

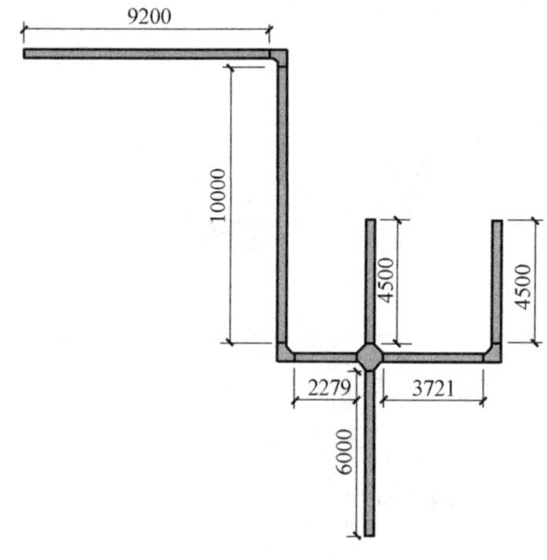

图 6.45 桥架建模示例

6.3.3 电气相关设备建模

电气相关设备包括电气设备、设备和照明装置等。

1. 电气设备

电气设备以族文件的形式放置到项目中，如配电盘、开关装置。

一般也是先进行电气设备族的载入，然后进行电气设备族的添加，最后进行电气设备族的线管连接。线管连接与此前的机械设备和卫浴装置连接有所不同，除部分电气设备可采用“连接到”命令进行连接，大部分采用绘制线管，且从面绘制线管，如图 6.46 所示。

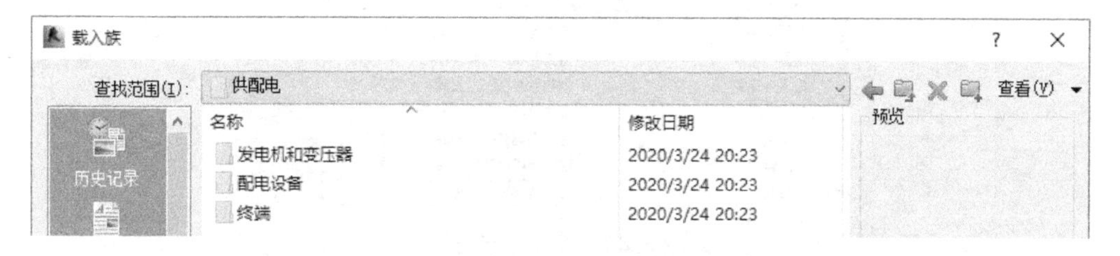

图 6.46 电气设备族载入

2. 设备装置

设备以族文件的形式放置到项目中，如插座、开关、接线盒、电话、通信、数据终端设备以及护理呼叫设备、壁装扬声器、启动器、烟雾探测器和手拉式火警箱等。单击设备按钮的下拉菜单，可以看到软件把设备分为 8 类，如图 6.47 所示，设备载入族对话框如图 6.48 所示。设备装置通常是基于主体的构件。

3. 照明装置

照明装置以族文件的形式放置到项目中，包括室内灯、室外灯和特殊灯具，大多数是基于主体（天花板或墙）的，其照明装置载入族如图 6.49 所示。

图 6.47 设备分类

图 6.48 设备装置载入族

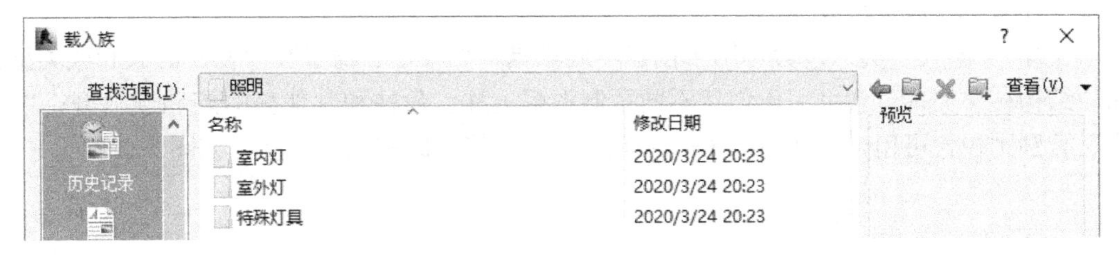

图 6.49 照明装置载入族

习题

1. 简述风管模型的显示方式有哪几种?
2. 电缆桥架模型的视图范围如何设置?

第 7 章　族　创　建

族是 Revit 中非常重要的一个概念，通过参数化族的创建，可像 AutoCAD 中的块一样，在工程设计中大量反复使用，以提高设计效率。

7.1　族概念

7.1.1　基本概念

族是一个包含通用属性（参数）集和相关图形表示的图元组。属于一个族的不同图元的部分或全部参数可能有不同的值，但是参数（其名称与含义）的集合是相同的。族中的这些变体被称作族类型或类型。

比如，“家具”类别包含可用于创建不同家具（如桌子、椅子和沙发）的族和族类型；而“结构柱”类别包含可用于创建不同预制混凝土柱、角柱和其他柱的族和族类型；“喷头”类别则包含可用于创建不同干式和湿式喷头系统的族和族类型等，如图 7.1 所示。

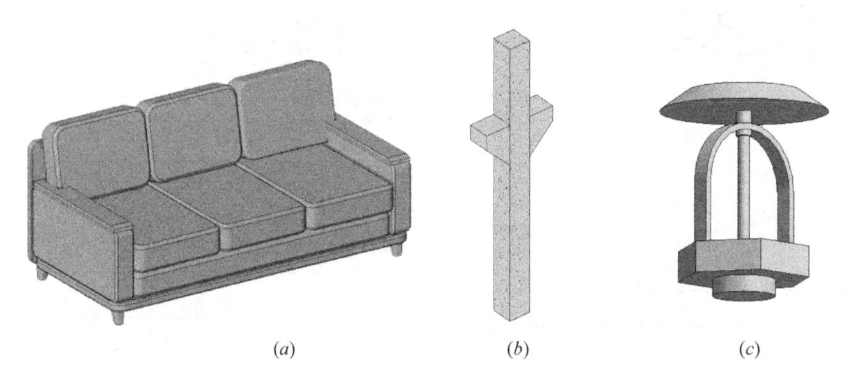

(a)　(b)　(c)

图 7.1　族示例

(a) 家具族；(b) 预制牛腿柱族；(c) 喷头族

尽管这些族具有不同的用途并由不同的材质构成，但它们的用法却是相关的。族中的每一类型都具有相关的图形表示和一组相同的参数，这组参数被称作族类型参数。

在项目中使用特定族和族类型创建图元时，将创建该图元的一个实例。每个图元实例都有一组属性，从中可以修改某些与族类型参数无关的图元参数。这些修改仅应用于该图元实例，即项目中的单一图元。如果对族类型参数进行修改，这些修改将仅应用于使用该类型创建的所有图元实例。

7.1.2　族类型

Revit 族分为系统族、可载入族和内建族三种类型。在项目中创建的大多数图元都是系统族或可载入的族。可以通过组合可载入的族来创建嵌套和共享族。非标准图元或自定义图元是使用内建族创建的。

1. 系统族

系统族就是系统预定义的族，即在项目中预先定义并只能在项目中进行创建和修改的族类型，如墙、屋顶、楼板、风管、管道等。能够影响项目环境且包含标高、轴网、图纸和视口类型的系统设置也是系统族。

系统族不能作为外部文件载入或创建，但可以在项目和样板间复制粘贴或者传递系统族类型。具体的系统族有墙、楼梯、天花板、楼板、屋顶、栏杆扶手、坡道、幕墙系统、幕墙竖梃、场地（建筑地坪）、结构基础、结构荷载、结构钢筋、模型文字、风管、管道、流体（Revit MEP 专有的族）、重复详图等，如图 7.2 所示。

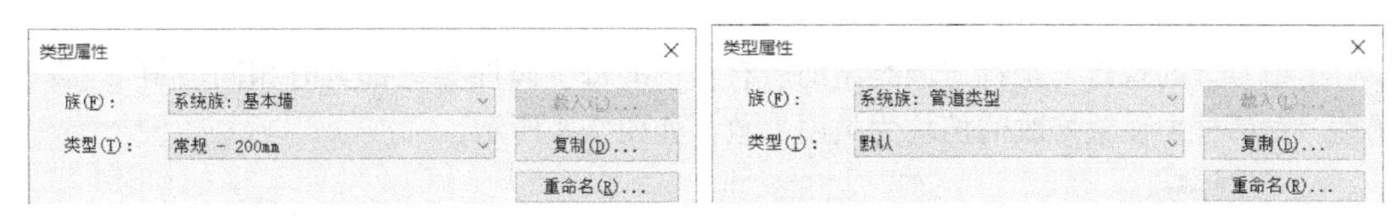

图 7.2 系统族示例

2. 可载入族

可载入族是用于创建下列构件的族：通常购买、提供并安装在建筑内和建筑周围的建筑构件，例如窗、门、橱柜、装置、家具和植物；通常购买、提供并安装在建筑内和建筑周围的系统构件，例如锅炉、热水器、空气处理设备和卫浴装置，以及常规自定义的一些注释图元，例如符号和标题栏。

由于可载入族具有高度可自定义的特征，因此它们是我们在 Revit 中最经常创建和修改的族。与系统族不同，可载入的族是在外部 RFA 文件中创建的，并可导入或载入到项目中。对于包含许多类型的可载入族，可以创建和使用类型目录，以便仅载入项目所需的类型。

构件是可载入族的实例，并以其他图元（即系统族的实例）为主体。

在 Revit 中，构件用于对通常需要现场交付和安装的建筑图元（例如门、窗、家具等）进行建模。例如，门以墙为主体，而诸如桌子等独立式构件以楼板或标高为主体，如图 7.3 为可载入族示例。

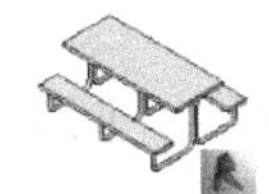
餐桌-带长椅.rfa

餐桌-圆形带餐椅.rfa

风车型办公桌.rfa

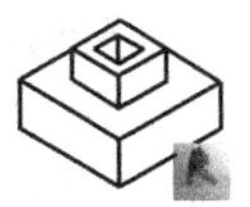
杯口基础-单阶.rfa

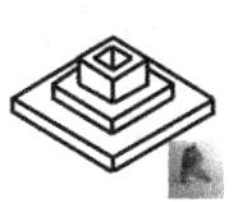
杯口基础-二阶.rfa

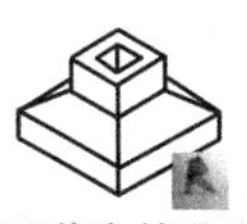
杯口基础-坡形.rfa

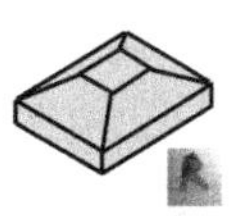
独立基础-坡形截面.rfa

西餐桌椅组合.rfa

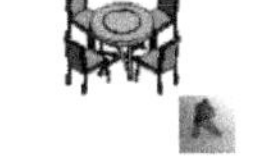
中餐桌椅组合.rfa

(a)

独立基础-三阶.rfa

基脚-矩形.rfa

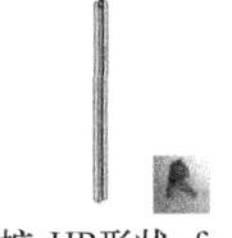
桩-HP形状.rfa

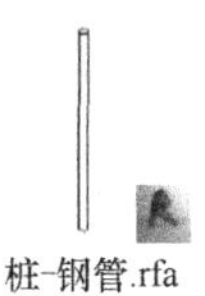
桩-钢管.rfa

(b)

图 7.3 可载入族示例

(a) 桌椅组合族；(b) 基础族

3. 内建族

内建图元是我们需要创建当前项目专有的独特构件时所创建的独特图元。我们可以创建内建几何图形，以便它参照其他项目几何图形，使其在所参照的几何图形发生变化时进行相应的大小调整和其他调整。创建内建图元时，Revit 将为该内建图元创建一个族，该族包含单个族类型。

创建内建图元涉及的许多族编辑器工具与创建可载入族相同。

7.1.3 族参数

通过添加和修改族参数，可对包含于族实例或类型中的信息进行控制，可创建动态的族类型以增加模型的灵活性。族参数分为类型参数和实例参数两类。

1. 类型参数

类型参数的特点，是特定族类型的所有实例的每个属性参数都具有相同的值，“类型属性”对话框中设置修改的值均为类型参数，如图 7.4 所示。

2. 实例参数

实例参数的特点，是实例参数会应用族类型所创建的族实例，但这些参数的值可能会因图元在项目中的位置不同而不同。修改实例参数的值只会影响选择集内的图元或者将要放置的图元。在“属性”选项板中设置修改的值为实例参数，如图 7.5 所示。

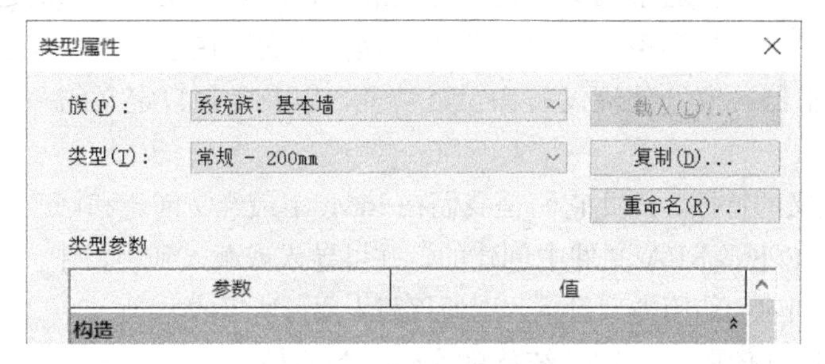

图 7.4 类型属性框

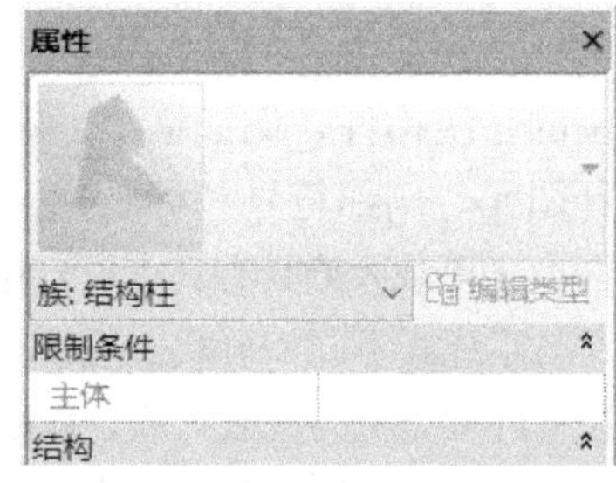

图 7.5 实例属性框

7.1.4 族编辑器

族编辑器是一种图形编辑模式，使您能够创建并修改可引入到项目中的族。

当开始创建族时，在编辑器中打开要使用的样板。该样板可以包括多个视图，如平面视图和立面视图。族编辑器与 Revit 中的项目环境有相同的外观，但提供的工具不同。工具的可用性取决于要编辑的族的类型。

图 7.6 显示了族编辑器中的角钢柱族的平面视图。虚线样式的参照平面用于约束族中的几何图形。

7.1.5 族样板

单击 Revit 界面左上角的应用程序菜单，“新建”族，如图 7.7 所示。在“新族-选择样板文件”对话框中，选择一个样板文件，即可创建一个新族，如图 7.8 所示。

常见的样板有公制常规模型、基于面的公制常规模型、基于墙、天花板、楼板和屋顶的公制常规模型、基于线的公制常规模型、公制轮廓族、常规注释等，如表 7.1 所示。

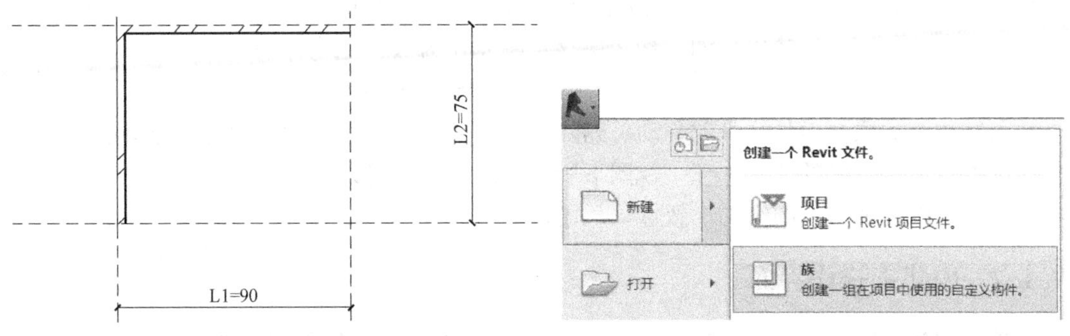

图 7.6　族编辑器中角钢柱族的平面视图　　　　图 7.7　新建族操作

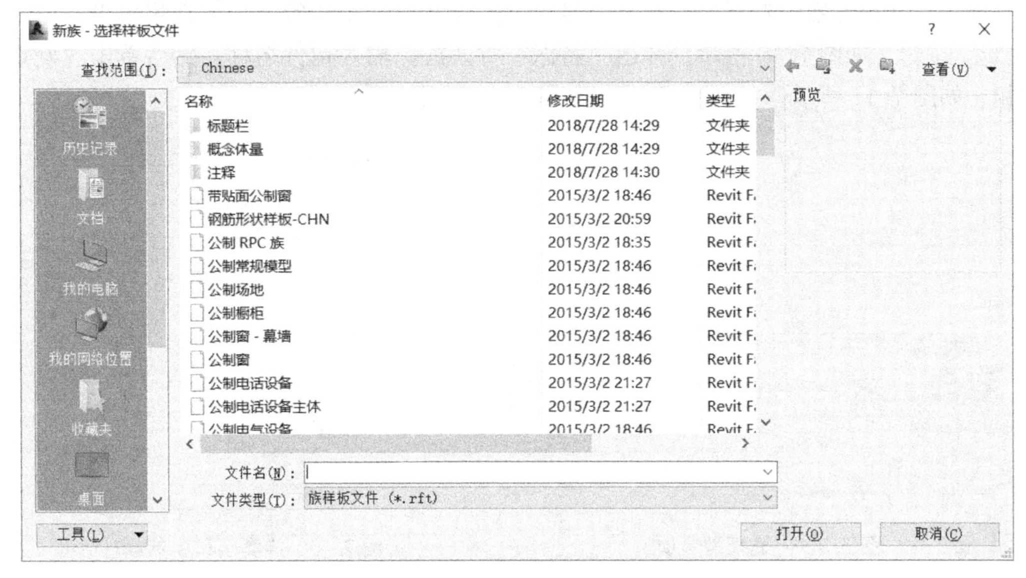

图 7.8　“新族-选择样板文件”对话框

样板文件列表　　　　**表 7.1**

序号	样板文件名	样板文件的作用
1	公制常规模型	最常用的一种，用它创建的族可以放置在项目的任何位置，不依附于任何一个工作平面和实体表面
2	基于面的公制常规模型	用它创建的族可以依附于任何的工作平面和实体表面，但不能独立地放置到项目的绘图区域，必须依附于其他实体
3	基于墙、天花板、楼板和屋顶的公制常规模型	这些统称为基于实体的族样板，用它们创建的族一定要依附于某一个实体表面上
4	基于线的公制常规模型	该样板用于创建详图族和模型族，与结构梁相似，使用两次拾取放置。用它创建的族在使用上类似于画线或风管的效果
5	公制轮廓族	该样板用于绘制轮廓，轮廓广泛应用于族建模中，比如放样命令
6	常规注释	该样板用于创建注释族，用来注释标注图元的某些属性。与轮廓族相同，注释族也是二维族，在三维视图中不可见

7.1.6　参数与参数化

参数也称参变量，属于一种变量。

参数化设计是 Revit 设计的一个重要特征，主要包括两部分：参数化图元和参数化修改引擎。在 Revit 设计过程中看，所有的图元都是以构件的形式出现，这些构件之间的不同是通过参数的调整反映出来的，参数保存了图元作为数字化构件的所有信息。

Revit 设计工具通过智能建筑构件、视图和注释符号，使每一个构件都可以通过一个参数引擎相互关联，而且构件的移动、删除和尺寸的改动所引起的参数变化也会引起相关构件的参数产生关联的变化，任一视图下所发生的变更都可以参数化地、双向地传播到所有视图上，以保证所有图纸的一致性，从而提高工作效率和质量。

7.1.7 内建族操作界面

单击“建筑”选项卡下“构建”面板下拉菜单中的“内建模型”，如图 7.9 所示。弹出“族类别和族参数”对话框，在过滤器中可选择建筑、结构等，选“常规模型”，单击“确定”按钮，如图 7.10 所示。弹出“名称”对话框，输入构件名称，然后单击“确定”按钮，如图 7.11 所示。“创建”选项卡如图 7.12 所示。

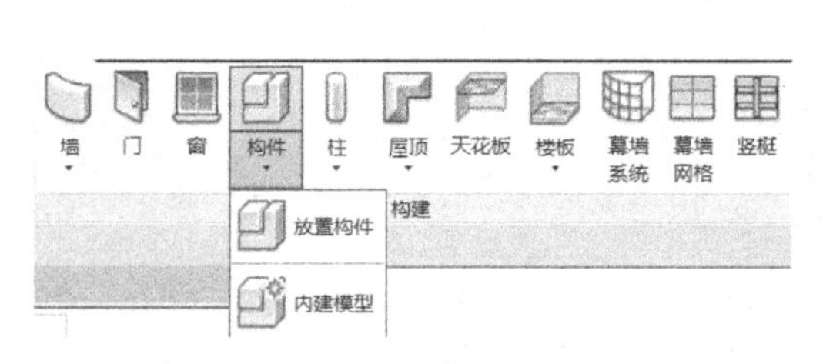

图 7.9 内建模型选项

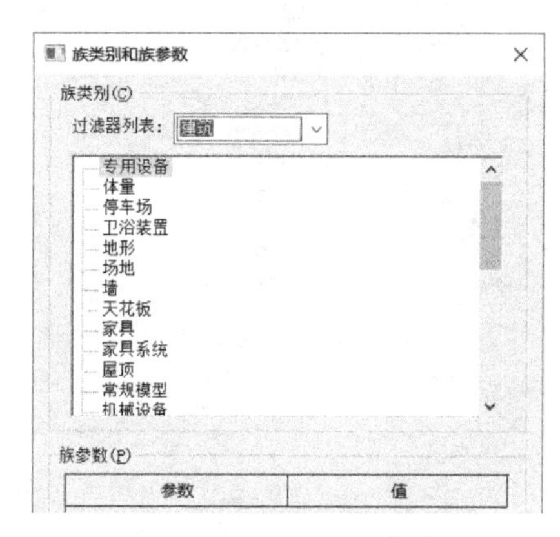

图 7.10 族类别和族参数对话框

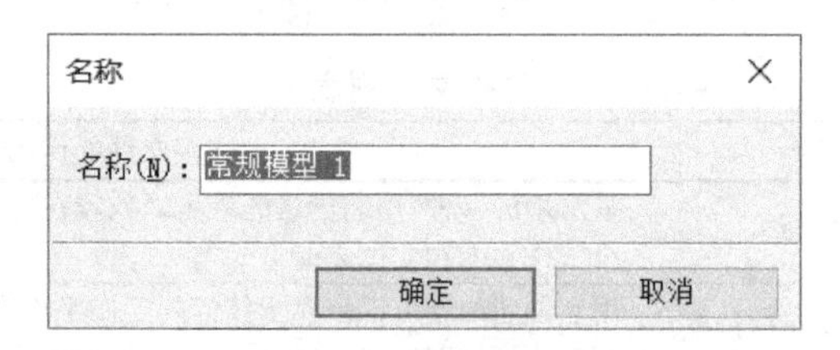

图 7.11 “名称”对话框

图 7.12 “创建”选项卡

单击“属性”面板的族类型 ，即可弹出“族类型”对话框。通过族类型对话框可为族文件添加多种类型并可在不同类型下添加相关参数，从而通过参数控制此类型的形状、材质等特性，如图 7.13 所示。

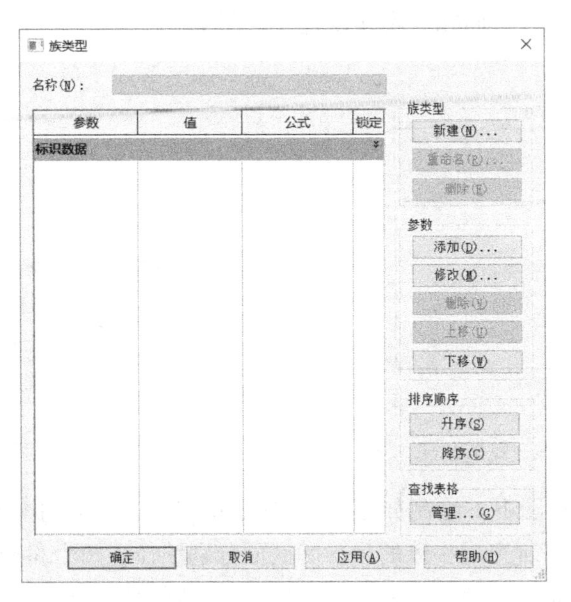

图 7.13 “族类型”对话框

7.1.8 三维形状族创建

创建族三维模型最常用的命令是创建实体模型和空心模型，这些是创建族三维模型的基础。创建时，遵循的原则是：任何实体和空心模型都对齐并锁定在参照平面上，通过在参照平面上标注尺寸来驱动实体和空心的形状改变。

创建选项卡中，提供了“拉伸”“融合”“旋转”“放样”“放样融合”和“空心形状”的建模命令，如图 7.14 所示。

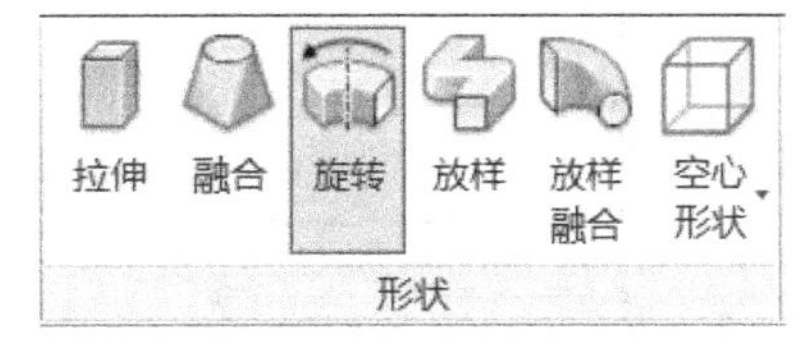

图 7.14 “形状”面板

1. 拉伸

拉伸命令是通过绘制一个封闭的拉伸端面并给予一个拉伸高度来建模的。使用方法是：

(1) 绘制如图 7.15 所示的 4 个参照平面，并标注相应尺寸，匹配长度和宽度两个参数。

(2) 单击“拉伸”，用矩形方式绘制一个任意的四边形，通过修改对齐的方式，与 4 个参照平面对齐并锁上，完成后按 Esc 键退出绘制，如图 7.16 所示。

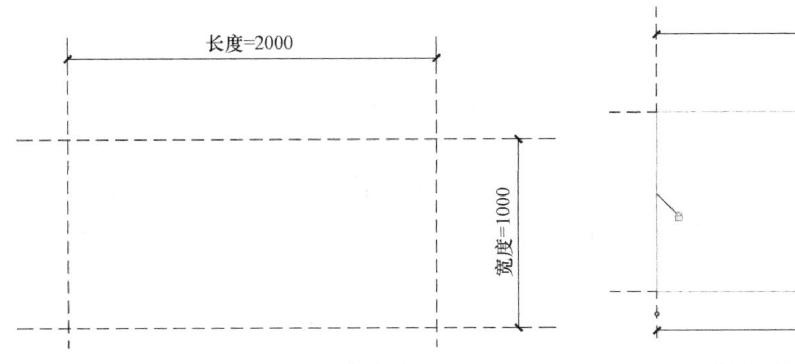

图 7.15 步骤 1 完成效果

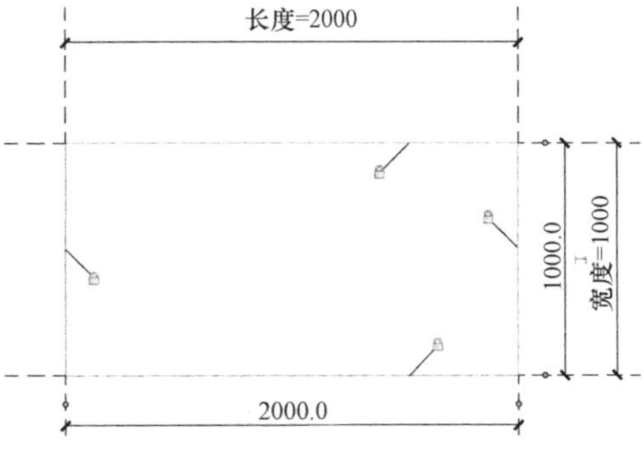

图 7.16 步骤 2 完成效果

（3）单击完成按钮，从而完成实体创建，如图 7.17 所示。图 7.18 为其三维视图下的效果。

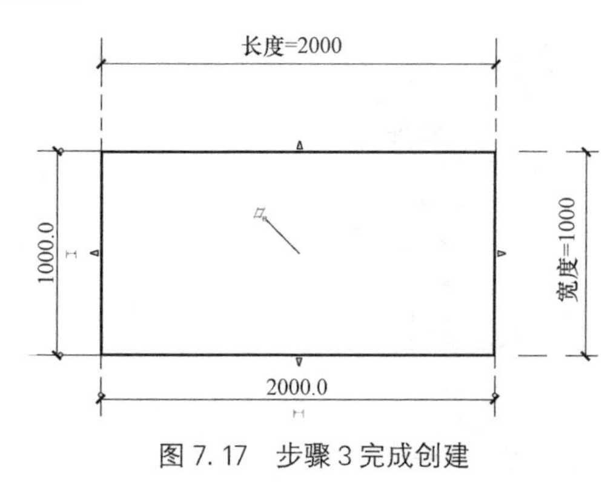

图 7.17　步骤 3 完成创建

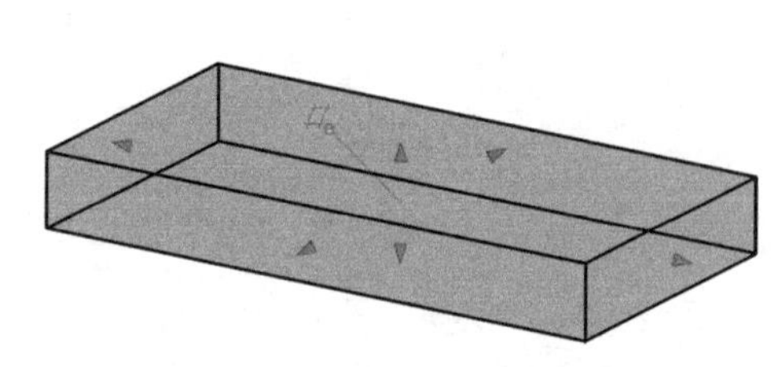
图 7.18　步骤 3 三维效果

（4）切换到立面视图下，绘制如图 7.19 所示的参照平面，并标注尺寸，将高度参数匹配给此尺寸标注，将所完成实体的顶面和底面分别锁在这两个参照平面上，即可通过改变已设定的三个参数值：长度、宽度和高度，来驱动此长方体实体长、宽、高的形状尺寸，图 7.20 为实体在三维视图下的效果。

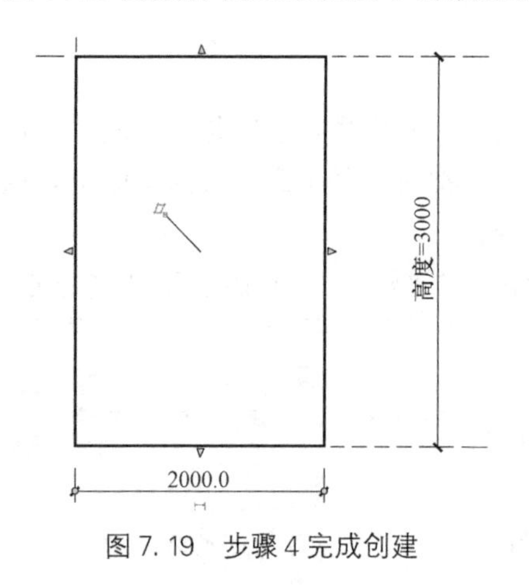

图 7.19　步骤 4 完成创建

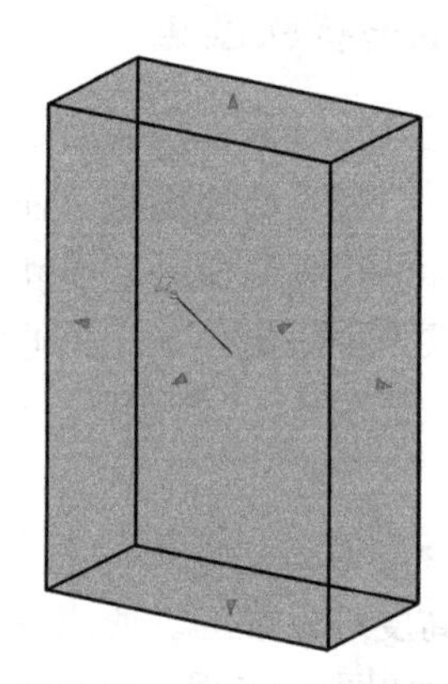
图 7.20　步骤 4 三维效果

（5）将已完成的实体模型载入到项目中，即可以自行测试其尺寸参数驱动模型的效果，如图 7.21 所示。

2. 融合

融合命令可以将两个平行平面上不同形状的断面进行融合建模。其使用方法为：

（1）单击“融合”按钮，默认进入的“修改｜创建融合底部边界”选项卡，如图 7.22 所示。

（2）在当前状态下，首先绘制底部融合面形状：一个边长为 2000×2000 的矩形。单击“编辑顶部”按钮，切换至顶部融合面的绘制，绘制一个半径为 1000 的圆，如图 7.23 所示。

（3）通过单击“编辑顶点”按钮，可以编辑各个顶点的融合关系，如图 7.24 所示。

（4）单击“完成”按钮，完成融合建模，三维效果如图 7.25 所示。

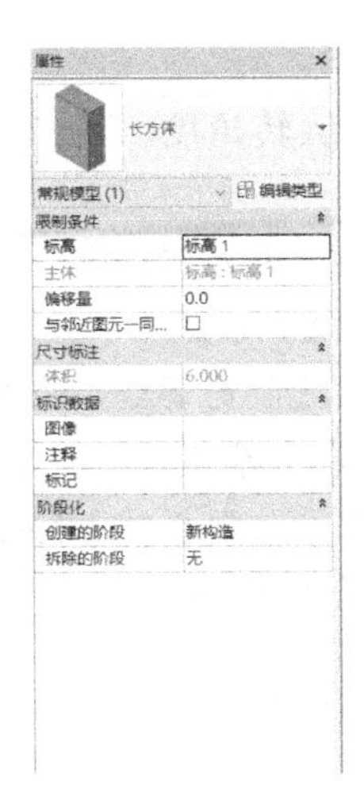

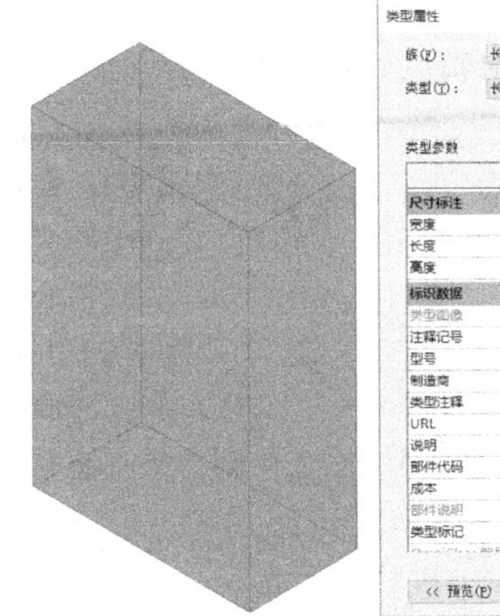

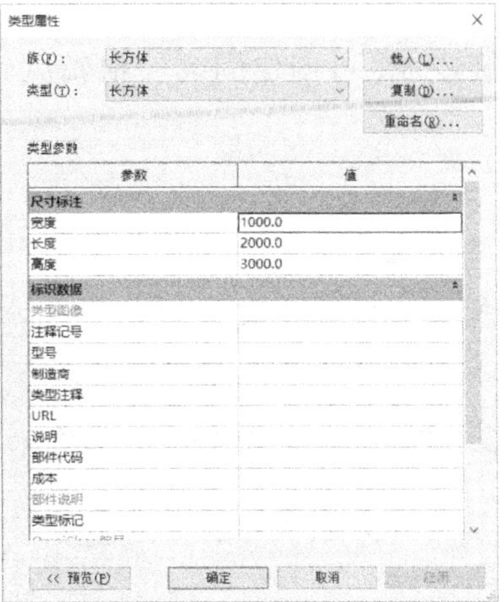

图 7.21 族载入后的测试

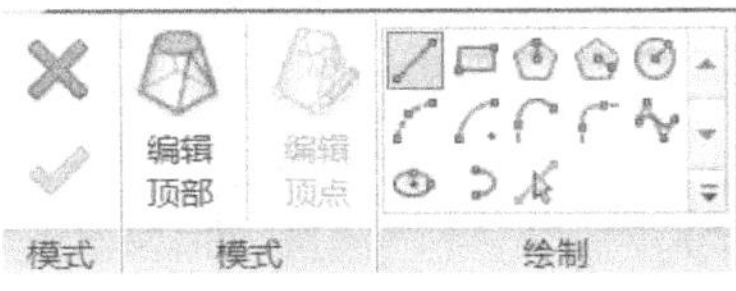

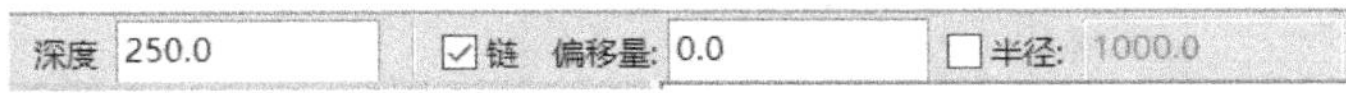

图 7.22 “修改|创建融合底部边界”选项卡

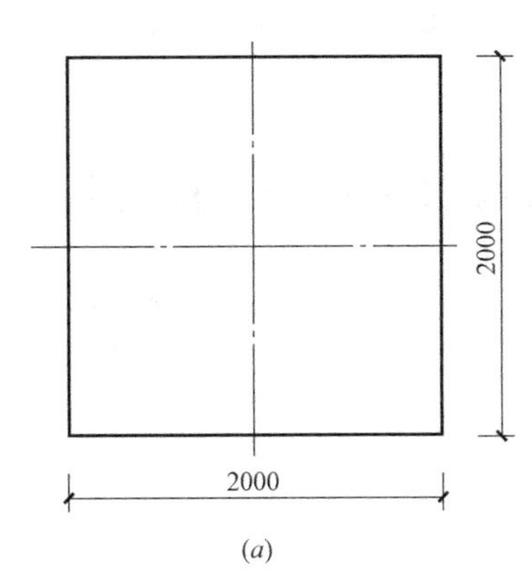

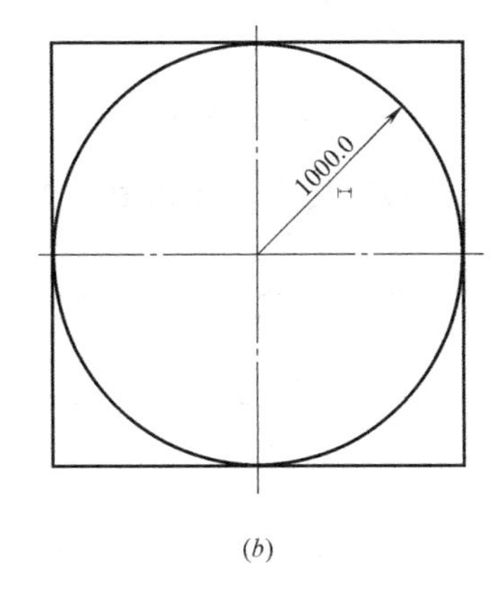

图 7.23 底部顶部融合面形状

(*a*) 底部；(*b*) 顶部

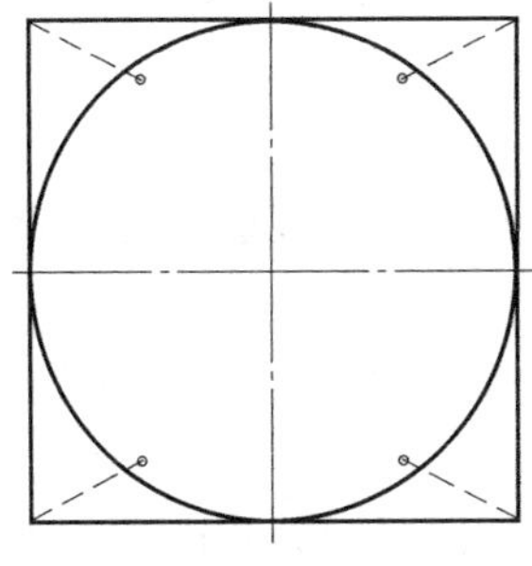

图 7.24 融合关系

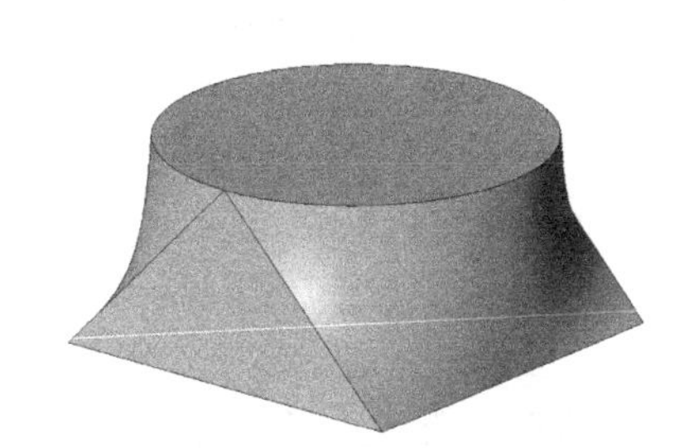

图 7.25 三维效果

3. 旋转

旋转命令可创建围绕一根轴旋转而成的几何图形，可自定义旋转角度。其使用方法为：

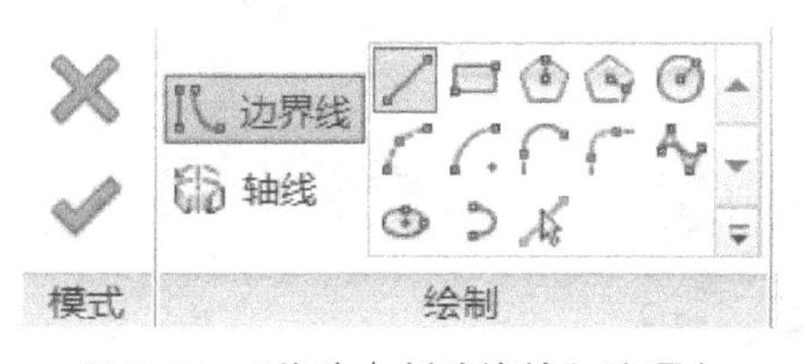

图 7.26 “修改 | 创建旋转”选项卡

(1) 单击“旋转”按钮，进入“修改 | 创建旋转”选项卡状态，如图 7.26 所示。

(2) 当前状态下，默认绘制边界线，绘制如图 7.27 所示的边界线。注意边界必须闭合。

(3) 单击“轴线”按钮，在中心的参照平面上绘制一条垂直轴线，如图 7.28 所示。

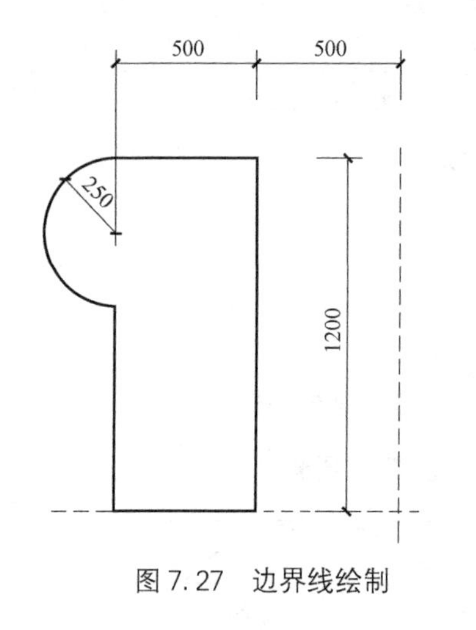

图 7.27 边界线绘制

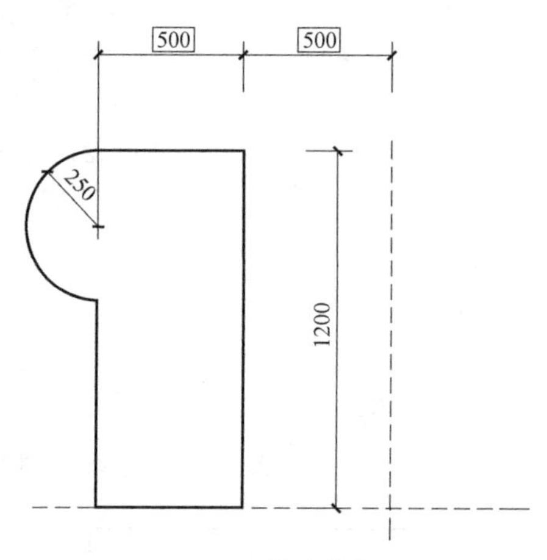

图 7.28 轴线绘制

(4) 点击“完成”按钮完成如图 7.29 所示的旋转建模。其三维效果如图 7.30 所示。

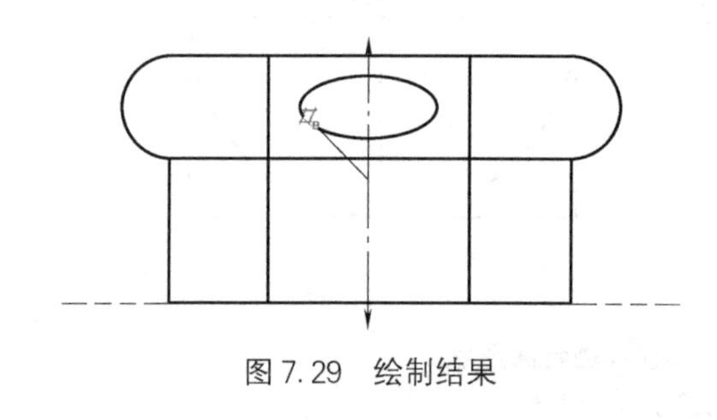

图 7.29 绘制结果

图 7.30 三维效果

(5) 调整限制条件的起始角度和结束角度可以对模型进行修改，图 7.31 显示了修改角度为 0°～180°和 90°～180°的效果。

4. 放样

放样用于创建需要绘制或应用轮廓（形状）并沿路径拉伸轮廓的建模方式。其使用方法为：

(1) 首先绘制一条如图 7.32 所示的参照线，以下将使用该参照线为放样路径。

(2) 单击“放样”按钮，进入“修改 | 放样”选项卡状态，可以通过使用如图 7.33 所示的“绘制路径”命令绘制路径，也可以选择“拾取路径”方式进行。选择刚刚绘制的参照线，单击“完成”按钮。

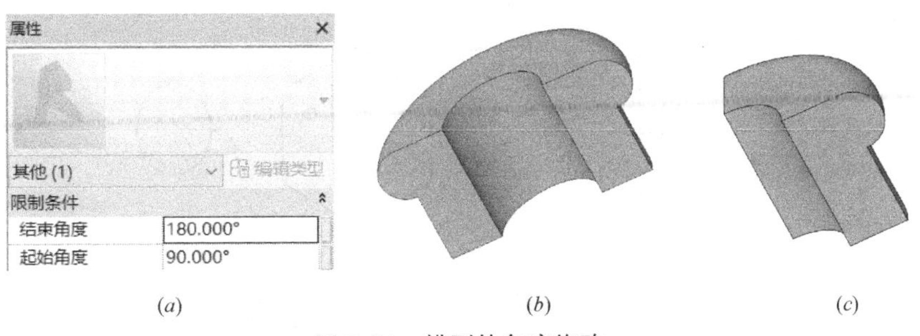

(*a*)　　(*b*)　　(*c*)

图 7.31　模型的角度修改

(*a*) 属性条件；(*b*) 0 度至 180 度；(*c*) 90 度至 180 度

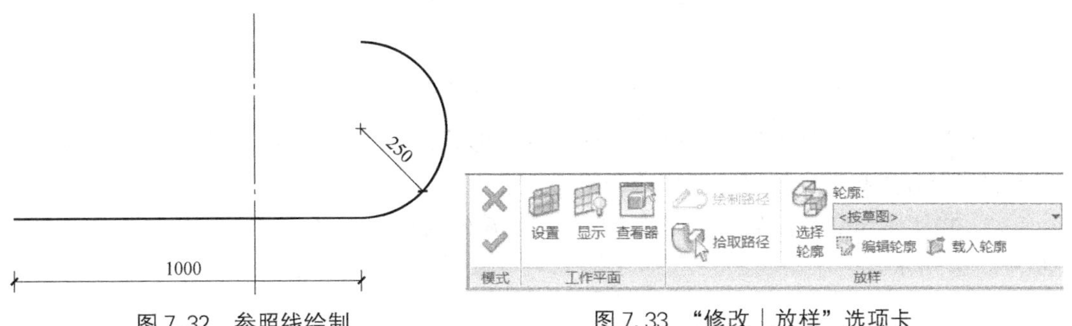

图 7.32　参照线绘制

图 7.33　“修改 | 放样”选项卡

(3) 单击选项卡中的“编辑轮廓”按钮，出现“转到视图”对话框，如图 7.34 所示，选择“立面：右”，单击“打开视图”按钮，在右立面视图上绘制轮廓线，绘制一个椭圆形，如图 7.35 所示。

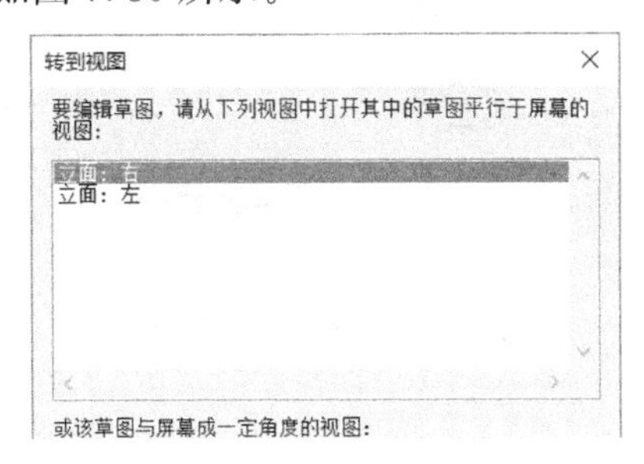

图 7.34　转到视图状态

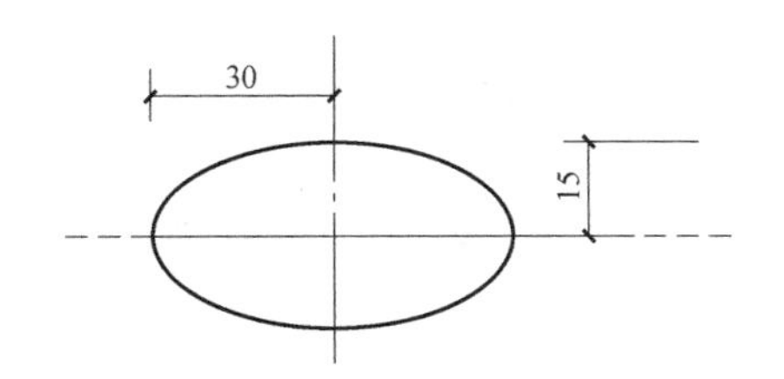

图 7.35　椭圆轮廓尺寸

(4) 单击“完成”按钮，完成轮廓绘制，退出“编辑轮廓”模式。

(5) 单击“完成”按钮，完成放样建模，如图 7.36 所示。

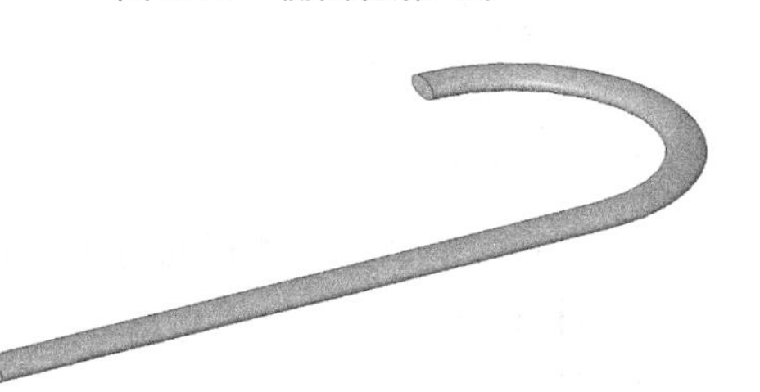

图 7.36　放样建模三维效果

5. 放样融合

放样融合命令可以创建具有两个不同轮廓的融合体，然后沿路径对其进行放样。

放样融合操作与上例类似，参照图 7.37 练习即可。

6. 空心形状

空心形状模型建立有两种方法：

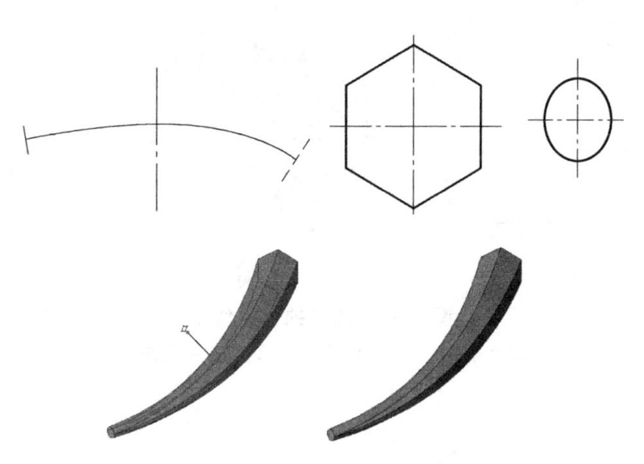

图 7.37 放样融合示例

(1) 单击“空心形状”下拉菜单，选择一种形状创建方式命令，如图 7.38 所示，各命令的使用方法和对应的实体模型命令使用方法相同。

(2) 将实体和空心相互切换。选中实体，在属性对话框中将“实心”切换为“空心”，如图 7.39 所示。

图 7.38 空心模型创建

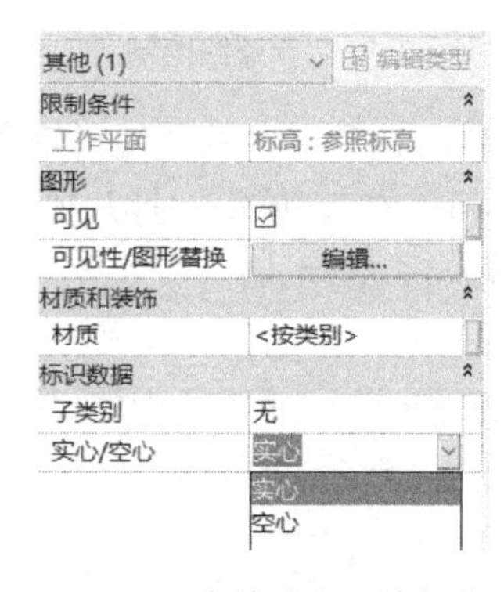

图 7.39 实体空心互换操作

7.2 建筑族

7.2.1 轮廓族

图 7.40 为一个建筑楼板的封边效果，其封边线的轮廓尺寸如图 7.41 所示。试建立该封边线的轮廓族。

操作步骤如下：

(1) 新建族，弹出“新族-选择样板文件”对话框，选择“公制轮廓”样板，并将族命名为“封边线”。

(2) 创建如图 7.42 所示的参照平面。

(3) 单击“创建”选项卡“详图”面板中的“直线”工具，在参照平面中心绘制长分别为 160、450 和 60 的三段直线，如图 7.43 所示。

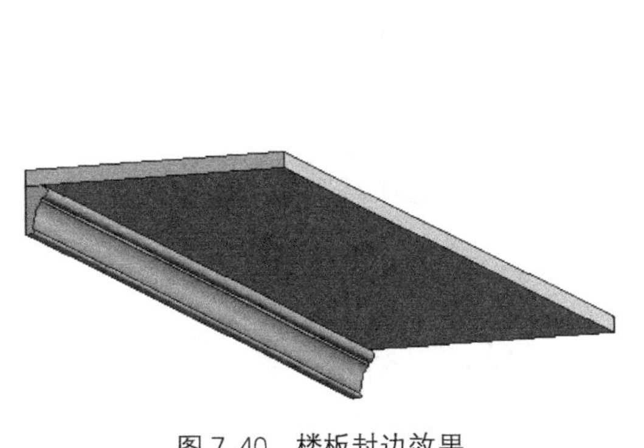

图 7.40 楼板封边效果

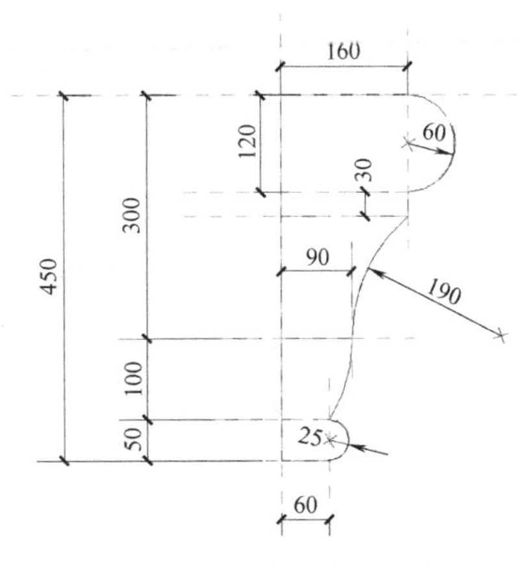

图 7.41 封边线轮廓尺寸

(4) 用“起点-终点-半径弧”绘制半径为 60mm 的半圆，如图 7.44 所示。

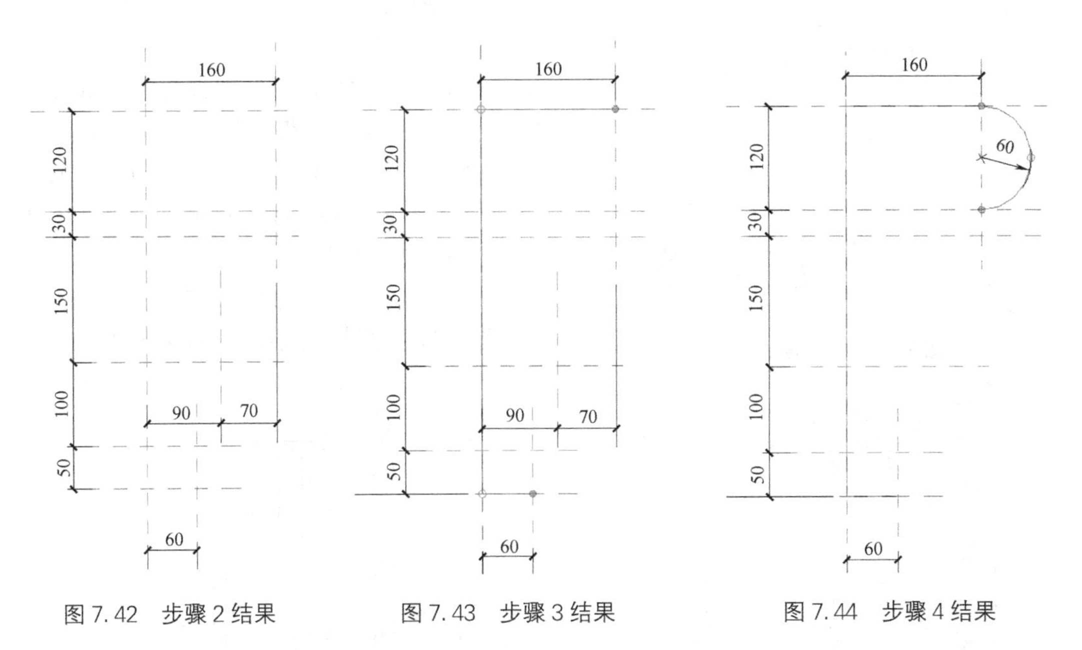

图 7.42 步骤 2 结果　　图 7.43 步骤 3 结果　　图 7.44 步骤 4 结果

(5) 同理，依次：使用“直线”工具，绘制长度为 30mm 的直线；使用“起点-终点-半径弧”绘制半径为 190mm 的弧；使用“起点-终点-半径弧”绘制相切的弧；使用“起点-终点-半径弧”绘制半径为 25 的半圆，如图 7.45 所示。

(6) 最终完成的轮廓如图 7.46 所示，保存族文件。

(7) 在项目文件中创建楼板及楼板边，将封边线族载入项目中，在“属性”面板“编辑类型”中的轮廓选择我们创建的族文件：“封边线”，如图 7.47 所示。

7.2.2 窗族

创建如图 7.48 所示的中式风格窗族，其轮廓尺寸如图 7.49 所示。

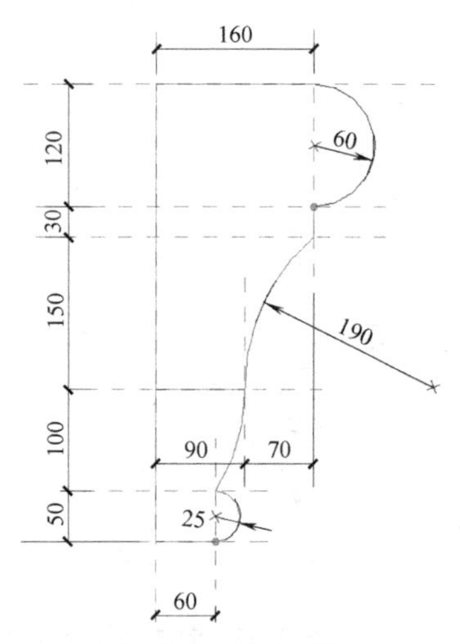

图 7.45 步骤 5 结果

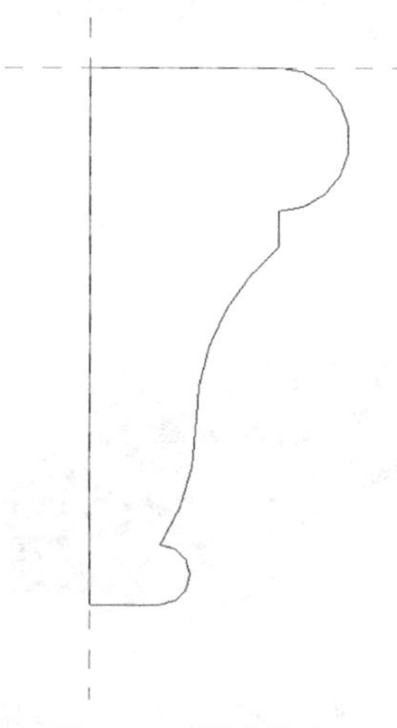
图 7.46 最终轮廓图

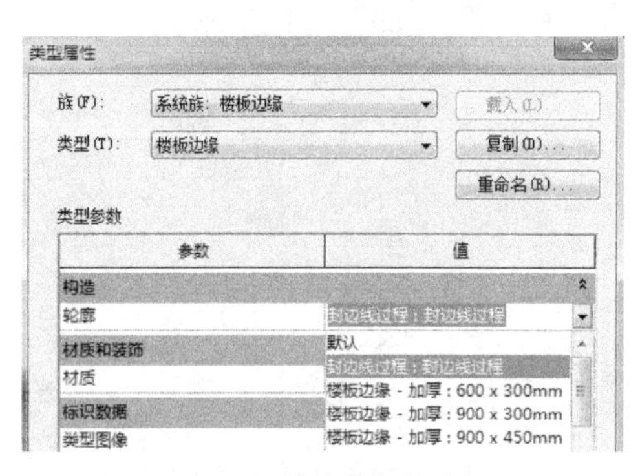

图 7.47 轮廓族文件选择

图 7.48 中式风格窗三维效果

操作步骤如下。

（1）新建族，弹出“新族-选择样板文件”对话框，选择“公制窗”样板文件。图 7.50 所示为“公制窗”样板文件的参照平面和外部立面状态，在基准墙内默认有一个宽 1000、高 1500、距底边 800 的一个窗洞，将该族文件命名为“中式窗”。

（2）窗框的参照平面绘制与参数添加。

首先进行窗框的绘制。进入外部立面，

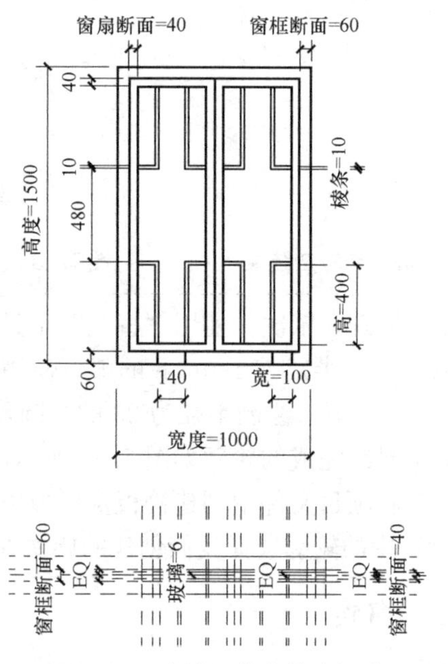

图 7.49 中式风格窗轮廓尺寸

绘制如图 7.51 所示的参照平面，并进行尺寸标注。然后选中标注，打开选项栏的“标签”下拉菜单，如图 7.52 所示，点击<添加参数 ...>。最后在参数属性对话框中，添加一个名为“窗框断面”的族参数，如图 7.53 所示，单击“确定”按钮，就完成了一个参数的添加，同理完成其余 3 个标注的参数添加，最后完成的结果如图 7.54 所示。

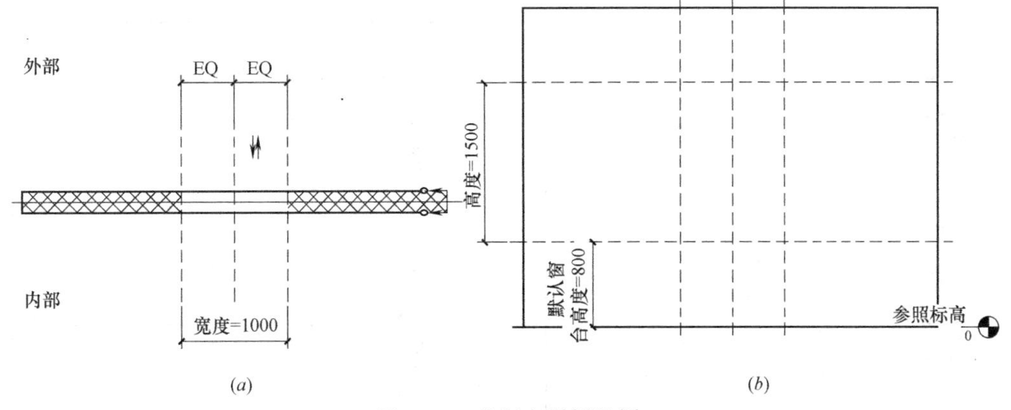

图 7.50 公制窗样板示例

(a) 参照平面；(b) 外部立面

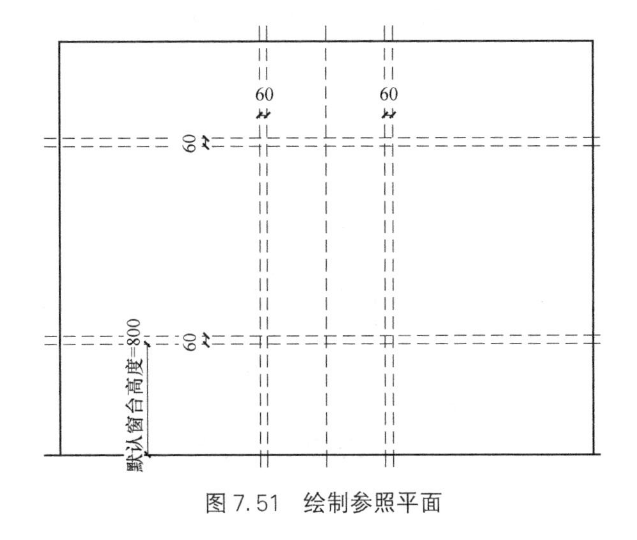

图 7.51 绘制参照平面

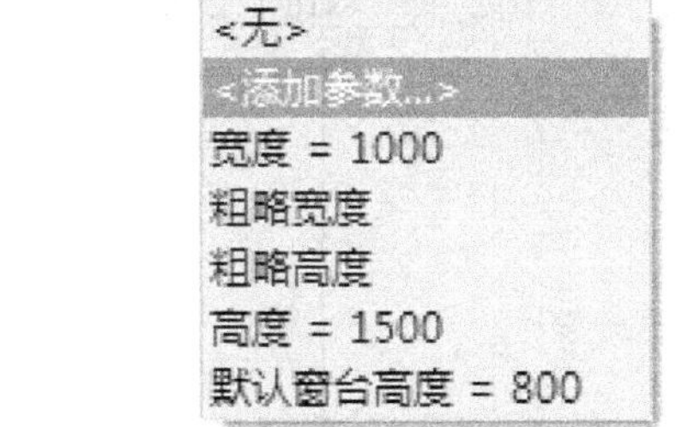

图 7.52 标签-添加参数

(3) 窗框实体创建。使用“拉伸”命令，在“修改 | 创建拉伸”状态下绘制如图 7.55 所示的两个矩形，并与相关 8 个参照平面进行锁定。

(4) 切换到参照标高的平面视图下，如图 7.56 所示，创建两个距中心平面各 30 的参照平面，标注两个参照平面的总尺寸为 60，添加参数：窗框断面。再连续进行两个参照平面与中心平面的尺寸标注，点击 EQ 等分，将上一步完成的窗框实体与两个新参照平面对齐锁定。

(5) 进行窗扇参照平面的创建和参数添加。在外部立面视图下，创建如图 7.57 所示的 6 个参照平面，标注相应 6 个尺寸。添加一个“窗扇断面”的参数，并进行关联。

(6) 创建窗扇实体。使用“拉伸”命令，在“修改 | 创建拉伸”状态下绘制两个矩形，如图 7.58 所示，并锁定到相应参照平面上，右侧同理。

(7) 切换到参照标高楼层平面视图下，创建两个距中心平面各 20 的参照平面，如图 7.59 所示，标注两个参照平面的总尺寸为 40，并添加参数：窗扇断面。再连续进行两个参照平面与中心平面的尺寸标注，点击 EQ 等分，将上一步完成的窗套实体与两个新参照平面对齐锁定。

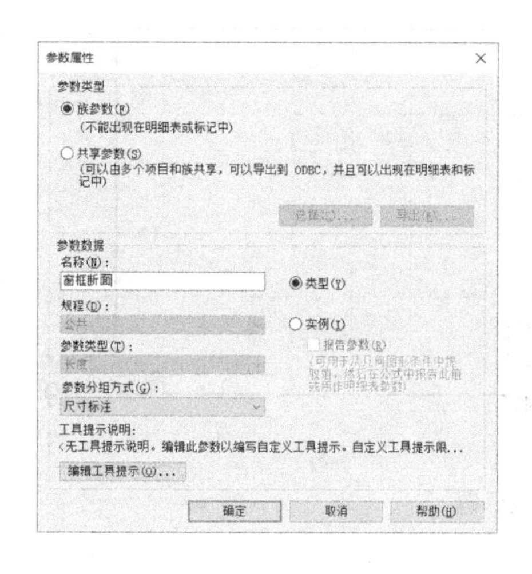

图 7.53 参数属性对话框

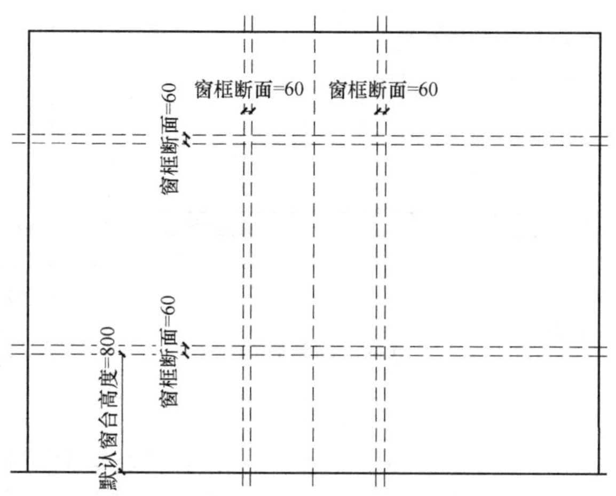

图 7.54 添加参数后的结果

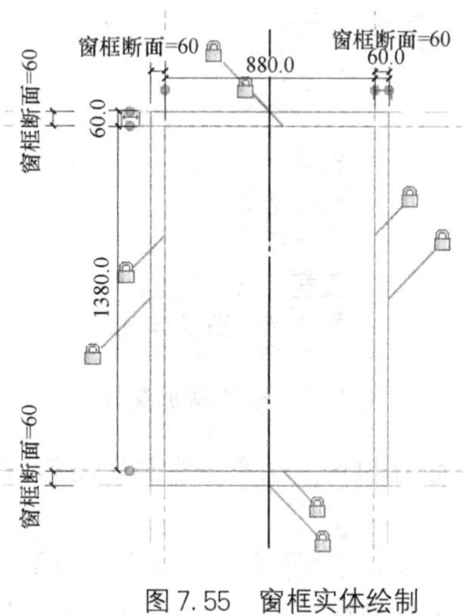

图 7.55 窗框实体绘制

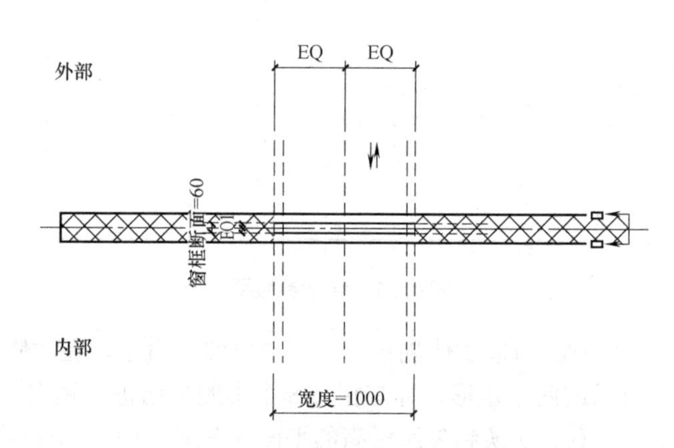

图 7.56 窗框实体创建完成

(8) 创建玻璃实体，使用“拉伸”命令，在“修改 | 创建拉伸”状态下绘制矩形玻璃，并锁定于相应参照平面上，如图 7.60 所示。

(9) 切换到参照标高楼层平面下，如图 7.61 所示创建两个距中心平面各 3 的参照平面，标注两个参照平面的总尺寸为 6，添加参数：玻璃。再连续进行两个参照平面与中心平面的尺寸标注，点击 EQ 等分，将上一步完成的玻璃实体与两个新参照平面对齐锁定。

(10) 在“属性”对话框中，单击材质和装饰分项的材质右侧的按钮，添加一个“玻璃材质”的参数，在族类型可以对玻璃材质进行设置，如图 7.62～图 7.64 所示。

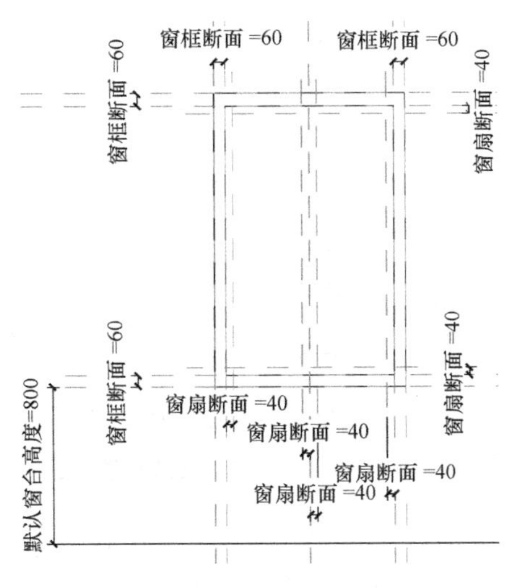

图 7.57 窗扇参照平面与参数

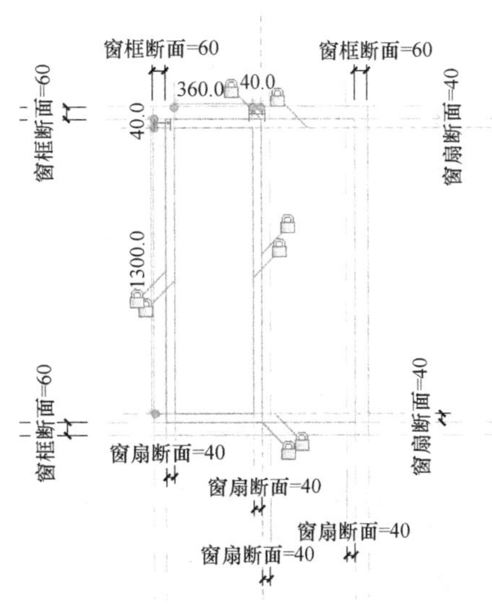

图 7.58 窗扇实体创建

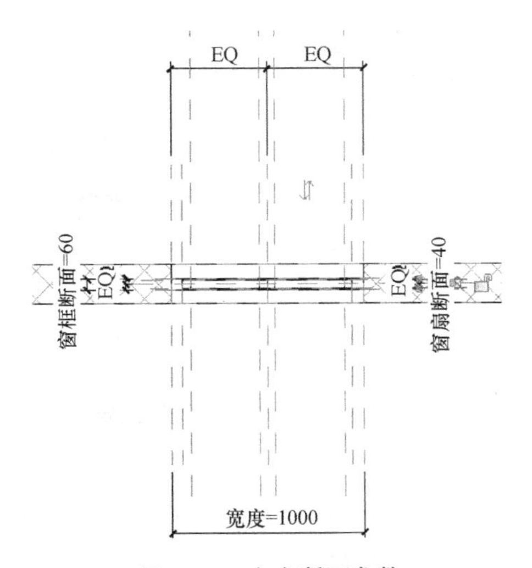

图 7.59 窗扇断面参数

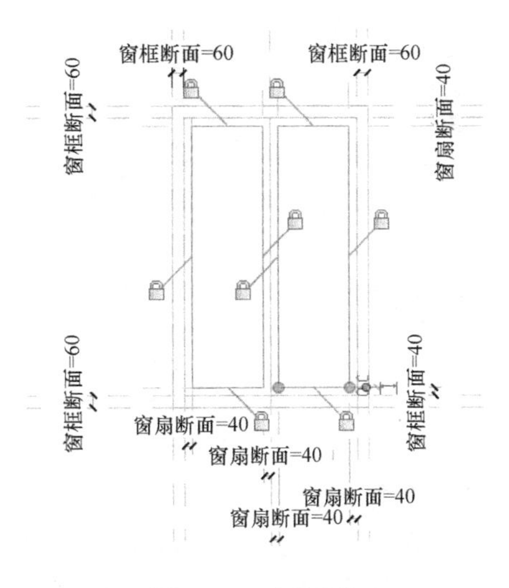

图 7.60 玻璃实体

(11) 创建棱条实体。首先，绘制相应参照平面，添加尺寸标注，添加参数：棱条，并与相关尺寸标注关联，然后使用“拉伸”命令，在“修改 | 创建拉伸”状态下绘制棱条，并与相应参照平面锁定，如图 7.65 所示。

7.2.3 设施族

建立如图 7.66 所示的滑梯族模型。

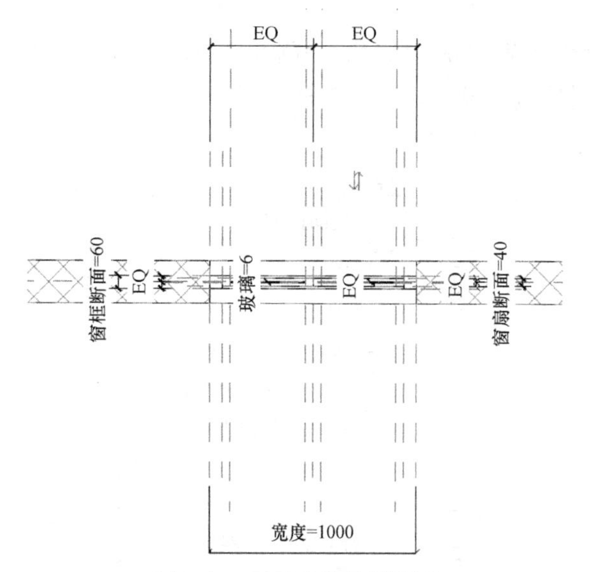

图 7.61 玻璃实体参照平面

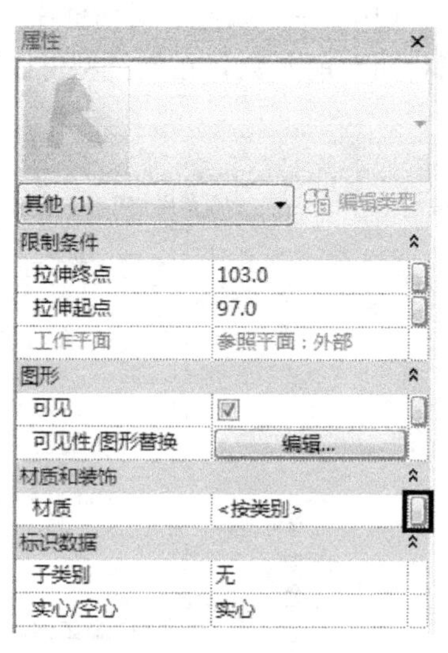

图 7.62 玻璃材质参数

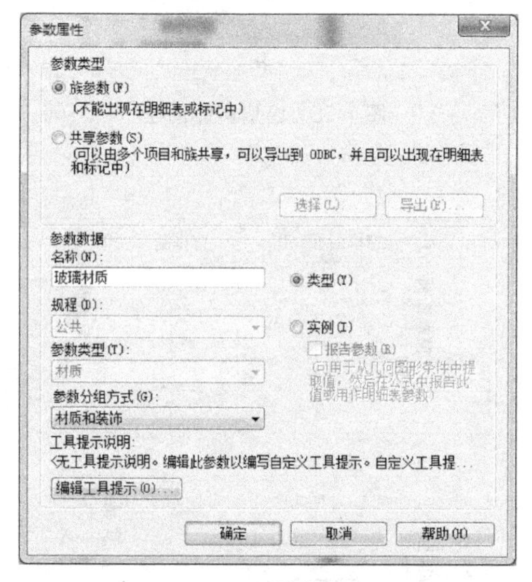

图 7.63 参数属性设置

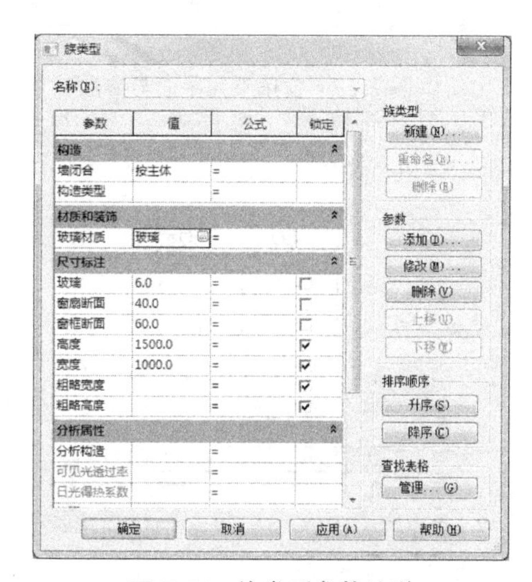

图 7.64 族类型参数关联

操作步骤如下。

(1) 新建族，选择“公制常规模型”样板文件。图 7.67 所示为该样板文件的“楼层平面-参照标高”和“立面-前”的状态，族文件命名为“滑梯”。

(2) 在参照标高平面下创建参照平面，并对其标注，如图 7.68 所示。

(3) 首先绘制直梯部分的模型。通过“拉伸”工具完成直梯的模型建立，并将其锁定在参照平面上，如图 7.69 和图 7.70 所示。

(4) 绘制平台部分。切换到“立面-前”，使用“拉伸”工具创建平台并进行标注，在“参照标高”将平台与参照平面锁定，如图 7.71 所示。

(5) 创建平台柱模型。在“参照标高”视图，使用“拉伸”工具建立平台柱，如图 7.72 所示。

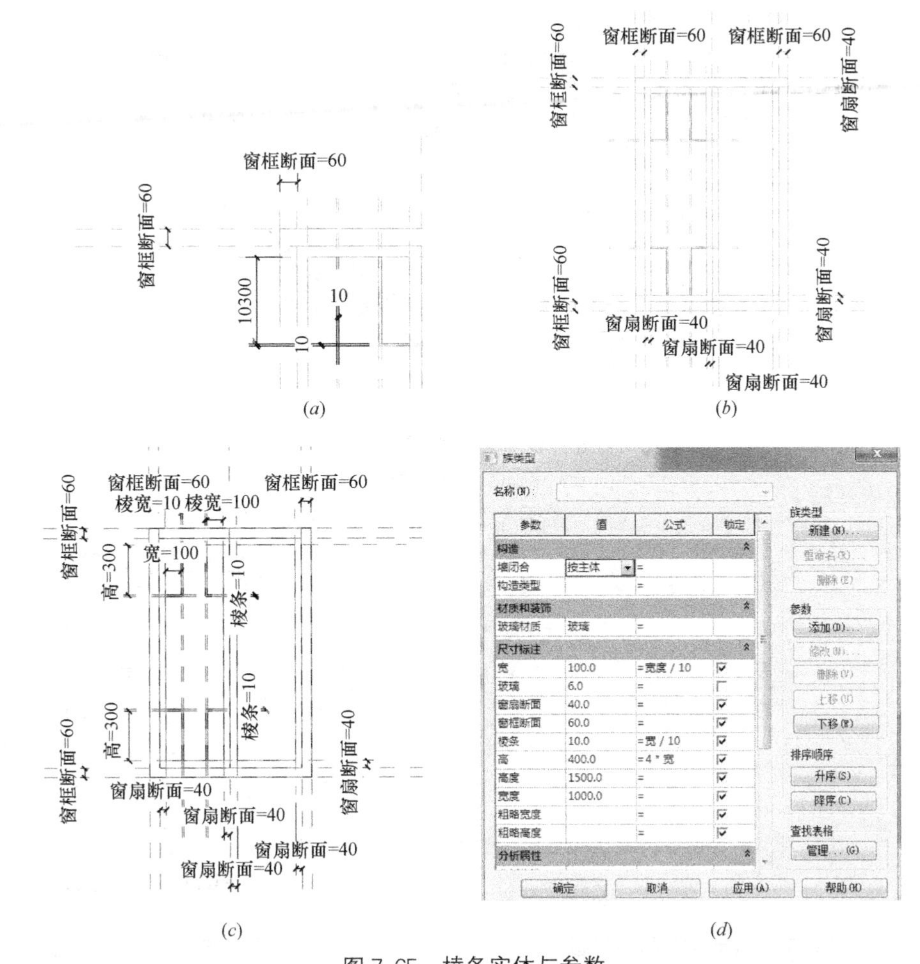

图 7.65 棱条实体与参数

(*a*) 棱条细部尺寸；(*b*) 棱条布置；(*c*) 棱条参数设置；(*d*) 棱条参数关联

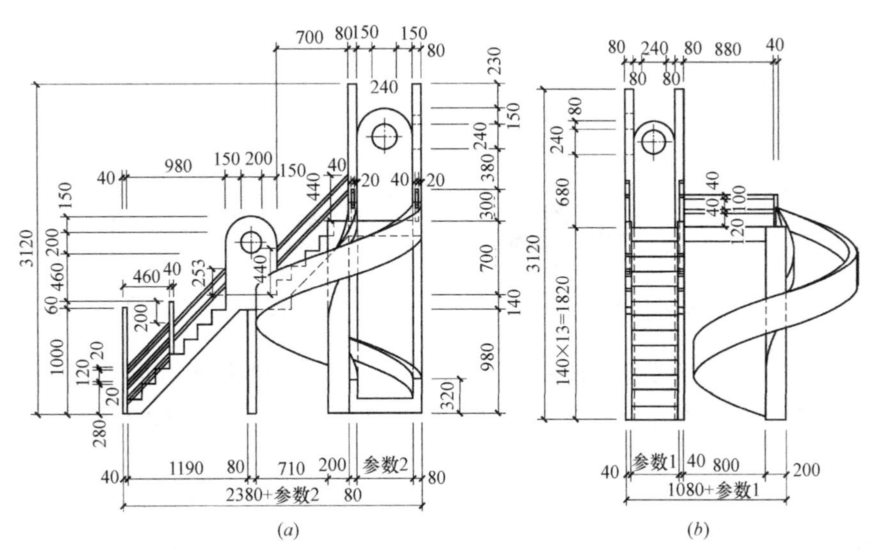

图 7.66 滑梯视图（一）

(*a*) 左视图；(*b*) 正视图

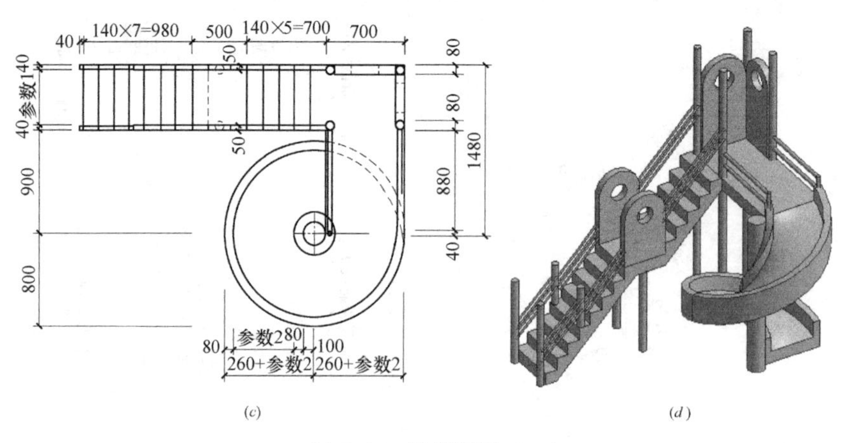

图 7.66 滑梯视图（二）
（c）平面图；（d）三维图

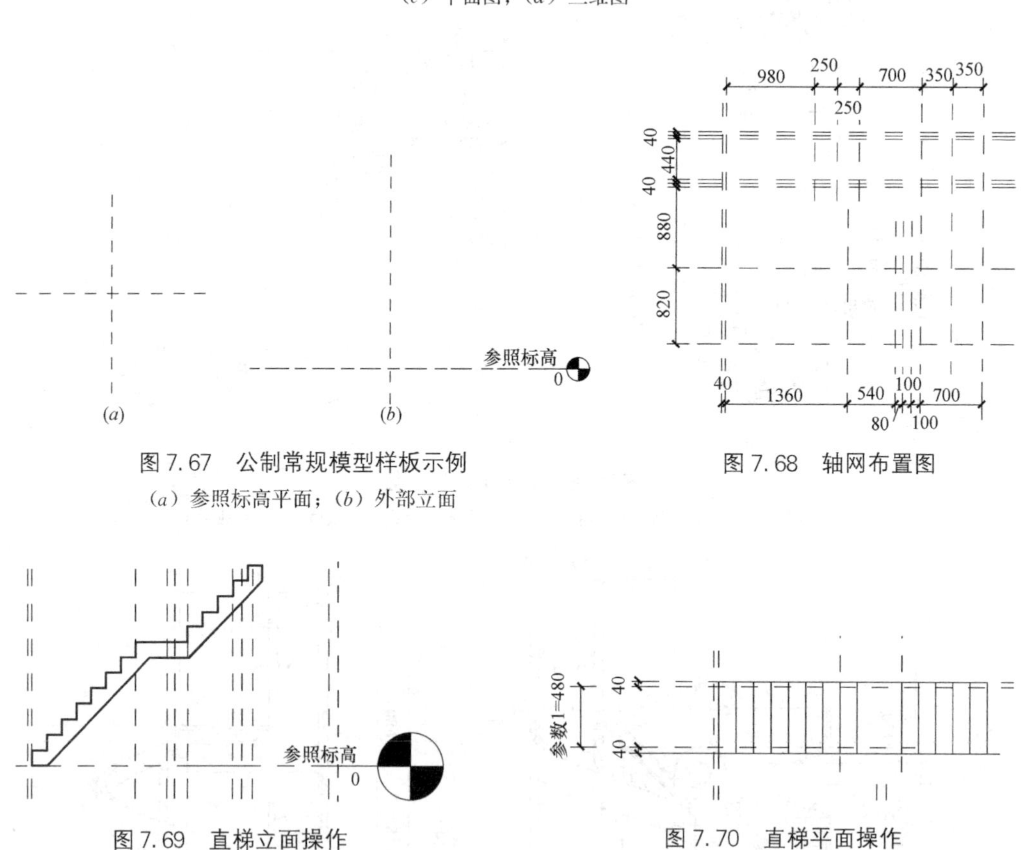

图 7.67 公制常规模型样板示例
（a）参照标高平面；（b）外部立面

图 7.68 轴网布置图

图 7.69 直梯立面操作

图 7.70 直梯平面操作

（6）建立滑梯部分的模型。使用“放样融合”工具，绘制路径（半圆）及轮廓，从而完成滑梯下半段。然后将下半段模型旋转 180°，并调整位置即可得到滑梯上半段，如图 7.73 所示。

（7）创建 4 根支撑小柱。使用“拉伸”工具，建立半径为 40 的圆，在属性中选中“中心标记可见”，将圆锁定在参照平面上，完成拉伸，并调整位置，如图 7.74 和图 7.75 所示。

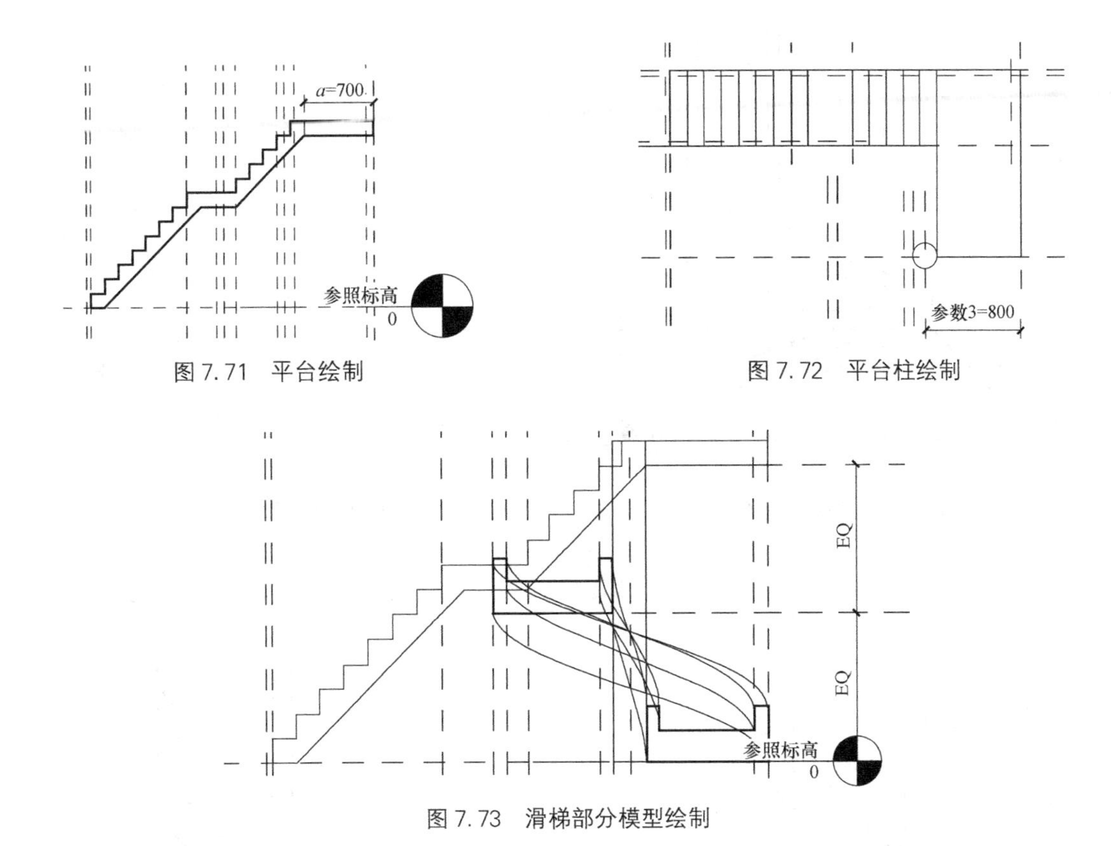

图 7.71　平台绘制

图 7.72　平台柱绘制

图 7.73　滑梯部分模型绘制

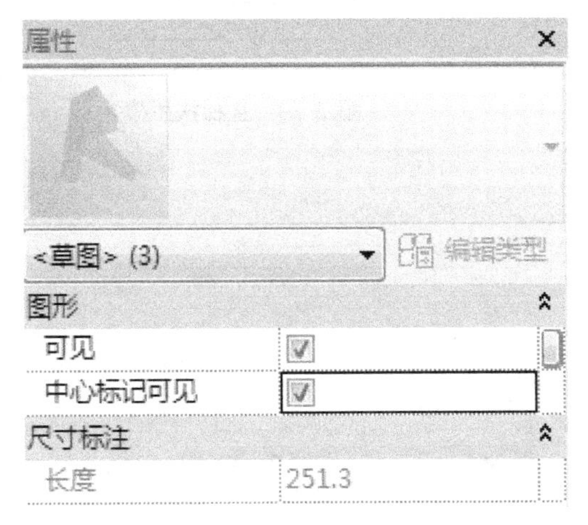

图 7.74　“中心标记可见”设置

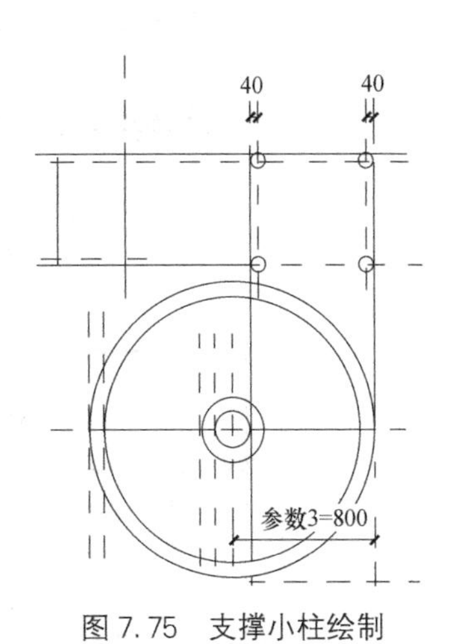

图 7.75　支撑小柱绘制

(8) 建立挡板部分的模型。使用“拉伸”工具，并在参照标高下将其锁定，如图 7.76 和图 7.77 所示。

(9) 完成直梯上其他柱和扶手的模型。使用“拉伸”工具将其他柱完成。用放样工具创建直梯扶手模型，如图 7.78 和图 7.79 所示。

(10) 完成平台扶手的模型。使用“拉伸”工具创建平台扶手，设置参数 b，如图 7.80 和图 7.81 所示。

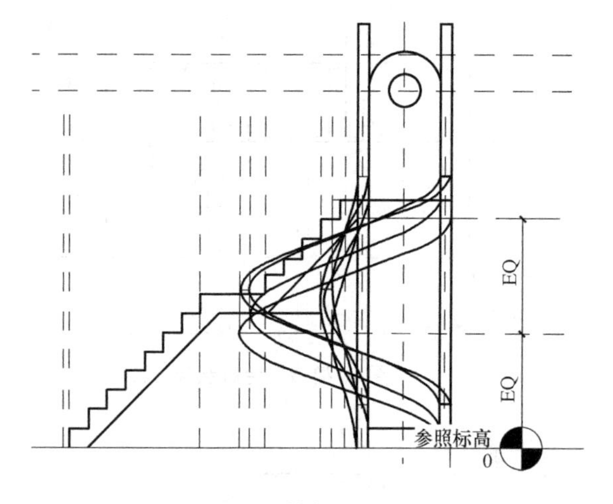

图 7.76 挡板立面视图

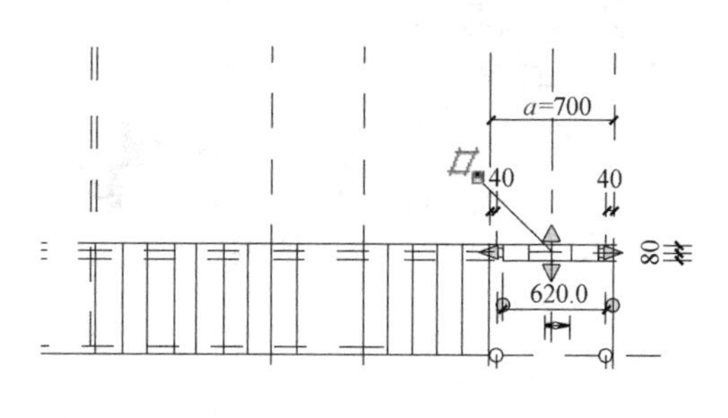

图 7.77 挡板平面视图

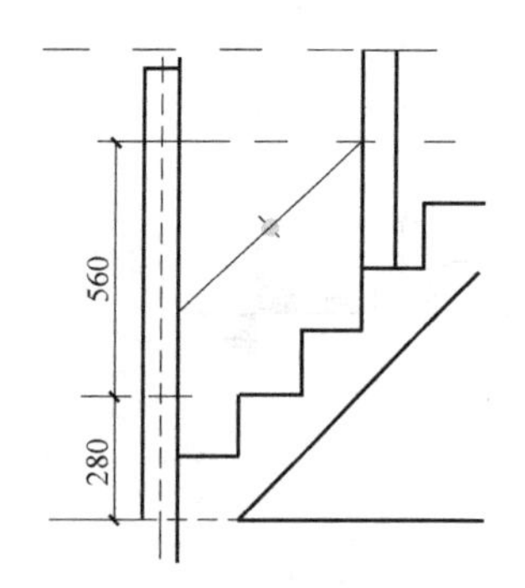

图 7.78 直梯扶手放样操作

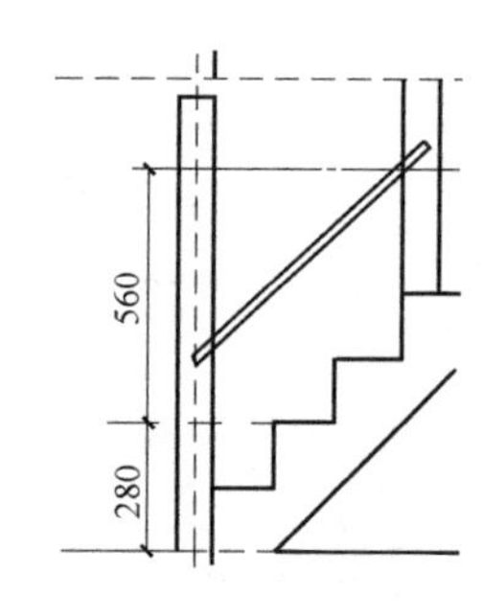

图 7.79 直梯扶手模型

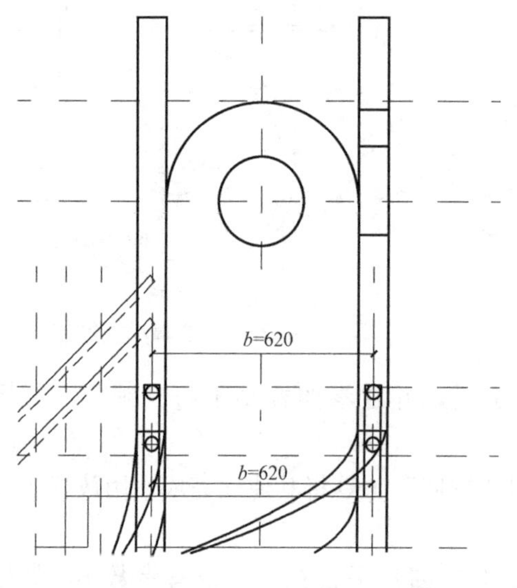

图 7.80 平台扶手模型建立

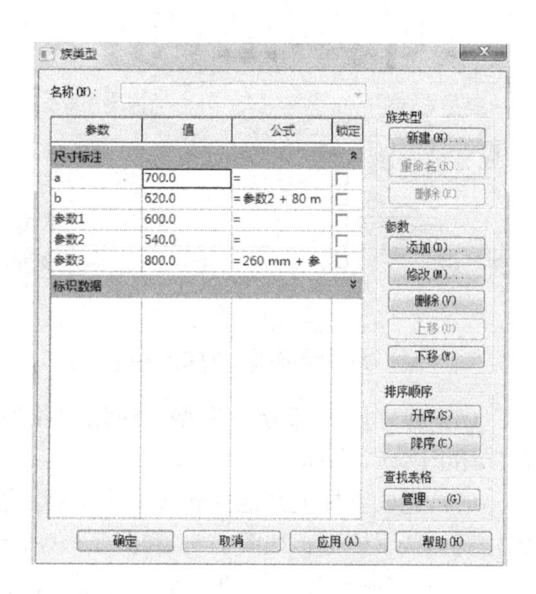

参数	值	公式	锁定
尺寸标注			
a	700.0	=	
b	620.0	=参数2 + 80 m	
参数1	600.0	=	
参数2	540.0	=	
参数3	800.0	=260 mm + 参	
标识数据			

图 7.81 参数 b 设置

7.3 结构族

7.3.1 结构构件族

建立一个结构异形柱族。三维视图与尺寸如图 7.82 所示，柱高 3m。

操作步骤如下。

(1) 新建族，选择“公制结构柱”族样板文件。

(2) 绘制如图 7.83 所示的参照平面，并进行尺寸标注。

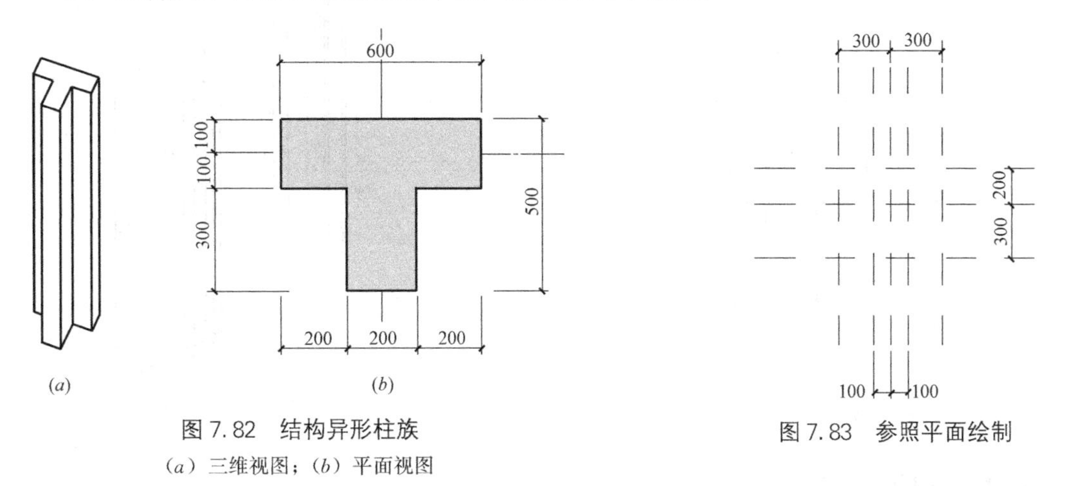

图 7.82 结构异形柱族

(a) 三维视图；(b) 平面视图

图 7.83 参照平面绘制

(3) 创建等分标注。选择尺寸标注，单击中间的“EQ”标志，使尺寸标注显示为“EQ”，并绘制总尺寸，代表二者等分总尺寸，如图 7.84 所示。

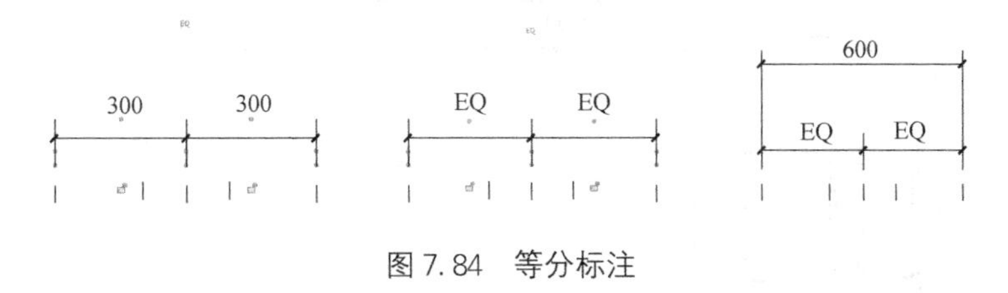

图 7.84 等分标注

(4) 创建类型参数。选择上图的“600”尺寸标注。单击状态栏的“标签”按钮，选择“添加参数”。在弹出的“参数属性”对话框中，将参数名称命名为“长边宽度”，并选择为“类型”，代表该参数为类型参数。并以同样的方法，创建其他参数，如图 7.85 所示。

(5) 创建拉伸。单击“创建”选项卡中的“拉伸”按钮，使用“直线”方式绘制如图 7.86 所示的草图。

(6) 进入立面视图，将上下边缘对齐锁定在两个标高上，保证该族导入到项目中后高度准确。

(7) 将模型导入项目中，对柱的“短边厚度和”和“长边宽度”进行参数的调整，如异形柱发生了相应的改变，就证明参数是正确且有效的。三维效果如图 7.87 所示。

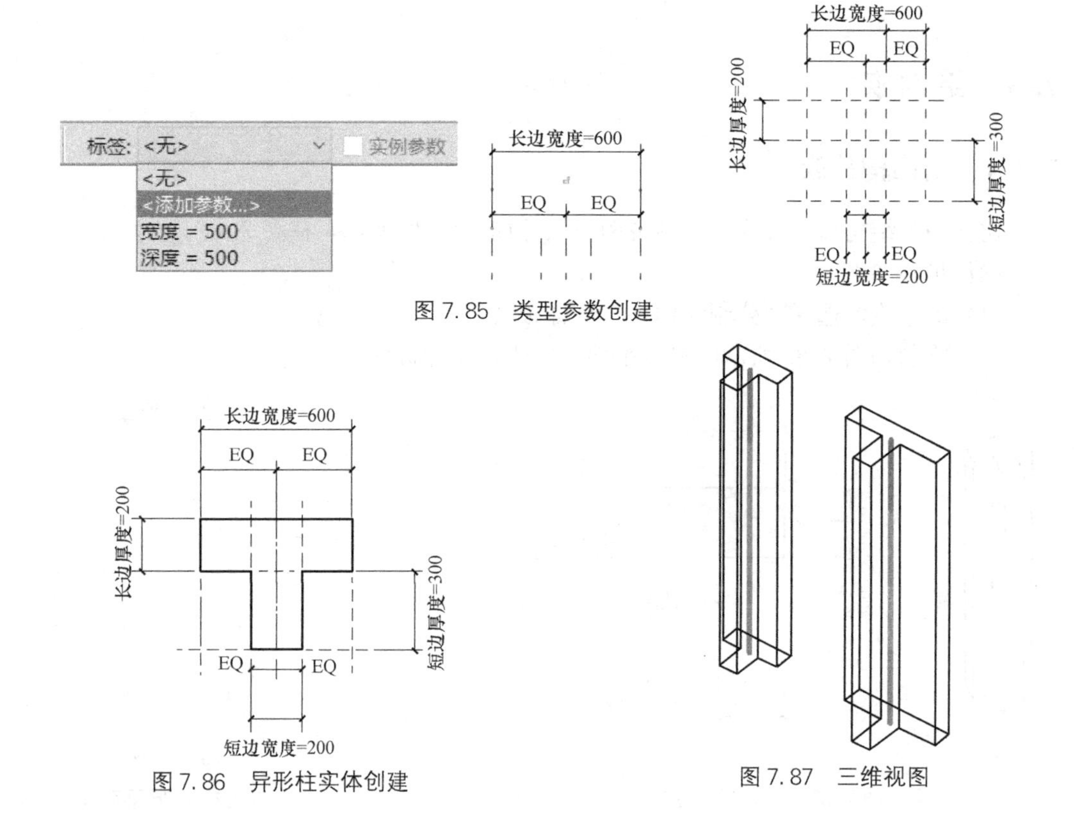

图 7.85 类型参数创建

图 7.86 异形柱实体创建

图 7.87 三维视图

7.3.2 结构基础族

创建如图 7.88 所示的桩基及承台族。主塔承台为长方体，长 26m，宽 17.5m，高

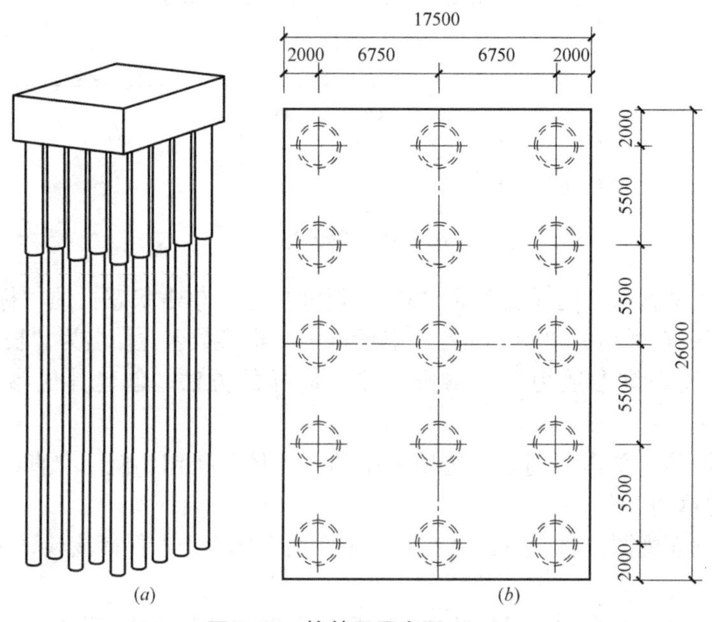

图 7.88 桩基及承台图（一）

（a）三维视图；（b）平面视图

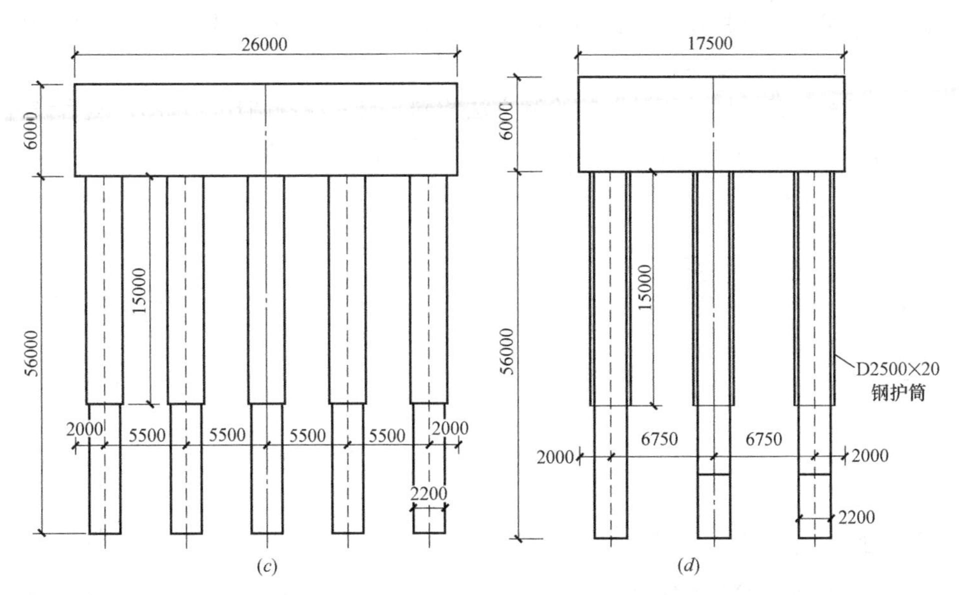

(c)　　　(d)

图 7.88　桩基及承台图（二）

（c）前视图；（d）右视图

6m。桩基为圆柱形，直径 2.25m，高 56m。桩基外有钢套筒，为圆环形，外直径为 2.5m，内直径为 2.25m，高 15m。

操作步骤：

（1）新建族，选择“公制结构基础”按钮。

（2）创建参照平面，尺寸如图 7.89 所示。

（3）创建承台。使用“拉伸”命令，在参照平面上绘制承台的草图，如图 7.90 所示。并设置拉伸起点为“56000”，拉伸终点为“62000”。

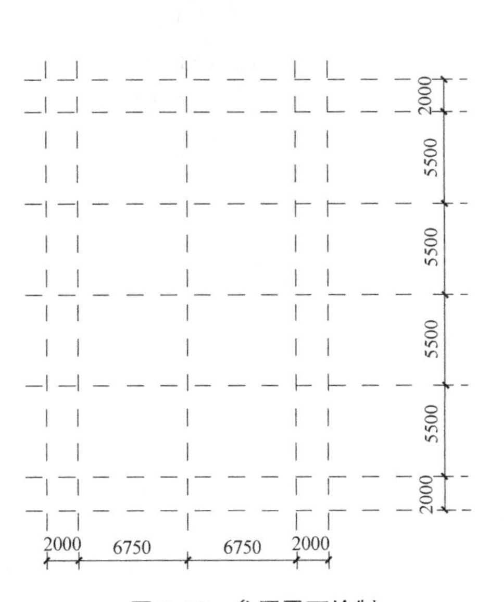

图 7.89　参照平面绘制

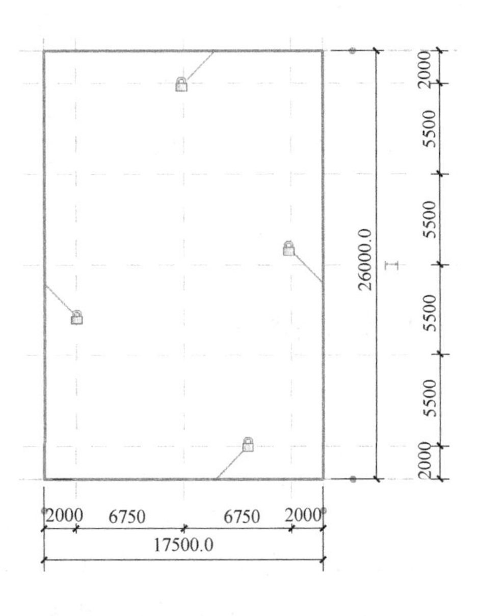

图 7.90　承台草图

（4）创建桩基。同样使用“拉伸”命令，绘制如图 7.91 所示的圆形。设置限制条件，拉伸起点为“0”，拉伸终点为“56000”。

（5）绘制钢护筒。同“桩基”的绘制方法相同，首先绘制圆环的草图，然后设置拉伸起点为“41000”，拉伸终点为“56000”。三维效果如图 7.92 所示。

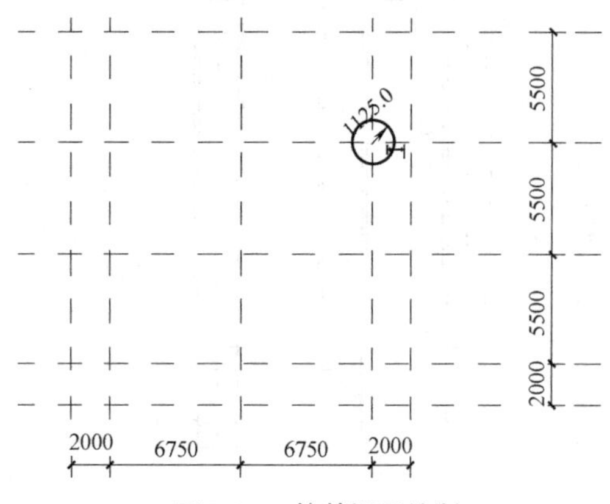

图 7.91 桩基视图绘制

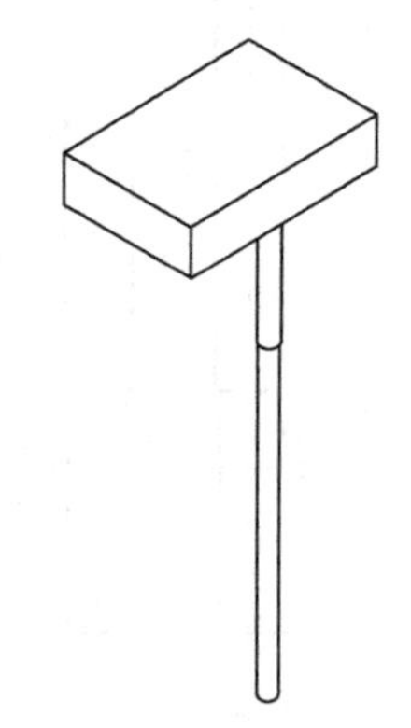
图 7.92 当前步骤后的三维视图

（6）复制桩基及钢护筒。进入三维视图，选中已绘制的承台及钢护筒，然后进入“参照标高”平面视图进行复制。选择“复制”命令，并勾选状态栏中的“约束”和“多个”。如图 7.93 所示，依次复制。最终三维效果如图 7.94 所示。

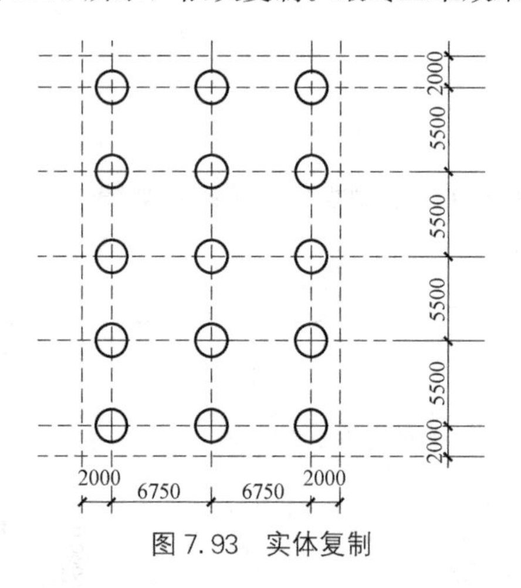

图 7.93 实体复制

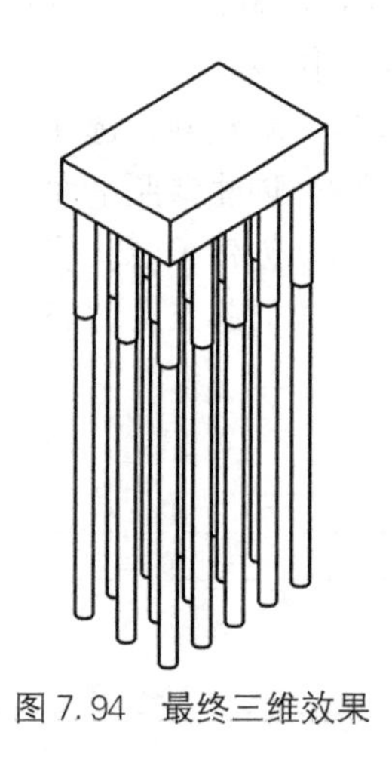
图 7.94 最终三维效果

7.3.3 钢筋形状族

建立一个“U 形箍筋”钢筋形状族，尺寸如图 7.95 所示。

操作步骤如下：

（1）创建族，选择“钢筋形状”样板。

（2）关闭“多平面”按钮（软件默认“多平面”按钮是打开的）。由于此钢筋形状为单平面形状，故关闭“多平面”按钮，如图 7.96 所示。

（3）创建参照平面。单击“创建”选项卡中的“参照”按钮，进入“修改丨放置 参照线”选项卡，如图 7.97 所示，建立的参照平面如图 7.98 所示。

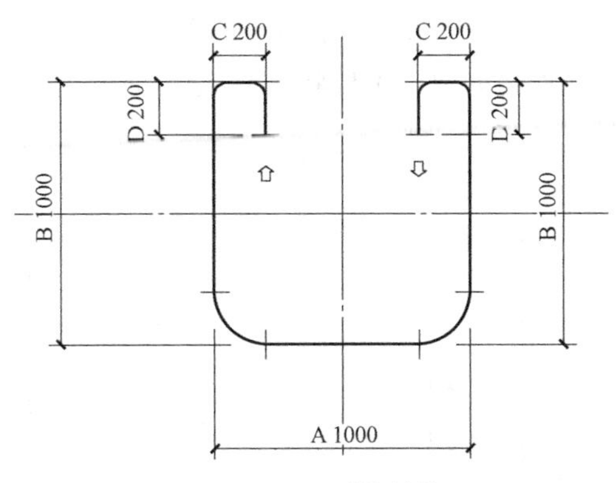

图 7.95　U形箍筋族

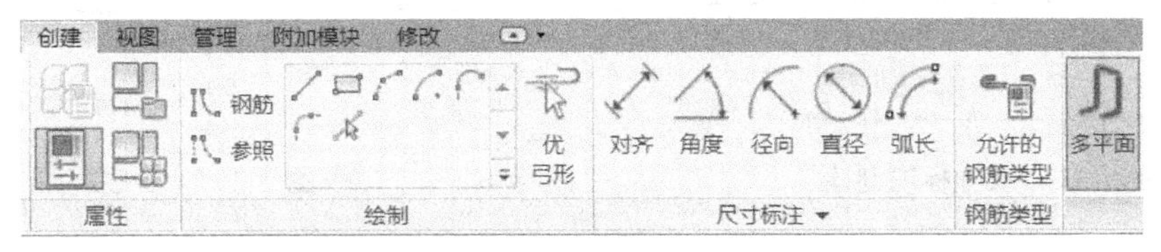

图 7.96　“多平面”按钮

(4) 创建钢筋形状。绘制如图 7.99 所示的钢筋形状。

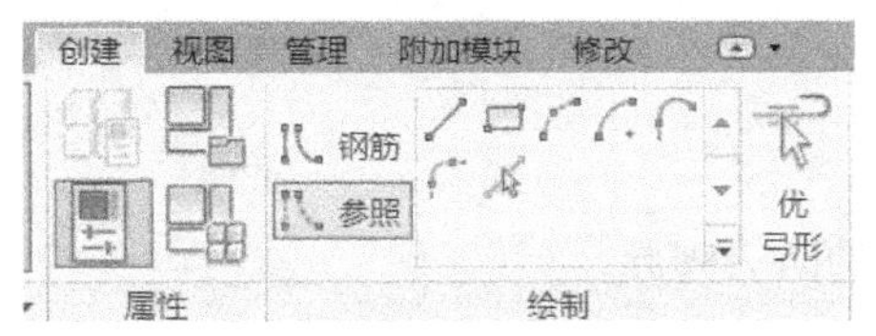

图 7.97　修改放置参照状态

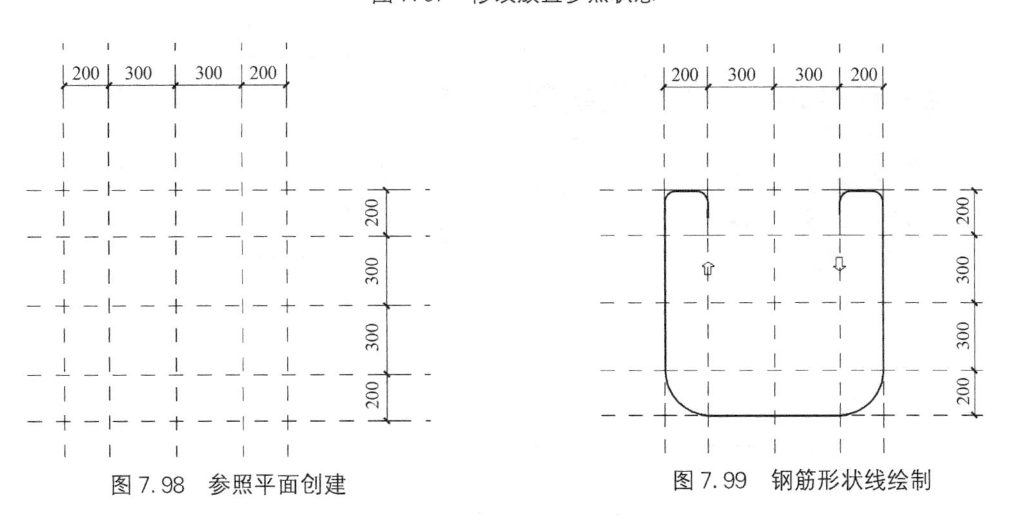

图 7.98　参照平面创建

图 7.99　钢筋形状线绘制

(5) 对绘制的钢筋形状进行尺寸标记，注意标记的两端要选择钢筋，而非参照线，如图 7.100 所示。

(6) 对尺寸标记添加参数。选中尺寸标记，单击状态栏中的“标签”按钮，选择合适的标签即可。

单击“修改”选项卡中的“族类型”。在弹出的“钢筋形状参数”对话框中，为我们应用的A、B、C、D四个参数赋值，如图7.101所示。

至此就完成了钢筋形状族的创建，可以将其载入到项目，并在项目的钢筋形状浏览器中查看选择。

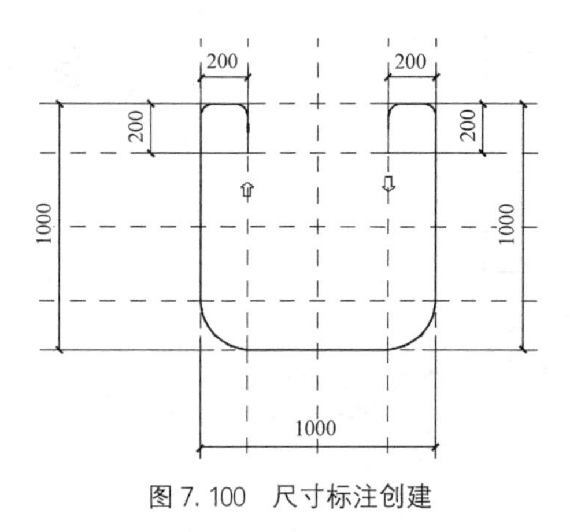

图7.100 尺寸标注创建

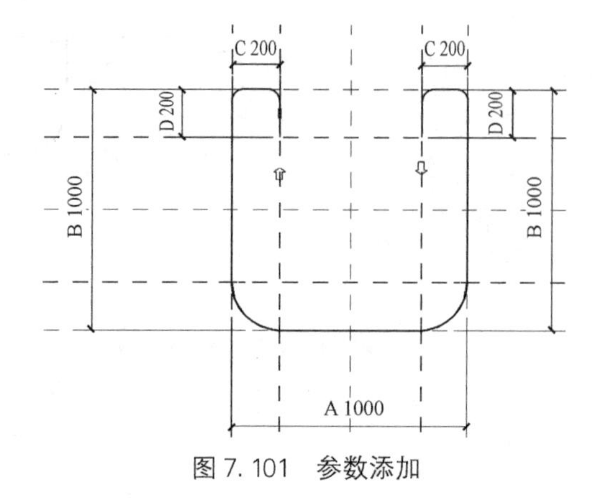

图7.101 参数添加

7.4 设备族

7.4.1 消防设备族

建立如图7.102所示的防火阀族。

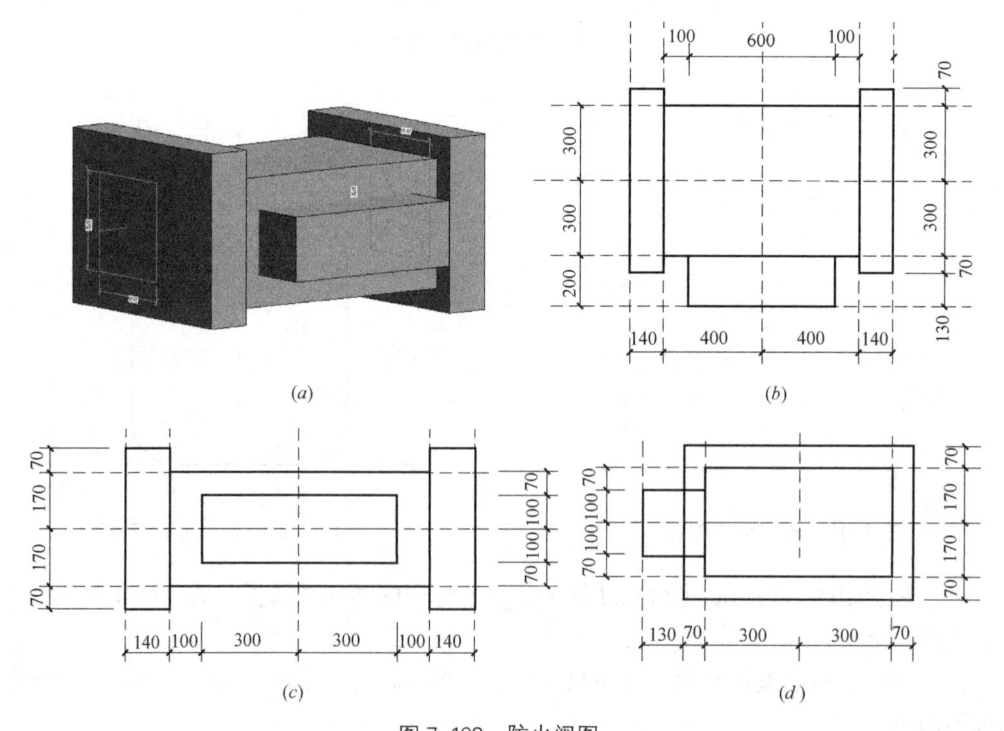

图7.102 防火阀图

(a) 三维视图；(b) 平面视图；(c) 前视图；(d) 右视图

1. 族样板文件的选择

新建族文件，选择“公制常规模型.rft”样板文件，单击“打开”按钮，如图7.103所示。

2. 修改族类别

单击“属性”面板中的“族类别与族参数”按钮，在族类别中选择“风管附件”，“零件类型”修改为“插入”，如图7.104所示。

图7.103　族样板选项

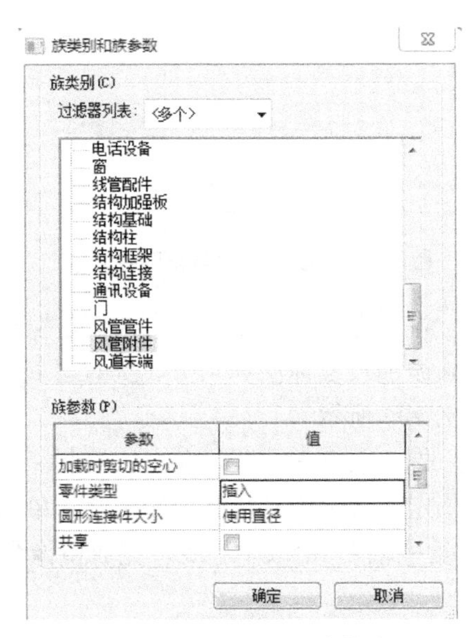

图7.104　族类别和族参数选项

3. 族轮廓的绘制及参数设置

进入左立面视图，如图7.105所示绘制四条参照平面，并对参照平面进行尺寸标注，单击EQ平分参数将中间的尺寸进行平分。

选中中间的尺寸标注，单击选项栏“标签”中的“添加参数”，在“参数属性”对话框中的名称下输入“风管宽度”，“参数分组方式”选择“尺寸标注”，然后单击确定完成，如图7.106所示。

进入前立面，绘制参照平面，添加尺寸标注和均分。单击“创建”选项卡“形状”面

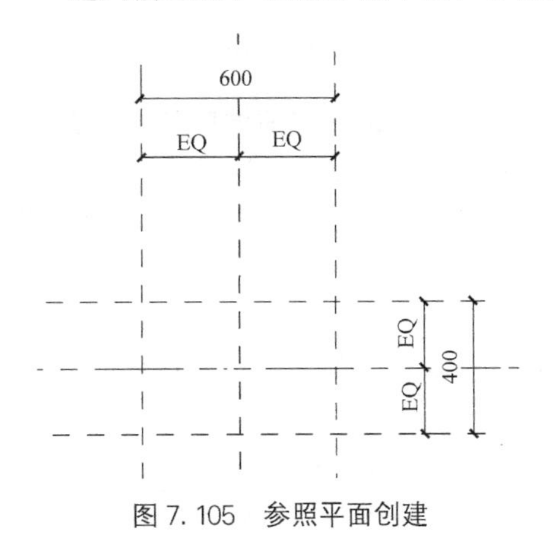

图7.105　参照平面创建

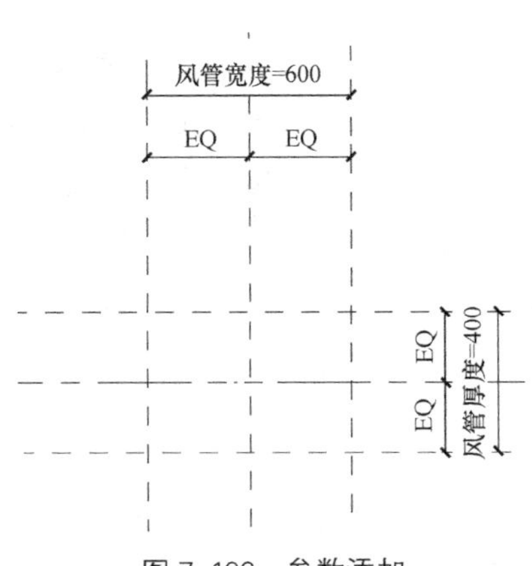

图7.106　参数添加

板下的“拉伸”命令，绘制矩形轮廓，单击“完成”按钮完成拉伸，如图 7.107 所示。

进入参照平面视图，在下方绘制一条参照平面，添加尺寸标注，将刚刚绘制的实体拉伸几何图形与参照平面锁定，如图 7.108 所示。

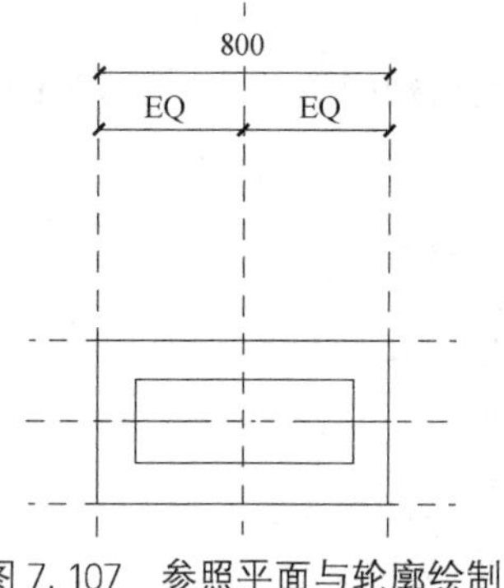

图 7.107 参照平面与轮廓绘制

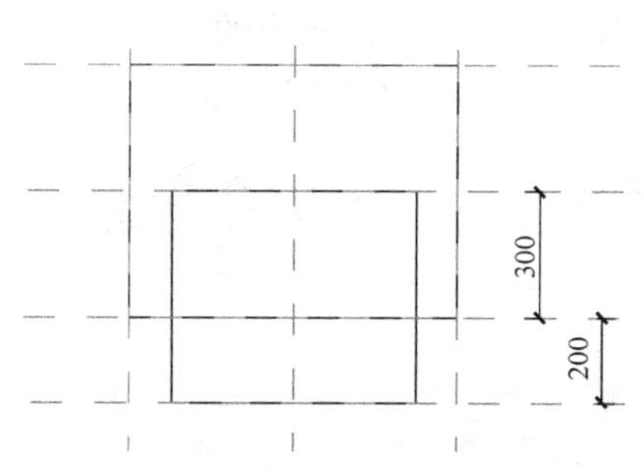

图 7.108 实体与参照平面锁定

进入左立面视图，单击“创建”选项卡“形状”面板下的“拉伸”命令，绘制矩形轮廓，添加尺寸标注和均分，为尺寸标准定义实例参数，单击“完成”按钮完成拉伸，如图 7.109 所示。

进入前立面视图，在右侧绘制一条参照平面，将刚绘制的实体拉伸几何图形与参照平面锁定，选定刚刚绘制好的法兰，单击“修改 | 选择多个”选项卡“修改”面板中的“镜像-拾取轴”，拾取中心线，完成镜像命令，如图 7.110 和图 7.111 所示。

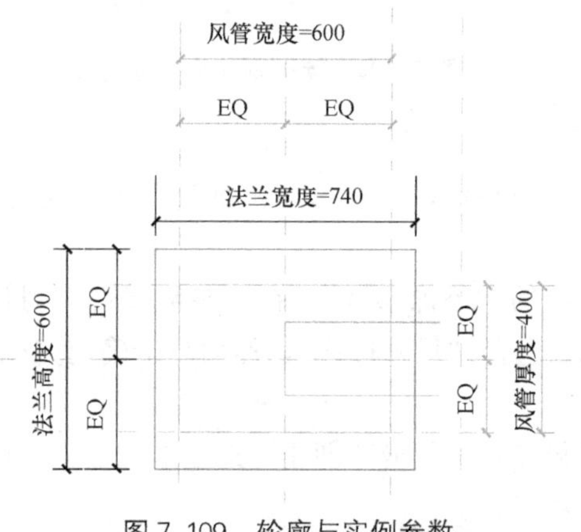

图 7.109 轮廓与实例参数

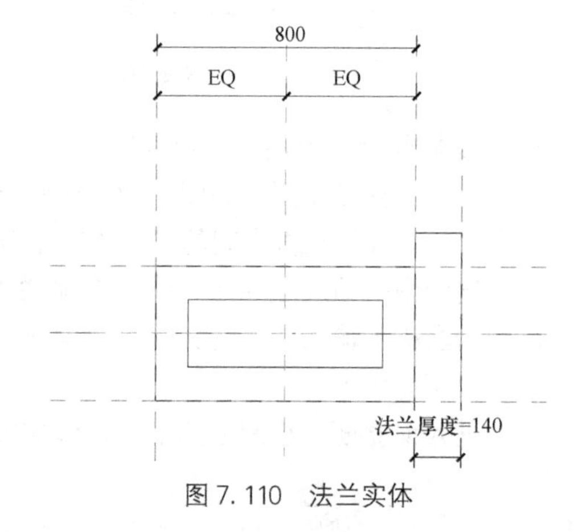

图 7.110 法兰实体

单击“创建”选项卡“属性”面板下的“族类型”，在弹出的对话框中“法兰宽度”参数后的公式栏编辑公式“＝风管宽度＋140”，并以同样的方法在“法兰高度”后的公式栏编辑公式“＝风管厚度＋140”，如图 7.112 所示。此操作能保证法兰的宽度和高度可以随着风管宽厚度的改变而改变。

4. 添加连接件

进入默认三维视图，单击“创建”选项卡“连接件”面板下的“风管连接件”，利用 Tab 键选择所需添加连接件的面逐一添加，如图 7.113 所示。

选中连接件，单击属性栏“尺寸标注”分组下“高度”后边的▯按钮（图 7.114），在弹出的“关联族参数”对话框中，选择“风管厚度”，完成关联。然后以同样的方法，

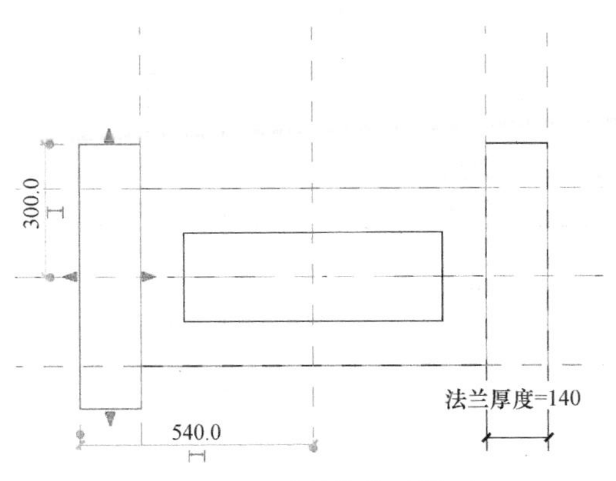

图 7.111 法兰镜像后模型

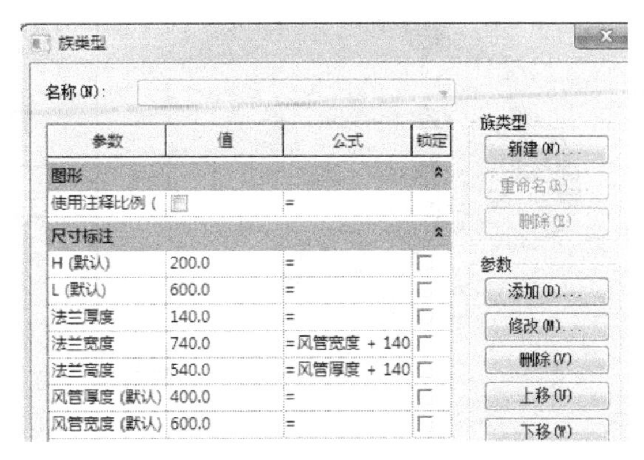

图 7.112 参数计算与公式编辑

将“宽度”与“风管宽度”关联，如图 7.115 和图 7.116 所示。

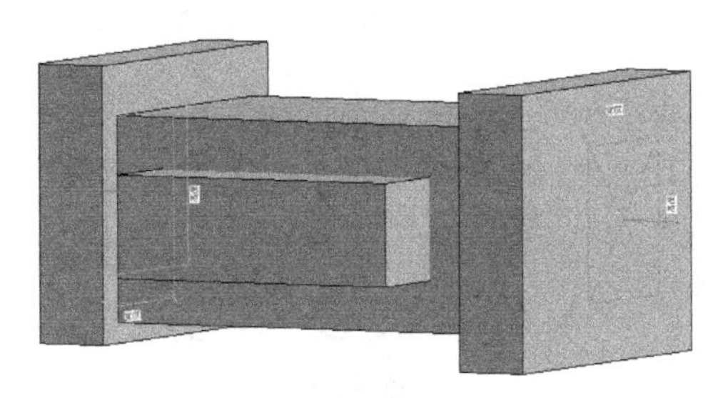

图 7.113 风管连接件添加

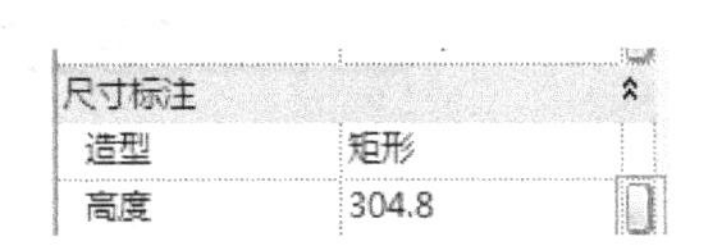

图 7.114 关联族参数

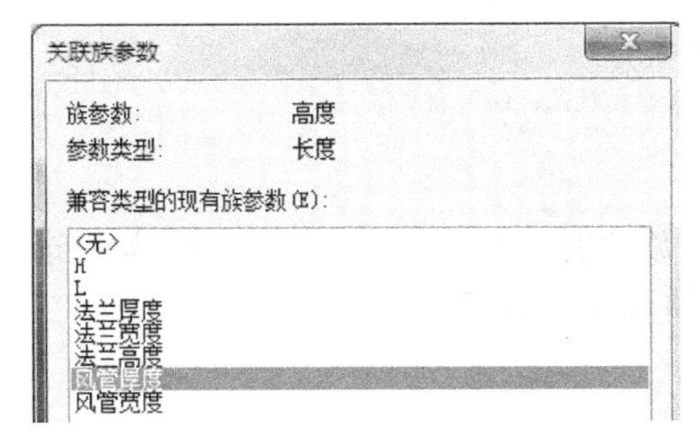

图 7.115 风管厚度参数关联

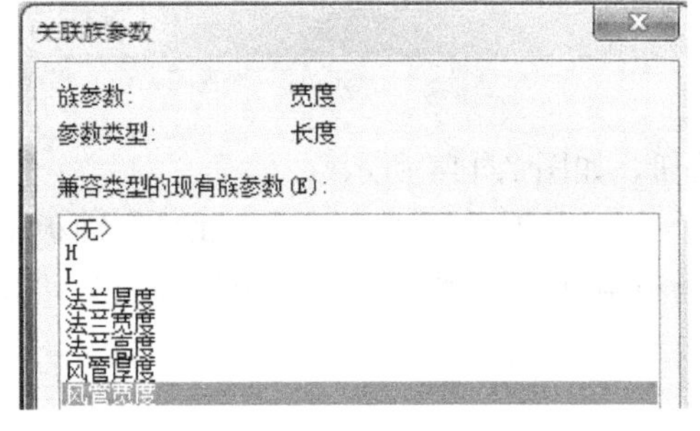

图 7.116 风管宽度参数关联

5. 载入项目测试

将族另存为“矩形防火阀”，然后单击“族编辑器”面板下的“载入到项目中”按钮。

在项目中绘制一根主风管，再单击“系统”选项卡“HVAC”面板下的“风管附件”命令，选择刚载入的族添加到项目中，如果管径随着主风管的尺寸变化而改变，则表明该族可以在项目中正常使用。

7.4.2 水设备族

建立如图 7.117 所示的闸阀族。

(1) 族样板文件的选择。打开样板文件，单击“新建”菜单中的“族”按钮。在弹出的“新族-选择样板文件”对话框中，选择“公制常规模型.rft”样板文件，单击“打开”

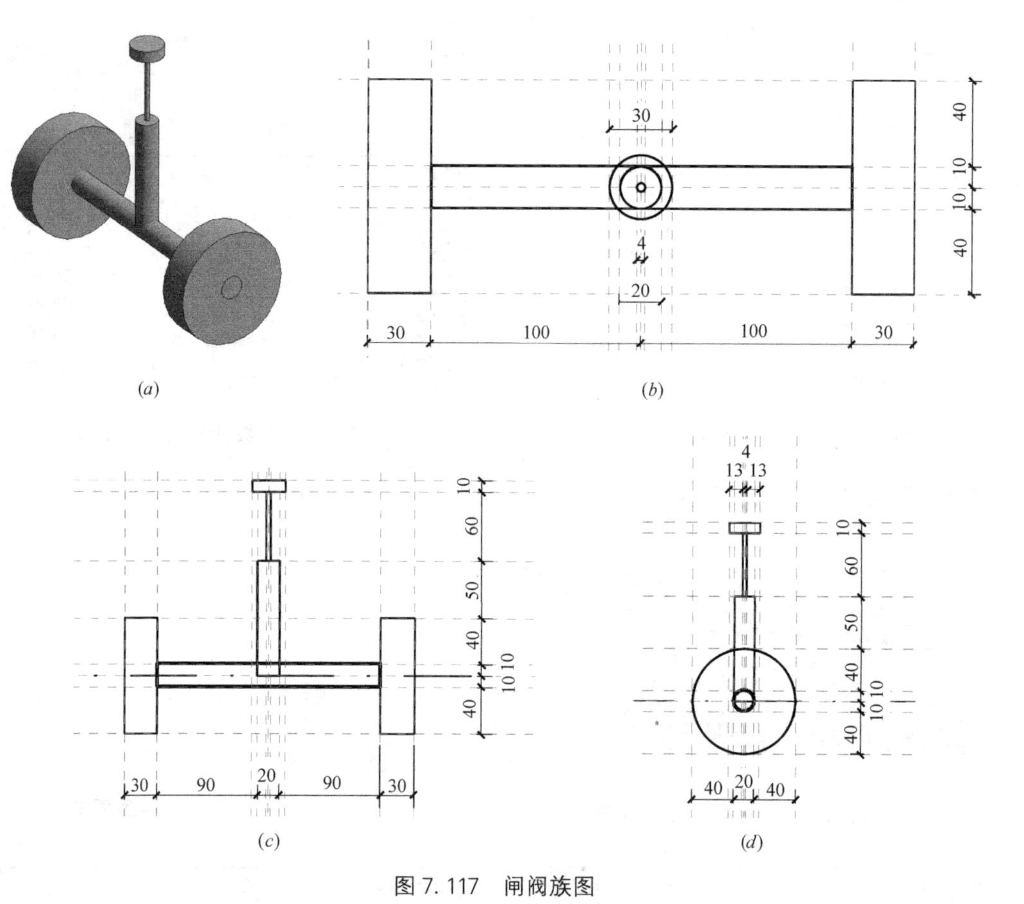

图 7.117 闸阀族图

(a) 三维视图；(b) 平面视图；(c) 前视图；(d) 右视图

按钮，如图 7.118 所示。

(2) 修改族类别。单击“属性”面板中的“族类别与族参数”按钮，在族类别中选择“管道附件”，并将“零件类型”修改为“阀门-插入”，如图 7.119 所示。

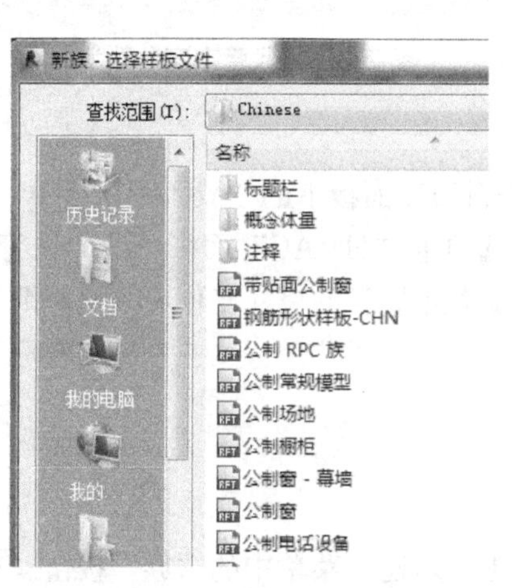

图 7.118 族文件样板

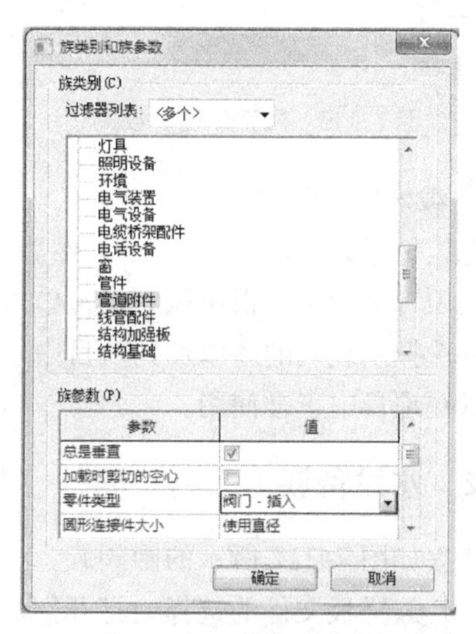

图 7.119 族类别修改

(3) 族轮廓的绘制及参数设置。进入参照标高视图，如图 7.120 所示绘制四条参照平面，并对参照平面进行尺寸标注。单击 EQ 平分参数将中间的尺寸进行平分，选中中间的尺寸标注，然后单击选项栏中“标签”下拉箭头中的“添加参数”。在“参数属性”对话框中的名称下输入“阀体中间长度”，“参数分组方式”选择“尺寸标注”，选择“实例”，并单击确定完成。随后以同样的方法为两侧的尺寸添加参数，添加“法兰片厚度”实例参数，如图 7.121 所示。

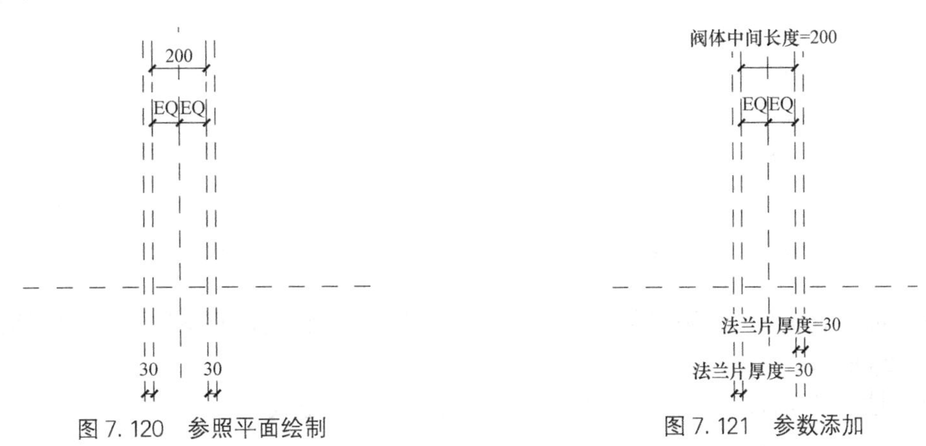

图 7.120 参照平面绘制

图 7.121 参数添加

进入右立面视图，单击“创建”选项卡中“形状”面板下的“拉伸”命令，绘制一个圆形线框。选择线框，勾选属性栏中的“中心标记可见”，并将草图线分别与水平和垂直的两条参照平面对齐锁定，如图 7.122 和图 7.123 所示。

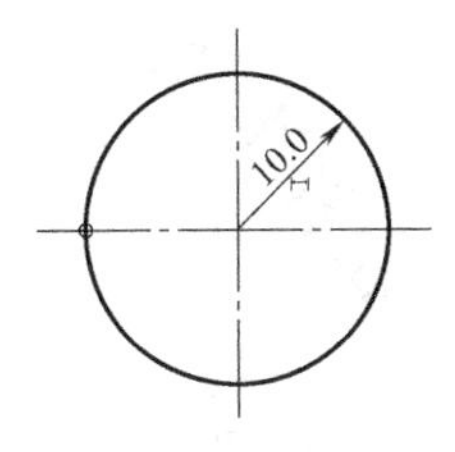

图 7.122 圆形线框

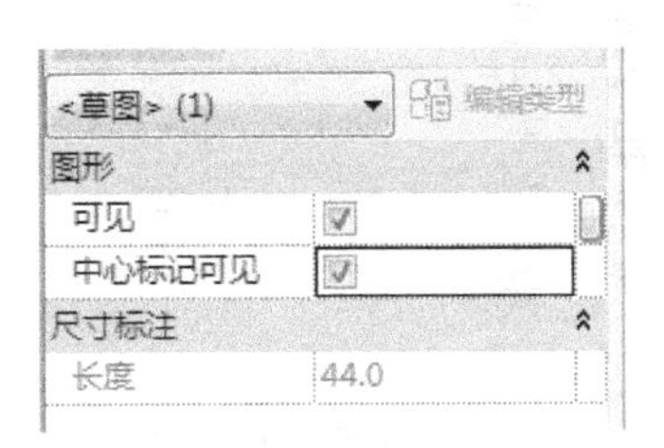

图 7.123 中心标记可见设置

选中草图线，单击⊢⊣将尺寸标注变成永久尺寸标注，选中尺寸标注，添加“公称半径”实例参数，单击鼠标左键完成拉伸，如图 7.124 所示。

进入参照标高视图，将上一步拉伸模型的轮廓对齐到最外侧的两条参照平面上，如图 7.125 所示。

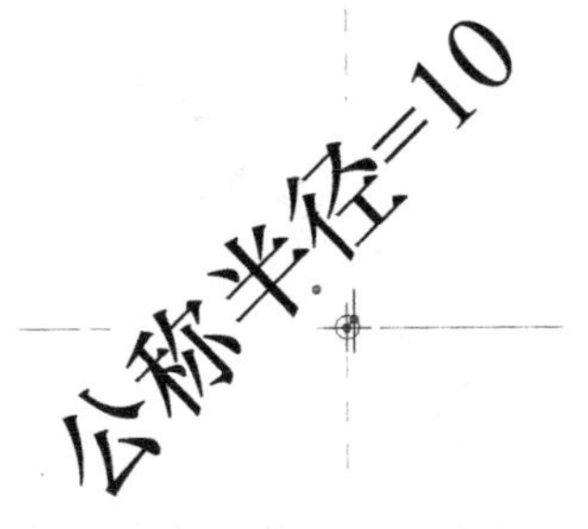

图 7.124 公称半径参数

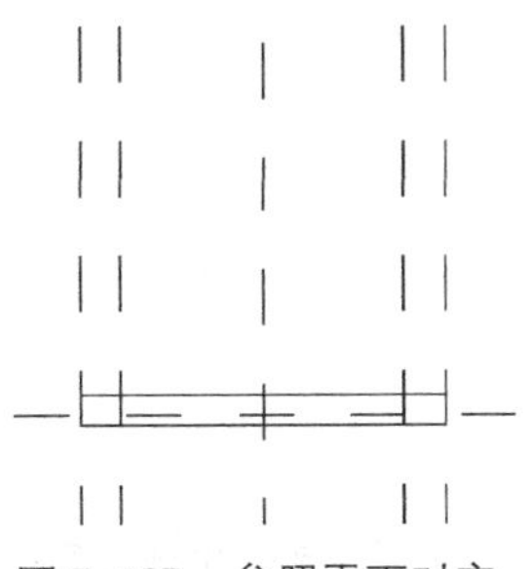

图 7.125 参照平面对齐

用相同的办法在主体两侧创建两个圆形的法兰片，并添加“法兰片半径”实例参数，如图 7.126 所示。

进入参照标高视图，将创建的法兰片对齐锁定在对应的参照面上，选定刚刚绘制好的法兰单击“修改|选择多个”选项卡“修改”面板中的“镜像-拾取轴”按钮，拾取中心线，完成镜像命令，如图 7.127 所示。

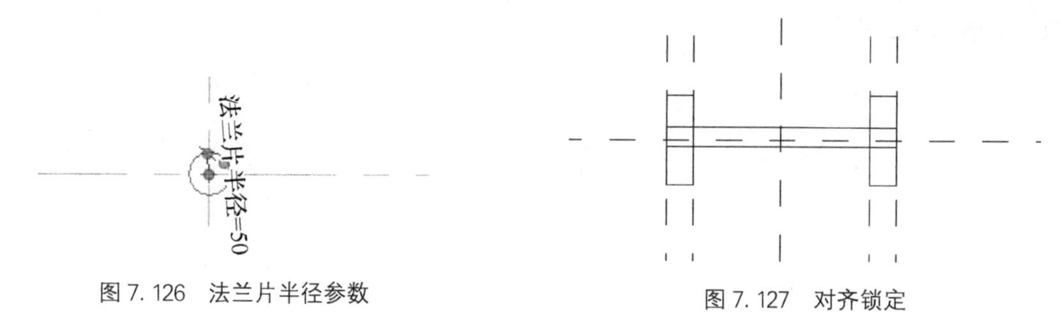

图 7.126 法兰片半径参数

图 7.127 对齐锁定

进入前立面视图，绘制三条水平参照平面，进行尺寸标注，并添加对应的实例参数，如图 7.128 所示。

进入楼层平面视图，选择“拉伸”命令，绘制一个圆形线框，与上述方法一致，并添加“粗杆半径”实例参数，如图 7.129 所示。

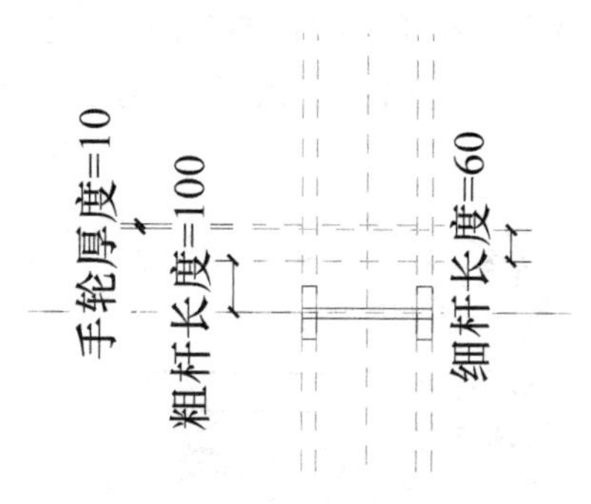

图 7.128 参照平面、标注与参数

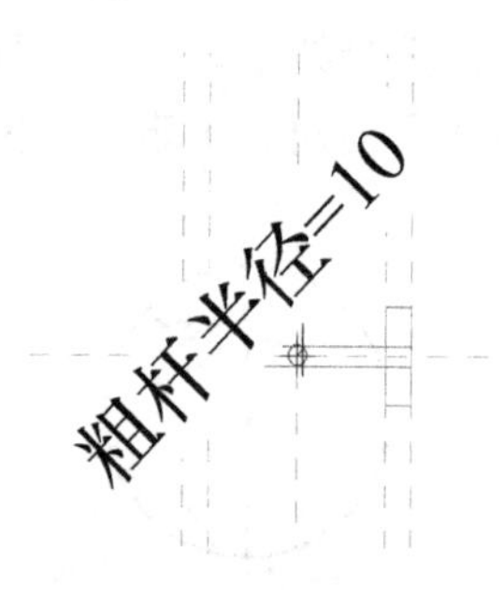

图 7.129 粗杆半径参数

再进入前立面视图，将粗杆上下段分别对齐到对应的参照平面上，如图 7.130 所示。

用相同的方法，在粗杆上方创建一个细杆并添加“细杆半径”实例参数，如图 7.131 所示。

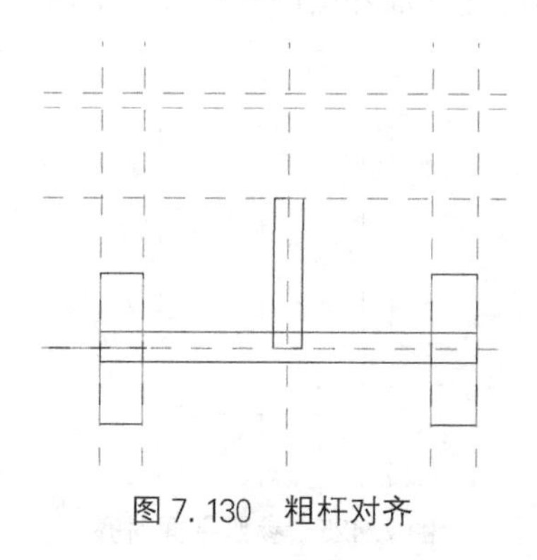

图 7.130 粗杆对齐

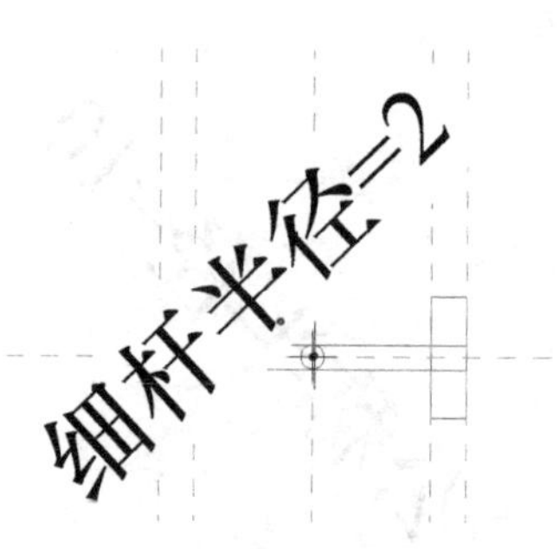

图 7.131 细杆半径参数

用同样的方法，在细杆上创建一个手轮并添加“手轮半径”实例参数，如图 7.132 和图 7.133 所示。

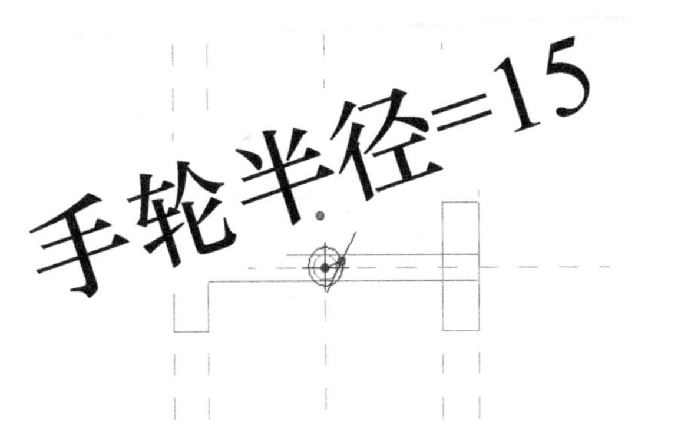

图 7.132 手轮半径参数

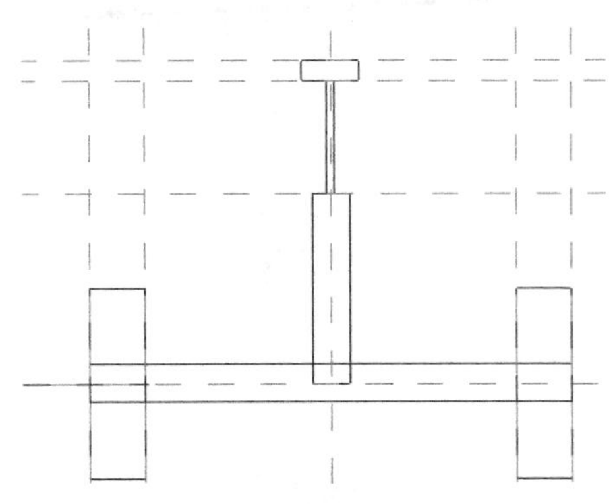

图 7.133 细杆手轮对齐

单击“创建”选项卡“属性”面板下的“族类型”按钮，然后单击右侧“参数”下的“添加”，添加一个实例参数，将其命名为“公称直径”，并为其他参数添加公式，如图 7.134 所示。

（4）添加管道连接件。进入默认三维视图，单击“创建”选项卡“连接件”面板下的“管道连接件”按钮，拾取法兰片上闸阀主体的位置放置管道连接件，如图 7.135 所示。选中连接件，单击属性栏“尺寸标注”分组下“直径”后的按钮，在弹出的“关联族参数”对话框中，选择“公称直径”，完成管口直径的关联，如图 7.136 所示。使用同样的方法对另一侧管口直径进行关联。

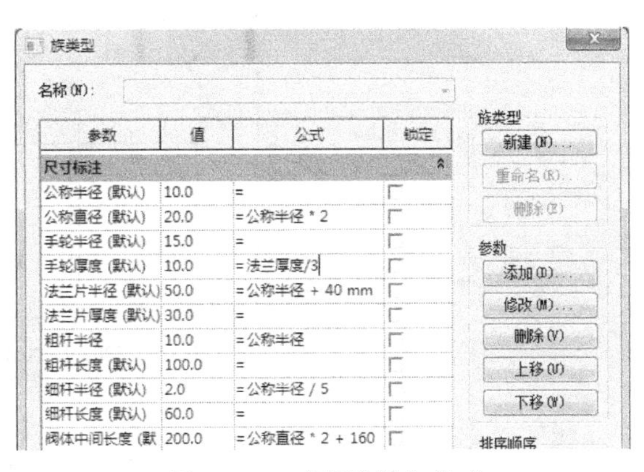

图 7.134 实例参数与公式

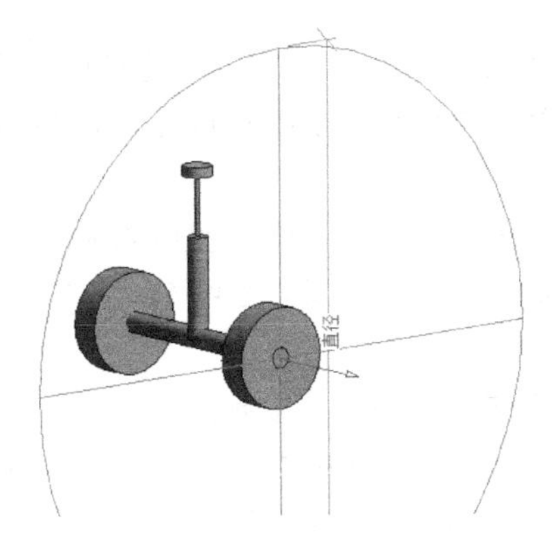

图 7.135 放置管道连接件

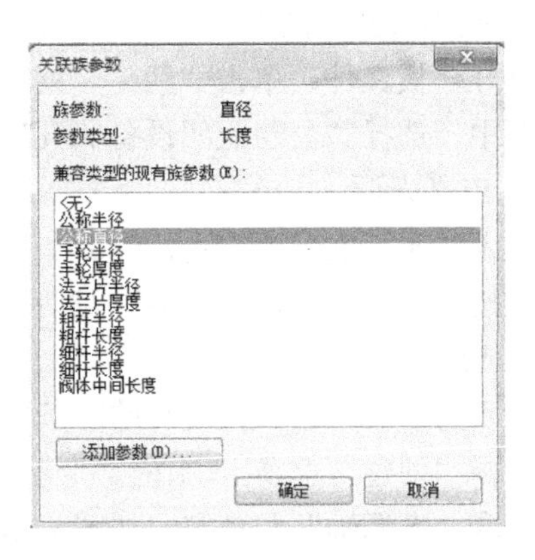

图 7.136 关联主参数

7.4.3　照明设备族

建立如图 7.137 所示的台灯族。

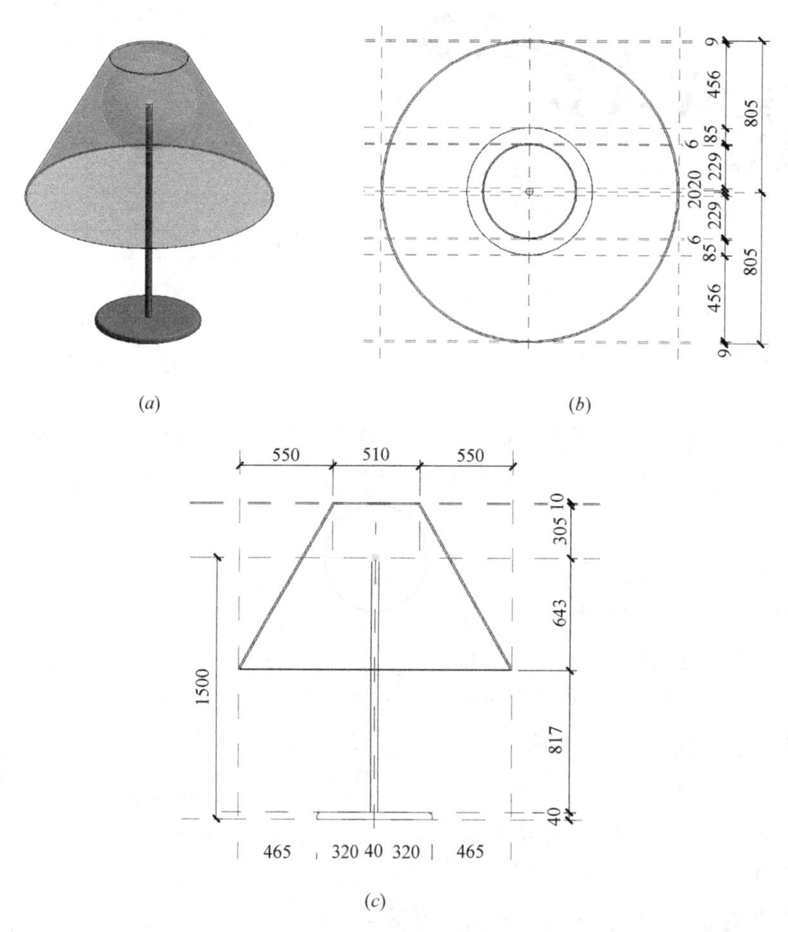

图 7.137　台灯族图

（a）三维视图；（b）平面视图；（c）前（右）视图

1. 族样板文件的选择

打开样板文件，单击“新建”菜单中的“族”按钮。在弹出的“新族-选择样板文件”对话框中，选择“公制照明设备.rft”样板文件，单击“打开”按钮，如图 7.138 所示。

2. 定义光源

进入参照平面视图，选定光源。单击属性面板中的“编辑”按钮或者功能区的“定义光源”按钮，进入“定义光源”对话框，根据需要对光源进行定义，如图 7.139 所示。

3. 绘制灯具

进入前立面视图，在现有的两条参照平面之间添加尺寸并定义参数。

选择“创建”选项卡 中的“形状”面板，单击“旋转”中的“轴线”按钮，用拾取命令拾取“光源轴”并锁定，如图 7.140 所示。绘制如图 7.141 所示的轮廓。

在属性对话框中定义材质参数，单击完成旋转，如图 7.142 所示。

图 7.138 族样板选择

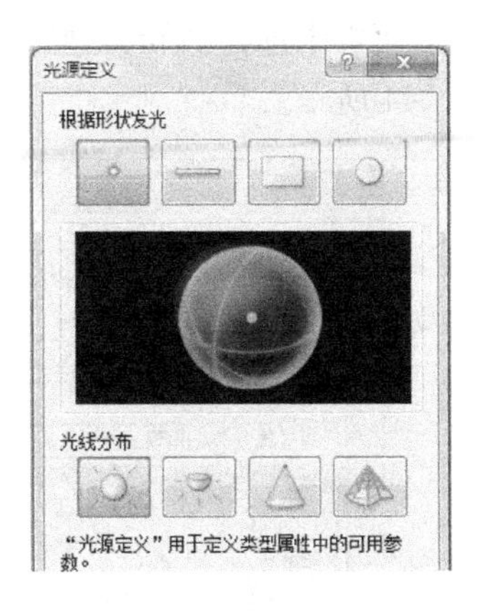

图 7.139 光源定义

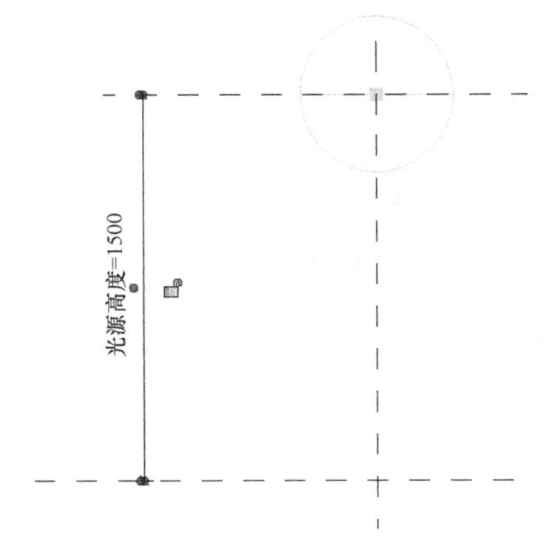

图 7.140 尺寸与参数定义

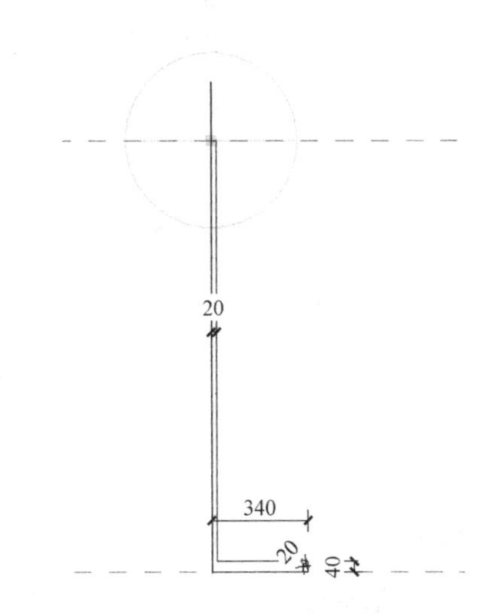

图 7.141 底座部分轮廓

在前立面视图中，按照同样的方法绘制如图 7.143 所示的轮廓，完成旋转，并定义材质参数为“灯罩材质”。

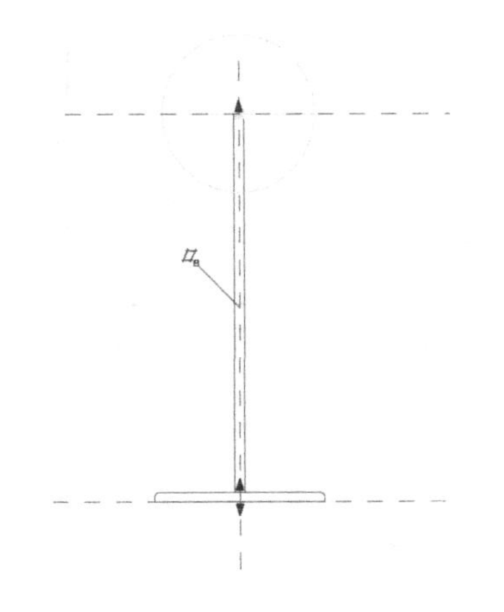

图 7.142 旋转完成底座

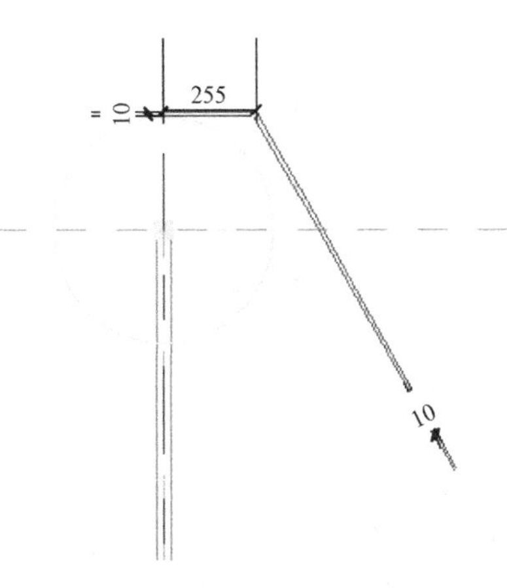

图 7.143 灯罩轮廓绘制

在“属性”面板中选择“族类型”，在弹出的“族类型”对话框中为灯罩和灯座指定材质，如图 7.144 所示。

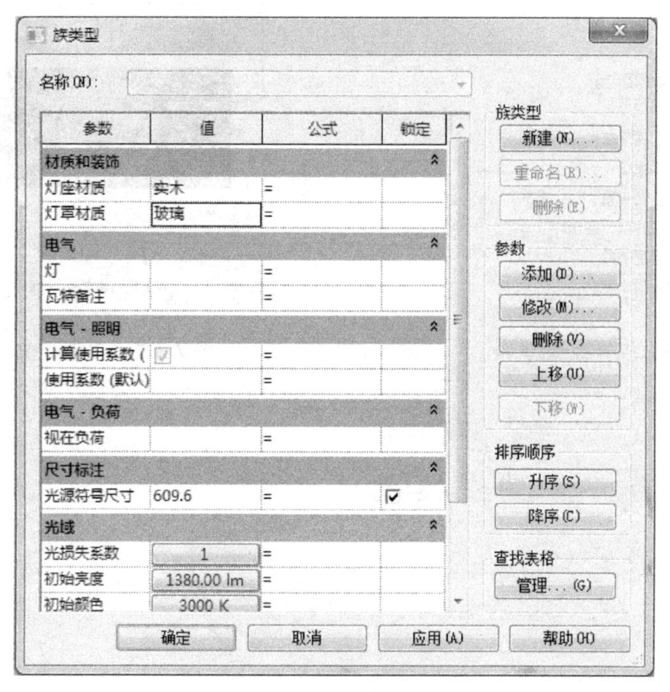

图 7.144 材质参数制定

习题

1. 根据给定的轮廓与路径，创建内建构件模型。

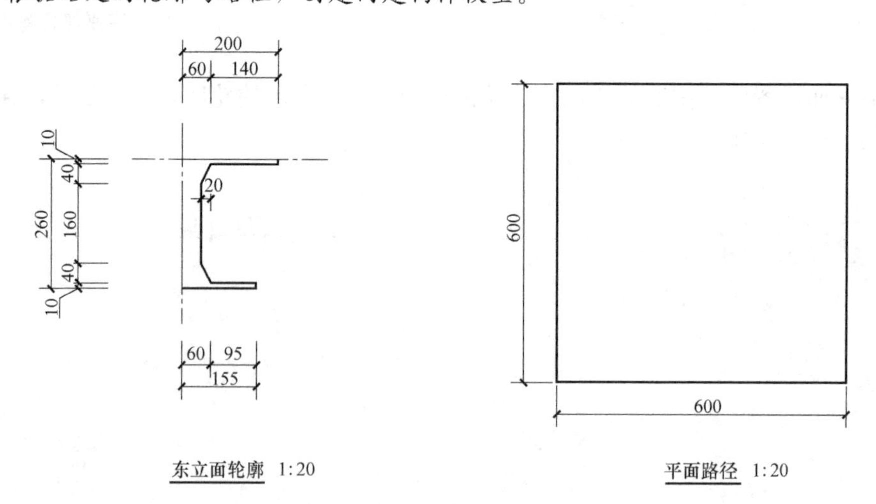

东立面轮廓 1:20　　平面路径 1:20

2. 根据给定的尺寸标注建立“百叶窗”，所有参数按图中参数名字命名，设置为类型参数，扇叶个数通过参数控制，并对窗框和百叶窗赋予合适材质，并将完成的百叶窗载入到项目中，插入任意墙面中示意。

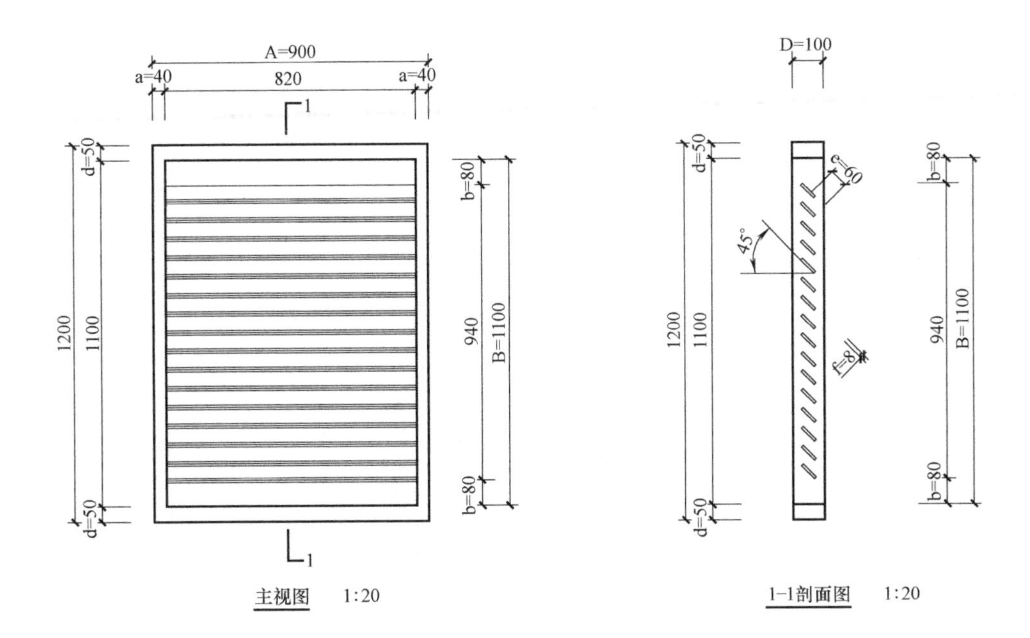

主视图 1:20

1-1剖面图 1:20

应 用 篇

第 8 章　三维出图与模型整合

图纸是施工图文档集的一个独立页面。在项目中，可创建包括平面、立面、剖面以及大样节点详图在内的各种图纸。

协作是任何建设项目成功的关键。BIM 模型能够使项目团队在协作性更强的环境下一起工作。如果能在项目开始阶段建立起一套建模和沟通的标准方法并要求项目团队遵循这套标准方法实施，那么基于 BIM 的合作就会更加简单可行。

8.1　三维出图

用户可以将项目中的多个视图或明细表布置在同一个图纸视图中，从而形成用于打印或发布的图纸。另外也可以将项目中的视图、图纸打印或导出为 CAD 格式文件，实现与其他软件的数据交换。

8.1.1　平、立、剖面图

1. 平面图

在“视图”菜单下的“创建”选项卡上，单击“平面视图”下拉菜单，可以选择楼层平面、天花板投影平面、结构平面、平面区域、面积平面等平面视图。

在建筑样板下，项目浏览器中的平面视图有两种：楼层平面和天花板平面；在结构样板下，项目浏览器中的平面视图一般只有一种结构平面；在机械样板下，项目浏览器中的平面视图分为楼层平面和天花板平面。其平面视图如图 8.1 所示。

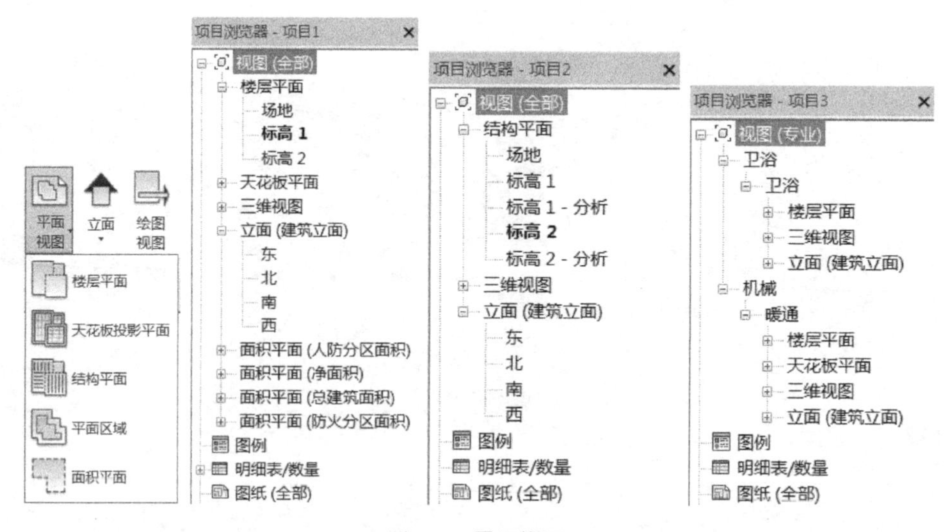

图 8.1　平面视图

(1) 可见性

以机电专业为例，当多系统管线绘制于同一文件但需单独出图时，需要控制不同系统的显示状态，可通过“可见性/图形替换”功能实现。在视图属性栏的“可见性/图形替换”中单击“编辑”按钮，或通过快捷键“VV/VG”进入“楼层平面：标高 1”的“可见性/图形替换”对话框，如图 8.2 所示。

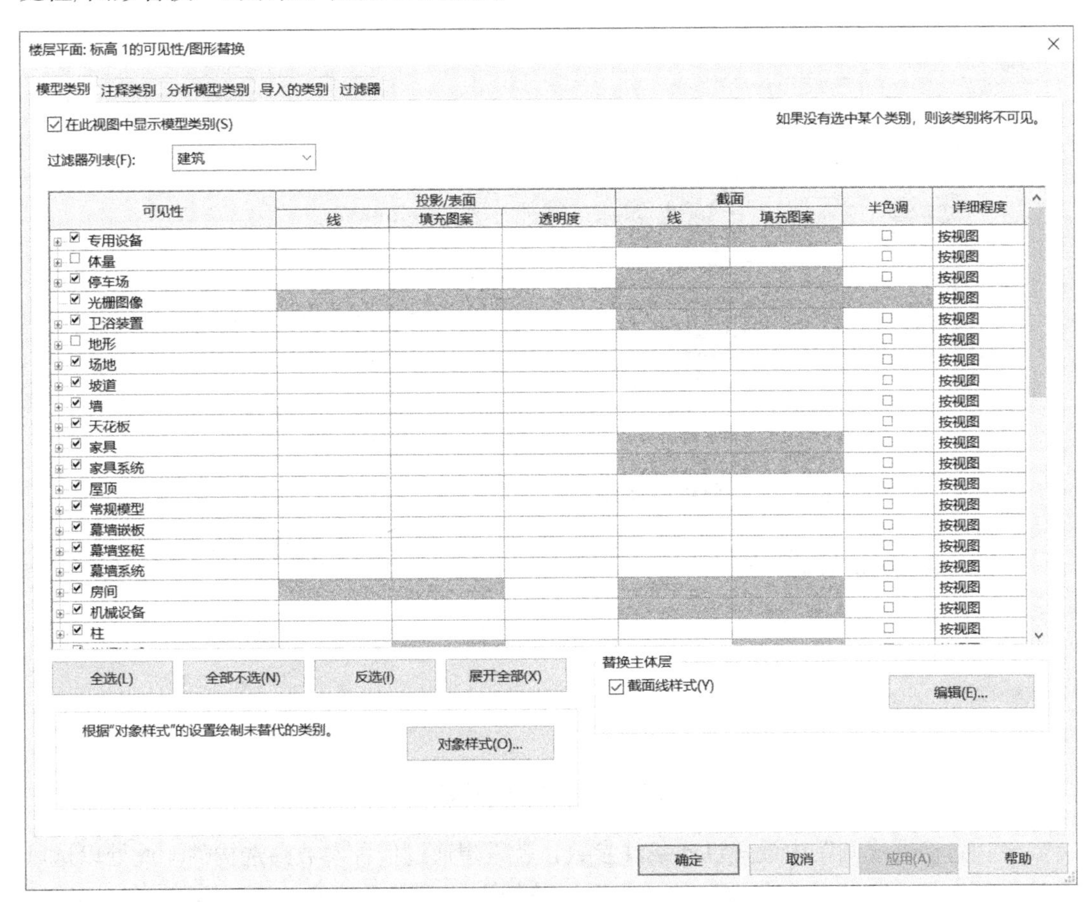

图 8.2 可见性

对话框中，“可见性”一栏控制各个构件的显示状态，勾选即为可见，取消则为隐藏。构件表现形式可在“投影/表面”、“截面”内进行调整，内容包含宽度、颜色、填充图案、半色调、透明等。已做修改的构件，单元格会显示图形预览；未作变化的构件，单元格显示为空白，图元按照“对象样式”对话框中制定的内容显示。“注释类别”选项卡用于控制注释构件的可见性及样式。“导入的类别”选项卡控制导入对象的可见性，填充、调整色调及绘制过程中各层 CAD 底图的显示可利用该功能加以管控。

(2) 过滤器

通过过滤器，可以完成图面构件筛选。单击“视图”的“可见性/图形替换”，选择“过滤器”，或快捷键“VV/VG”进入过滤器，如图 8.3 所示。

单击“新建”按钮创建新的过滤器“机械-送风”，或单击“编辑”按钮进入已有过滤器编辑界面。

在“类别”列表框中选择过滤器所要包含的一个或多个类别，如对送风系统的筛选通常包括风管、风管内衬、风管管件、风管附件、风管隔热层和风管末端。

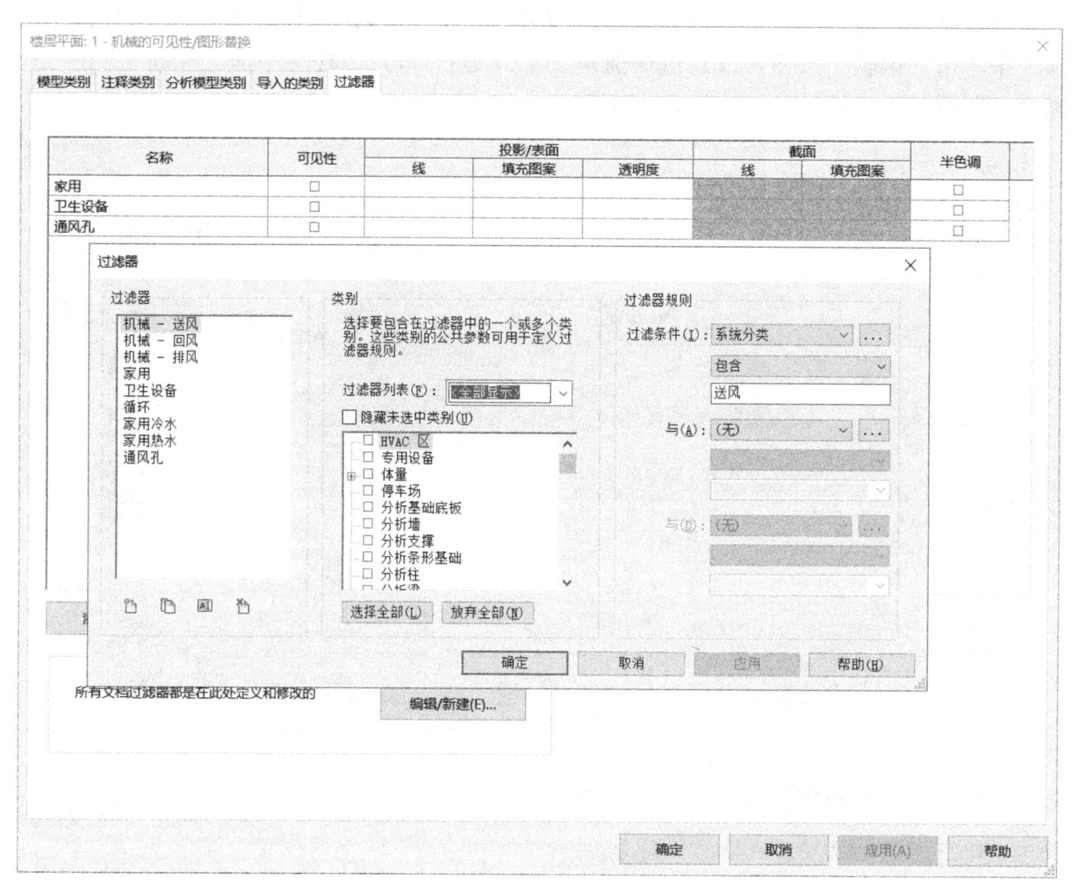

图 8.3　过滤规则设置

在“过滤器规则”中设置过滤条件参数，就是想通过何种参数筛选构件。此处以送风系统为例，可单击“系统分类”的“包含”按钮下拉菜单，选择“送风”，单击“确定”退出。该步就会将“系统分类”中包含“送风”一词的风管、风管内衬、风管管件、风管附件、风管隔热层、风管末端统一归为过滤器“机械-送风”所属。在“过滤器”选项卡单击“添加”按钮，选择刚刚新建完成的“机械-送风”，即可控制该过滤器所包含内容的可见性及表现形式等。

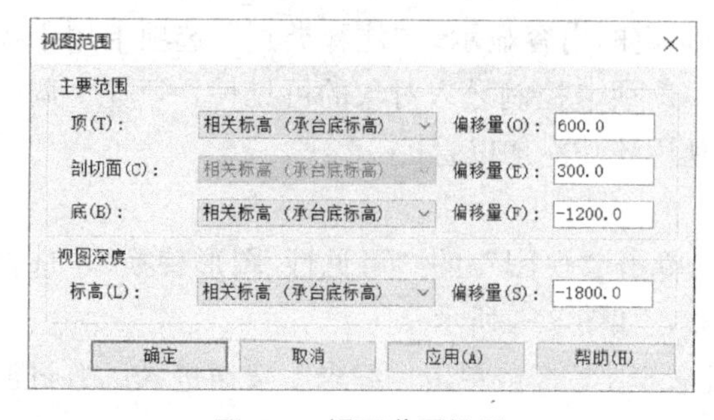

图 8.4　视图范围设置

（3）视图范围

在视图属性栏的“视图范围”中单击“编辑”按钮，进入视图范围对话框，如图 8.4 所示。在该处可完成对本层视图范围、深度的调整。这一方式相比直接裁剪视图会更加精准。

（4）图形显示选项

在属性栏“图形显示选项”一项单击

“编辑”按钮，或在视图平面激活状态下单击绘图区左下方视图控制栏中的“图形显示选项”按钮，可在“线框”、“隐藏线”、“着色”、“一致的颜色”、“真实”等选项中切换，如图 8.5 所示。

（5）详细程度

在建筑、结构、机电的图纸表达中，不同领域的图纸绘图比例是有所区别的，一般平面图按 1∶100 绘制，详图按 1∶20 至 1∶50 绘制，在上述绘图比例尺下图纸基本能表达清楚。

在楼层平面属性栏或绘图区左下方视图控制栏中，有“详细程度”选项如图 8.6 所示。其下拉菜单提供“粗略”“中等”和“精细”三种模式。通过预定义，可在不用视图比例的情况下区分表达构件信息。

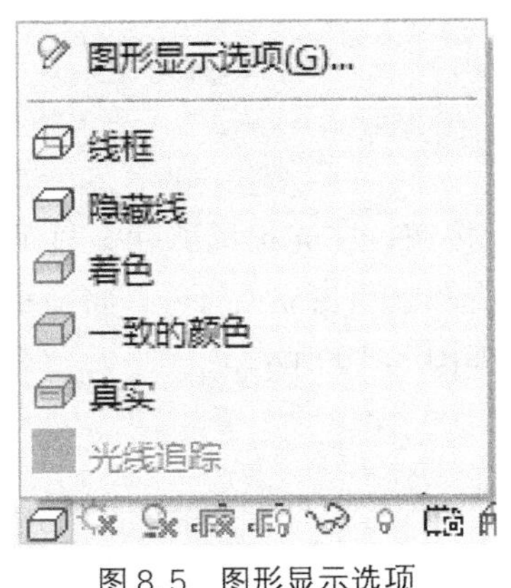

图 8.5 图形显示选项

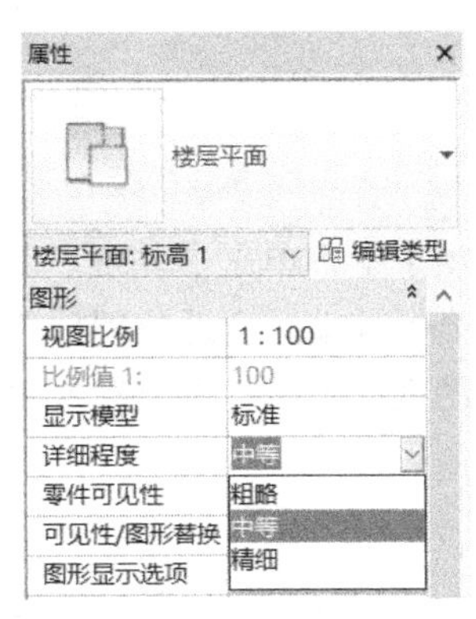

图 8.6 属性栏详细程度设置

也可在绘图区下方选择绘图的“详细程度”，如图 8.7 所示。

1 : 100

图 8.7 绘图区详细程度设置

（6）基线

基线是绘图的参照线或参照面。

以采暖系统的绘制为例，对于散热器位于本层地面、主干管位于下层吊顶的情况，建模或出图时需在本层看到下一层的干管，此时需调整“基线”。在“视图属性栏”的“基线”下拉菜单中切换设置，如图 8.8 所示。

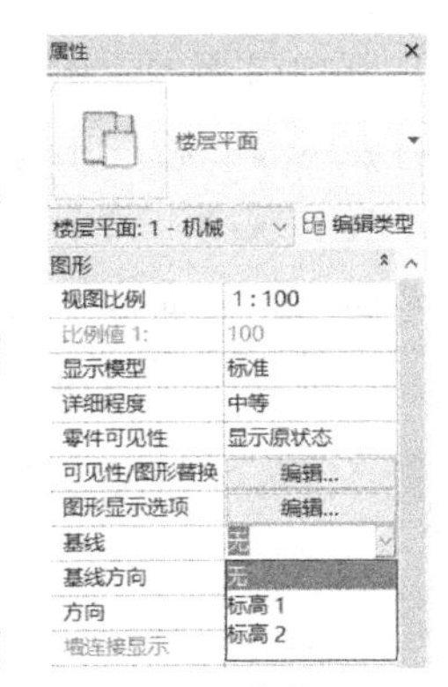

图 8.8 基线设置

（7）视图样板

在“属性”对话框的“视图样板”中可为各视图制定样板，适用于视图打印、导出前对输出结果的设定。在项目浏览器的图纸名称上单击鼠标左键，选择“应用样板属性”，对视图样板进行设置，如图 8.9 所示。

2. 立面图

（1）创建立面

系统默认情况下含有东、南、西、北 4 个立面，用户可以在“视图”菜单下的“创

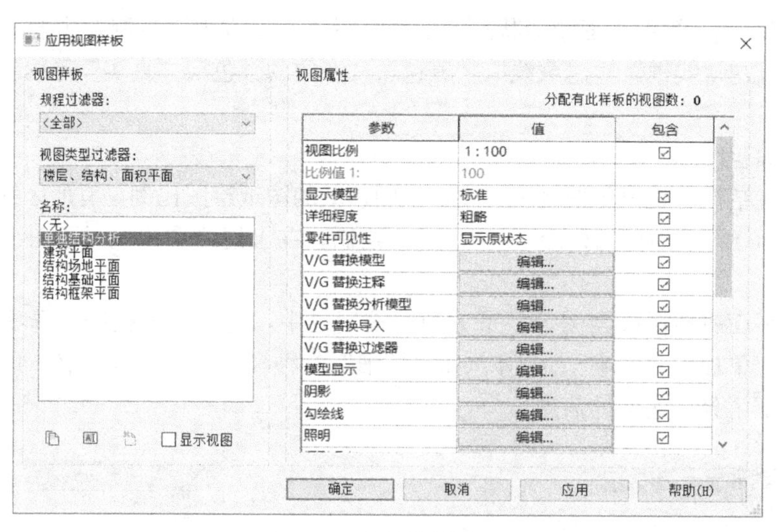

图 8.9　应用样板设置

建”选项卡上，单击“立面”下拉菜单中的“立面”按钮，在光标尾部就会显示立面符号。将光标移动至合适位置放置，单击即可生成立面视图。单击立面符号，将显示蓝色虚线表示的视图范围，可拖动控制柄调整该范围。过程如图 8.10 所示。

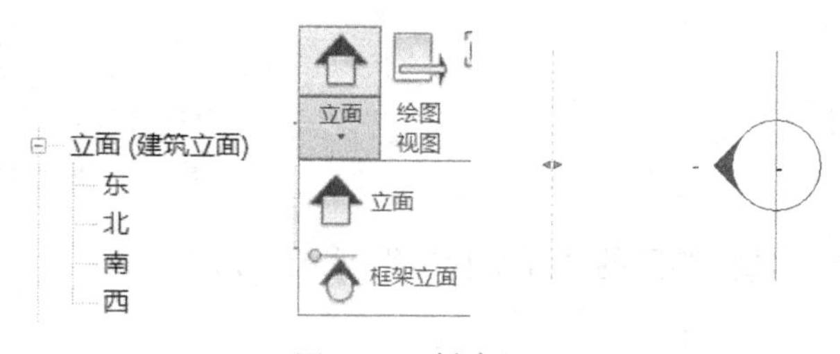

图 8.10　创建立面

（2）创建框架立面

在项目中创建垂直于斜墙或斜工作平面的立面时，可创建一个框架立面辅助设计。需要注意的是，视图中有轴网或已命名的参照平面时，才能添加框架立面视图。

在“视图”菜单下的“创建”选项卡上，单击“立面”下拉菜单中的“框架立面”按钮，将框架立面符号垂直于选定的轴线或参照平面，并沿着要显示的视图方向单击放置，即可自动生成立面图。

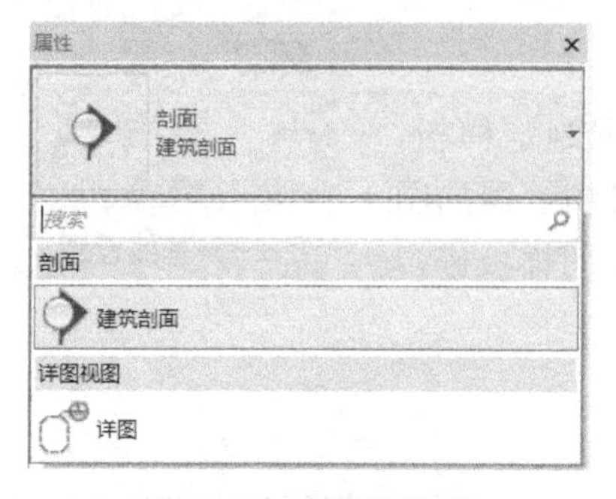

图 8.11　类型选择器

3. 剖面图

（1）创建剖面视图

在“视图”菜单下的“创建”选项卡上，单击“剖面”按钮，然后在“类型选择器”中选择“建筑剖面”或“详图”，如图 8.11 所示。

在选项栏中选择一个视图比例，将光标放置剖面起点处，拖动光标穿过模型或族，抵达剖面终点时单击鼠标，完成创建。

选择已绘制的剖面线，屏幕将显示蓝色虚线剖面框，按住控制柄拖动虚线可调整视图宽度、深度。单击查看方向控制柄可以翻转视图查看方向。单击线段间隙符号，可在缝隙、连续剖面线样式之间完成切换，如图 8.12 所示。完成后会在项目浏览器中自动生成相应的剖面图，双击图名可进入该视图。修改剖面框的位置、范围、查看方向可实时更新剖面图。

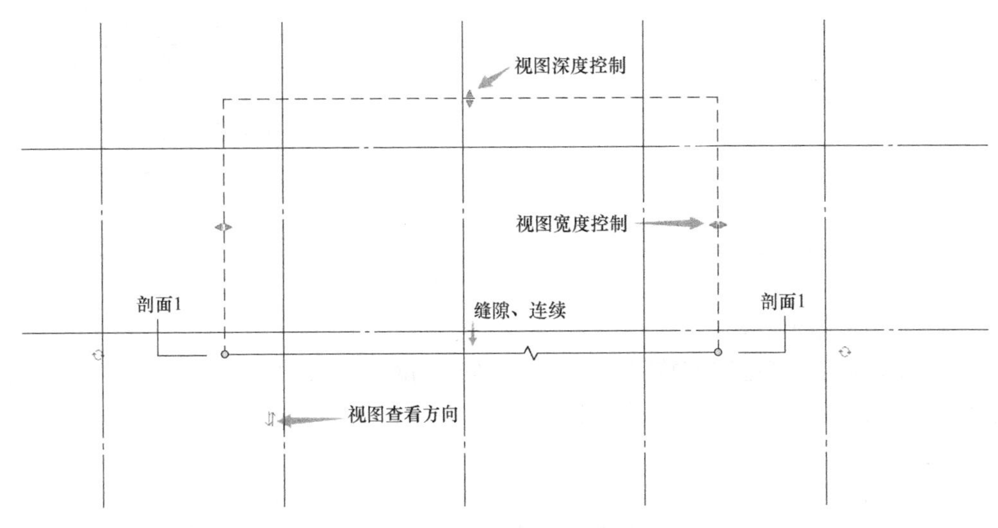

图 8. 12 剖面编辑

（2）创建阶梯剖面视图

绘制一条剖面线并将其选中，在“视图”面板中点选“拆分线段”按钮，如图 8.13 所示。然后在剖面线需要拆分的位置单击鼠标左键并移动至新位置，如此循环操作，自动生成阶梯剖面图。

图 8. 13 创建阶梯剖面

8. 1. 2 三维剖切图与透视图

1. 三维剖切图

（1）创建轴测图

从“项目浏览器”或“视图”选项卡中单击进入“三维视图”，单击 ViewCube 立方体的顶角，或者将鼠标移至立方体并单击其左上角的主视图控制标志，选择适当角度创建三维轴测图，如图 8. 14 所示。

（2）复制生成演示视图，激活并调整剖面框

复制上一步生成的轴测图为新的演示视图，在视图属性对话框“范围”项中勾选“剖面框”。拖动剖面框上的蓝色三角夹点，调整剖面框范围及剖切位置，如图 8. 15 所示。

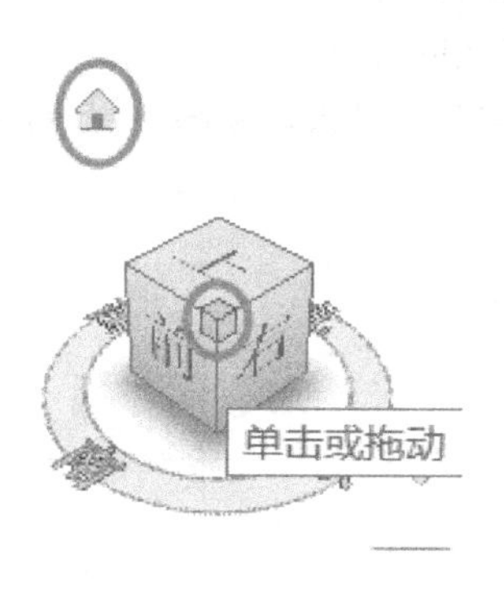

图 8.14　ViewCube 立方体

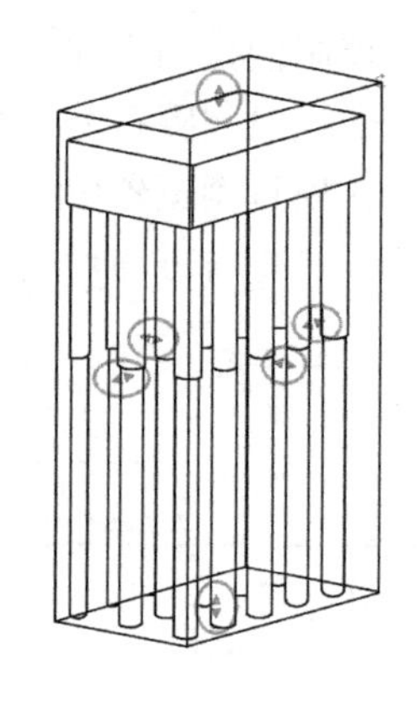

图 8.15　剖面框调整

（3）图面隐藏剖面框

待剖切位置与剖视范围调整完成后，需要隐藏剖面框以便出图。选择剖面框并单击鼠标右键，依次选取“在视图中隐藏”和“图元”。

2. 透视图

（1）创建透视图

在平面视图中选择“视图”选项卡，单击“创建”面板“三维视图”下拉菜单中的“相机”。在选项卡中设置相机“偏移量”，用鼠标依次点取并确认相机位置点与目标点，自动生成并跳转至透视图。

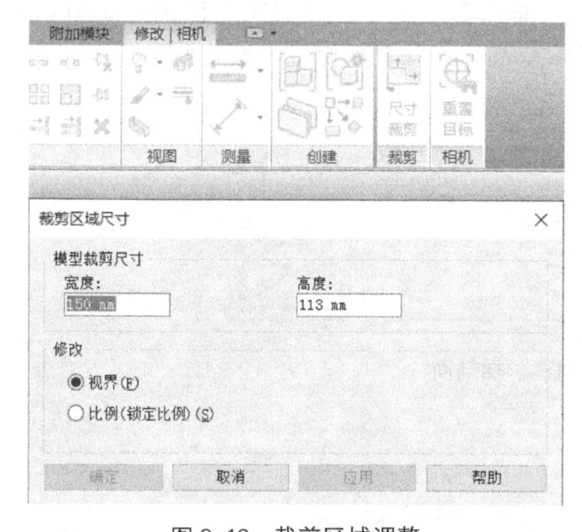

图 8.16　裁剪区域调整

单击视图裁剪区域蓝色边框，移动蓝色控制点调整视图范围，此操作用于粗调。如需精确调整视图框尺寸，可选择“修改丨相机”选项卡“裁剪”面板中的“尺寸裁剪”按钮，在弹出的对话框中进行设置，如图 8.16 所示。

（2）修改相机位置、高度与目标

同时打开平面、立面、三维、透视视图，选择“视图”选项卡，单击“窗口”面板中的“平铺”按钮，或使用快捷键“WT”，平铺所有视图。单击透视视图范围框，可激活相机位置，各视图均显示相机和相机查看方向。单击范围框，可在属性对话框中修改“视点高度”“目标高度”等参数值，或在平面、立面、三维视图中拖动相机、控制点，调整相机位置、高度和目标位置。

8.1.3　三维出图

1. 图纸创建

图纸的创建可以采用占位符图纸和直接新建图纸两种方式。

(1) 创建占位符图纸

单击“视图”选项卡“明细表”下拉菜单中的“图纸列表”，如图 8.17 所示。

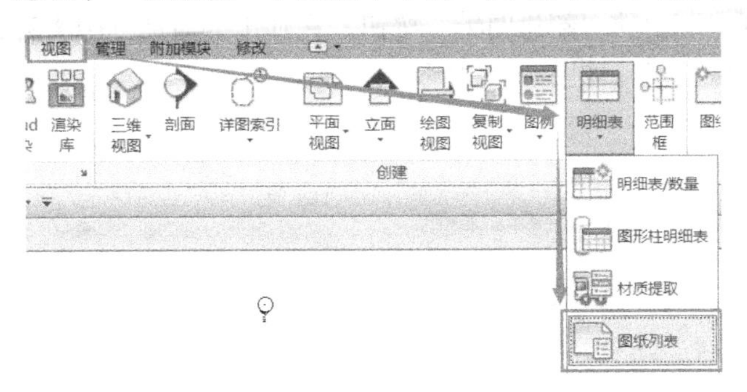

图 8.17 创建图纸列表

在“图纸列表属性”对话框中，对列表“字段”“过滤器”“排序/成组”“格式”“外观”等进行设置，如图 8.18 所示。

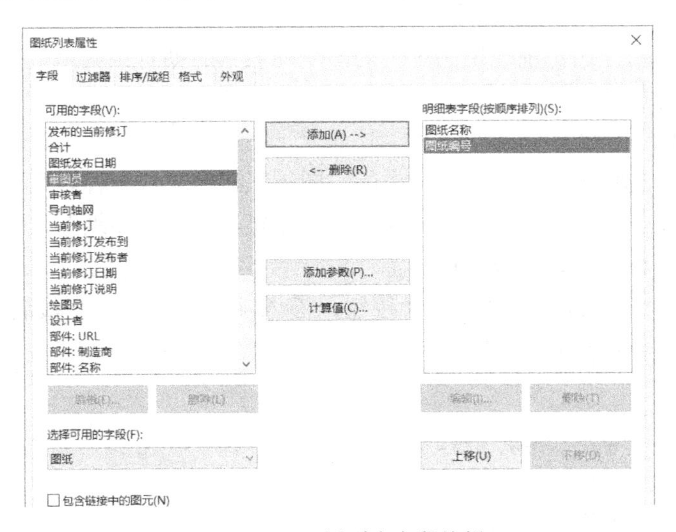

图 8.18 图纸列表字段编辑

生成图纸列表后，单击“修改明细表/数量”选项卡“创建”面板中的“新建图纸”，如图 8.19 所示。在弹出的“新建图纸对话框”中选择合适的标题栏，单击“确定”按钮。

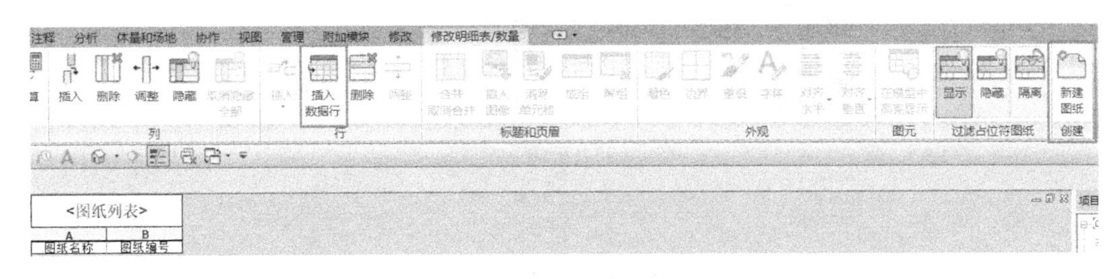

图 8.19 新建图纸

采用这种方法生成的图纸，在“图纸列表”及“项目浏览器”的“图纸”栏中均有所显示。

单击“修改明细表/数量”选项卡“行”面板中的“插入数据行”按钮，会在图纸列表中产生新图，图号自动延续，但该图在“项目浏览器”中不显示。单击“修改明细表/数量”选项卡“创建”中的“新建图纸”按钮，在弹出的对话框中将看到新建占位符图纸的信息，可直接点取应用，如图 8.20 所示。

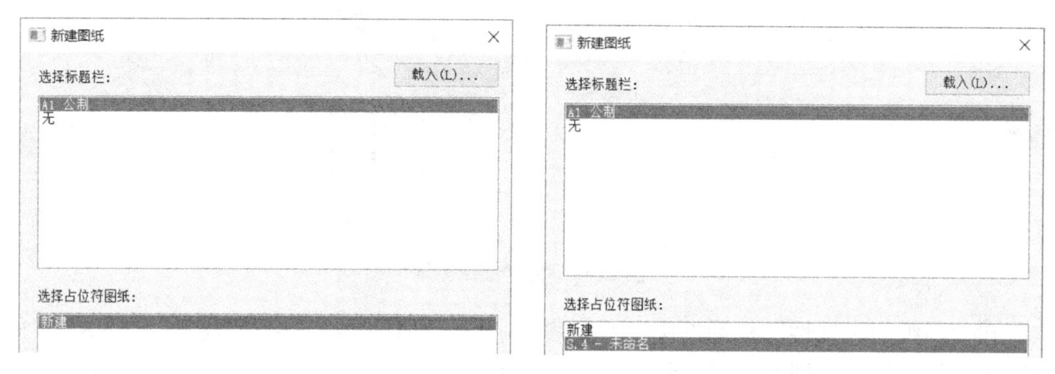

图 8.20　选择标题栏和占位符图纸

采用该方法，可于出图前期定制统一的图纸列表，后期直接调用，有效避免协同工作过程中的图纸信息交错。

(2) 新建图纸

单击“视图”选项卡“图纸组合”中的“图纸”按钮，选择标题栏，单击“确定”按钮，图面即可转至新图。此时，系统将在“项目浏览器”的“图纸”栏中自动添加该图纸信息。并在图纸属性栏中，完成对审核者、设计者、审图员等信息的录入。单击“管理”选项卡“设置”面板中的“项目信息”按钮，键入项目相关信息，最后单击“确定”按钮。项目属性对话框如图 8.21 所示。

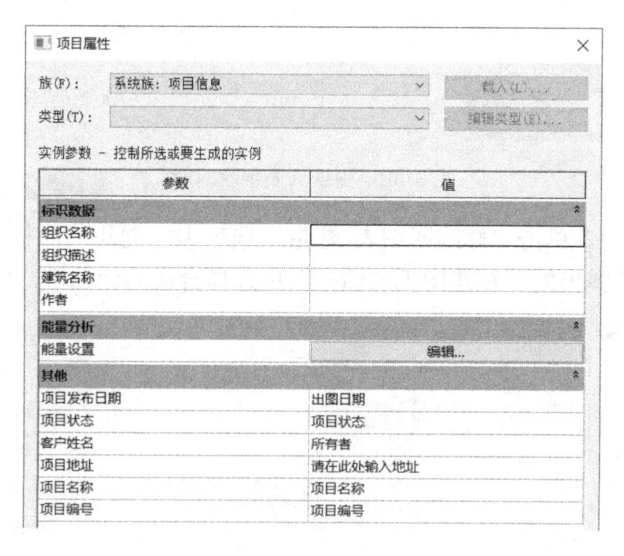

图 8.21　项目属性设置

(3) 图例

创建图例视图：单击“视图”选项卡中的“创建”面板，选择“图例”下拉菜单中的

"图例"按钮，如图 8.22 所示。随后将弹出新图例视图对话框，确立图例名称与比例，单击"确定"即可完成图例视图创建，如图 8.23 所示。

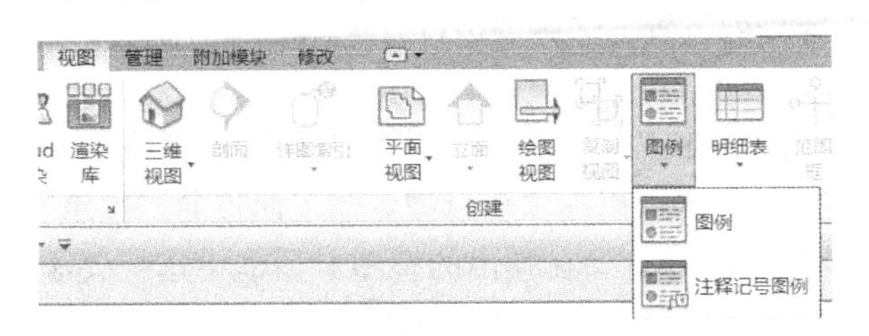

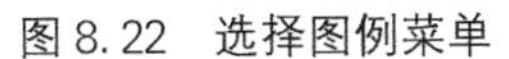
图 8.22 选择图例菜单

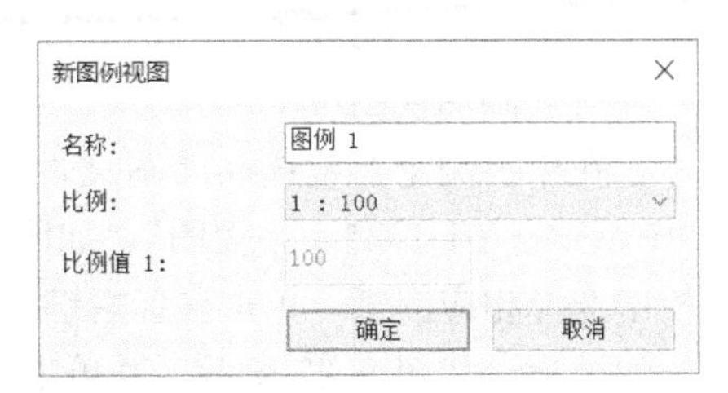

图 8.23 图例视图的参数输入

(4) 图例构件选取

在图例视图中，单击"注释"选项卡"详图"面板中的"构件"按钮创建视图构件，在下拉菜单选择"图例构件"设置选项卡信息，然后在视图中放置图例。过程如图 8.24 所示。

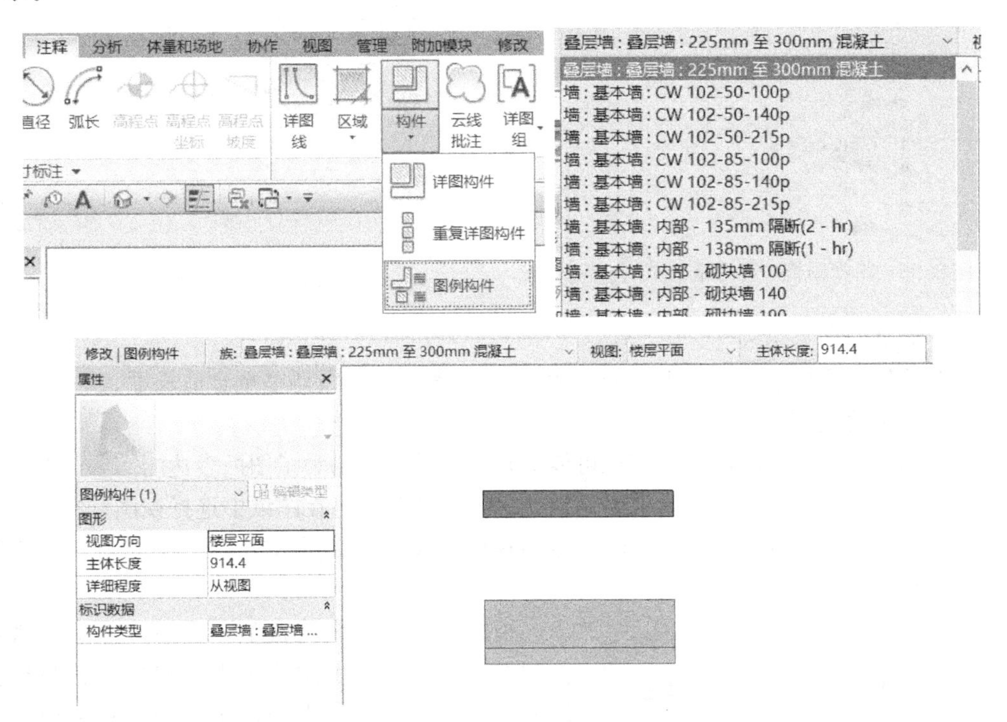

图 8.24 在图例视图中放置构件

(5) 注释添加

单击"注释"选项卡中的"文字"按钮，添加注释说明，如图 8.25 所示。

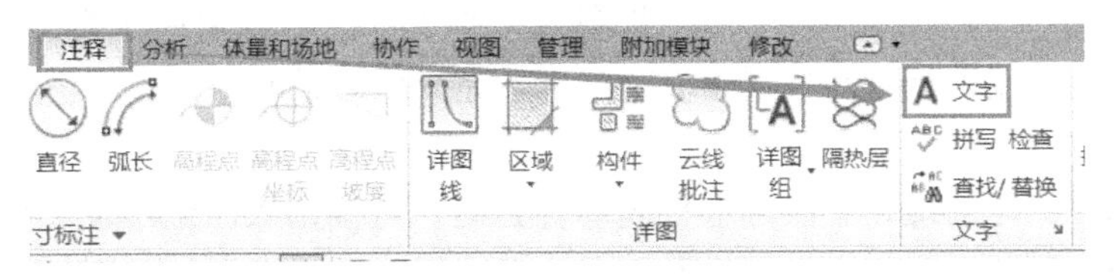

图 8.25 图例注释文字添加

2. 视图布置

根据工程需要，向图纸中添加平面视图、立面视图、剖面视图、三维视图、详图视图、图例视图、明细表等信息，并对多内容排列位置、名称等进行设置。

(1) 添加视图

在项目浏览器中选取出图文件，如“结构平面”-“标高 1”，按住鼠标左键拖动至“图纸”-“01-标高 1 平面图”，如图 8.26 所示。也可以在“项目浏览器”面板的“图纸”栏中选择相应图纸，单击鼠标右键，选择“添加视图”。在弹出的视图对话框中选择要添加的视图，如图 8.27 所示，并单击“在图纸中添加视图”按钮完成操作。

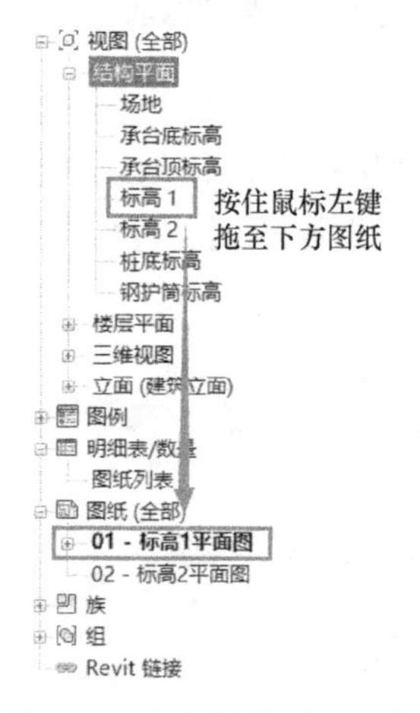

图 8.26 将视图拖动至图纸

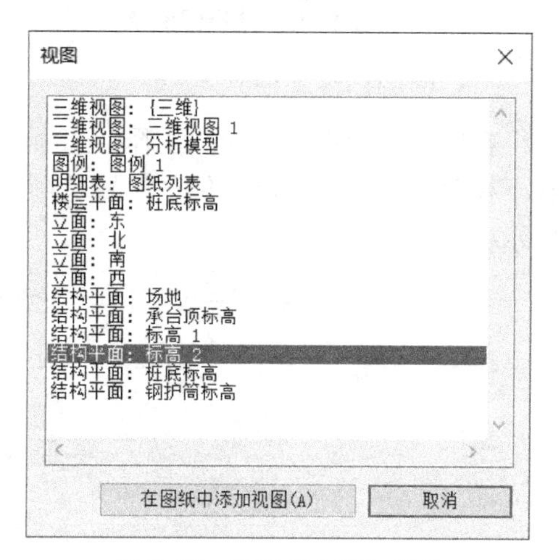

图 8.27 在图纸中添加视图

(2) 添加图名

在图纸属性栏中修改“图纸上的标题”，将标题文字底线调整至合适长度。

(3) 图纸比例调整

平面图、系统图等的出图比例尺可能会是不同的。有时为了图面表达的需要，同一份视图的副本出现于其他图纸中时也会调整比例尺。此时，可在图纸中选择视图，单击“修改丨视口”选项卡“视口”面板中的“激活视图”按钮，如图 8.28 所示，或在视图上单击鼠标右键选择“激活视图”。

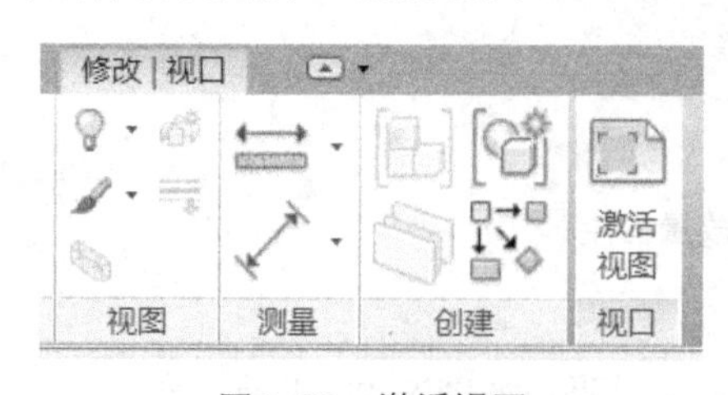

图 8.28 激活视图

视图激活后图框将灰显，绘图区左下方视图控制栏激活，可在下拉菜单中选取比例或自定义输入。设置完成后，在视图中单击鼠标右键，选择“取消激活视图”即可。

用上述方法，可在同一张图纸中载入其他视图内容，但需要注意的是每个视图仅可添加至一张图纸。若某一视图需隶属于多张图纸，可在项目浏览器中对该视图进行复制，创建视图副本，完成后续添加。

(4) 视图方向调整

有些局部视图的轴线并非保持水平或垂直方向，直接调入图纸不便于图面信息读取，此时可采用详图调整视图角度。可将索引图放于图纸，激活视图，“旋转”索引框至适当角度，图面轴线随之调整。此操作仅更改图纸内的视图角度，不对原模型产生更改。

3. 导出 DWG 文件

在“项目浏览器”面板的“图纸”栏中选择并打开图纸视图。

在应用程序菜单中选择“导出”中的“CAD 格式”，单击“DWG”按钮，会弹出“DWG 导出”对话框，如图 8.29 所示。然后单击“选择导出设置”右侧控制按钮，进入“修改 DWG/DWF 导出设置”对话框，完成对图层、线型、颜色等的设置，单击“确定”按钮退出，如图 8.30 所示。

图 8.29 导出 DWG 文件

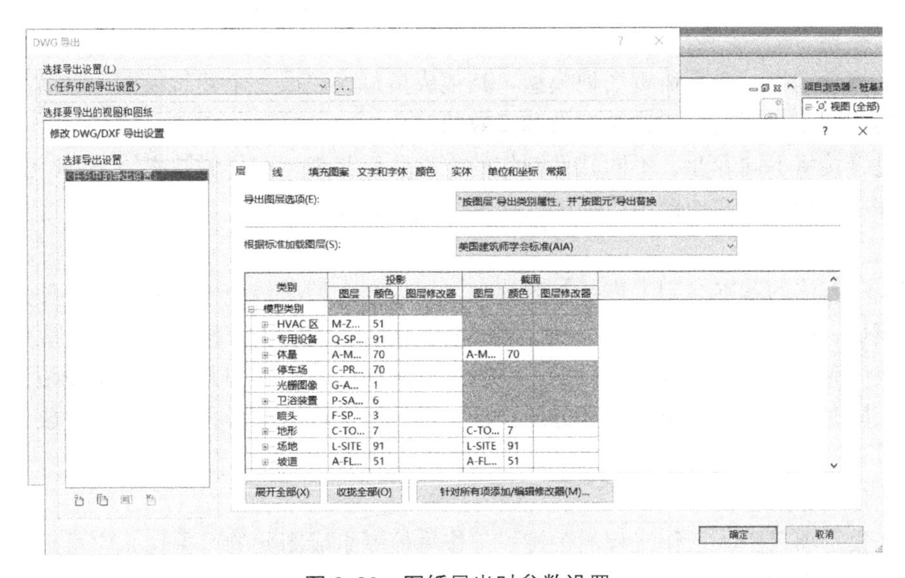

图 8.30 图纸导出时参数设置

在“DWG 导出”界面中单击“下一步”按钮，设置保存路径、导出文件的版本及文件名称命名方式等，随后选择“确定”完成 DWG 文件导出。

8.2 项目协作与模型整合

当项目的所有参与方都选择应用 BIM 进行工作和管理时，BIM 的协同工作效果就会最大化体现，这也是各方不断追求的目标。

8.2.1 项目分工与协作

在 BIM 理论中，模型是唯一的一次建模，供建筑的全生命周期使用。

1. 项目分工

基于 BIM 的协同及其集成应用，项目相关参与方能够各司其职、各负其责。这样的模式不仅提高建设项目质量和建设周期，缩短建设成本，还会产生一系列附加效益。

考虑到项目复杂程度、时间、成本、项目人员知识水平、软硬件办公条件等因素，大型建设项目的模型需要经过合理划分和分配，从而达到项目良好运行的目的。在这种情况下，建立一个在不同模型项目间的合作就显得尤为重要，这些工作需要设计师与 BIM 人员共同协调拟定，并充分考虑多方因素的影响。

2. 团队工作协议

每个 BIM 团队都会管理自己的模型，影响团队协作质量和效率的主要因素包括：①团队结构；②Revit 技能和经验；③项目类型（大小和复杂性）；④时间和交付质量；⑤与他人的合作和交互性。

下面主要以三种情况来讲述团队的工作协议，大部分的项目至少包含下列情况之一。

（1）“园区”建筑

一般情况下，我们可以建立一个包含一个建筑的模型文件，建筑周围的环境和真实场景应该由场地模型提供。如果一个项目包含多个建筑，就需要为场地模型提供多重文件来构建整个模型。

园区概念是指一个人负责场地模型，其他成员每人完成一个建筑模型，这就是协作的基础前提。对于小型项目，这是有效和高效的。

通过链接将不同专业、不同软件制作的文件联系起来，这样做脱离了 BIM 工作流程，并且会在一定程度上增加模型传递的频率和管理的难度。

（2）“预制”建筑

在上一方法的基本原则上进行扩充放大。比如在大型项目中可能需要将模型分成容易管理的模块，或者多个模块使用了同样的图元。比较好的解决方法是让某团队成员创建主要模型，同时其他成员完成次要模型，并根据要求加入族。族的开发应满足模型当前级别的需要，同时能组合成建筑特定部分的设计，然后作为群组或者相关联的文件放到主要模型中。

（3）任务分配管理

工作集是项目团队工作流程的关键。工作集控制组成图元的可见性，它可以分配访问权限来允许两个或两个以上的人致力于同一个建筑模型。正确地使用工作集，就能在有限的硬件条件下获得大型建筑模型的管理方法。

工作集不提供管理团队工作的模型，但可以为团队交流和操纵组成图元的编辑提供便利。创建工作集的典型工作流程为：

1）在工作集启动前，所有的项目都从单一文件开始。

2）将文件储存在一个路径下，在使用者的硬盘上创建一个本地复件。

3）额外的工作集就像层级一样，模型里面的对象会被分配给一个工作集。其他团队成员被邀请进来，拷贝一份复件到各自的计算机中。工作集启动后就不要直接打开中央文件了，本地的复件作为进入中央模型和所有需要它的模型的入口。

8.2.2 工作集的创建与使用

工作集是工作共享项目中图元的集合。使用工作集功能可以为团队项目启用工作共享，将图元组织到集合中，以便对工作集中的图元进行管理，从而进行工作协同。

在工作集中处理对象的所有权时，其重要区别在于使工作集可编辑与从工作集借用。

在软件中使某个工作集可编辑，将独占工作集中所有项目的所有权。在给定时间内，只有一个用户可以独占编辑一个工作集。所有团队成员都可查看其他团队成员所拥有的工作集，但是不能对它们进行修改。此限制防止了项目中的潜在冲突，可从不属于当前用户的工作集借用图元。

1. 创建工作集中心文件

工作集中心文件用于存储中所有工作集合图元的当前所有权信息，并充当该模型文件所有修改的分发点。基本步骤如下：

（1）打开准备用作中心模型的项目文件，然后打开“工作共享”对话框，如图 8.31 所示，包含默认的用户创建的工作集“共享标高和轴网”和“工作集 1”，单击“确定”按钮。

（2）创建中心文件时，无须创建工作集，然后单击“确定”按钮，如图 8.32 所示。

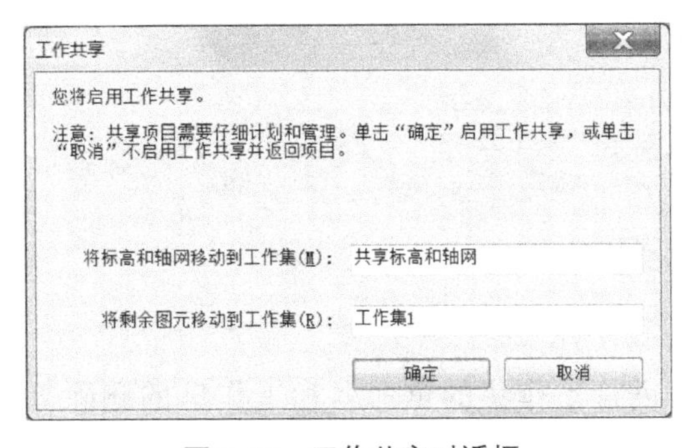

图 8.31 工作共享对话框

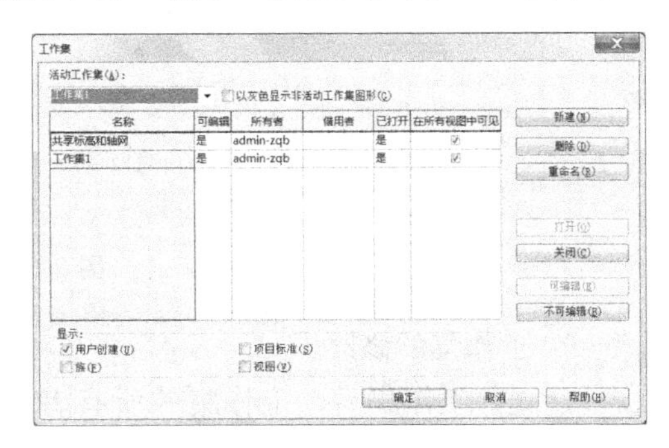

图 8.32 工作集对话框

其中各参数含义如下：

活动工作集：表示要向其中添加新图元的工作集。活动工作集是可由某个团队成员编辑并拥有的工作集，其他团队成员可向不属于自己的工作集添加图元。

名称：指工作集的名称。可以重命名所有用户创建的工作集。

可编辑：指工作集的可编辑状态。与中心文件同步前，不能修改可编辑状态。

所有者： 指工作集的所有者。如果工作集的“可编辑”状态为“是”，或者将工作集的“可编辑”状态修改为“是”，则操作者就是该工作集的所有者。

借用者： 指当前从工作集借用图元的用户。如果存在多个借用者，可从下拉列表中查看借用者列表。

已打开： 指工作集是处于打开状态（是）还是处于关闭状态（否）。打开的工作集中的图元在项目中是可见的，而关闭的工作集中的图元是不可见的。

显示： 允许显示或隐藏“名称”列表中显示的不同类型的项目工作集（用户创建、族、项目标准、视图）。

（3）将文件另存，在“另存为”对话框中，指定中心模型的文件名和目录位置。单击“选项”按钮，弹出“文件保存选项”对话框，如图 8.33 所示，勾选“保存后将此作为中心模型”复选框。如果这是启用工作共享后首次进行保存，则此选项在默认情况下是选择的，并且无法进行修改。

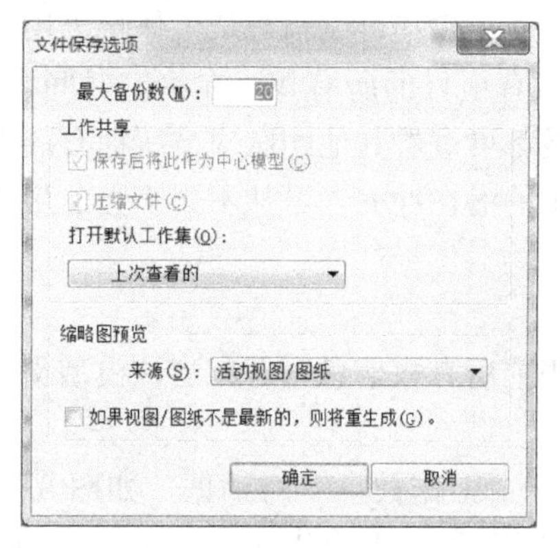

图 8.33 文件保存选项对话框

为本地副本选择默认工具集，包括以下选项：

全部： 打开中心模型中的所有工作集；

可编辑： 打开所有可编辑的工作集；

上次查看的： 根据工作集在上次任务中的状态打开工作集；

指定： 打开指定的工作集。

（4）单击“确定”按钮，在“另存为”对话框中，单击“保存”按钮。中心文件创建好后，系统会在指定的目录中创建文件，并为该文件创建一个备份文件夹。备份文件夹包含中心文件模型的备份信息和编辑权限信息，如图 8.34 所示。

此电脑 › 本地磁盘 (F:) › 项目1

名称	修改日期	类型	大小
Revit_temp	2019/12/12 10:25	文件夹	
项目1_backup	2019/12/12 10:25	文件夹	
项目1.rvt	2019/12/12 10:25	Revit Project	5,072

图 8.34 备份文件夹

2. 工作集的修改

建立好工作集后，工作集的所有者才可以进行工作集的重命名和工作集的删除等工作。

在协作选项卡下的管理协作面板，单击“工作集”按钮，打开工作集对话框，选择工作集的名称可以单击“重命名”按钮进行工作集的重命名，也可选择要删除的工作集的名称。单击“删除”按钮，即可在对话框中选择删除工作集的图元进行工作集的删除。

3. 工作集本地副本的创建

中心模型本地副本用于进行本地编辑，然后与中心模型进行同步，并将所做的更改发布到中心模型中，以便实现不同操作者之间的成果共享。

打开中心模型的本地副本，单击“协作”选项卡下“管理协作”面板的“工作集”按钮，在工作集对话框中，单击“新建”按钮，输入新工作集的名称，勾选“在所有视图中可见”复选框，可在所有项目视图中显示该工作集，如图 8.35 所示。

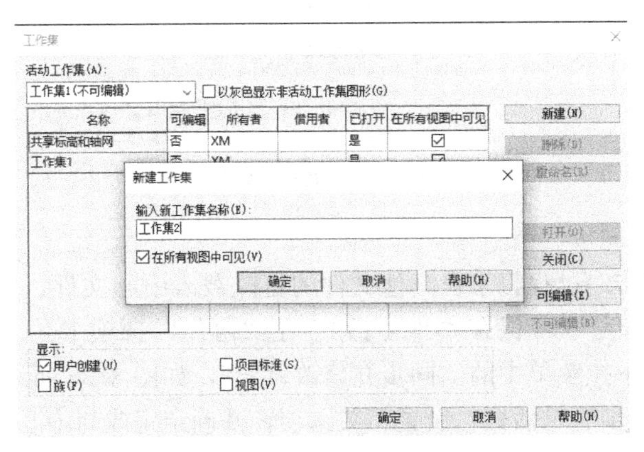

图 8.35 工作集本地副本

新工作集将显示在工作集列表中，是可编辑的，并且“所有者”显示为当前用户。如果需要为团队设置一个工作共享的模型，并且想要为每个工作集指定所有者，则每位团队成员都必须打开中心模型的本地副本，在“工作集”对话框中选择工作集，并在“可编辑”列中选择“是”。

4. 工作集的协同操作

中心模型文件和本地副本创建完成后，可通过如下方式完成工作集的协同操作。

(1) 保存本地副本文件

保存本地副本文件可将对副本文件的修改保存到本地模型中，保存后所有者拥有所有已修改图元的操作权限。

项目团队成员打开包含工作集的本地副本文件后，可以对本地副本文件进行相关操作，操作完成后，保存本地文件，弹出“另存为”对话框，并选择权限处理选项，弹出“可编辑图元”对话框，如图 8.36 所示，最终完成本地副本的保存。

放弃没有修改过的图元和工作集：将放弃未修改的可编辑图元和工作集，并保存本地模型。本地副本操作者仍然是可编辑工作集中任何已修改的图元的借用者，其他人只能获得对没有修改过的图元和工作集的访问权限。

保留对所有图元和工作集的所有权：保留所有编辑权限。

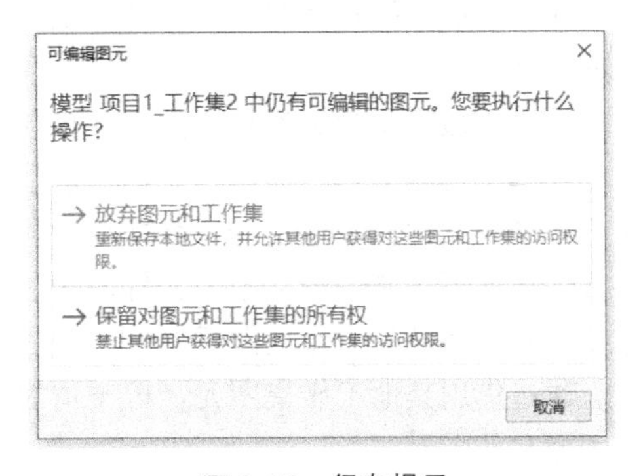

图 8.36 保存提示

(2) 更新工作集

在“协作”选项卡的“同步”面板上单击“重新载入最新工作集”(快捷键 RL)，即可更新工作集，如图 8.37 所示。通过更新工作集，可只从中心模型载入更新，而不将自己的修改发布到中心模型。恢复备份则可恢复对工作集所做的修改。

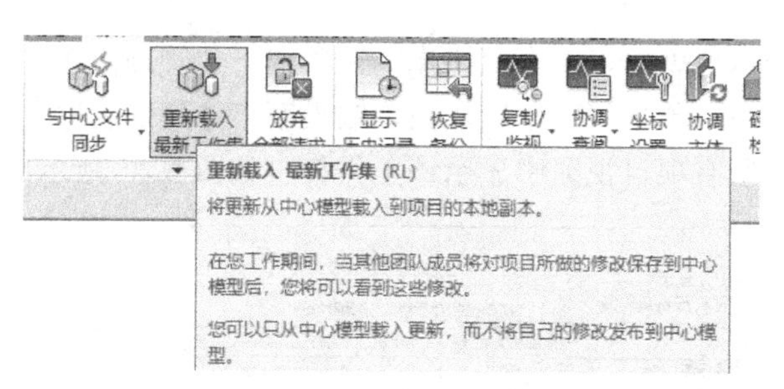

图 8.37 更新工作集

(3) 与中心文件同步

“与中心文件同步”过程将来自其他文件的更改载入中心文件，然后将本地更改保存到中心文件（默认情况下将保存本地更改）。在“协作”选项卡的“同步”面板上单击“与中心文件同步”下拉菜单中的“同步并修改设置”，如图 8.38 所示。弹出如图 8.39 所示的“与中心文件同步”对话框。设置相关选项，并确定完成与中心文件同步设置，同时完成与中心文件同步。

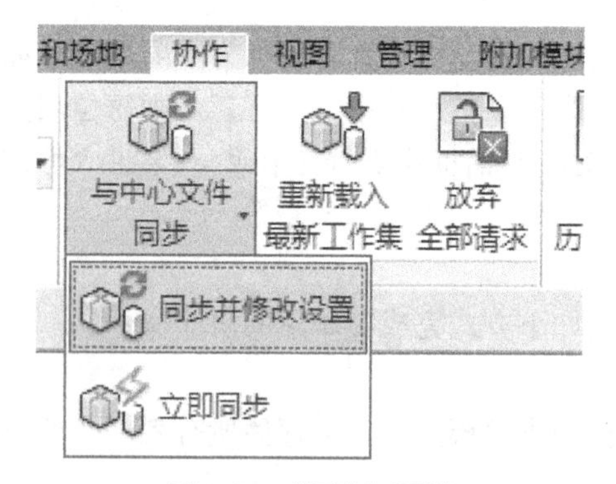

图 8.38 “同步”面板

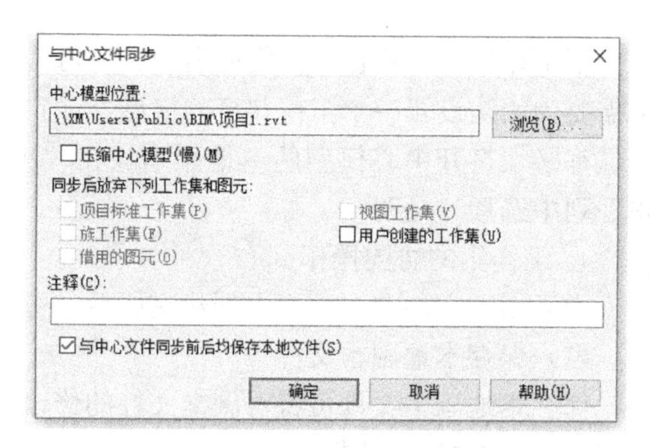

图 8.39 与中心文件同步对话框

各选项说明如下：

中心模型位置：可单击“浏览”按钮来指定不同的中心模型路径。

压缩中心模型：保存时勾选“压缩中心模型”复选框可压缩文件大小但会增加保存所需的时间。

同步后放弃下列工作集和图元：可勾选同步放弃的工作集和图元对象类别。

注释：可输入将保存到中心模型的注释。

与中心文件同步前后均保存本地文件：设置后当与中心文件同步前后均会自动保存本地文件，如不需要进行与中心文件同步设置，可直接执行与中心文件同步操作。

(4) 借用其他工作集图元

通过借用其他工作集图元，可申请对团队其他成员图元的临时授权，从而修改其他成员所拥有的图元。

操作步骤：

1) 选择一个自己没有编辑权限的图元。确保没有选中状态栏中的“仅可编辑项”选项。在绘图区域选择不可编辑的图元时，这些图元将显示“使图元可编辑”图标，如图 8.40 所示。

2）单击绘图区域中的“使图元可编辑”，如果没有其他人正在编辑该图元，则可直接进行编辑。如果其他团队成员正在编辑该图元，或对该图元所属的工作集拥有所有权，则提交借用该图元的请求。在“错误”对话框（图 8.41）中，单击“放置请求”按钮，然后会弹出“已发出编辑请求”对话框。

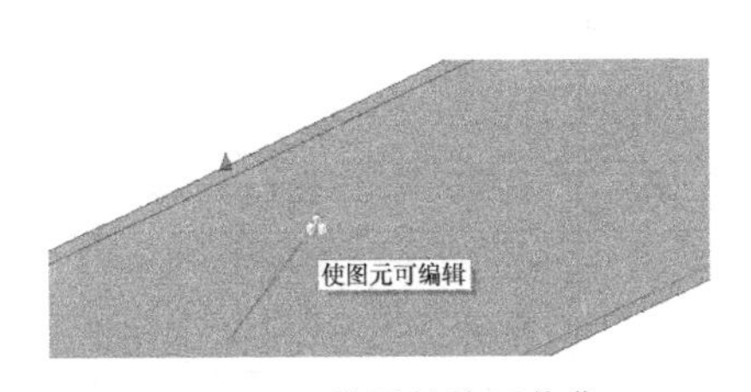

图 8.40 借用其他工作集

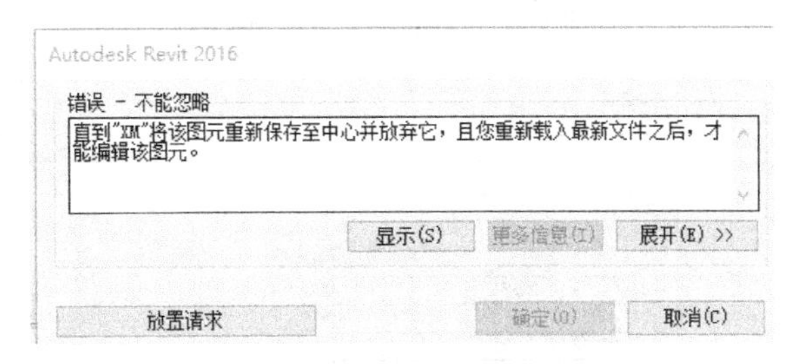

图 8.41 错误提示

3）图元所有者将收到请求的自动通知并选择批准或拒绝请求。

4）当请求被批准或拒绝时，将收到一条通知消息（图 8.42）。要检查请求的状态，可在状态栏中单击“编辑请求”或单击“协作”选项卡“同步”面板中的“编辑请求”，以便打开“编辑请求”对话框。

（5）授权其他人员借用工作集图元

通过授权他人借用工作集图元，可授权团队其他成员对自己所拥有图元的临时授权，从而使其他成员可修改该图元。当团队成员提出编辑请求时，可收到处理请求。将光标悬停在对话框上时会在绘图区域中亮显请求的图元。单击“显示”按钮以保持亮显并查看图元。单击“通知”对话框中的“授权”或“拒绝”，如图 8.43 所示。

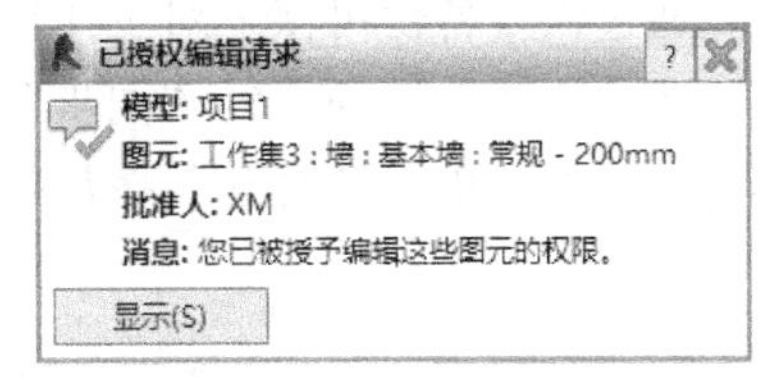

图 8.42 已授权编辑请求

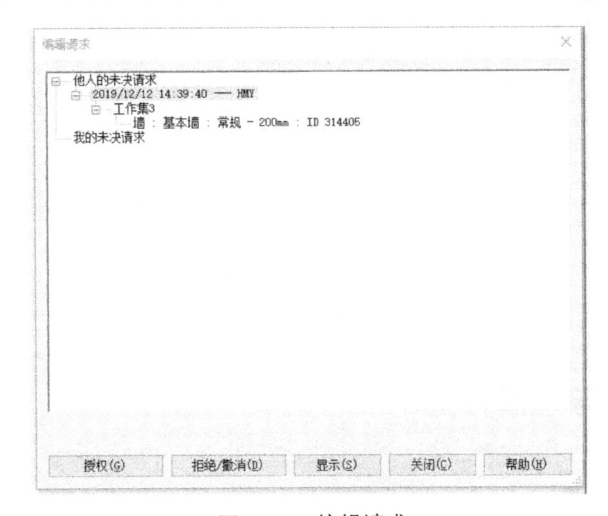

图 8.43 编辑请求

（6）查看历史记录信息

通过此功能，可查看工作共享项目所有保存操作的时间和保存人的列表，并查看在“与中心文件同步”对话框输入的任何注释。

在“协作”选项卡中的“同步”面板上单击“显示历史记录”按钮，弹出“显示历史记录”对话框，定位到共享文件并选择它，然后单击“打开”按钮。在“历史记录”对话框（图8.44）中，单击列标题以便按字母或时间顺序进行排序。如果需要，可单击“导出”按钮将历史记录表作为分隔符文本导出。之后即可通过电子表格程序来读取分隔符文本。操作完成之后，单击“关闭”按钮。

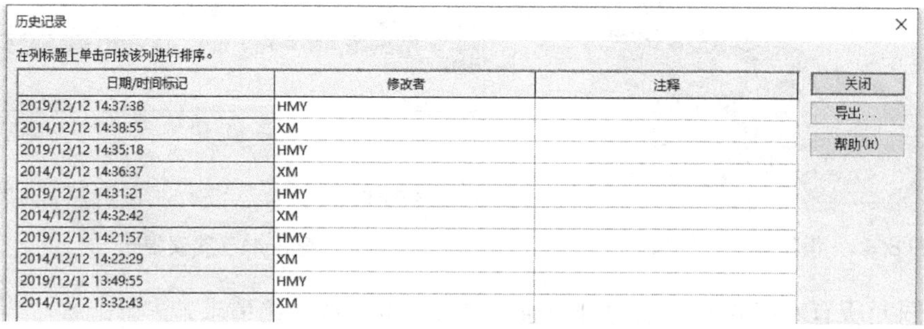

历史记录

在列标题上单击可按该列进行排序。

日期/时间标记	修改者	注释
2019/12/12 14:37:38	HMY	
2014/12/12 14:38:55	XM	
2019/12/12 14:35:18	HMY	
2014/12/12 14:36:37	XM	
2019/12/12 14:31:21	HMY	
2014/12/12 14:32:42	XM	
2019/12/12 14:21:57	HMY	
2014/12/12 14:22:29	XM	
2019/12/12 13:49:55	HMY	
2014/12/12 13:32:43	XM	

关闭 导出... 帮助(H)

图8.44 历史记录对话框

（7）恢复备份

通过恢复备份可恢复对工作集所做的修改。

在“协作”选项卡的“同步”面板上单击“恢复备份”，然后在“浏览”文件夹中选择备份文件，单击“打开”按钮，完成恢复备份工作，如图8.45所示。

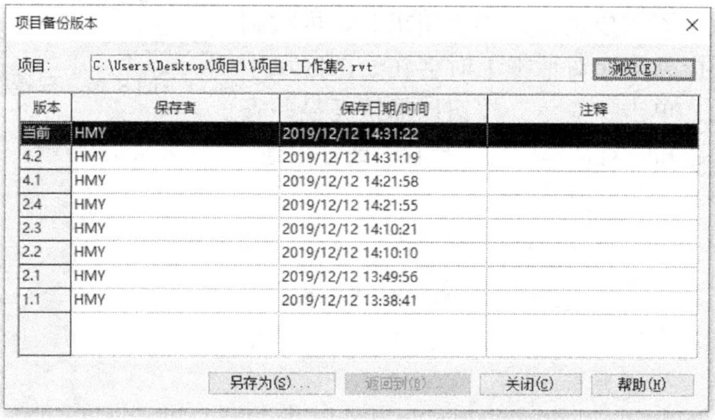

项目备份版本

项目: C:\Users\Desktop\项目1\项目1_工作集2.rvt 浏览(B)...

版本	保存者	保存日期/时间	注释
当前	HMY	2019/12/12 14:31:22	
4.2	HMY	2019/12/12 14:31:19	
4.1	HMY	2019/12/12 14:21:58	
2.4	HMY	2019/12/12 14:21:55	
2.3	HMY	2019/12/12 14:10:21	
2.2	HMY	2019/12/12 14:10:10	
2.1	HMY	2019/12/12 13:49:56	
1.1	HMY	2019/12/12 13:38:41	

另存为(S)... 返回到(B) 关闭(C) 帮助(H)

图8.45 项目备份版本对话框

8.3 模型整合与碰撞检查

8.3.1 模型整合

1. 模型链接

通过各个专业人员对相关专业的模型搭建，不同专业的最初BIM模型已经建立完成，在进行其他应用之前，需要先将各个专业模型进行整合，从而形成整个项目的信息集合。

软件自带的模型整合功能是利用成组链接功能实现的。使用“链接 Revit”命令，所选择的模型文件就会自动成组进入被链接的文件中。被链接的文件显示为一个整体，不能选择其中的任何单一图元。

2. 模型整合

绑定链接后，链接文件与原文件成为一个整体的模型，不再以链接的方式存在，但链接文件会自成一组。可以解组链接文件，其步骤是：选中链接文件的组，使用解组命令将其组打开，不同的专业模型就可以整合在一起了。

8.3.2 碰撞检查

使用“碰撞检查”工具（图 8.46）可以找到在一组选定图元中或模型所有图元中的交点。

在设计过程中，可以使用此工具来协调主要的建筑图元和系统。使用该工具可防止冲突，并降低设计变更及成本超限的风险。

常用的碰撞检查工作流程如下：

(1) 建筑师与客户会晤，并建立一个基本模型。

(2) 将建筑模型发送到由其他分支领域成员（如结构工程师）构成的小组。这些成员分别设计自己的模型版本，然后由建筑师进行统筹链接并检查冲突。

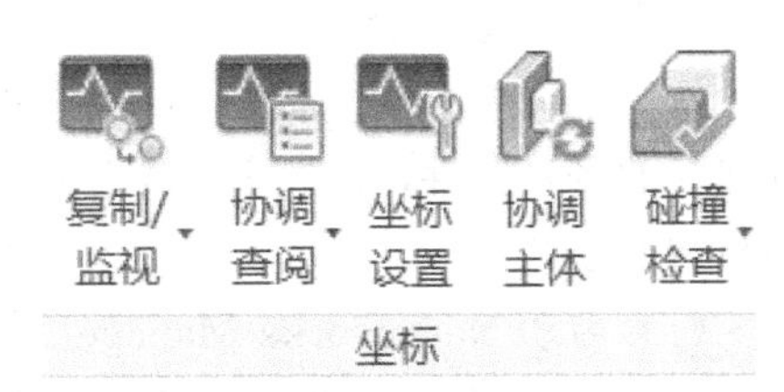

图 8.46 碰撞检查

(3) 小组中其他分支领域的成员将模型返回给建筑师。

(4) 建筑师对现有模型运行“碰撞检查”工具。

(5) 碰撞检查时会生成一个报告，并指明不希望发生的冲突行为。

(6) 设计小组就冲突进行讨论，然后制定出解决冲突的策略方案。

(7) 指派一个或多个小组成员根据制定出的方案解决所有冲突。

可进行碰撞检查的图元有：结构柱和建筑柱、结构支撑和墙、专用设备和楼板、当前模型中的链接模型和图元等，需要注意的是，在进行碰撞检查时不包含 MEP 预制构件的检测。

如果需要对当前项目中的部分或全部图元进行碰撞检测，可直接选取需要检测的图元，单击“协作-碰撞”检查。如果查找范围不限于当前文件，则需要在运行碰撞检查前，先将相关多个文件进行链接操作。

链接各专业模型后，依据碰撞报告完成管线综合调整。具体管线综合调整时，专业工程师需依据相关技术规范规程，并征求施工现场各专业工长与设计人员意见，经各方签字确认后方可出图并指导施工，管综模型、综合图纸需存档备查。

8.3.3 Navisworks 软件应用

Navisworks 软件能够将 AutodeskCAD、Revit、3d Max 等 BIM 软件创建的设计数据与其他专业软件创建的设计数据和信息相结合，整合成整体的三维数据模型，通过三维数据模型进行实时审阅，而无须考虑文件大小，帮助所有参建方对项目做一个整体把控，从而优化整个设计决策、建筑施工、性能预测等环节的BIM数据和信息集成工具，如图8.47所示。

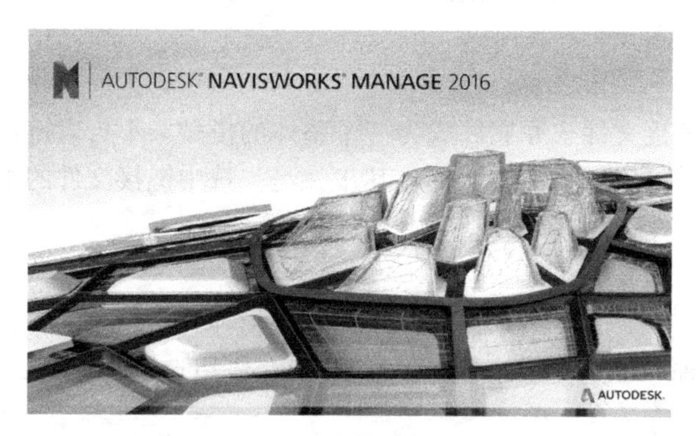

图8.47 软件界面

以下简要介绍Navisworks的模型读取整合、场景浏览、碰撞检查等模块的功能。

1. 模型读取整合

作为整合不同专业BIM模型（如建筑、结构、机电模型）进行应用的工具，首先是创建新的场景文件，即打开Navisworks Manage软件，在场景中通过打开、合并或附加BIM模型文件。

（1）启动Navisworks Manage，将默认打开空白场景文件，用于在场景文件中整合所需的BIM数据模型。选择“应用程序”的“新建”选项或单击快速访问栏“新建”工具，都将创建新的场景文件。

（2）在场景中添加整合BIM模型文件一般有两种，即“附加”和“合并”。以“附加”的形式添加到当前场景中的模型数据。Navisworks将保持其与所附加外部数据的链接关系，即当外部的模型数据发生变化时，可以使用“常用”选项卡上“项目”面板的“刷新”工具进行数据更新；而使用“合并”方式添加至当前场景的数据，Navisworks会将所添加的数据变为当前场景的一部分，当外部数据发生变化时，不会影响已经“合并”至当前场景中的场景数据。

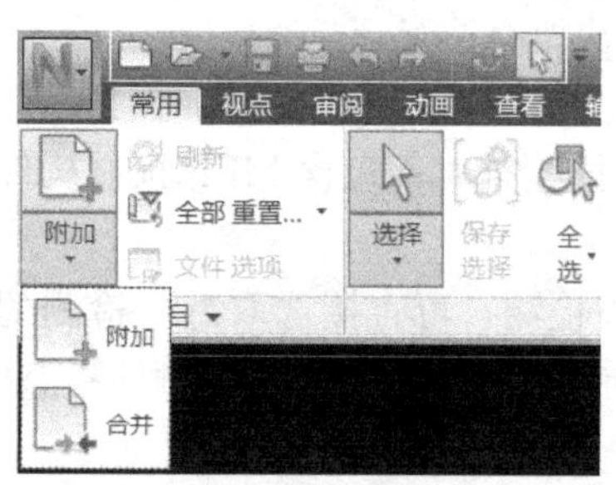

图8.48 “附加”和“合并”命令

在场景中添加整合BIM模型文件的步骤如下。

（1）选择“常用”选项卡的“附加”“合并”工具，如图8.48所示。

（2）确认该对话框中底部“文件类型”下拉列表，如图8.49所示。

（3）该列表中显示了Navisworks可以支持的所有文档格式，选择你要整合的文档的格式，单击“打开”按钮，将该文件“添加”或“合并”至当前场景中，如图8.50所示。

2. 场景浏览

在Navisworks场景中整合完各专业模型后，首先需做的事就是浏览和查看模型。利用Navisworks提供的多种模型浏览和查看的工具，用户可根据工作需要对模型进行三维可视化查看。Navisworks提供了一系列视点浏览导航控制的工具，用于对视图进行缩放、旋转、漫游、飞行等导航操作，可以模拟在场景中漫步观察的人物和视角，用于检查在行

图 8.49　附加对话框

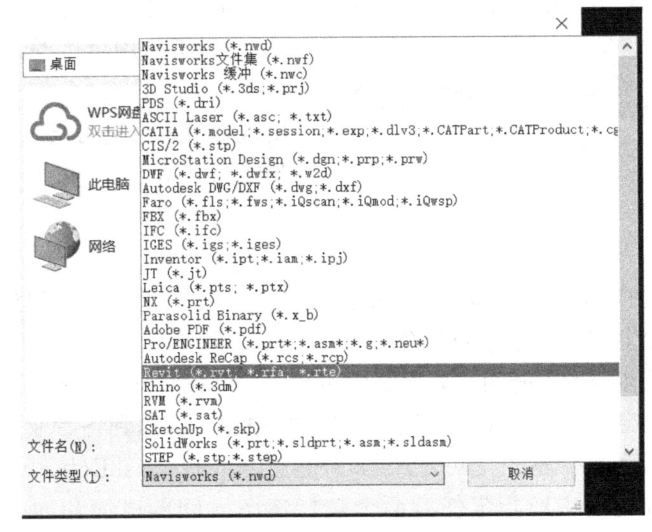

图 8.50　文件类型

走路线过程中的图元是否符合设计要求。

(1) 在“视点”选项卡的“导航”选项组中单击“漫游”下拉列表，会出现“漫游”“飞行”选项，可进行选择，进入查看模式，如图 8.51 所示；单击“导航”选项中的“真实效果”下拉列表，将会出现“碰撞”“重力”“蹲伏”“第三人”选项，可根据自身需要进行单选或者多选，如图 8.52 所示。

图 8.51　漫游功能

图 8.52 真实效果

(2) 漫游控制是将鼠标移动至场景视图中，按住鼠标左键不放，前后拖动鼠标，将虚拟在场景中前后左右行走；左右拖动鼠标，将实现场景的旋转；若要上下移动，则在不选择“重力”状态下，按住鼠标滚轮前后移动即可实现，或利用键盘的上下左右功能键也可实现，如图 8.53 所示。

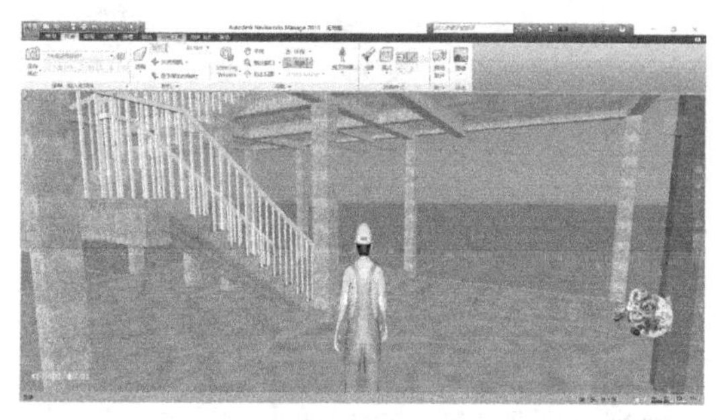

图 8.53 漫游控制效果

(3) 在真实效果中，若选中“碰撞”功能，则当行走至墙体位置时，将与墙体发生“碰撞”，无法穿越墙体；若选中“蹲伏”功能，则在行走过程中检测到路径与墙体发生“碰撞”时将会自动“蹲伏”，以尝试用蹲伏的方式从模型对象底部通过；“第三人”是表示在漫游时，会出现虚拟人物进行场景漫游检测；“重力”功能则表示虚拟人物是不会漂浮的，默认站在模型构件上。

3. 碰撞检查

由于现时阶段的 BIM 模型都是利用不同专业的设计图进行单独建模工作的，各专业间的空间位置易发生冲突，这些冲突在二维图纸上一般难以发现，如果利用 Navisworks 的浏览功能也需要花费大量时间。如何解决多专业协同设计问题呢?

三维建模的冲突检测是 BIM 应用中最常用的功能，以达到各专业间的设计协同，使设计更加合理，从而减少施工变更。Navisworks 提供的 ClashDetective（冲突检测）模块，用于完成三维场景中所指定任意两个选择集图元间的碰撞和冲突检测。即 Navisworks 将根据指定的条件，自动找出相互冲突的空间位置，并形成报告文件，且允许用户对碰撞检查结果进行管理。

(1) 在“常用”选项卡，单击“Clash Detective”选项，如图 8.54 所示。

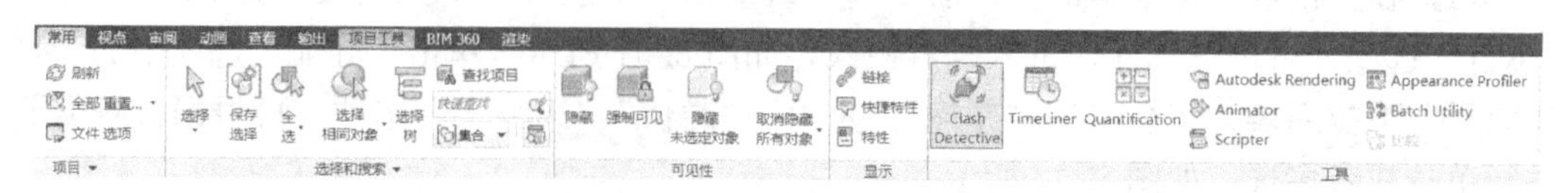

图 8.54 “Clash Detective”选项

(2) 单击右上方的“添加测试”按钮，此时会创建一个新的碰撞检测项，然后对该碰撞测试进行重命名。例如修改本次碰撞检测项为“结构碰撞”，来检查暖通模型与给排水模型的碰撞个数，如图 8.55 所示。

(3) 在设置中分别选择要碰撞的类型，将碰撞类型修改为硬碰撞，公差为 0.01m。最后单击下方的“运行测试”按钮，如图 8.56 所示。

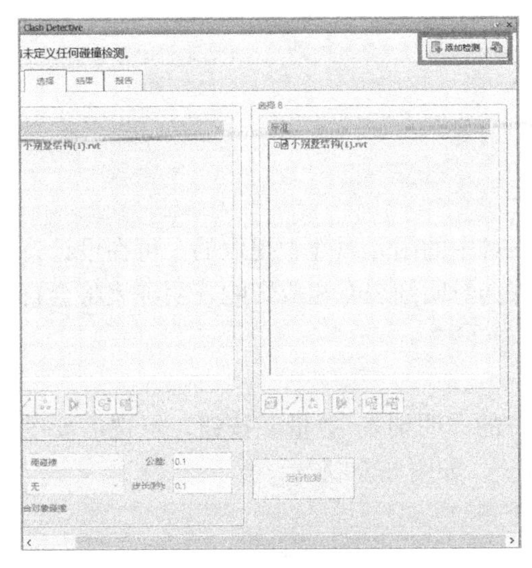

图 8.55　添加检测

图 8.56　运行监测

（4）完成碰撞，我们可以通过模型检查碰撞的情况，如图 8.57 所示。

（5）导出碰撞列表，并整理成碰撞报告，如图 8.58 和图 8.59 所示。

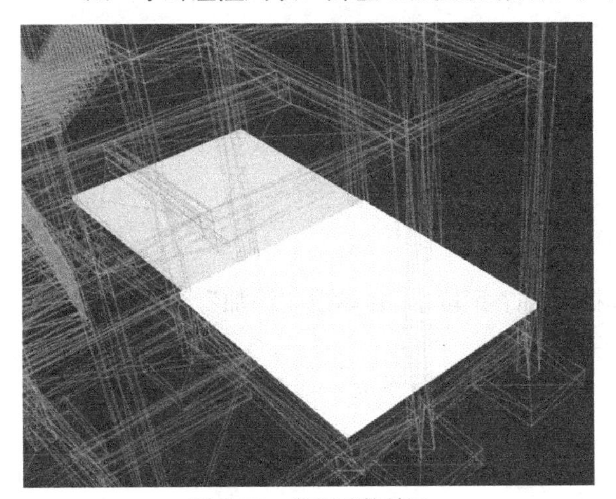

图 8.57　模型碰撞情况

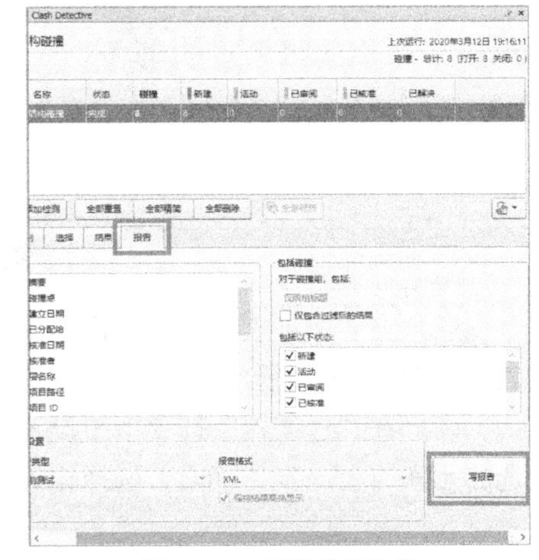

图 8.58　创建碰撞报告

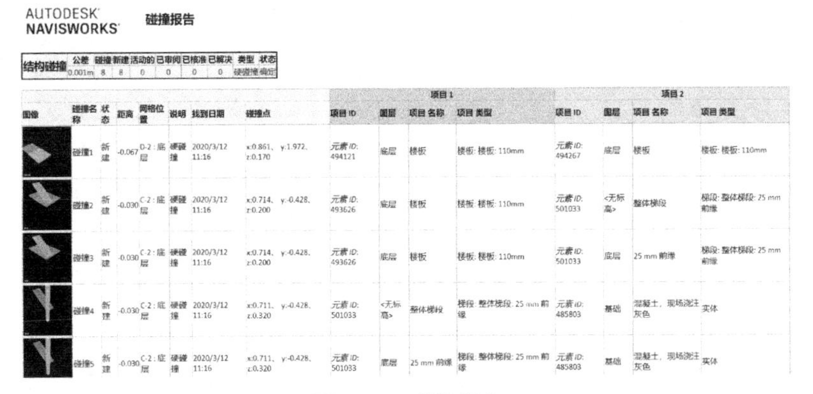

AUTODESK NAVISWORKS　碰撞报告

结构碰撞	公差	碰撞	新建	活动的	已审阅	已核准	已解决	类型	状态
	0.001m	8	8	0	0	0	0	硬碰撞	确定

图像	碰撞名称	状态	距离	网格位置	说明	找到日期	碰撞点	项目 1 项目 ID	项目 1 图层	项目 1 项目 名称	项目 1 项目 类型	项目 2 项目 ID	项目 2 图层	项目 2 项目 名称	项目 2 项目 类型
	碰撞1	新建	-0.067	D-2：底层	硬碰撞	2020/3/12 11:16	x:0.861、y:1.972、z:0.170	元素 ID: 494121	底层	楼板	楼板: 楼板: 110mm	元素 ID: 494267	底层	楼板	楼板: 楼板: 110mm
	碰撞2	新建	-0.030	C-2：底层	硬碰撞	2020/3/12 11:16	x:0.714、y:-0.428、z:0.200	元素 ID: 493626	底层	楼板	楼板: 楼板: 110mm	元素 ID: 501033	<无标高>	整体梯段	梯段: 整体梯段: 25 mm 前缘
	碰撞3	新建	-0.030	C-2：底层	硬碰撞	2020/3/12 11:16	x:0.714、y:-0.428、z:0.200	元素 ID: 493626	底层	楼板	楼板: 楼板: 110mm	元素 ID: 501033	底层	25 mm 前缘	梯段: 整体梯段: 25 mm 前缘
	碰撞4	新建	-0.030	C-2：底层	硬碰撞	2020/3/12 11:16	x:0.711、y:-0.428、z:0.320	元素 ID: 501033	<无标高>	整体梯段	梯段: 整体梯段: 25 mm 前缘	元素 ID: 485803	基础	混凝土，现场浇注灰色	实体
	碰撞5	新建	-0.030	C-2：底层	硬碰撞	2020/3/12 11:16	x:0.711、y:-0.428、z:0.320	元素 ID: 501033	底层	25 mm 前缘	梯段: 整体梯段: 25 mm 前缘	元素 ID: 485803	基础	混凝土，现场浇注灰色	实体

图 8.59　碰撞报告

8.4 工程量统计和模型数据导入导出

8.4.1 工程量统计

明细表以表格形式显示信息，这些信息是从项目中的图元属性中提取的。可在设计过程中的任何时候创建明细表。对项目的任何修改都会对明细表有相应影响，明细表将会自动更新。

1. 明细表创建

(1) 选择“分析”选项卡“报告和明细表”中的“明细表/数量”按钮，点选需要统计的构件，设置“名称”“阶段”，最后单击“确定”，如图 8.60 所示。

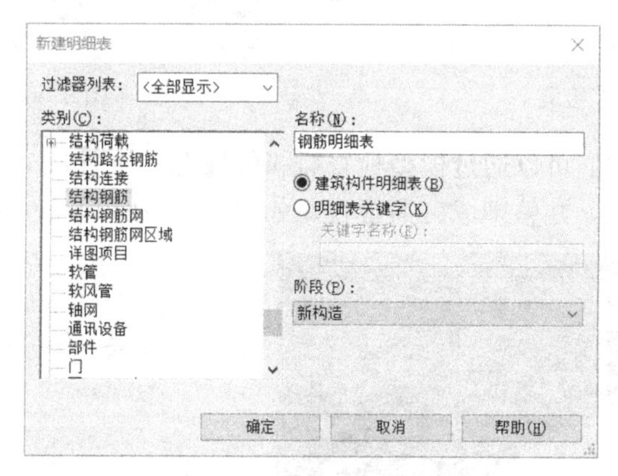

图 8.60 新建明细表

(2) 在“明细表属性”对话框中，选择统计“字段”，并单击“添加”添置明细表列表，如图 8.61 所示。

(3) 在“过滤器”选项卡中设置过滤条件，筛选统计图元，如图 8.62 所示。可供筛选的元素与上一步“字段”选择相关。

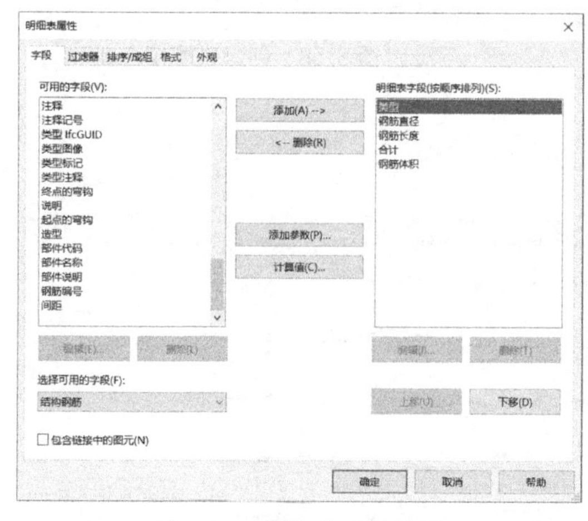

图 8.61 明细表字段设置

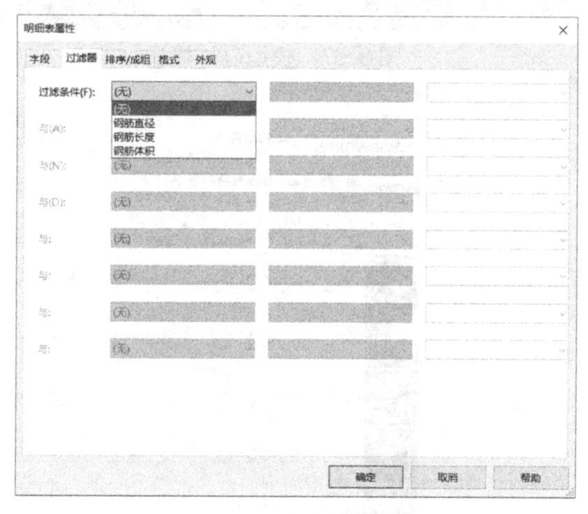

图 8.62 明细表过滤器设置

（4）在“排序/成组”选项卡中设置排序方式，如图 8.63 所示。

（5）在“格式”选项卡中设置标题名称、方向、对齐方式和字段格式。此处标题名称可以与字段不同。对于“长度”等参数，可勾选“字段格式”中的“计算总数”用以分类统计，如图 8.64 所示。

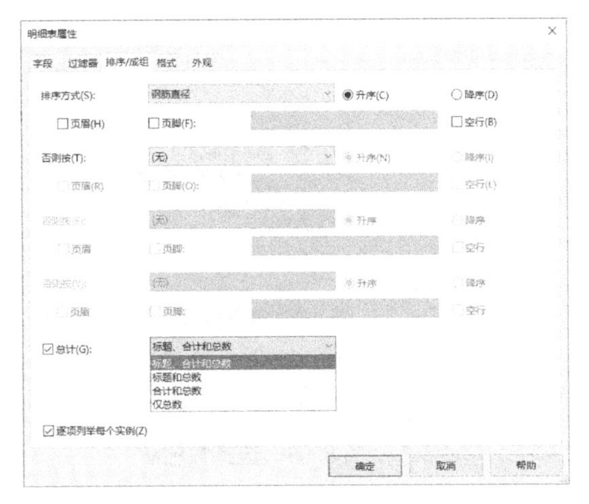

图 8.63 明细表排序/成组设置

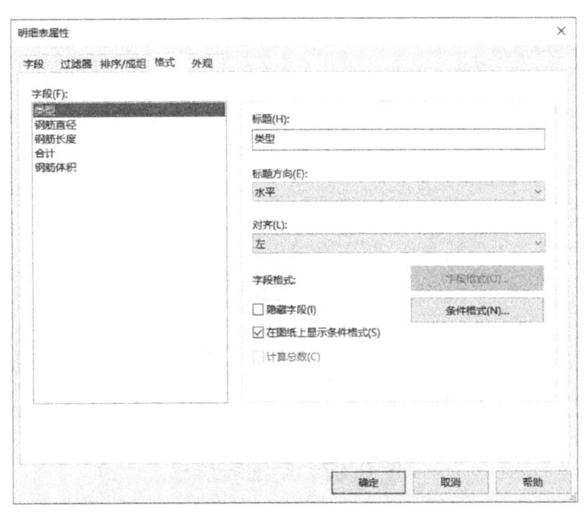

图 8.64 明细表格式设置

（6）在“外观”选项卡（图 8.65）中设置表格图形、文本文字等，单击“确定”，生成明细表，如图 8.66 所示。

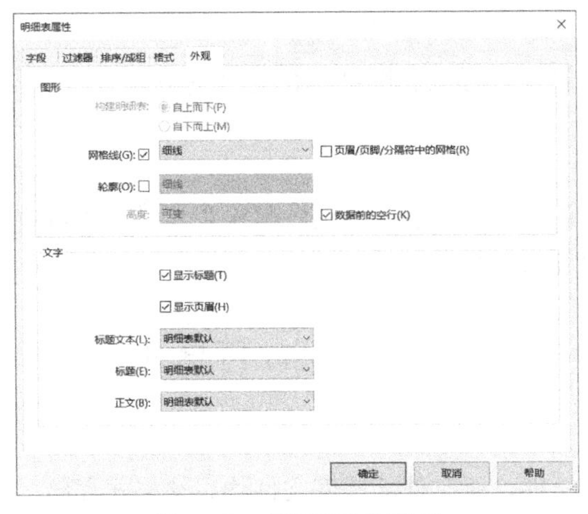

图 8.65 明细表外观设置

<钢筋明细表>

A	B	C	D	E
类型	钢筋直径	钢筋长度	合计	钢筋体积
6 HRB400	6 mm	1360 mm	1	576.80 cm³
6 HRB400	6 mm	250 mm	1	106.03 cm³
6 HRB400	6 mm	250 mm	1	106.03 cm³
6 HRB400	6 mm	250 mm	1	106.03 cm³
8 HRB400	8 mm	2400 mm	1	1809.56 cm³
8 HRB400	8 mm	2960 mm	1	148.79 cm³
12 HRB400	12 mm	2960 mm	1	334.77 cm³
12 HRB400	12 mm	2960 mm	1	334.77 cm³
12 HRB400	12 mm	2960 mm	1	334.77 cm³
12 HRB400	12 mm	2960 mm	1	334.77 cm³
12 HRB400	12 mm	2960 mm	1	334.77 cm³
12 HRB400	12 mm	2960 mm	1	334.77 cm³
12 HRB400	12 mm	2960 mm	1	334.77 cm³
12 HRB400	12 mm	2960 mm	1	334.77 cm³
12 HRB400	12 mm	2960 mm	1	334.77 cm³
12 HRB400	12 mm	2960 mm	1	334.77 cm³
12 HRB400	12 mm	2960 mm	1	334.77 cm³
12 HRB400	12 mm	2960 mm	1	334.77 cm³
12 HRB400	12 mm	2960 mm	1	334.77 cm³
12 HRB400	12 mm	2960 mm	1	334.77 cm³
12 HRB400	12 mm	2960 mm	1	334.77 cm³
12 HRB400	12 mm	2960 mm	1	334.77 cm³
总计: 22				

图 8.66 明细表

后期需要修改明细表时，可在“项目浏览器”的“明细表/数量”中选择并进入相应表单，在属性栏中完成对“字段”“过滤器”“排序/成组”“格式”“外观”的新增、删减等调整。

2. 导出明细表

当在 CAD 中完成图纸说明时，可能会有将明细表导入 CAD 的需求。此时可采用如图 8.67 所示的方法操作，在应用程序菜单中选择“导出”，单击“报告”中的“明细表”按钮，导出“.txt”文本文件，然后将文本内容复制至 Excel 表格。

在 Excel 界面中复制表格内容，进入 CAD，选择“默认”，然后在“剪贴板”中“选择性粘贴”按钮，在弹出的“选择性粘贴”对话框中点选“AutoCAD 图元”（图 8.68），单击“确定”即可将表格放置于 CAD 绘图区。注意：本步操作也可直接在 Revit 中导出含有明细表的 DWG 文件，后期编辑即可。

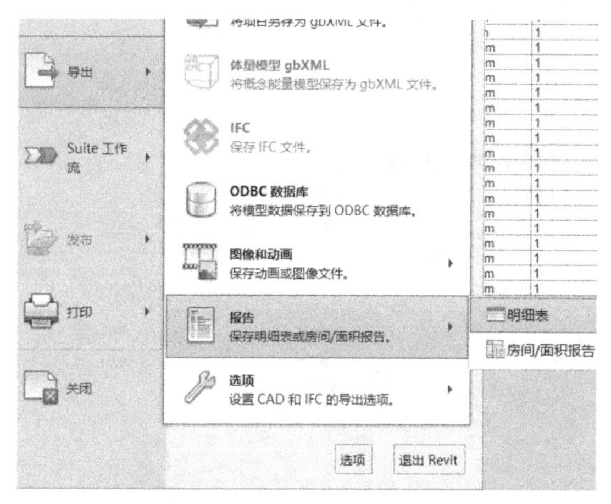

图 8.67　明细表导出

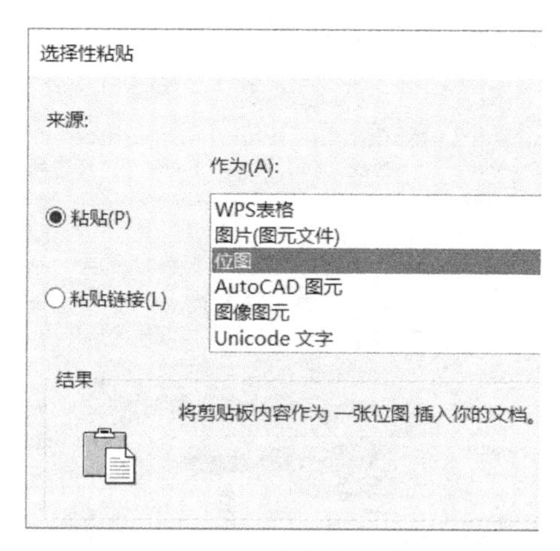

图 8.68　选择性粘贴

8.4.2　数据文件格式

1. Revit 基本文件格式

Revit 软件的基本文件格式有四种：rvt、rte、rft、rfa。

（1）rvt 文件

项目文件格式，包含项目的模型、注释、视图、详图、图纸等信息。一般通过 rte 样板文件建立，搭建模型完成后保存为该格式。

（2）rte 文件

项目样板文件格式，包含项目的单位、标注样式等内容。使用项目样板文件，可以将常用的项目标准等内容创建保存，从而避免重复设置相关数据。

（3）rft 文件

外部族样板文件格式。如果创建不同的外部族，需要选择相应的不同的外部族样板文件。

（4）rfa 文件

外部族文件，由外部族样板文件建立的族文件，所有外部族库文件均以该格式存储。

2. 可支持的文件格式

系统提供了“导入”“链接”和“导出”工具，可以接受多样化的文件格式，进而实现多软件环境的协同工作。

（1）CAD 格式：当导入或链接 DWG 文件时，软件将显示嵌套外部参照的几何图形。

（2）IFC 格式：IAI 组织制定的建筑工程数据交换标准，在全球得到了广泛应用和支持。

（3）ACIS 格式：包含在 DWG、DXF、SAT 文件中，用于描述实体或经过修剪的表面。

（4）ADSK 格式：基于 xml 的数据交换格式，用于 Inventor、Revit、AutoCAD、

Civil3D 等软件之间的数据交换。

8.4.3 其他格式的导入导出

除了通过标准数据格式，不同软件间的数据交换还可以通过加载读写文件插件的方式来实现，如国内常用的 PKPM 软件、广厦软件、盈建科软件、天正软件等。

习题

1. 试述工作集的概念。
2. 试述 Revit 软件的出图流程。
3. Revit 软件的文件格式有哪些?

第9章　工程案例实战

9.1　案例介绍

9.1.1　项目概况

本工程为某住宅小区配套9班幼儿园，其地上建筑面积2807m^2。本工程为地上3层，层高3.6m，建筑高度12.55m。

建筑设计按“清水房”内装修标准设计，不包括室内二装设计。住宅室内地面、墙面及顶棚仅做至找平层，面层由二装完成。结构类型为框架结构＋独立基础或筏板基础，地下室底板的侧壁防水等级均为Ⅱ级，其混凝土抗渗等级为S6。半地下室底板、侧墙使用SBS防水卷材。设计使用年限为50年。该建筑立面表现形式比较丰富，变化比较复杂。

本工程为低层幼儿园，地上3层，结构类型为钢筋混凝土全现浇框架结构，结构基础采用柱下独立基础，设计使用年限为50年。

建筑结构安全等级为二级，地基基础设计等级为乙级，本工程建筑抗震设防类别为乙类，抗震设防烈度为6度，设计基本地震加速度值为0.05g，所在场地设计地震分组为第三组，场地类别为Ⅱ类，场地特征周期为0.45s。

9.1.2　建筑专业图纸

建筑专业图纸中的首层平面图、屋顶平面图、立面图和剖面图，如图9.1～图9.4所示。

9.1.3　结构专业图纸

结构专业图纸中的基础平面图、二层结构布置图、一层以上柱平面图和二层梁平法施工图，如图9.5～图9.8所示。

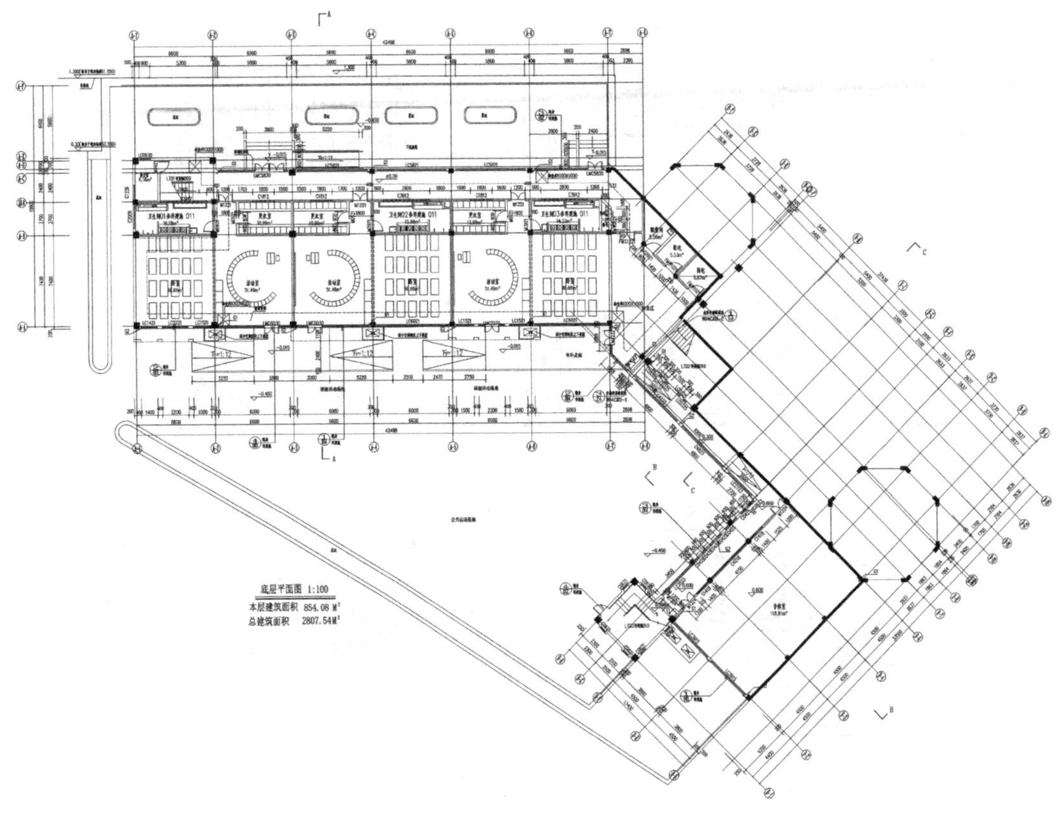

图 9.1　建筑首层平面图

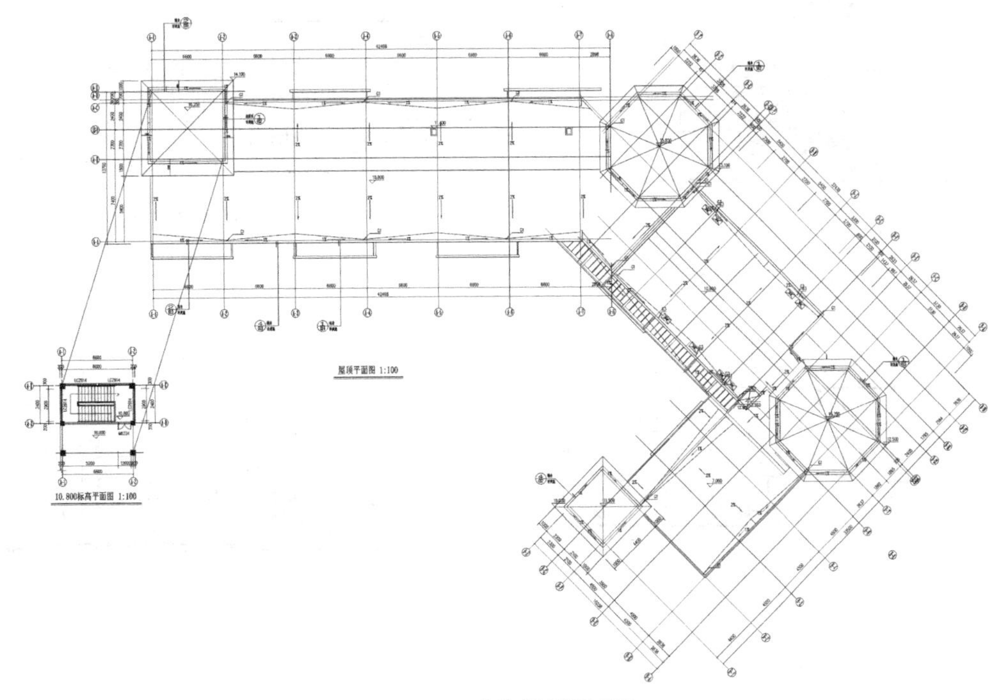

图 9.2　建筑屋顶平面图

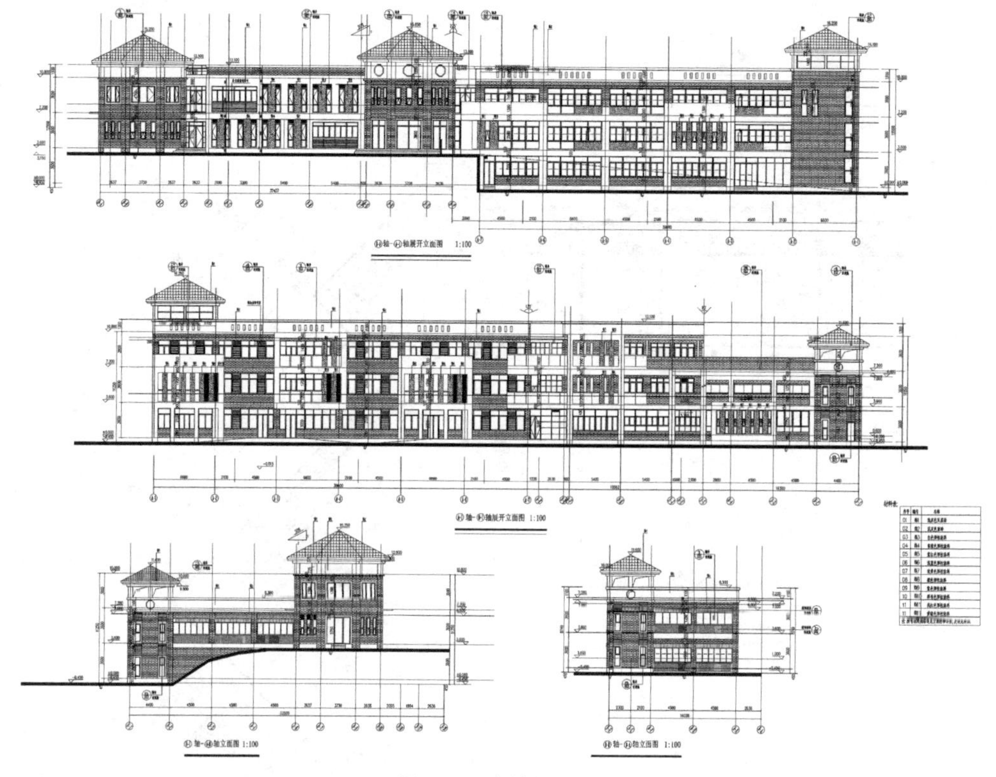

图 9.3 建筑立面图

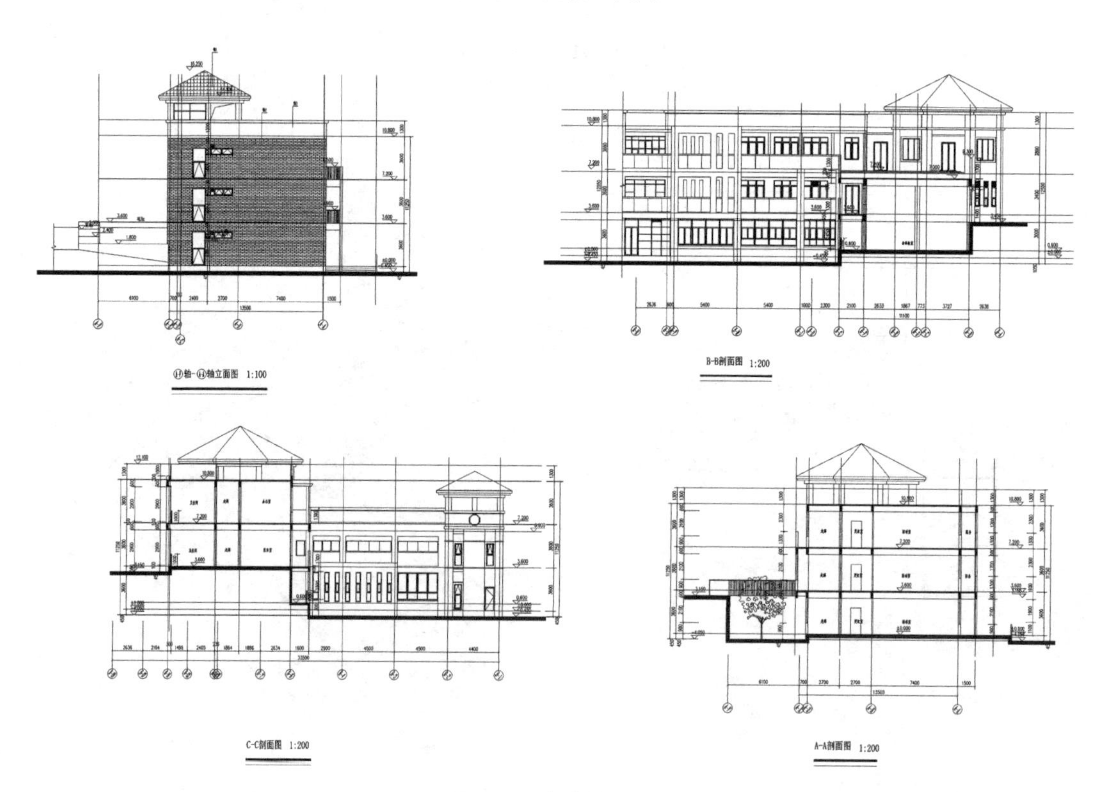

图 9.4 建筑剖面图

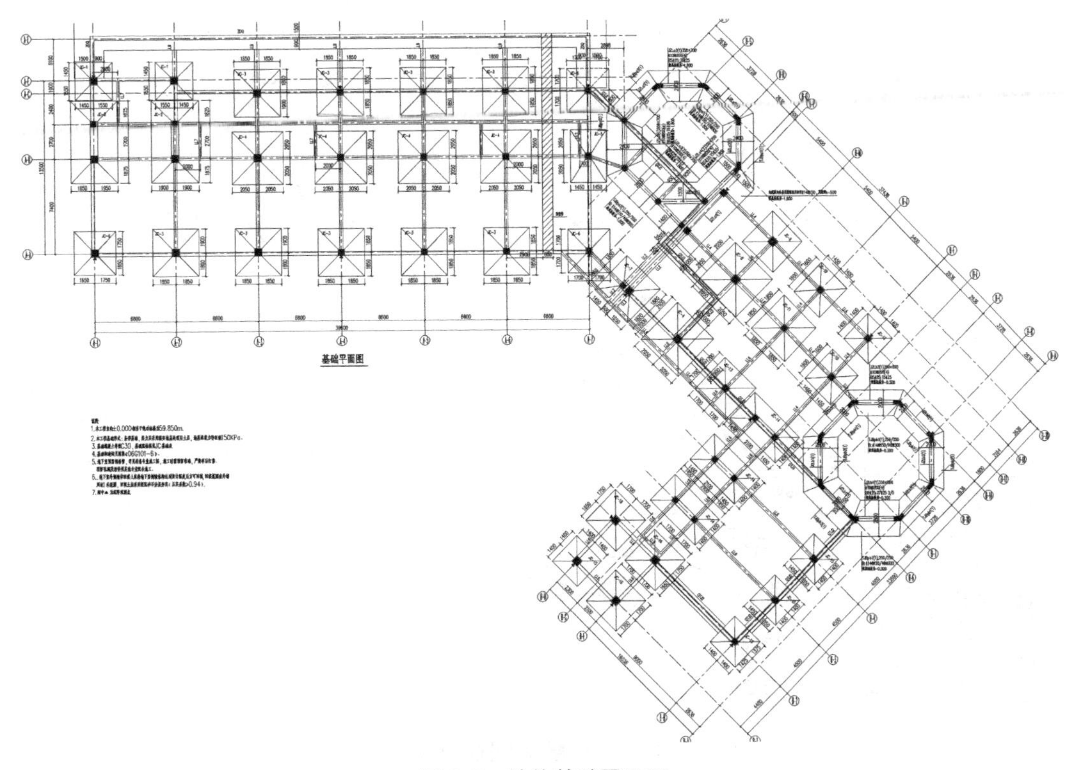

图 9.5 结构基础平面图

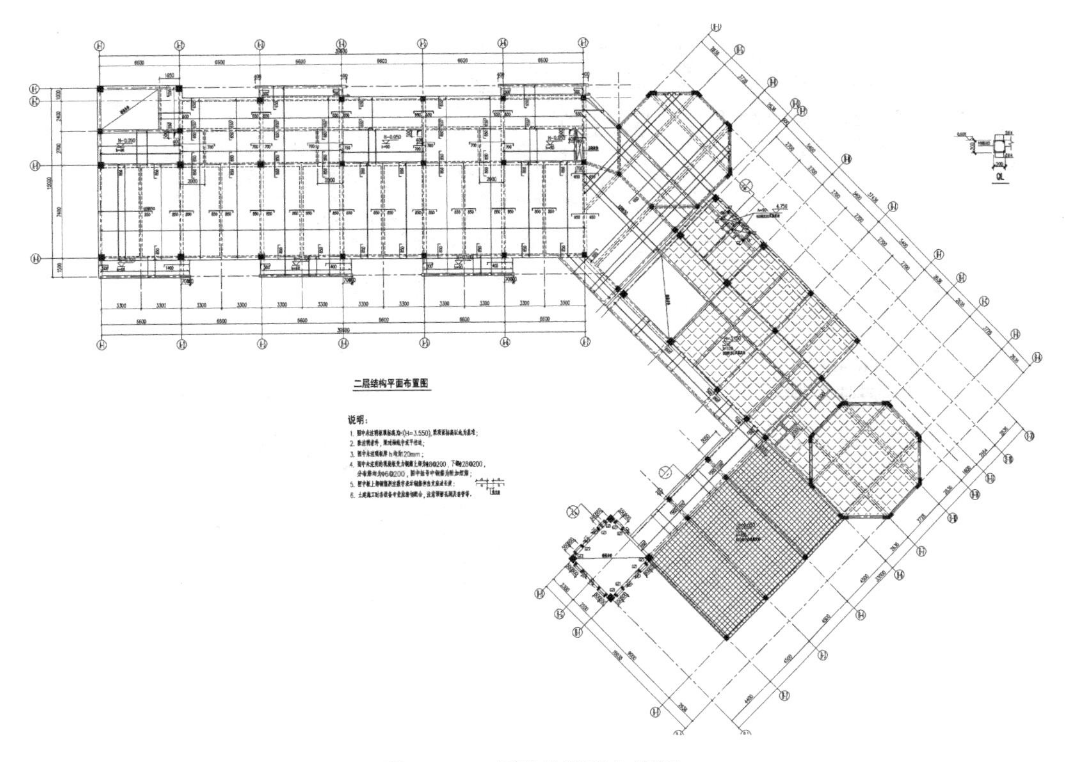

图 9.6 二层结构平面布置图

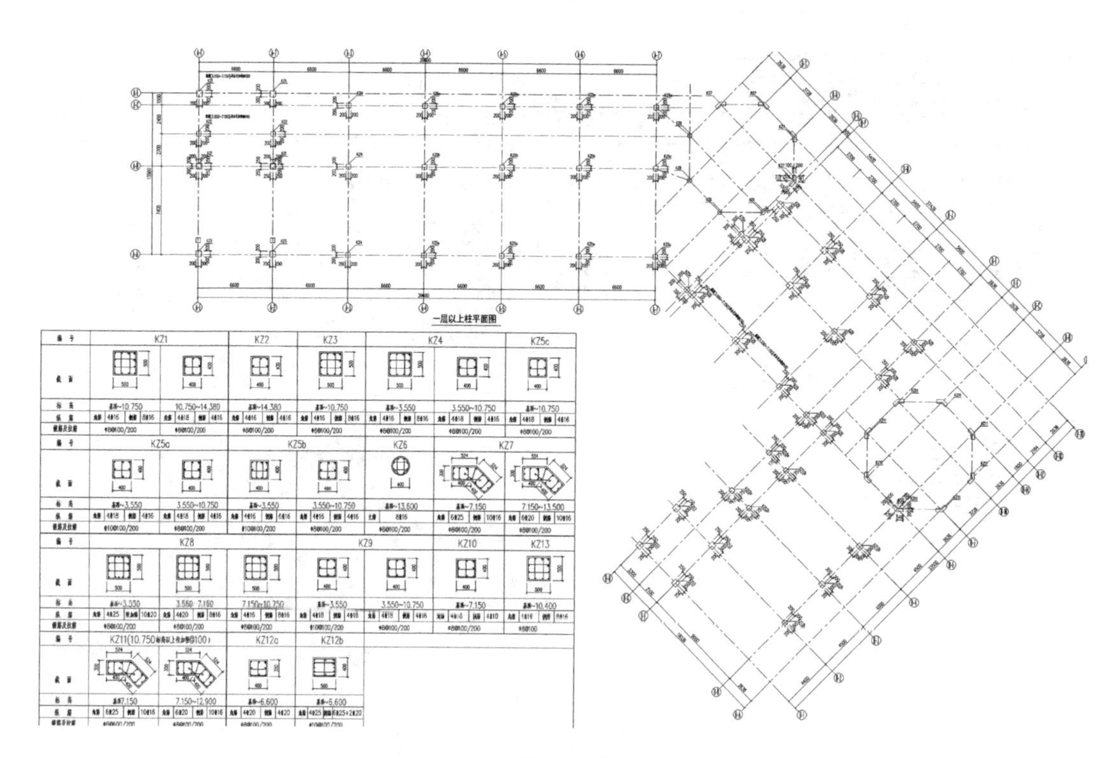

图 9.7 一层以上柱平面图

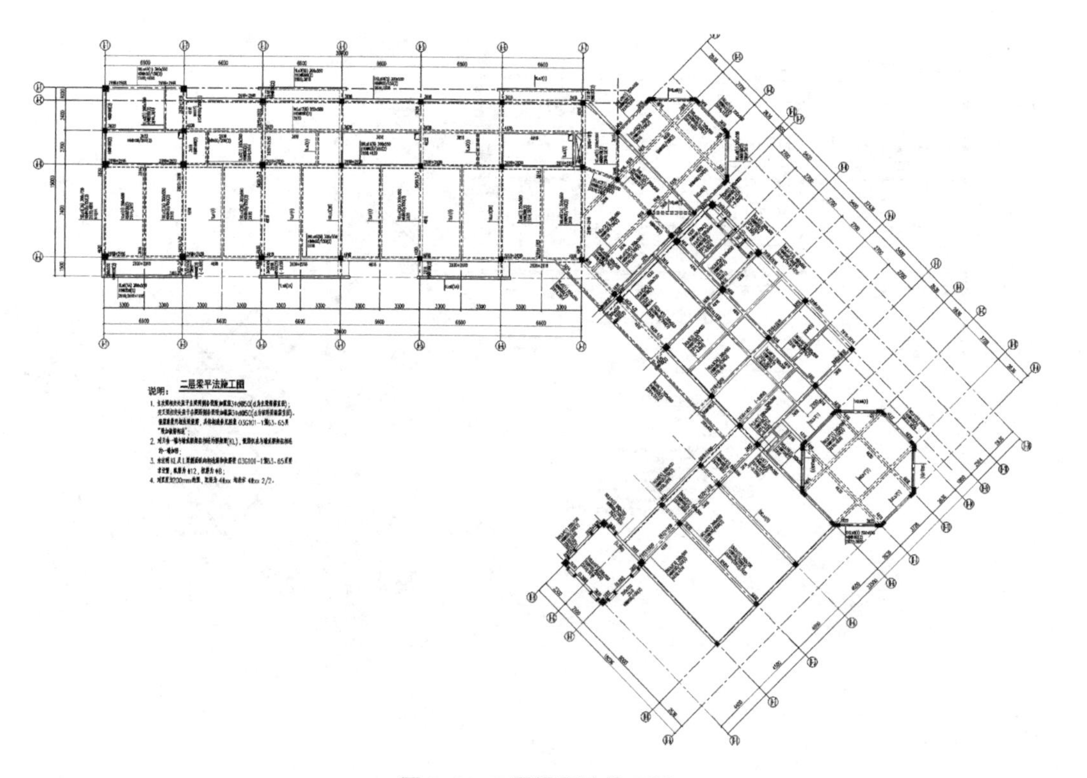

图 9.8 二层梁平法施工图

9.2 建筑模型

9.2.1 项目准备

1. 新建项目

在应用程序中新建项目，见图 9.9，选择建筑样板，首先进行保存，保存时在弹出的“另存为”对话框中单击“选项”按钮，修改文件保存选项对话框中最大备份数为 10，命名为“幼儿园”。

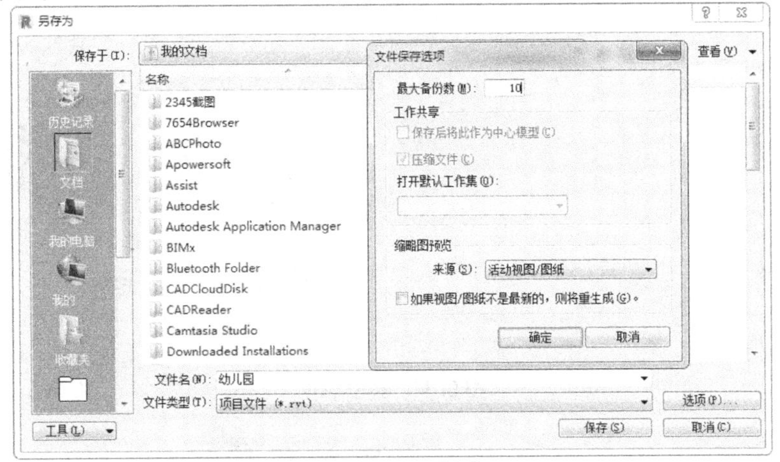

图 9.9 项目新建

2. 创建标高

打开“项目浏览器”中的立面视图，单击“建筑”选项卡“基准”面板中的“标高”按钮，进入“修改/放置标高”选项卡。根据图纸在原有 ±0.00 基础上添加 −0.45m、3.6m、7.2m、10.8m、14.4m 分别对应室外地坪、1 层、2 层、3 层、屋顶，如图 9.10 所示。

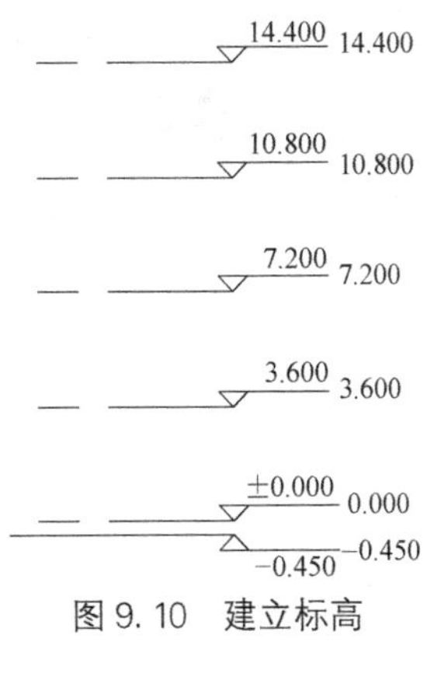

图 9.10 建立标高

3. 创建轴网

在 0.00 楼层平面视图，单击“建筑”选项卡“基准”面板中的“轴网”按钮，在“修改/放置轴网”选项卡中选择绘制方式为直线，6.5mm 编号间隙，绘制 A-1 至 A-8，A-A 至 A-F，B-A 至 B-T，B-1 至 B-19，其中 1/A-B 与 A-8、B-T 相交，如图 9.11 所示。

4. 创建中心模型

在应用程序中点击“选项”按钮，在弹出对话框中修改用户名，默认视图规程为建筑。单击“协作”选项卡“管理协作”面板中的“协作”按钮，选择局域网协作，如图 9.12 所示。

单击“协作”选项卡“管理协作”面板中的“工作集”按钮，在弹出的“工作集”对话框中单击“新建”按钮，将新工作集名称分别为“建筑内部”和“建筑外部”，然后确定即可。在弹出的“指定活动工作集”中，选择“否”，如图 9.13 所示。

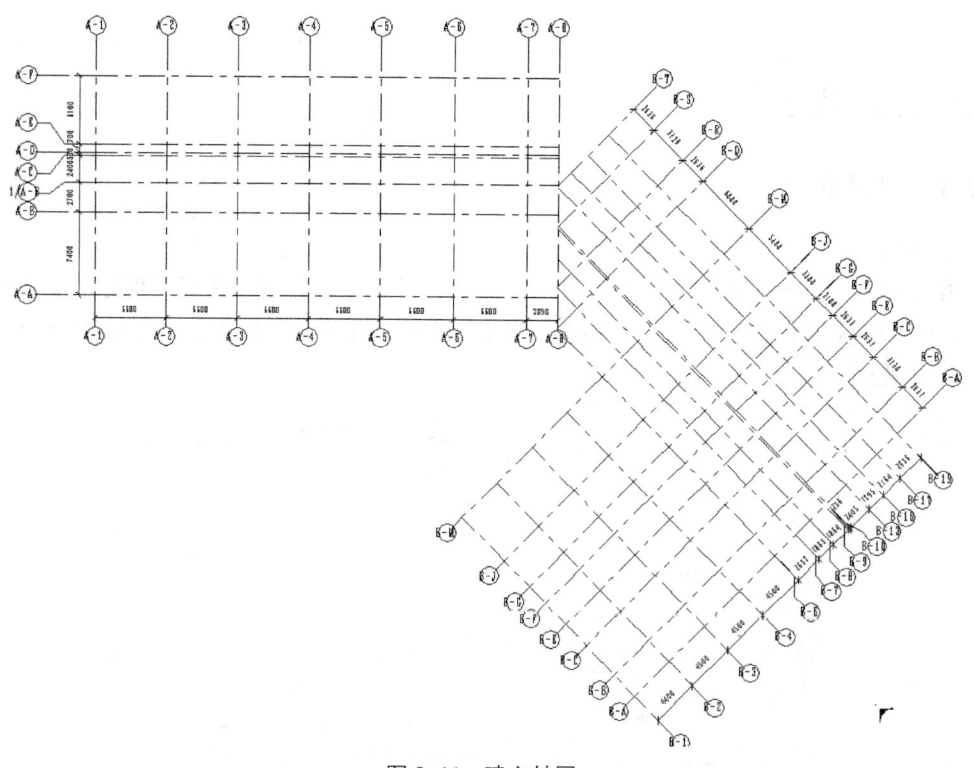

图 9. 11　建立轴网

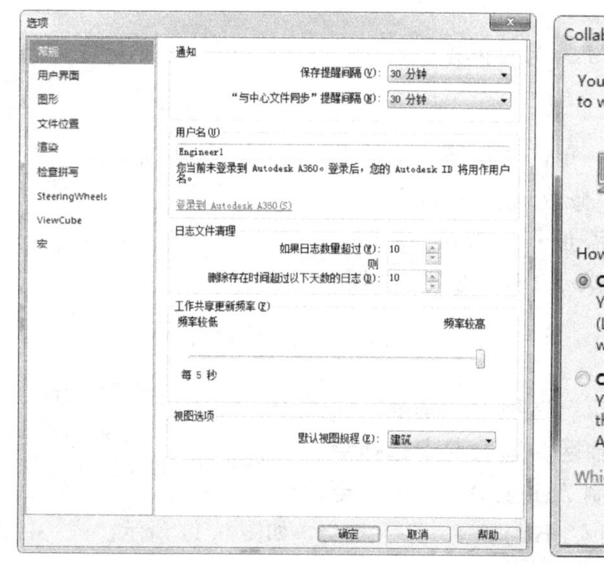

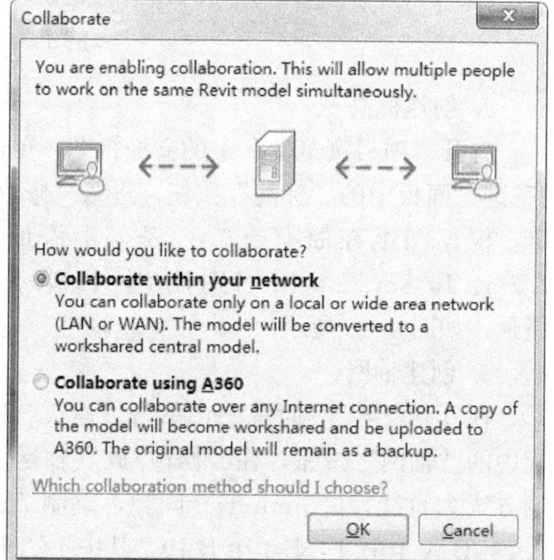

图 9. 12　管理协作

单击“协作”选项卡上“同步”面板中的“同步并修改设置”按钮，弹出“与中心文件同步”对话框，单击“确定”按钮与中心模型同步。单击“协作”选项卡“管理协作”面板中的“工作集”按钮，在弹出“工作集”对话框中，将工作集“建筑内部”和“建筑外部”的可编辑改为“否”，单击“确定”按钮即可。随后将文件关闭，协同案例的准备工作完成。

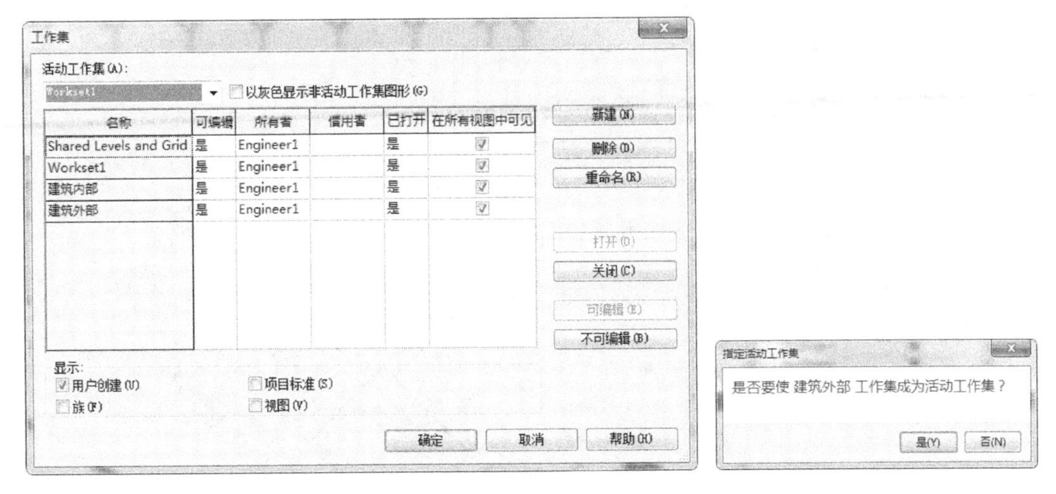

图 9.13　制定活动工作集

9.2.2　模型建立

以 0.00 为标准层进行建模，主要思路是建立标准层后，复制到 2F、3F，再根据具体情况修改。

1. 建立 0.000 层模型

(1) 创建外墙

在 0.00 楼层平面视图中，单击“建筑”选项卡上“构建”面板中的“墙”按钮，复制命名为“200 外墙+瓷砖”的墙，并编辑其结构层。在选项栏中，修改墙“底部约束”为−0.45，“顶部约束”为 3.60，定位线为“面层面：外部”，如图 9.14 所示。

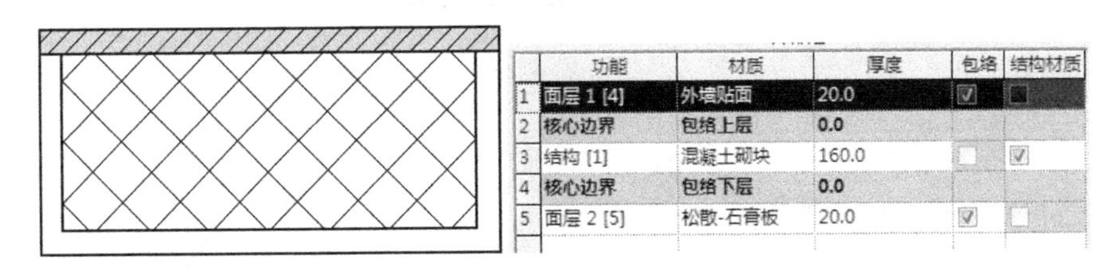

	功能	材质	厚度	包络	结构材质
1	面层 1 [4]	外墙贴面	20.0	☑	☐
2	核心边界	包络上层	0.0		
3	结构 [1]	混凝土砌块	160.0	☐	☑
4	核心边界	包络下层	0.0		
5	面层 2 [5]	松散-石膏板	20.0	☑	☐

图 9.14　墙构造设置

在 0.00 楼层平面视图中，复制命名为“基础−700mm 混凝土”的外围墙，修改墙“底部约束”为−0.45，“顶部约束”为 3.60，定位线为核心层中心线，如图 9.15 所示。

(2) 创建内墙

在 0.00 楼层平面视图，单击“建筑”选项卡上“构建”面板中的“墙”按钮，在“属性”选项板中，选择墙类型为“基本墙”，复制名为“200 内墙白色”的内墙，并修改墙“底部约束”为−0.45，“顶部约束”为 3.60，定位线为墙中心线，如图 9.16 所示。在三维视图的整体效果如图 9.17 所示。

(3) 添加门

在 0.00 楼层平面视图中，单击“建筑”选项卡上“构建”面板中的“门”按钮，在“属性”选项板中载入门类型并将其命名为“LMC6030”，修改宽度为 1200，确定即可，

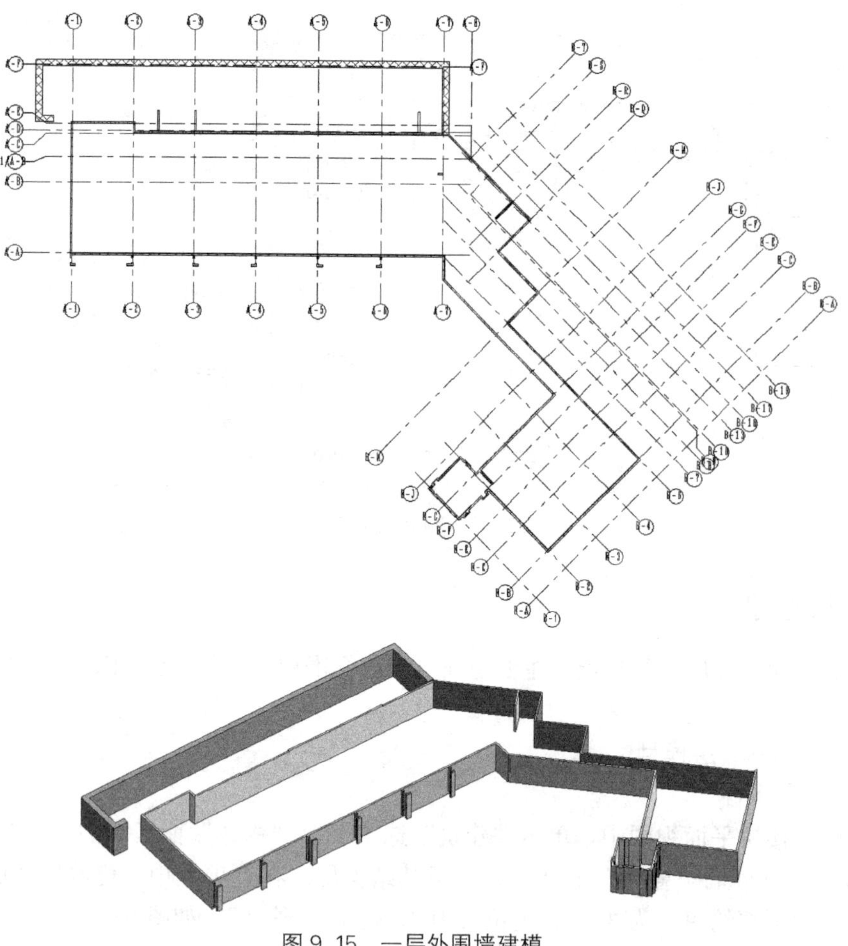

图 9.15　一层外围墙建模

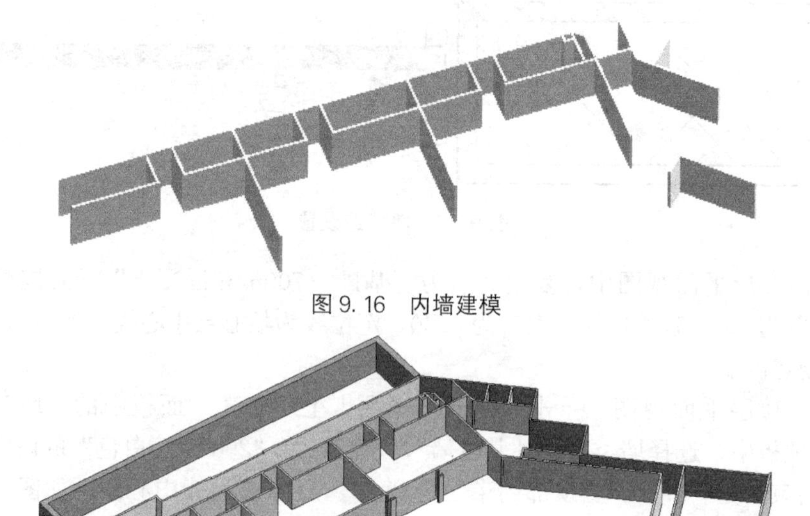

图 9.16　内墙建模

图 9.17　三维效果

其他门同理。放置门后，通过单击门上的翻转符号将门进行左右翻转和上下翻转，如图 9.18 所示。

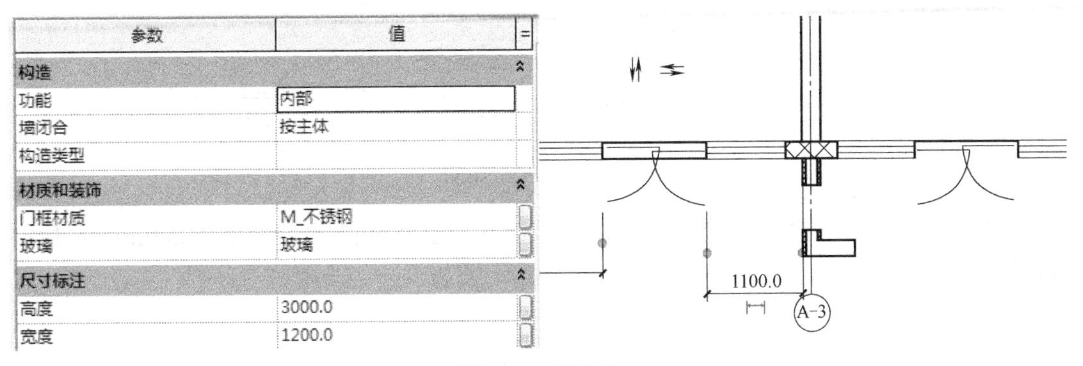

图 9.18　添加门

（4）添加窗

在 0.00 楼层平面视图中，单击“建筑”选项卡上“构建”面板中的“窗”按钮，在“属性”选项板中载入窗族，复制名为“LC1421”的窗，修改底高度为 900，然后放置窗，并利用临时尺寸修改其位置，如图 9.19 所示。

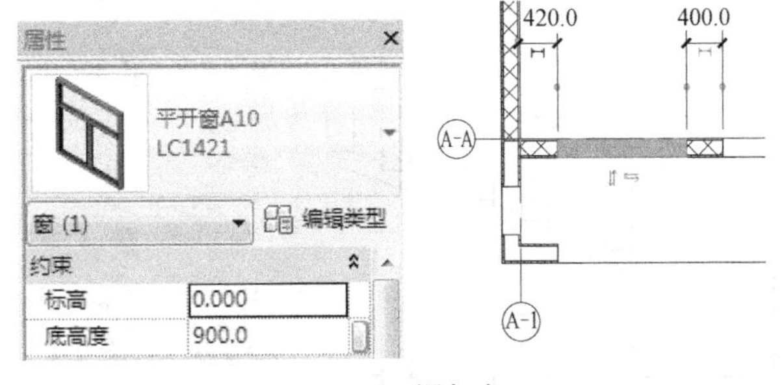

图 9.19　添加窗

（5）添加室内楼板

在 0F 楼层平面视图中，单击“建筑”选项卡的“构建”面板中的“楼板”按钮，进入到楼板边界编辑模式。在“属性”选项板中，选择楼板的类型为“常规－150mm”，修改自标高的高度偏移值为 0，如图 9.20 所示。

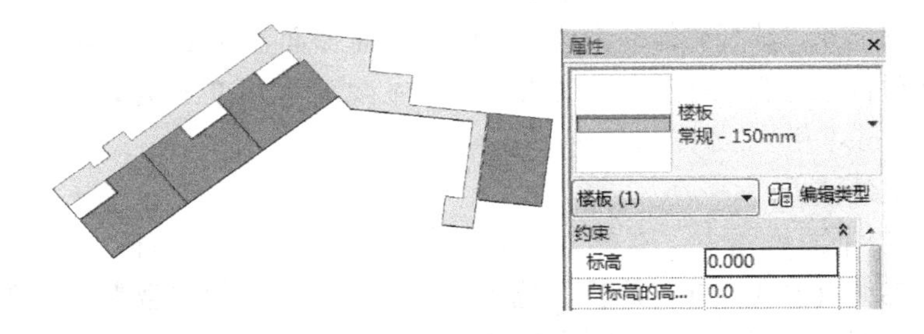

图 9.20　添加室内楼板

在“修改/创建楼板编辑”选项卡上的“绘制”面板中选择边界线绘制方式为“拾取墙”，并分别绘制室内走廊（常规－150mm）、卫生间（常规－150mm-瓷）降板 2cm 及室内房间（常规－150mm-木）楼板，如图 9.21 所示。

（6）创建室内楼梯

在 0.000 楼层平面视图中，单击“建筑”选项卡上“构建”中面板的“楼梯”按钮进入楼梯绘制模式。选择整体现浇楼梯，修改所需梯面数为 24，实际踏步深度为 300。在

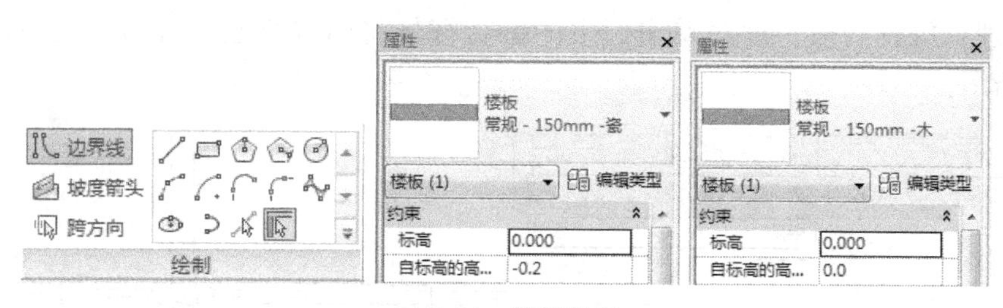

图 9.21 楼板编辑

“属性”选项板中修改实际梯段宽度为 1550，栏杆扶手修改扶手类型为“1200mm 木栏”，如图 9.22 所示。

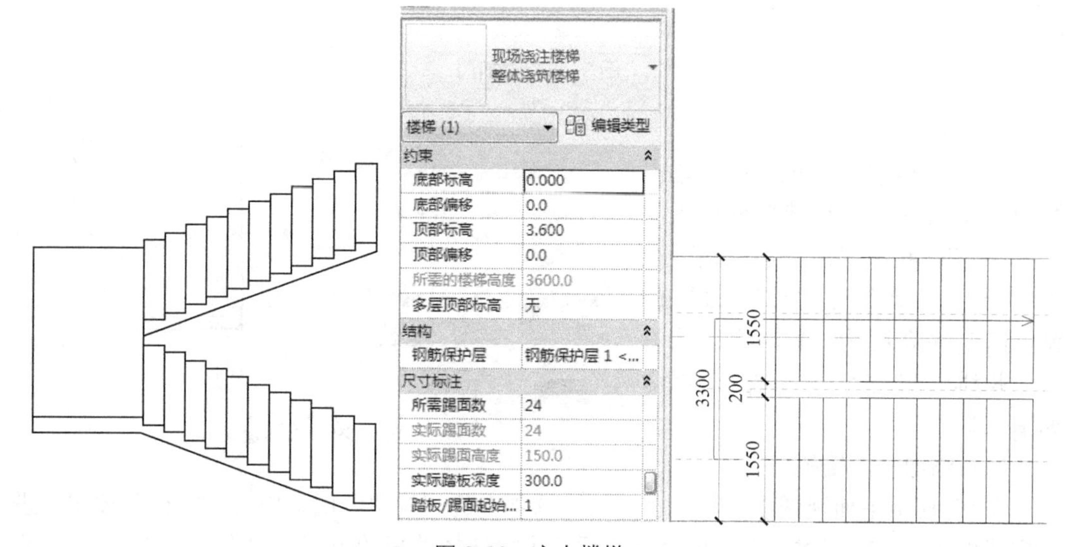

图 9.22 室内楼梯 1

在 0.000 楼层平面视图中，再次单击“建筑”选项卡上“构建”面板中的“楼梯”按钮进入楼梯绘制模式。选择整体现浇楼梯，修改所需梯面数为 24，实际踏步深度为 300。在“属性”选项板中修改实际梯段宽度为 1400，4 段 1500 长的楼梯，栏杆扶手修改扶手类型为“1200mm 木栏”，如图 9.23 所示。

（7）创建室外楼板

在 0.00 楼层平面视图中，单击“建筑”选项卡上“构建”面板中的“楼板”按钮，进入到楼板边界编辑模式。在“属性”选项板中，选择楼板的类型为“常规－450mm”，修改自标高的高度偏移值为 300，如图 9.24 所示。

选取边界线绘制方式为拾取线，拾取参照平面绘制草图，然后使用“修建/延伸”角工具修改草图线为闭合连接的图形，单击完成即可。单击“建筑”选项卡上“楼梯坡道”面板中的“栏杆扶手”按钮绘制栏杆路径，设定栏杆类型为“1200mm 木栏”，单击完成即可，如图 9.25 所示。

（8）创建室外坡道

单击“建筑”选项卡“构件”面板中的“坡道”按钮进入坡道草图编辑模式。绘制两条参照平面，在“属性”选项板中，修改底部标高为－1F，底部偏移为 0，顶部标高为

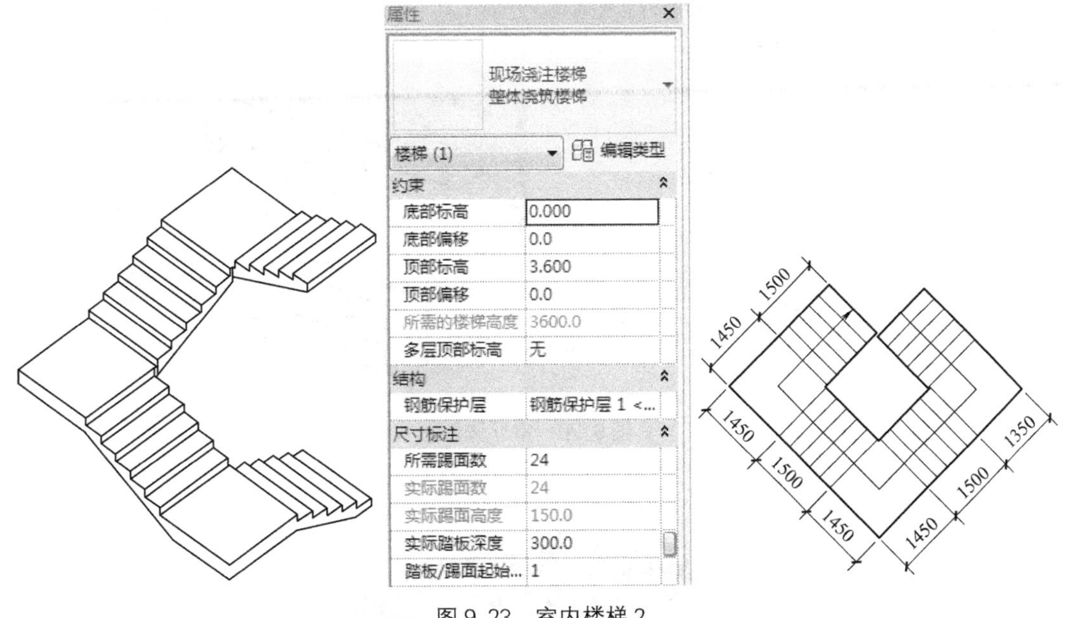

图 9.23　室内楼梯 2

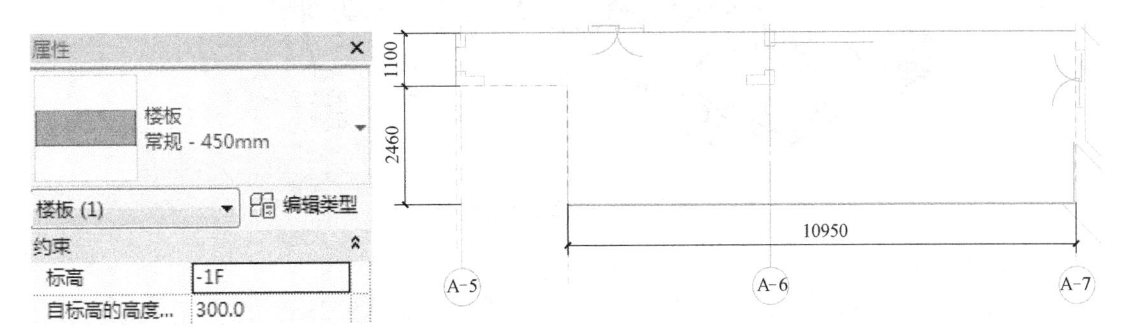

图 9.24　室外楼板

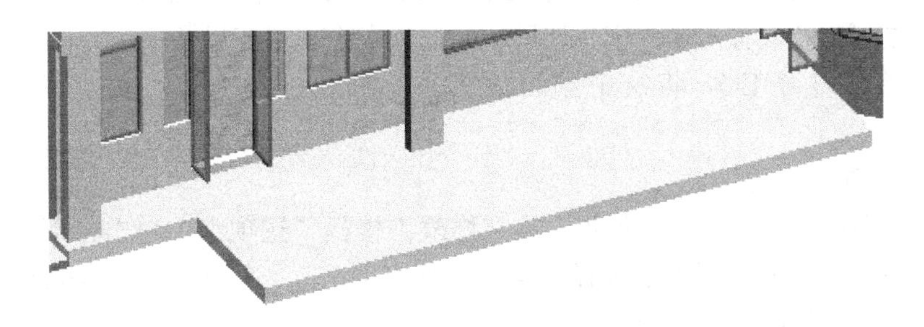

图 9.25　室外楼板三维效果

0F，顶部偏移为—150。以同样方法绘制其他两端坡道，如图 9.26 所示。

在三维视图中，选择坡道扶手，修改扶手类型为“1200mm 木栏”，完成坡道，如图 9.27 所示。

2. 建立 3.600 层模型

在三维视图中选择 0.00 层楼板，在“修改｜楼板”选项卡中单击“复制到剪贴板”

按钮，在“粘贴”下拉菜单中选择“与选定标高对齐”，选择 3.600，将该楼板复制粘贴到对应标高上，修改不同之处。

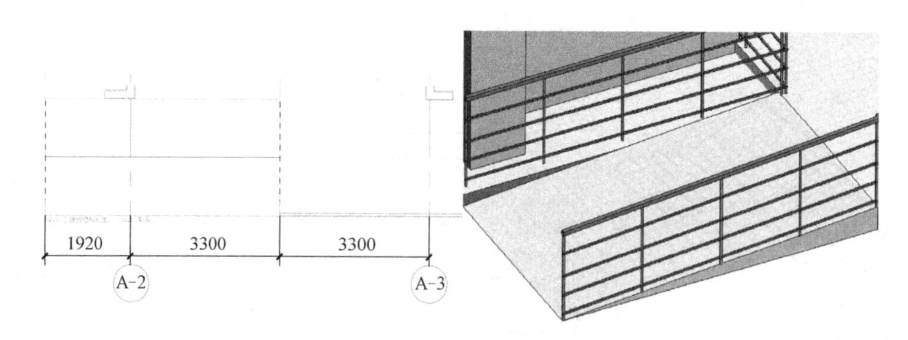

图 9.26 室外坡道

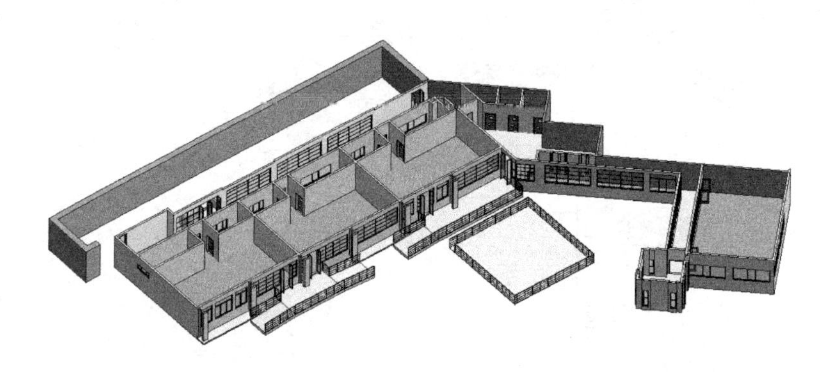

图 9.27 坡道完成后效果

（1）添加墙

添加 3.600 层 B-A 至 B-T、B-10 至 B-19 轴的内墙，如图 9.28 所示。

（2）添加窗

完成相应百叶窗 BYC0529 和平开窗 LC0619 的建模，注意添加窗时 EQ 等分的使用。

在两窗之间连续放置同样的窗，使用注释选项卡中“对齐尺寸标注”工具捕捉窗中点标注，单击等分符号 EQ，将窗中点间距等分，如图 9.29 所示。最终的三维效果如图 9.30 所示。

3. 建立 7.200 层模型

在三维视图中选择 3.600 层楼板，在“修改｜楼板”选项卡中单击“复制到剪贴板”按钮，在“粘贴”的下拉菜单中选择“与选定标高对齐”，选择 7.200，将该楼板复制粘贴到对应标高上，修改不同之处。

（1）添加柱

在 7.200 平面视图中，选择矩形柱“500×500”的类型，底部标高 7.200，底部偏移 2850，顶部标高 7.200，顶部偏移为 0，如图 9.31 所示。

（2）添加顶板

在 7.200 平面视图中，单击“建筑”选项卡“构建”面板中的“楼板”按钮，选择“凉亭顶板 150”类型，自标高的底部偏移为 0，如图 9.32 所示。

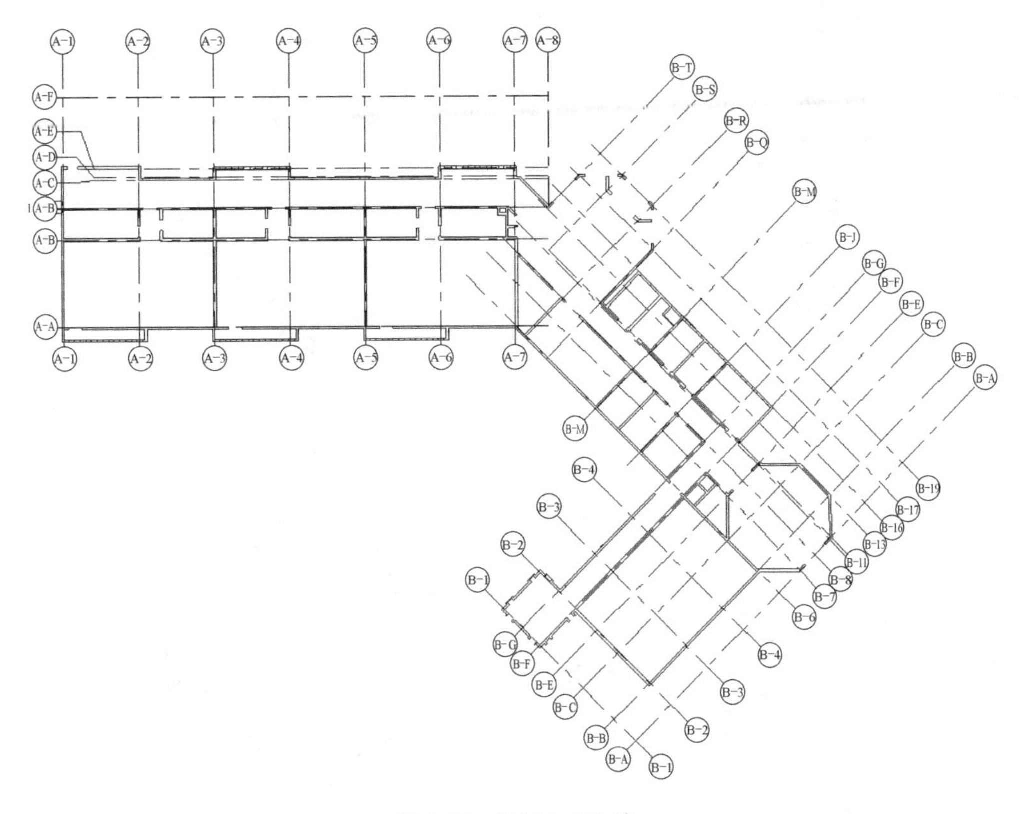

图 9.28 添加 3.600 墙

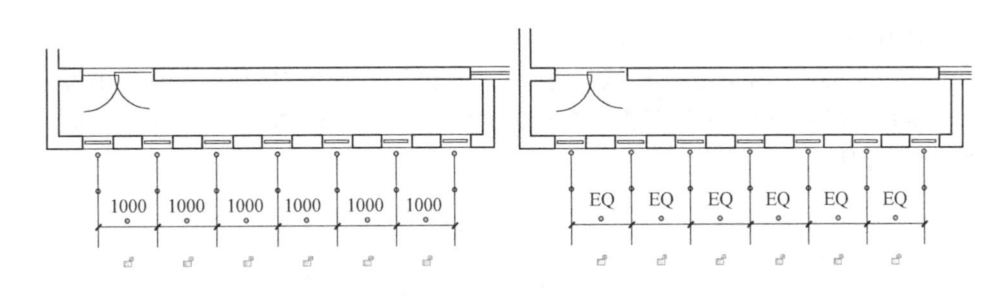

图 9.29 等分 EQ

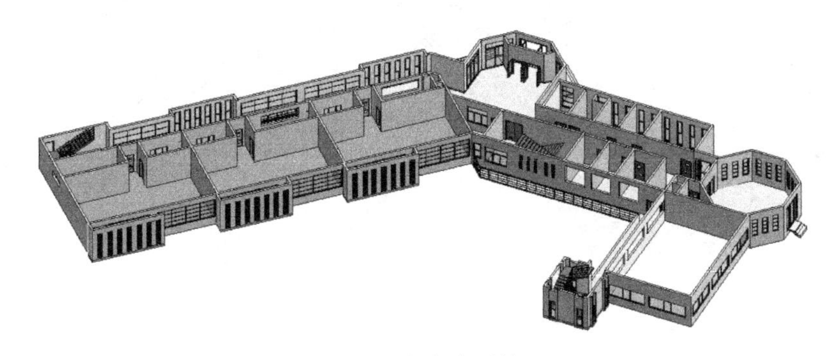

图 9.30 添加窗后效果

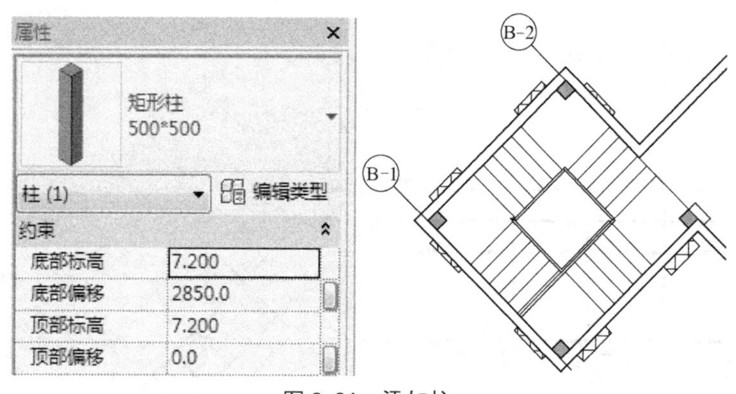

图 9.31　添加柱

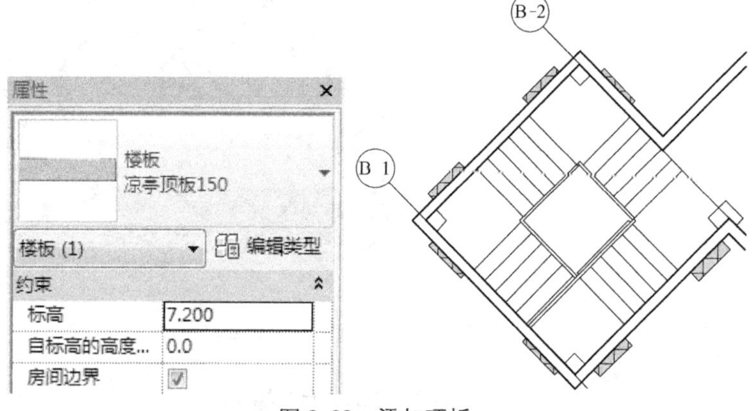

图 9.32　添加顶板

（3）添加屋顶

在 7.200 平面视图中，在“建筑”选项卡“构建”面板的“屋顶”工具中单击“迹线屋顶”，选择“屋顶—120mm”类型，自标高的底部偏移为 0，如图 9.33 所示。最终三维视图如图 9.34 所示。

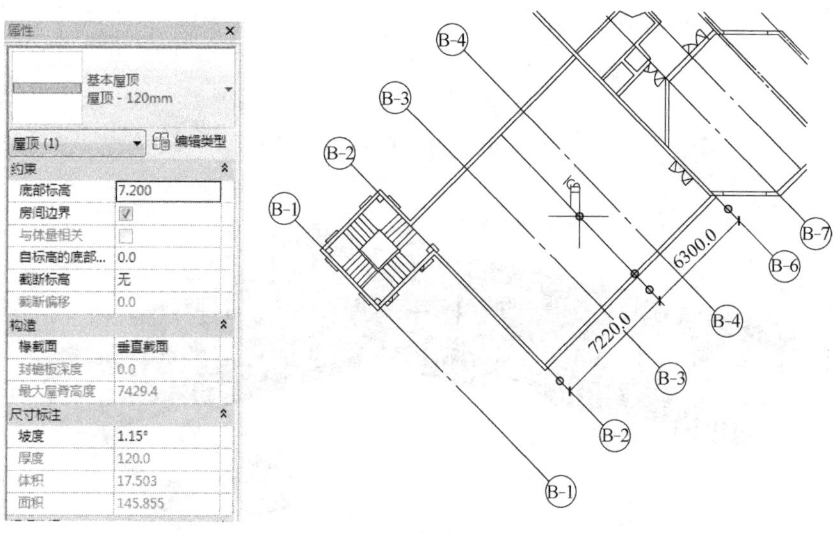

图 9.33　添加屋顶

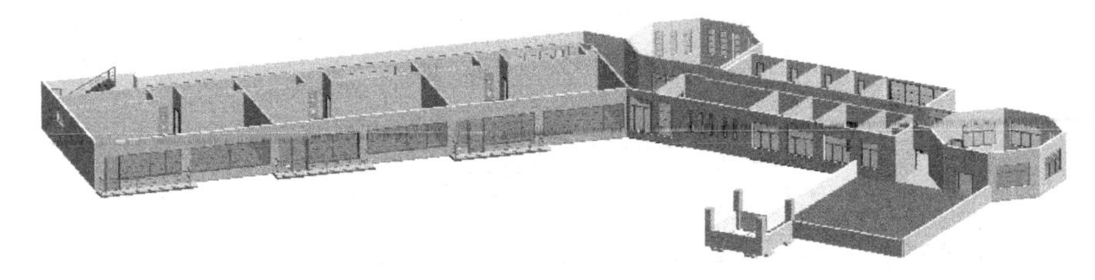
图 9.34 完成后的三维效果

4. 建立 10.600 层模型

(1) 添加窗

在 10.600 楼层平面视图中，单击“建筑”选项卡“构建”面板中的“窗”按钮，在“属性”选项板中载入窗族，复制名为“固定窗-八角形”的窗，修改底高度为 250，放置窗，并利用临时尺寸修改其位置，如图 9.35 所示。

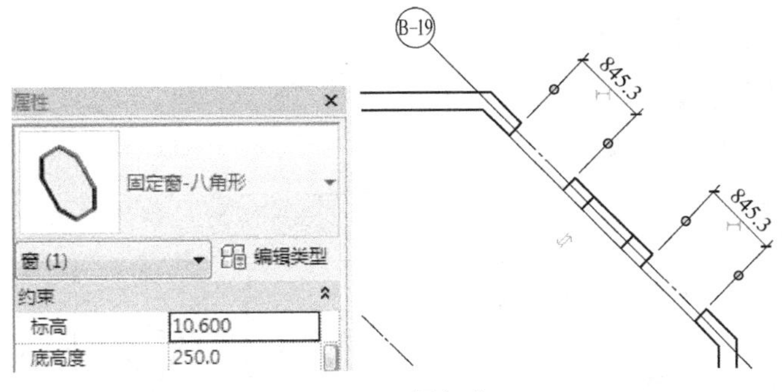

图 9.35 添加窗

(2) 添加柱

在 10.600 楼层平面视图中，单击“建筑”选项卡“构建”面板中的“柱”按钮，选择圆柱直径 400，底部标高 10.600，底部偏移 0，顶部标高 10.600，顶部偏移为 1700，如图 9.36 所示。

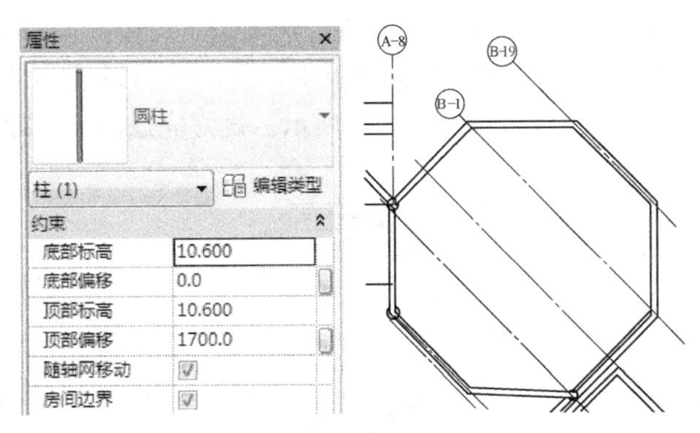

图 9.36 添加柱

(3) 平屋顶

在 10.600 平面视图中，在“建筑”选项卡“构建”面板中的“屋顶”工具中选择“迹线屋顶”，选择“屋顶－120mm”类型，自标高的底部偏移 50，如图 9.37 所示。

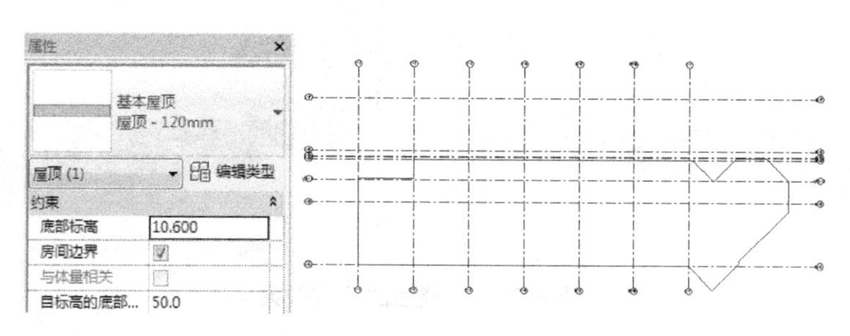

图 9.37 平屋顶

（4）红瓦屋顶

在 10.600 平面视图中，在“建筑”选项卡“构建”面板的“屋顶”工具中选择“迹线屋顶”，新建凉亭的屋顶“红瓦屋顶”，其自标高的底部偏移 1340，坡度为 30°，如图 9.38 所示。

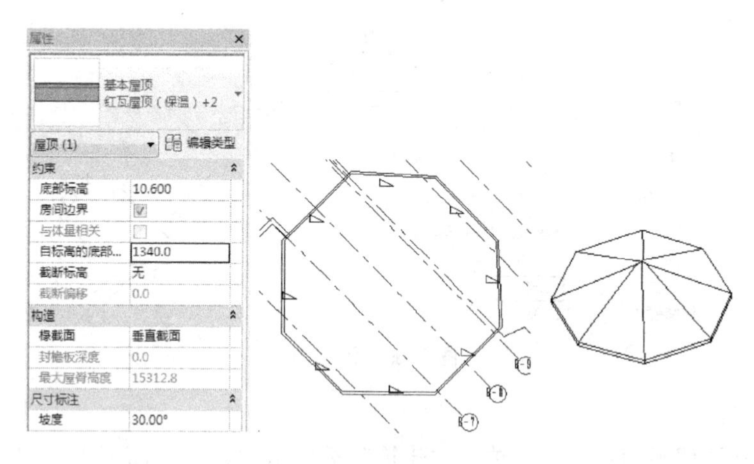

图 9.38 红瓦屋顶

（5）凉亭顶板

在 10.600 楼层平面视图中，单击“建筑”选项卡“构建”面板中的“楼板”按钮，进入到楼板边界编辑模式。在“属性”选项板中，复制楼板的类型为“凉亭顶板 250”，修改自标高的高度偏移值为 2200，如图 9.39 所示。最终完成的三维效果如图 9.40 所示。

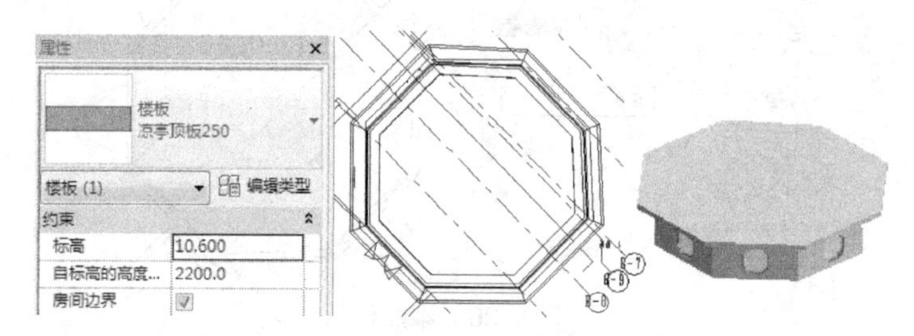

图 9.39 凉亭顶板

5. 建立 14.400 层模型，添加屋顶

在 14.400 平面视图中，在“建筑”选项卡“构建”面板的“屋顶”工具中选择“迹

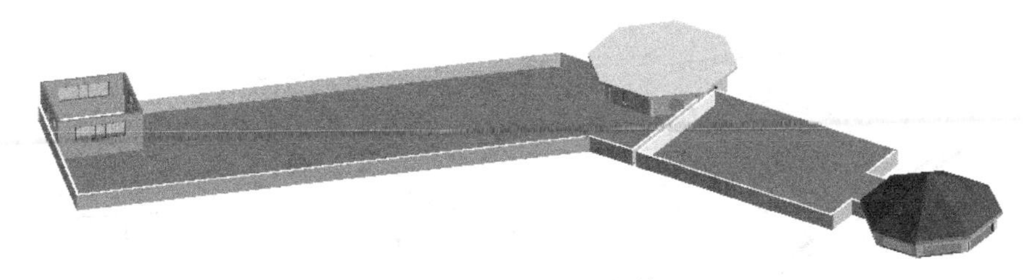

图 9.40　完成后的三维效果

线屋顶”，新建凉亭的屋顶“红瓦屋顶”，其自标高的底部偏移 100，坡度为 30°，如图 9.41 所示。

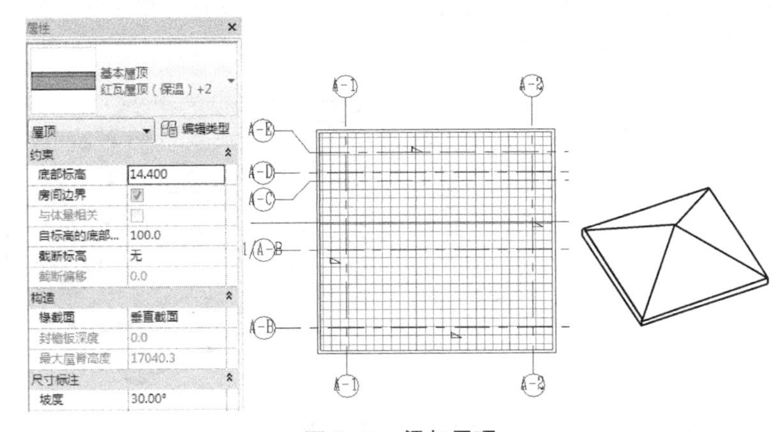

图 9.41　添加屋顶

6. 散水及踢脚线

在“建筑”选项卡“构建”面板的“构件”工具中单击“内建模型”按钮，弹出族类别和族参数对话框，选择“常规模型”并命名。然后选择“放样”工具，绘制“路径”及“轮廓”则可完成散水和踢脚线，如图 9.42 所示。

图 9.42　散水及踢脚线

7. 花坛

在−0.45 楼层平面视图中，复制命名为“花坛−300mm”的花坛，墙高度为 300，定位线为核心层中心线，如图 9.43 所示。

8. 添加地形表面

在场地层平面视图中，单击“体量与场地”选项卡“场地建模”面板中的“地形表

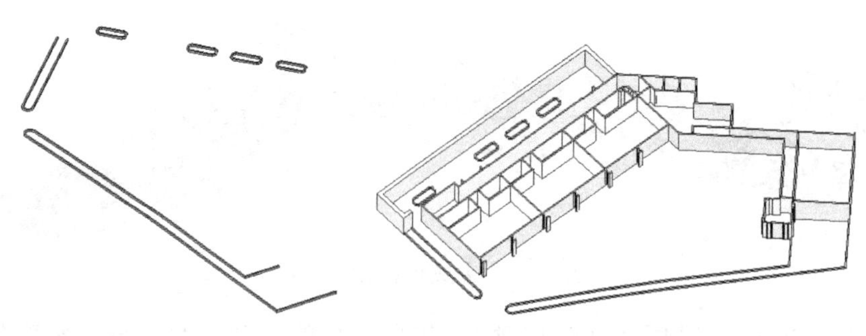

图 9.43 花坛

面”按钮，进入地形表面编辑模式。然后单击“工具”面板的“放置点”按钮，在选项栏输入“绝对高程”，如图 9.44 所示。

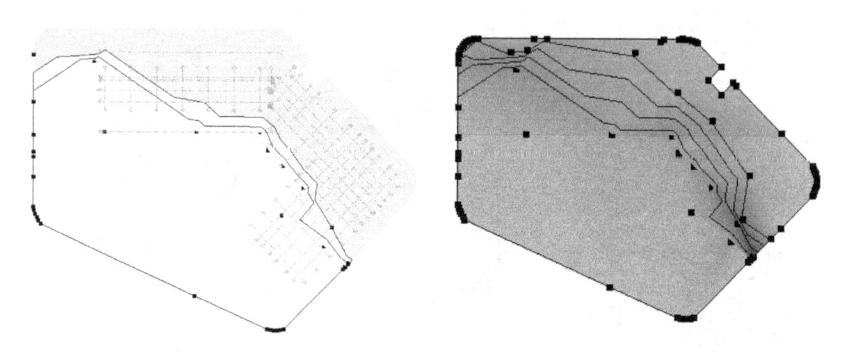

图 9.44 地形表面

9. 添加建筑地坪

地形表面添加完成后创建建筑地坪。在 1F 楼层平面视图中，单击“体量和场地”选项卡“建筑建模”面板中的“建筑地坪”按钮，进入建筑地坪编辑模式。完成后在三维视图查看，如图 9.45 所示。

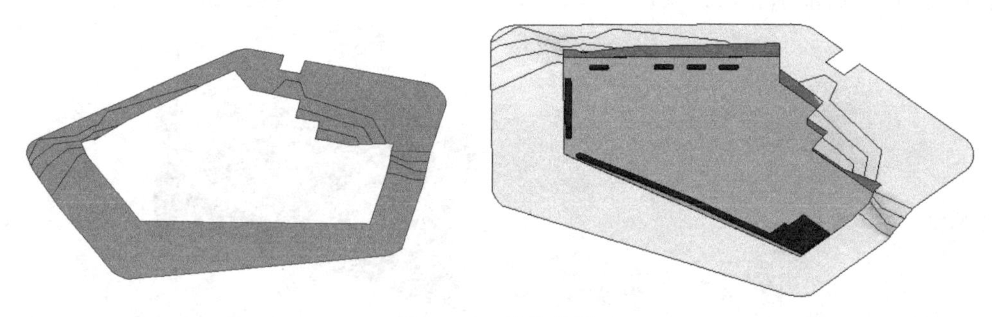

图 9.45 建筑地坪

10. 构件

单击“插入”选项卡“从库中载入”面板中的“载入族”按钮，载入儿童滑梯、食品柜、会议桌、橱柜、栏杆、铁艺围墙、钢琴、椅子、厨房水槽、办公桌、洗手台、门牌号、板式床、边柜、书柜、办公桌、角柜、宣传栏、窗帘、楼梯墙裙、花瓶、投影屏幕、马桶、厕所隔断、小便槽、开关、雨篷、灯和厨房水槽，如图 9.46 所示。然后将这些载入的构件添加到模型相应位置上。

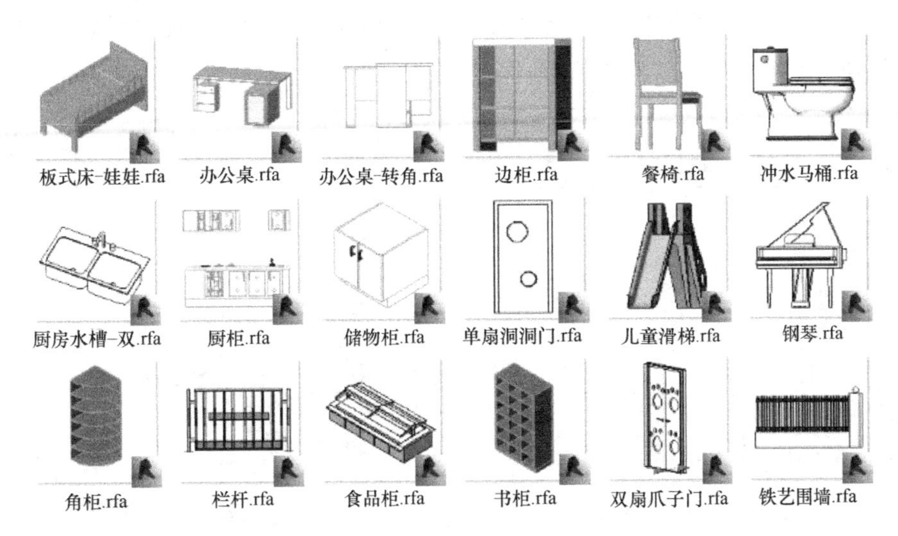

图 9.46 载入构件

9.2.3 模型后处理

1. 创建剖面视图

打开 1F 楼层平面，单击“视图”选项卡“创建面板”中的“剖面”按钮，画一条穿过楼梯的剖面线。双击剖面线两端的标头，自动进入到剖面视图或在项目浏览器的“视图”下“剖面”中查看，如图 9.47 所示。

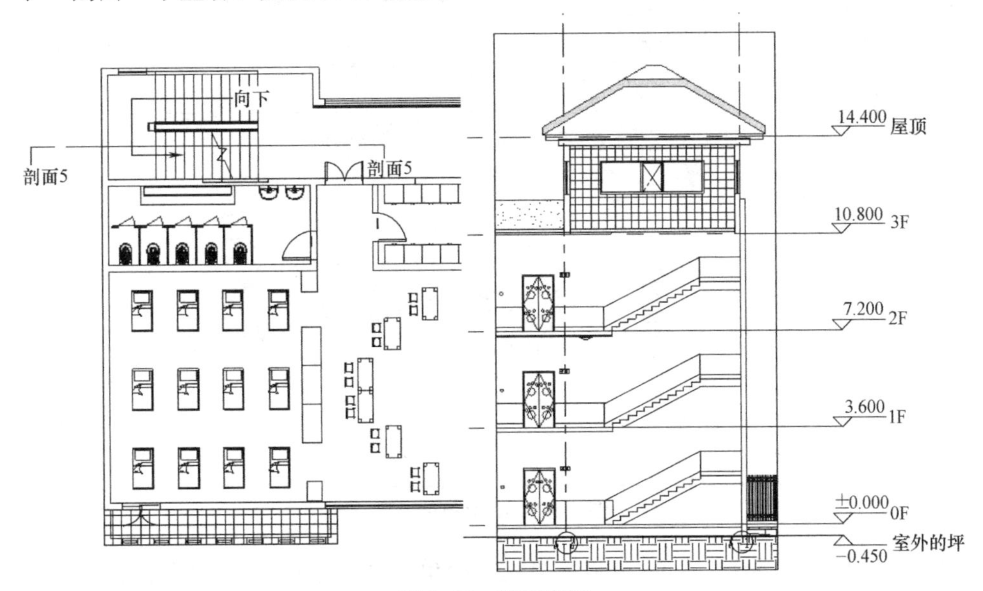

图 9.47 剖面视图

2. 创建门窗明细表

单击“视图”选项卡“创建面板”中的“明细表”按钮，在下拉菜单中选择“明细表/数量”。在新的“明细表”对话框中，新建门和窗明细表。在“明细表属性”对话框中添加族与类型、类型、宽度、高度、门面积、合计等。单击“排列/成组”选项卡，选择

“族与类型”作为“排列方式”，勾选“总计”复选框，取消勾选“逐项列举每个实例”复选框，单击“确定”即可，如图 9.48 和图 9.49 所示。

<门明细表>

A	B	C	D	E	F
族与类型	类型	宽度	高度	门面积	合计
单扇-与墙齐: M0921	M0921	900 mm	2100 mm	1.89 m²	25
单扇-与墙齐: M1021	M1021	1000 mm	2100 mm	2.10 m²	15
平开玻璃门A-双扇1: LMC2230	LMC2230	1200 mm	3000 mm	3.60 m²	1
平开玻璃门A-双扇1: LMC5830	LMC5830	1200 mm	3000 mm	3.60 m²	3
平开玻璃门A-双扇1: LMC5925	LMC5925	1200 mm	2500 mm	3.00 m²	1
平开玻璃门A-双扇1: LMC6025	LMC6025	1200 mm	2500 mm	3.00 m²	2
平开玻璃门A-双扇1: LMC6030	LMC6030	1200 mm	3000 mm	3.60 m²	5
平开玻璃门A-双扇1: M4232	M4232	1200 mm	3200 mm	3.84 m²	1
平开玻璃门B-单扇2: M0921	M0921	900 mm	2100 mm	1.89 m²	1
平开玻璃门B-双扇2: M1224	M1224	1200 mm	2400 mm	2.88 m²	2
平开门-单扇-连窗玻璃门31: L	LMC2528	2500 mm	2800 mm	7.00 m²	1
木质带圆形观察窗双扇防	FM1221	1200 mm	2100 mm	2.52 m²	9
镶玻璃门-双扇2: LM2830	LM2830	2800 mm	3000 mm	8.40 m²	1
镶玻璃门-双扇2: LMC2127	LMC2127	1200 mm	2700 mm	3.24 m²	1
镶玻璃门-双扇2: M1221	M1221	1200 mm	2100 mm	2.52 m²	1
镶玻璃门-双扇2: M1224	M1224	1400 mm	1800 mm	2.52 m²	11
防火门A-双扇1: FM乙1221	FM乙1221	1200 mm	2100 mm	2.52 m²	3
防火门A-双扇1: FM甲0821	FM甲0821	900 mm	2100 mm	1.89 m²	6
防火门A-双扇3: 1800 x 2400 m	1800 x 2400 mm	1800 mm	2400 mm	4.32 m²	2
总计: 91					

图 9.48　门明细表

<窗明细表>

A	B	C	D	E	F
族与类型	类型	宽度	高度	窗面积	合计
平开窗A10: C1226	C1226	1200 mm	2600 mm	3.12 m²	3
平开窗A10: C1418	C1418	1400 mm	1800 mm	2.52 m²	14
平开窗A10: C1419	C1419	1400 mm	1900 mm	2.66 m²	1
平开窗A10: LC1421	LC1421	1400 mm	2100 mm	2.94 m²	1
平开窗A10: LC1521	LC1521	1500 mm	2100 mm	3.15 m²	5
平开窗A13: C2118	C2118	2100 mm	1800 mm	3.78 m²	17
平开窗A13: C2119	C2119	2100 mm	1900 mm	3.99 m²	15
平开窗A13: C2127	C2127	2100 mm	2700 mm	5.67 m²	1
平开窗A13: C2417	C2417	2400 mm	1700 mm	4.08 m²	1
平开窗A13: C2517	C2517	2500 mm	1700 mm	4.25 m²	5
平开窗A13: FC乙2025	FC乙2025	2000 mm	2500 mm	5.00 m²	1
平开窗A13: LC2221	LC2221	2200 mm	2100 mm	4.62 m²	1
平开窗A13: LC2723	LC2723	2700 mm	2300 mm	6.21 m²	1
平开窗A13: LC2830	LC2830	2800 mm	3000 mm	8.40 m²	3
平开窗A13: LC3523	LC3523	3500 mm	2300 mm	8.05 m²	1
平开窗A27: FC乙1225	FC乙1225	1200 mm	2500 mm	3.00 m²	3
平开窗A27: LC0619	LC0619	600 mm	1900 mm	1.14 m²	21
推拉窗-上下拉窗3-带贴面1: C0316	C0316	300 mm	1600 mm	0.48 m²	12
推拉窗-上下拉窗3-带贴面1: C0325	C0325	300 mm	2500 mm	0.75 m²	5
推拉窗-上下拉窗3-带贴面1: C0425	C0425	400 mm	2500 mm	1.00 m²	8
推拉窗-上下拉窗3-带贴面1: C0620	C0620	600 mm	2000 mm	1.20 m²	19
推拉窗-上下拉窗3-带贴面1: C0621	C0621	600 mm	2100 mm	1.26 m²	4
推拉窗-上下拉窗3-带贴面1: C0629	C0629	600 mm	2900 mm	1.74 m²	28
推拉窗-上下拉窗3-带贴面1: LC0623	LC0623	600 mm	2300 mm	1.38 m²	1
推拉窗-上下拉窗3-带贴面1: LC0817	LC0817	800 mm	1700 mm	1.36 m²	1
推拉窗-上下拉窗3-带贴面1: LC0930	LC0930	900 mm	3000 mm	2.70 m²	3
推拉窗-推拉窗2-带贴面1: C4218	C4218	4450 mm	1800 mm	8.01 m²	23
百叶窗a: BYC0529	BYC0529	500 mm	2900 mm	1.45 m²	16
总计: 214					

图 9.49　窗明细表

3. 添加房间标记、面积

打开 1F 楼层平面视图，在“建筑”选项卡的“房间和面积”面板中单击“房间”按钮，在“属性”面板中选择“标记-房间-有面积”，依次为各个房间添加标记。

在“房间和面积”下拉菜单中单击“颜色方案”按钮，在弹出的“编辑颜色方案”对话框的“方案类别”中选择“房间”，颜色选择“面积，自动创建颜色方案”，然后确定即可，如图 9.50 所示。

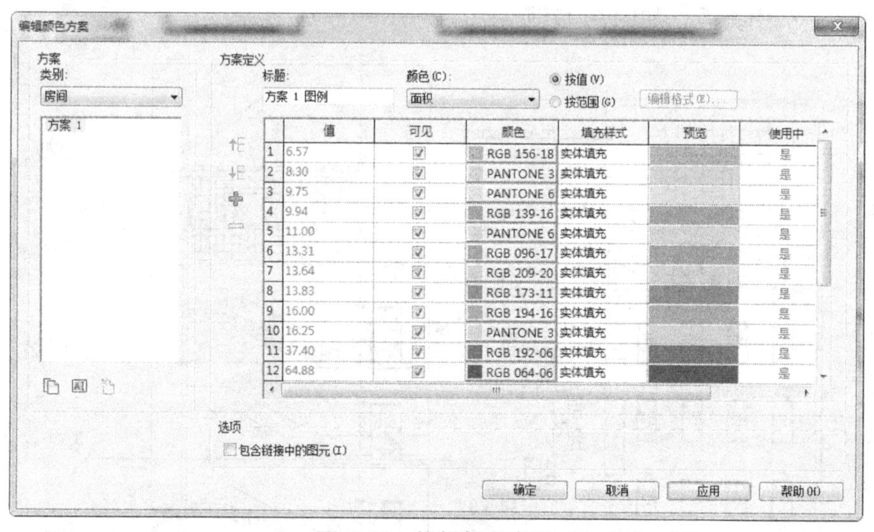

图 9.50　编辑颜色方案

单击“注释”选项卡，然后在颜色填充面板单击“颜色填充 图例”按钮，选择房间即可，如图 9.51 所示。

4. 创建图纸

在“视图”选项卡下，单击“图纸组合”面板中的“图纸”按钮，然后选择标题栏，单击确定即可。随后在“项目浏览器”中找到图纸，将所需要的平面图、立面图和剖面图拖入标题栏即可，如图 9.52 所示。

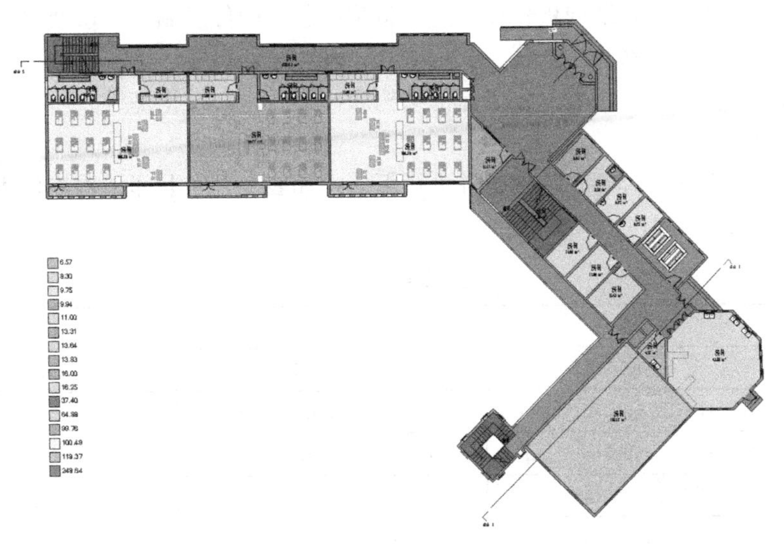

图 9.51 配色房间

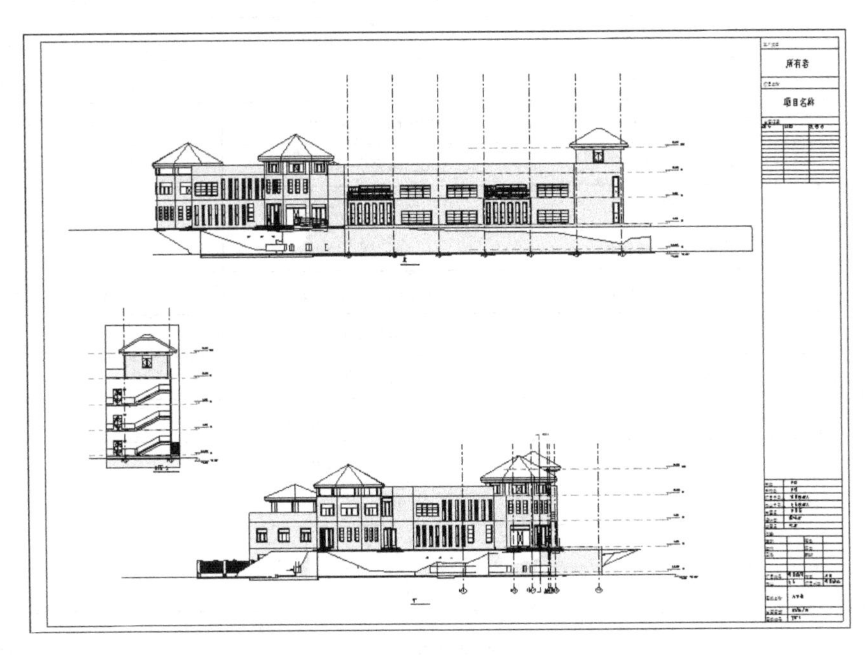

图 9.52 出图效果

9.3 结构建模

9.3.1 项目准备

1. 结构体系及建模顺序

该幼儿园结构为框架结构体系，由结构柱、结构梁、结构板以及较少结构墙组成。

上部结构为三层，每层结构布置大致相同。以第一层为标准层，首先对第一层进行结构柱、结构梁、结构墙和结构板建模，之后将第一层的构件复制到二层及以上楼层，最后再对各层不同之处进行修改。

结构基础为柱下独立基础。完成上部结构后，最后建立结构基础。

2. 结构构件汇总

查阅结构施工图，对各层结构构件进行汇总，如表 9-1 为上部结构构件表，表 9-2 为独立基础表，表 9-3 为连梁尺寸表。

上部结构构件表 **表 9-1**

上部结构构件表			
	一层(−0.050m～3.550m)	二层(3.550m～7.150m)	三层(7.150m～10.750m)
结构柱	矩形柱－500mm×500mm	矩形柱－500mm×500mm	矩形柱－500mm×500mm
	矩形柱－400mm×400mm	矩形柱－400mm×400mm	矩形柱－400mm×400mm
	圆形柱－400mm	圆形柱－400mm	圆形柱－400mm
结构梁	200mm×300mm	200mm×300mm	200mm×300mm
	200mm×350mm	200mm×350mm	200mm×350mm
	200mm×500mm	200mm×500mm	200mm×400mm
	200mm×550mm	200mm×550mm	200mm×550mm
	200mm×720mm	200mm×700mm	200mm×739mm
	250mm×400mm	200mm×720mm	250mm×550mm
	250mm×500mm	250mm×400mm	300mm×550mm
	300mm×450mm	250mm×500mm	300mm×700mm
	300mm×550mm	300mm×550mm	400mm×550mm
	300mm×700mm	300mm×600mm	—
	350mm×700mm	300mm×700mm	—
	400mm×550mm	350mm×700mm	—
	—	400mm×550mm	—
结构板	90mm	90mm	120mm
	120mm	120mm	—
	150mm	150mm	—

独立基础表 **表 9-2**

独立基础表							
基础编号	尺寸						标高
	h1	h2	A	a	B	b	
JC-1	250	250	3000	600	300	300	−1.300
JC-2	250	400	3800	600	6400	3250	−1.150
JC-3	250	350	3700	600	3700	600	−1.200
JC-4	250	400	4100	600	4100	600	−1.150
JC-5	250	400	2900	500	4100	500	−1.150

续表

独立基础表							
基础编号	尺寸						标高
	h1	h2	A	a	B	b	
JC-6	250	300	3400	600	3400	600	−1.250
JC-7	250	350	3700	600	3700	1150	−1.200
JC-8	250	350	4100	600	4100	600	−0.050
JC-9	250	250	3400	600	3400	600	−0.150
JC-10	250	250	2900	600	3200	600	0.200
JC-11	250	300	3700	500	3700	500	0.250
JC-12	250	250	2800	500	2800	500	0.200
JC-13	250	250	3400	500	3400	500	−0.700
JC-14	250	300	2800	500	5000	2600	−0.650
JC-15	250	250	2800	600	2800	600	−0.700
JC-16	250	300	3400	600	3400	600	−0.650

连梁尺寸表 **表 9-3**

连梁尺寸表			
连梁编号	尺寸		梁底标高
	b	h	
LL-1	250	500	−1.800
LL-2	350	600	−1.800
LL-3	350	500	−0.650
LL-4	250	500	−0.300
LL-5	350	600	−0.650
LL-6	250	500	−1.200
LL-7	200	300	−1.800
LL-8	200	300	−1.200

9.3.2 模型建立

1. 轴网标高

(1) 新建项目，选择“结构样板”，保存为“幼儿园结构.rvt”。

(2) 进入立面，绘制标高，使用标高数值进行命名，并添加结构视图，如图 9.53 所示。

(3) 绘制轴网，如图 9.54 所示。采用“监视”建筑模型的方式也可以获得轴网，最后将轴网锁定。

(4) 设置轴网影响范围，使轴网在各个标高保持相同，如图 9.55 所示。

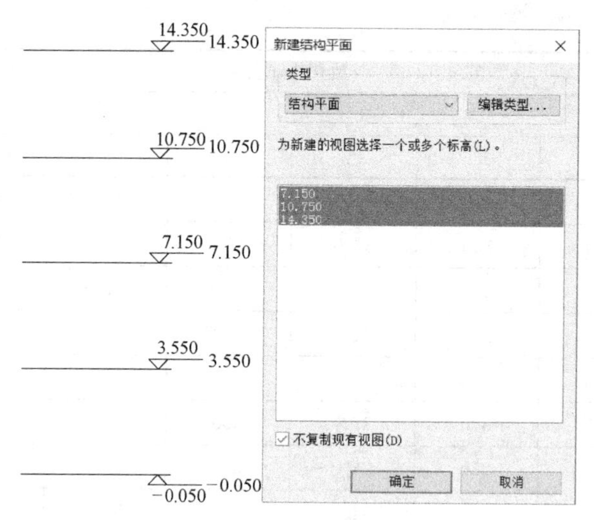

图 9.53　标高

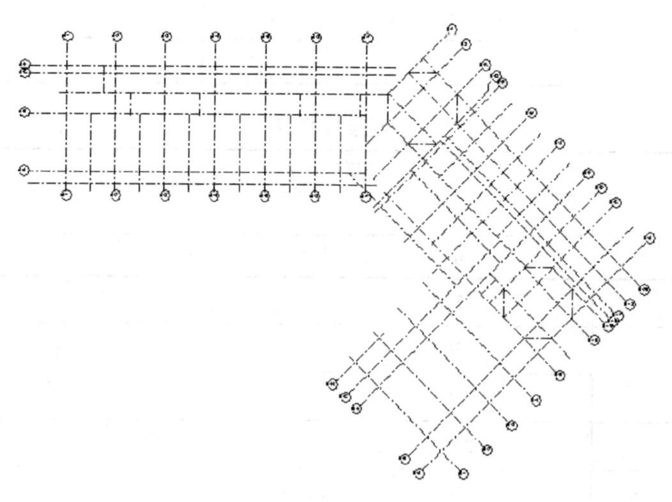

图 9.54　轴网

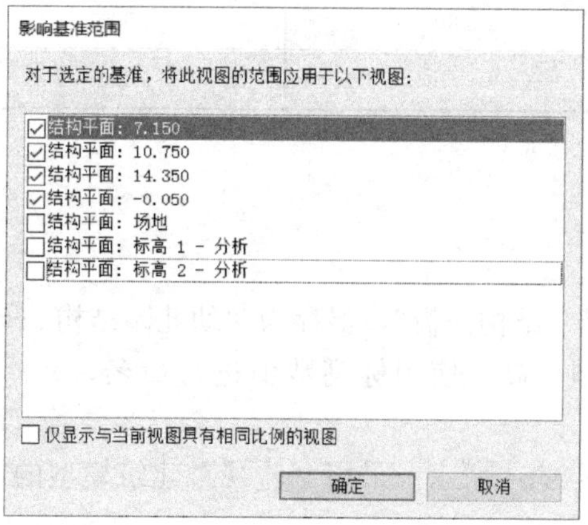

影响基准范围

对于选定的基准，将此视图的范围应用于以下视图：

- ☑结构平面：7.150
- ☑结构平面：10.750
- ☑结构平面：14.350
- ☑结构平面：-0.050
- ☐结构平面：场地
- ☐结构平面：标高 1 - 分析
- ☐结构平面：标高 2 - 分析

☐仅显示与当前视图具有相同比例的视图

确定　取消

图 9.55　轴网影响范围

只有当轴线与立面视图方向垂直时，才可以在立面视图中查看到此轴线。因此，立面视图仅能显示部分轴线。若需要调整其他轴线，则需在平面中绘制垂直轴线的剖面，进入剖面视图进行修改，如图 9.56～图 9.58 所示。

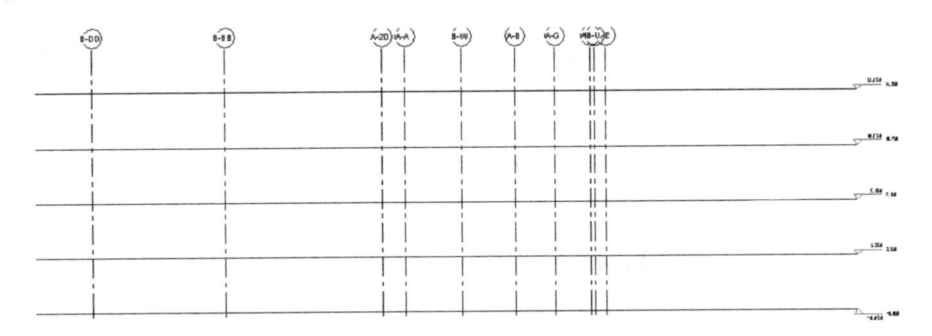

图 9.56 东立面视图

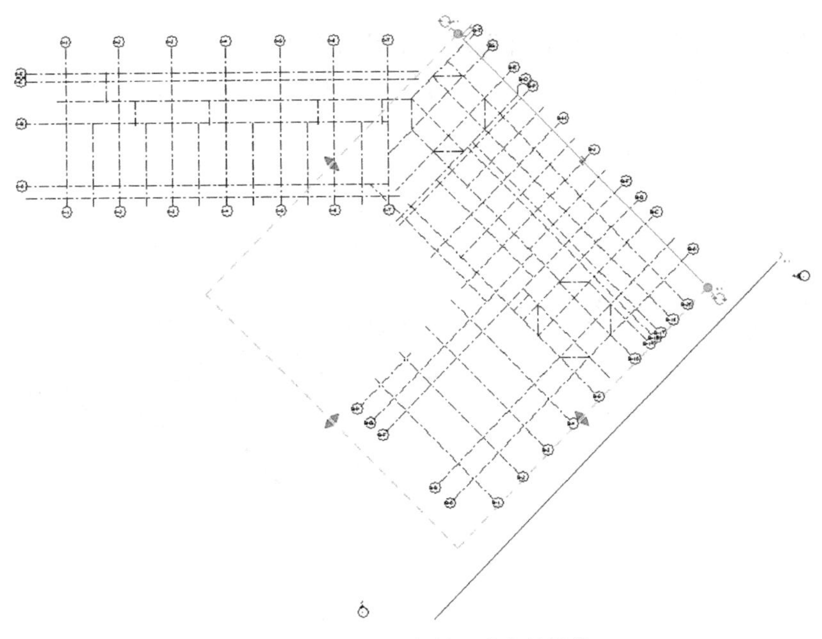

图 9.57 绘制两个剖面垂直斜轴线

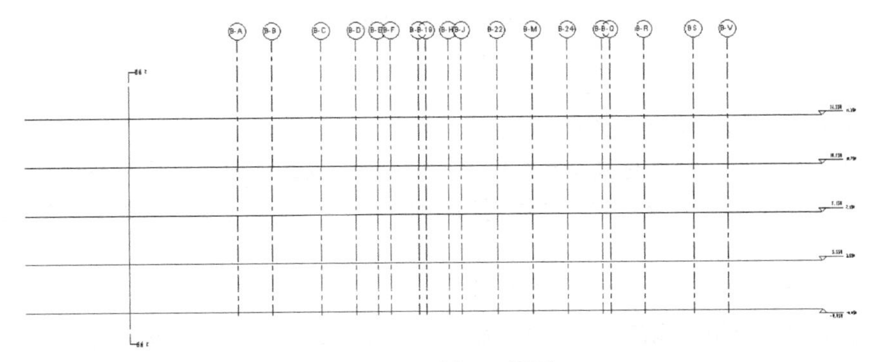

图 9.58 剖面 1 视图

2. 结构柱

(1) 创建一层结构柱类型并修改各类型属性。

(2) 放置时设置结构柱标高。也可放置后进行修改。进入“标高 3.550”结构平面，设置柱参数为“深度：−0.050”。

(3) 默认将结构柱放置于轴网交点，外围结构柱需设置偏移，如图 9.59 所示。

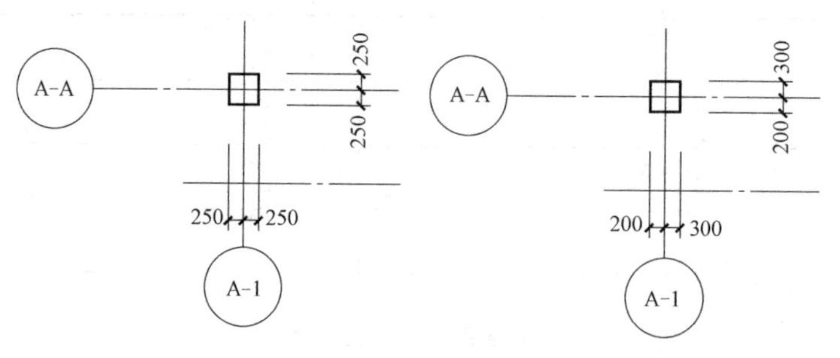

图 9.59 结构柱偏移

(4) 完成整层结构柱的布置，并锁定，如图 9.60 所示。随后进入三维视图查看整层结构柱，检查是否存在标高缺失或不正确等问题，最终效果如图 9.61 所示。

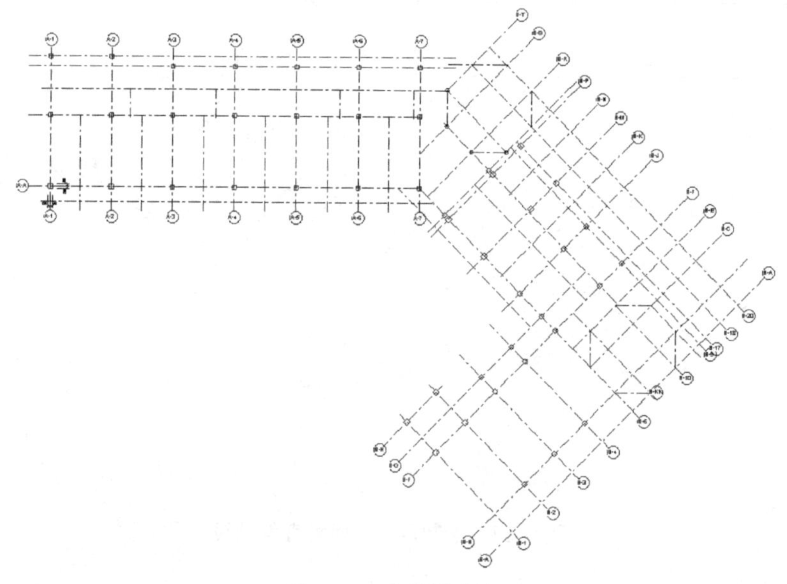

图 9.60 布置结构柱

3. 结构墙

(1) 创建一层结构墙类型并修改属性。

(2) 进入标高 3.550 的标高结构视图，设置标高参数，绘制结构墙，如图 9.62 所示。

(3) 设置挡土墙类型及参数，并绘制挡土墙，如图 9.63 所示，且需注意挡土墙偏移。

4. 结构梁

(1) 创建结构梁类型，如图 9.64 所示。

(2) 在标高 3.550 的结构视图中绘制一层结构梁，注意结构边梁的偏移问题，如图 9.65 所示。

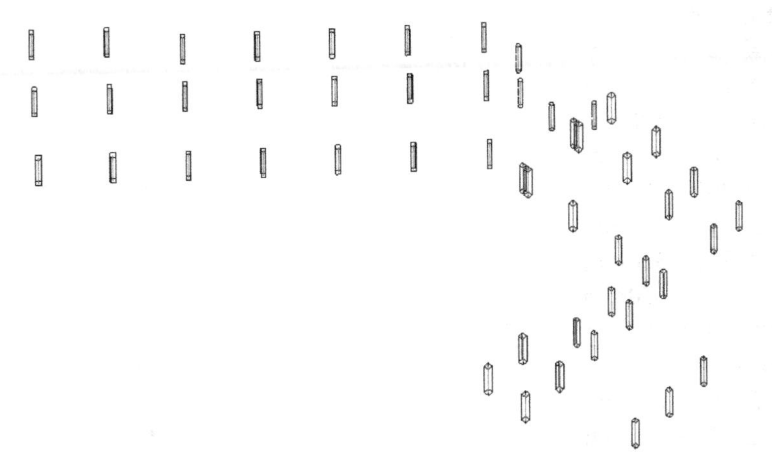

图 9.61　结构柱三维效果

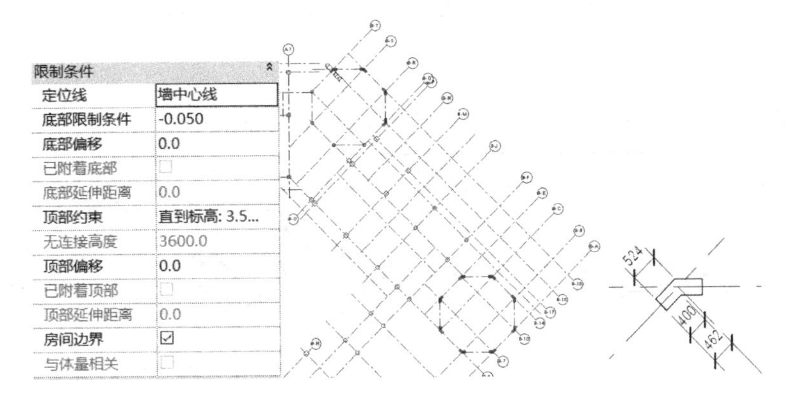

图 9.62　结构墙布置

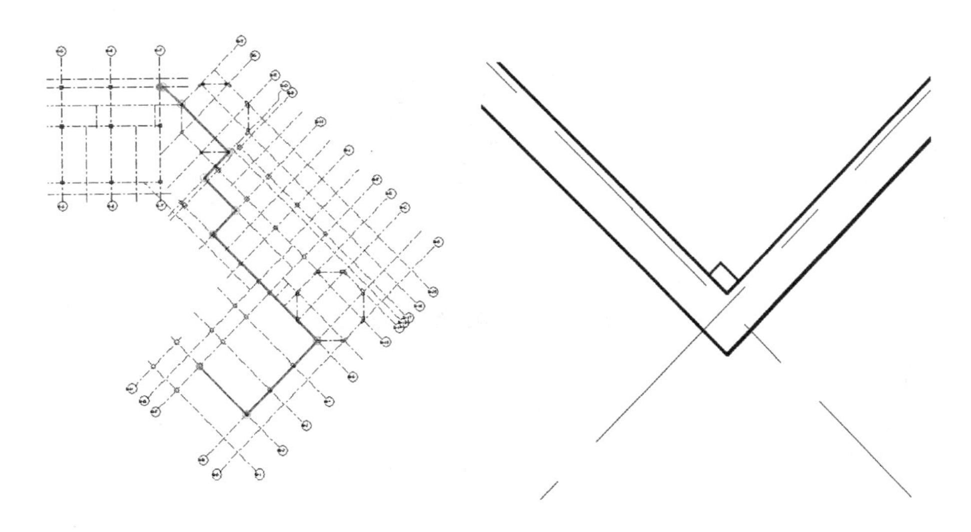

图 9.63　挡土墙布置

- 结构框架
  - 混凝土 - 矩形梁
    - 1层-200 x 300mm
    - 1层-200 x 350mm
    - 1层-200 x 500mm
    - 1层-200 x 550mm
    - 1层-200 x 720mm
    - 1层-250 x 400mm
    - 1层-250 x 500mm
    - 1层-300 x 450mm
    - 1层-300 x 550mm
    - 1层-300 x 700mm
    - 1层-350 x 700mm
    - 1层-400 x 550mm

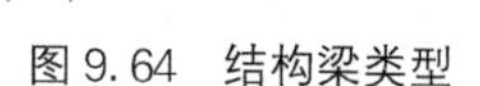

图 9.64 结构梁类型

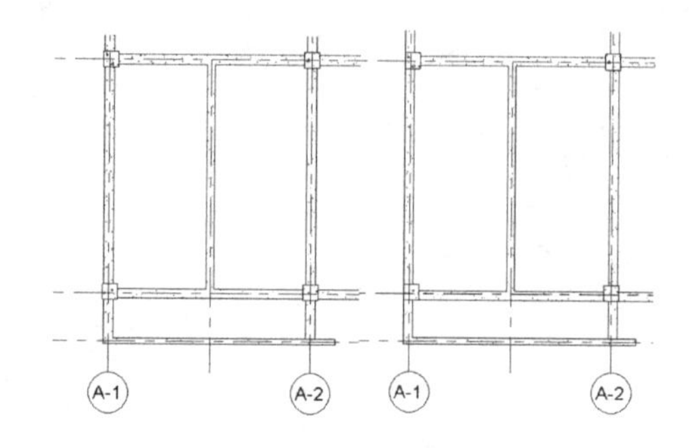

图 9.65 结构梁布置与偏移

(3) 完成整层结构梁的布置，并锁定图元，如图 9.66 所示。

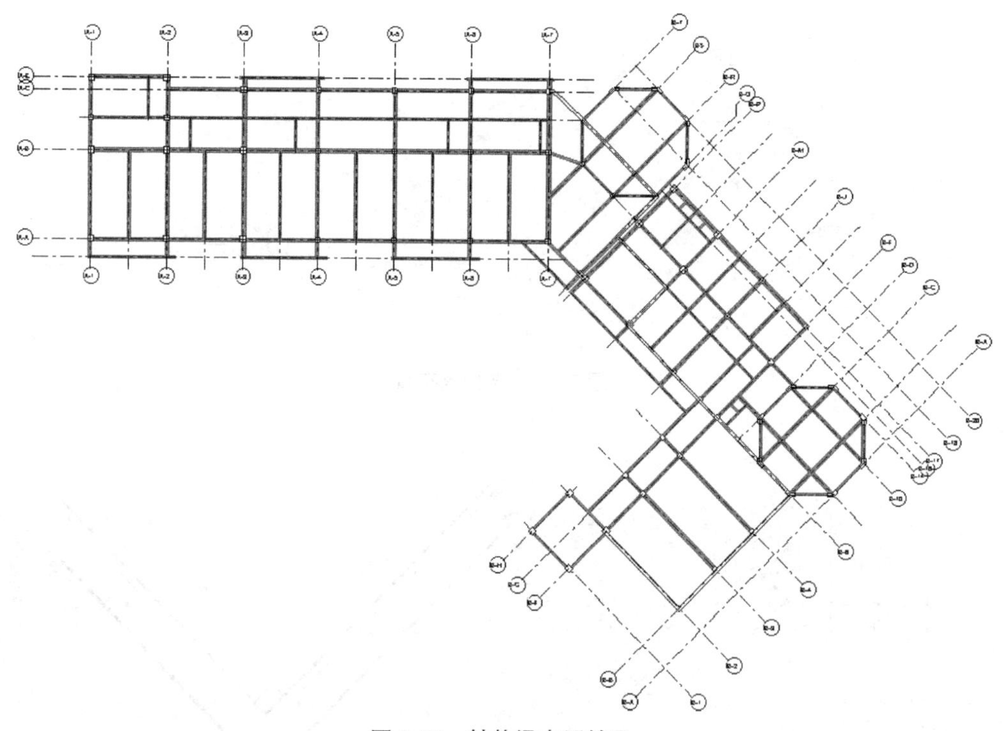

图 9.66 结构梁布置结果

5. 结构板

(1) 选择“结构板”命令，设置新类型“1 层 120mm”“1 层 150mm”和“1 层 90mm”三种类型，并分别设置厚度为“120mm”“150mm”和“90mm”。

(2) 绘制结构板。

为避免结构板剪切结构梁，结构板的草图范围应在梁内侧，如图 9.67 所示。

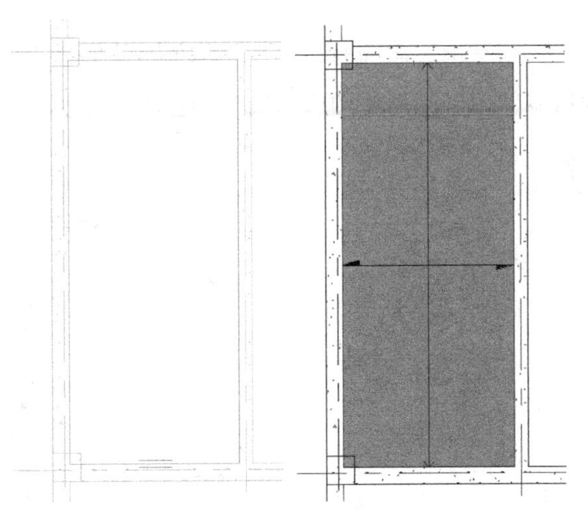

图 9.67 结构板布置

(3) 绘制完成后，对于部分特殊位置进行“降板处理”，即降低板的高程。可以绘制后单独设置，也可在绘制时设置。

如一层阳台相对标高需有 100mm 的降板。其完成后的三维效果如图 9.68 所示。

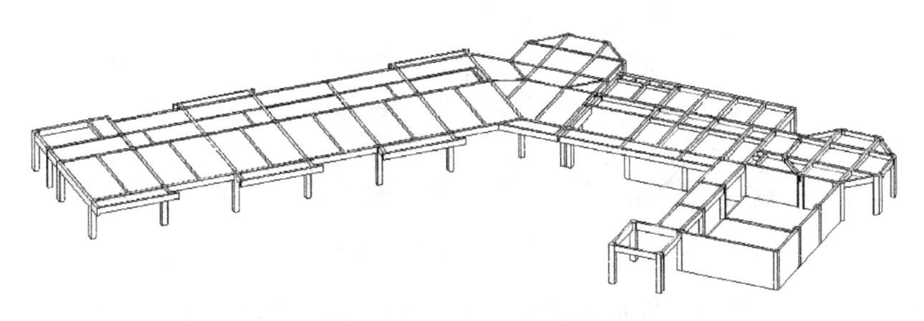

图 9.68 一层构件的三维效果

6. 二层及以上楼层的普通构件

在三维视图中选择全部结构构件，在“修改 | 选择多个”选项卡中单击“复制到剪贴板”按钮，然后在“粘贴”下拉菜单中选择“与选定标高对齐”，选择 3.550 和 7.150。将结构构件复制粘贴到对应标高上，并修改不同之处。三维效果如图 9.69 所示。

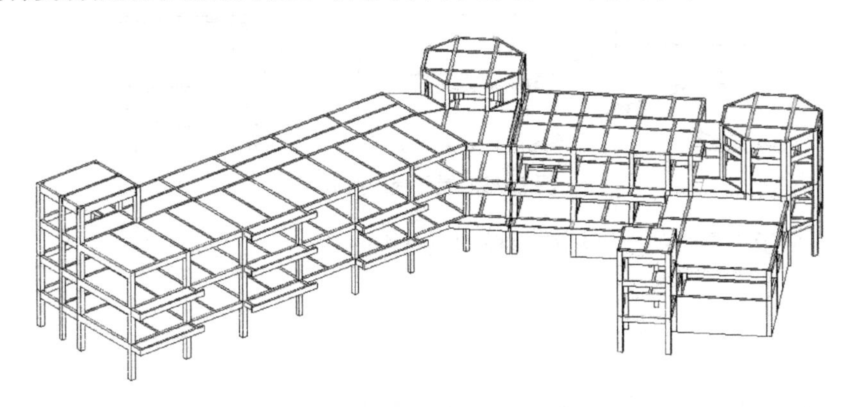

图 9.69 复制粘贴后的三维效果

7. 结构坡屋面

（1）绘制辅助线。绘制结构坡屋面时，可使用模型线绘制辅助线，如图 9.70 所示。

（2）使用结构楼板命令。绘制坡屋面的轮廓草图，如图 9.71 所示。

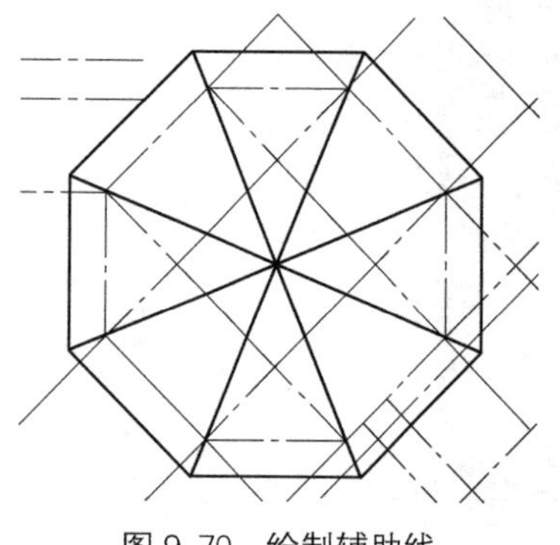

图 9.70　绘制辅助线

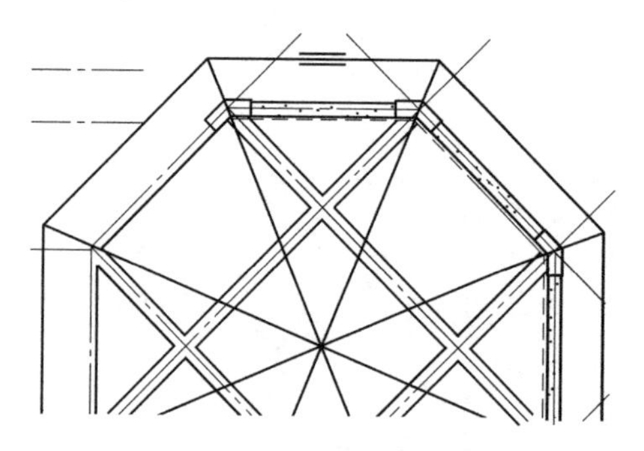

图 9.71　绘制楼板轮廓

（3）添加坡度箭头，通过设置尾高度和头高度标高，设置坡屋面的坡度。点击“√”完成绘制，如图 9.72 所示。

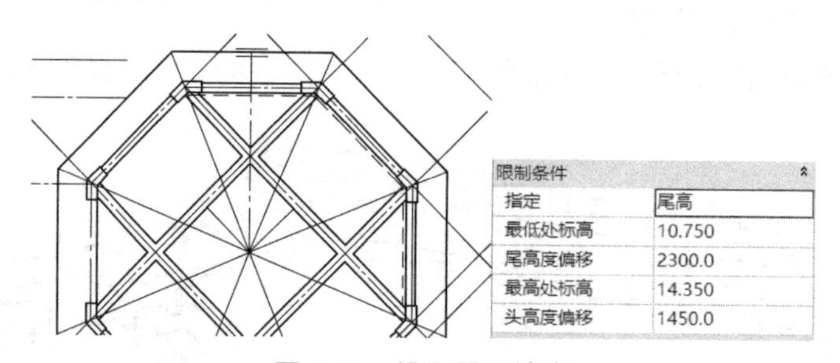

限制条件
指定
尾高
最低处标高
10.750
尾高度偏移
2300.0
最高处标高
14.350
头高度偏移
1450.0

图 9.72　设置屋面坡度

（4）通过“镜像”命令，完成相邻坡屋面板的绘制，最终三维效果如图 9.73 所示。

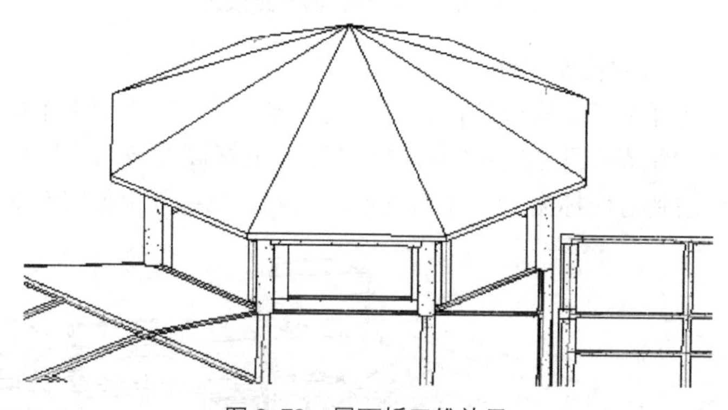

图 9.73　屋面板三维效果

图 9.74 所示为最终的上部结构总模型三维视图。

8. 柱下独立基础建模

依据基础表添加独立基础类型，并设置参数。依据设计标高进行放置，如图 9.75 所示。

由于部分柱相对于轴线做了偏移，因此，需将放置方式由默认的“在轴网处”改为

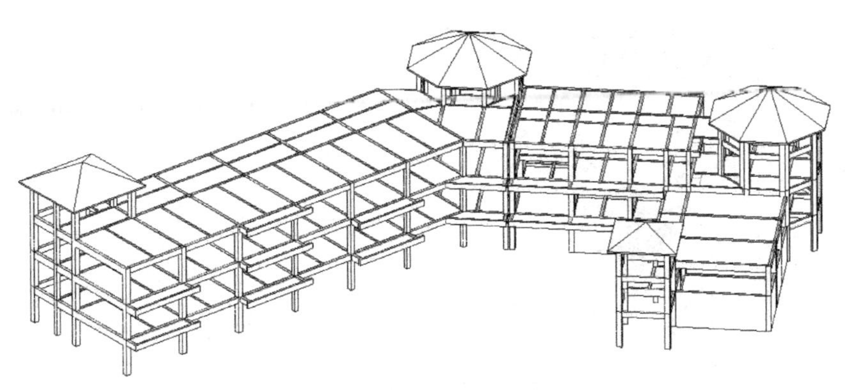

图 9.74　上部结构总模型三维视图

“在柱处”。放置时按住“Ctrl”键选择多个。

设置基础标高时，需通过设置一层结构柱的底部偏移来使基础标高进行相应改变，以保证结构柱和结构基础保持相连。

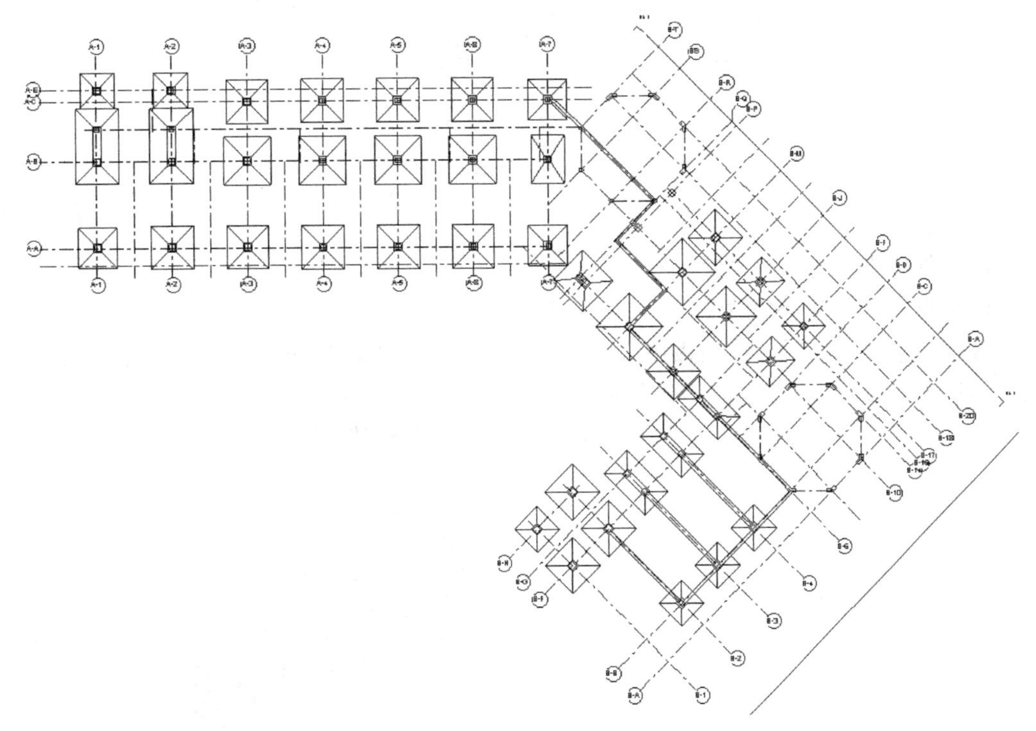

图 9.75　柱下独立基础布置

9. 墙下条形基础建模

绘制墙下条形基础，使用“内建模型”命令，选择“结构基础”类型。然后使用“放样”命令，绘制墙下条形基础的路径和截面草图，最后点击“√”按钮完成放样模型绘制。

不规则部分可使用“拉伸”命令，创建拉伸模型后，将其同放样模型“连接”即可。

最后点击“√”按钮完成全部模型绘制，如图 9.76 所示。

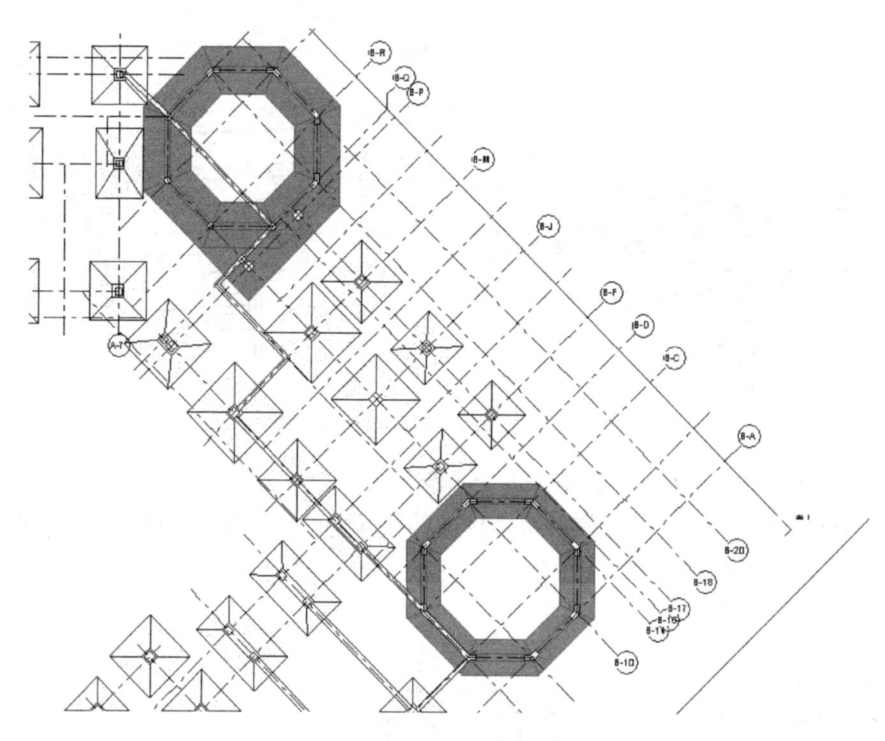

图 9.76 墙下条形基础布置

10. 连梁

(1) 创建连梁类型，并设置参数。

(2) 将连梁放置于合适位置，并进行偏移对齐。

放置连梁时，在属性选项板中设置“Z 轴对正”为“底”，即设置参照标高为梁底标高，然后再修改标高，如图 9.77 所示。

(3) 使用“剖面框”剖至一层，查看基础连梁布置情况，如图 9.78 所示。

几何图形位置	
YZ 轴对正	统一
Y 轴对正	原点
Y 轴偏移值	0.0
Z 轴对正	底
Z 轴偏移值	0.0

图 9.77 连梁设置

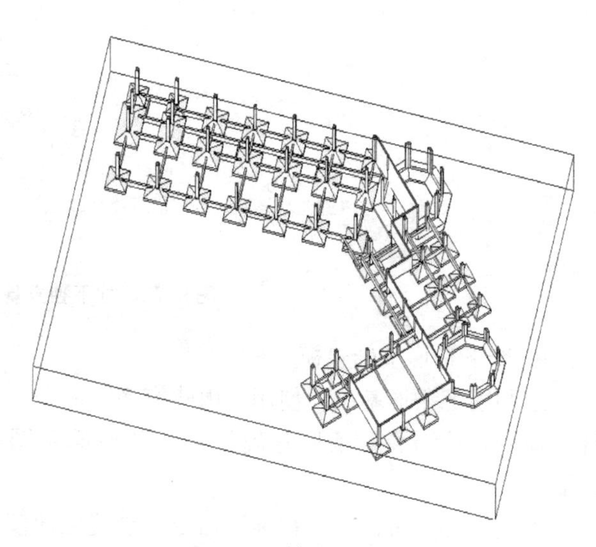

图 9.78 基础连梁布置

9.3.3 模型后处理

1. 结构平面布置图

以 3.550 标高视图为基础，创建一层结构平面布置图纸，如图 9.79 所示。导出为 DWG 格式的图纸，如图 9.80 所示。

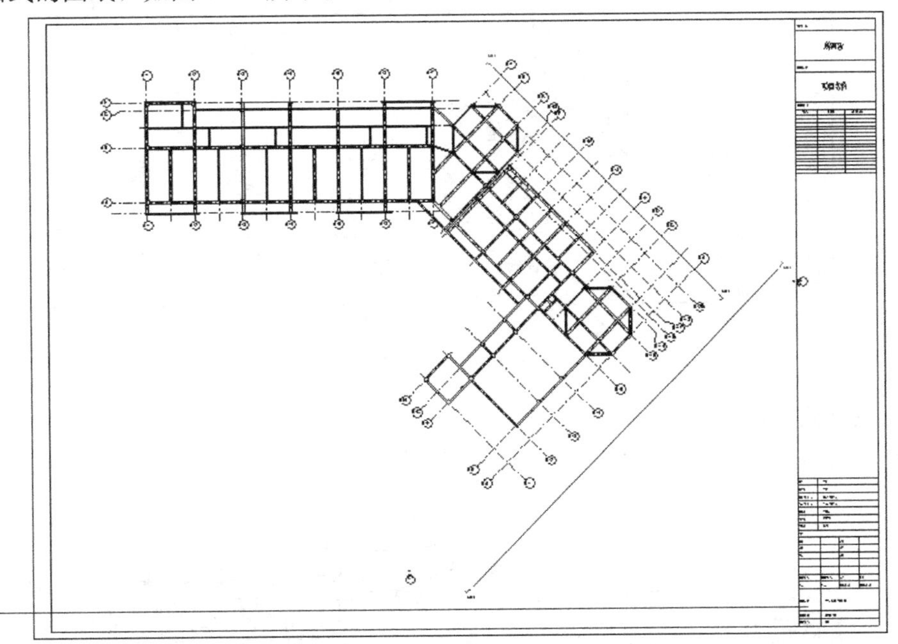

图 9.79 Revit 生成的图纸

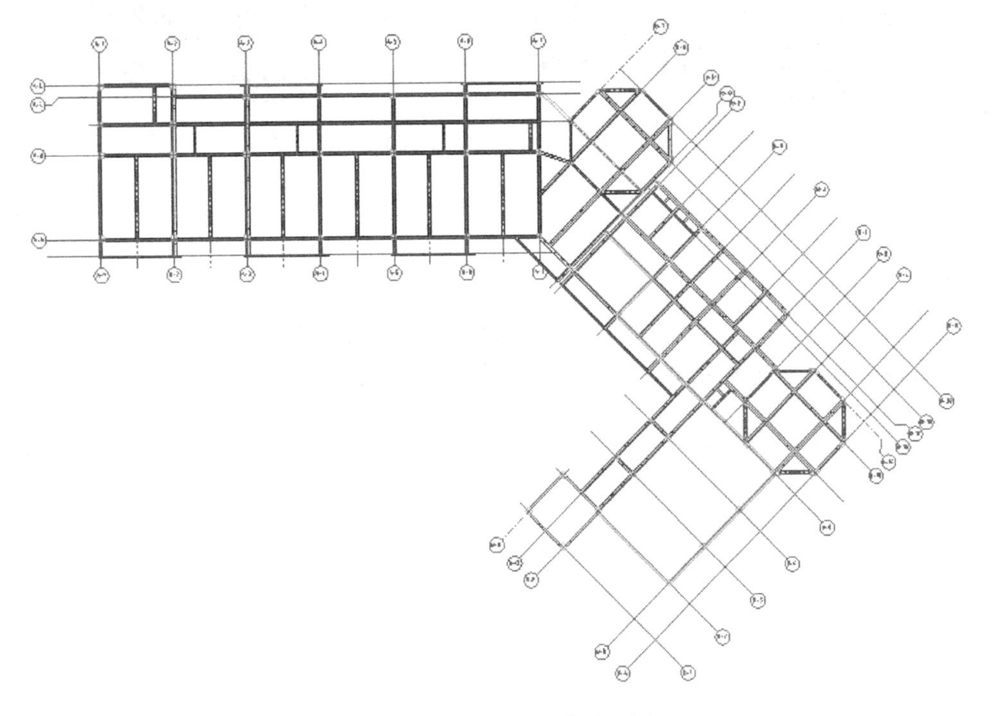

图 9.80 导出 DWG 格式图纸

2. 结构构件明细表

创建结构柱明细表，统计结构柱各类型的体积及数量合计，同时检查结构材质和底部标高是否正确。经统计，此结构中结构柱总体积为 117.39m^3，如图 9.81 所示。

<结构柱明细表>

A 类型	B 结构材质	C 体积	D 底部标高	E 合计
1层-350 x 400mm	混凝土，现场浇注 - C30	2.94 m^3	-0.050	5
1层-400 x 400mm	混凝土，现场浇注 - C30	16.32 m^3	-0.050	23
1层-400 x 500mm	混凝土，现场浇注 - C30	1.70 m^3	-0.050	2
1层-400mm	混凝土，现场浇注 - C30	2.05 m^3	-0.050	4
1层-500 x 500mm	混凝土，现场浇注 - C30	21.61 m^3	-0.050	19
2层-350 x 400mm	混凝土，现场浇注 - C30	2.13 m^3	3.550	5
2层-400 x 400mm	混凝土，现场浇注 - C30	13.22 m^3	3.550	23
2层-400 x 500mm	混凝土，现场浇注 - C30	1.22 m^3	3.550	2
2层-400mm	混凝土，现场浇注 - C30	1.81 m^3	3.550	4
2层-500 x 500mm	混凝土，现场浇注 - C30	17.04 m^3	3.550	19
3层-400 x 400mm	混凝土，现场浇注 - C30	14.35 m^3	7.150	23
3层-400mm	混凝土，现场浇注 - C30	3.07 m^3	7.150	4
3层-500 x 500mm	混凝土，现场浇注 - C30	19.94 m^3	7.150	19
总计：152		117.39 m^3		

图 9.81 结构柱明细表

3. 三维视图效果

图 9.82 所示为最终完成的结构三维视图效果。

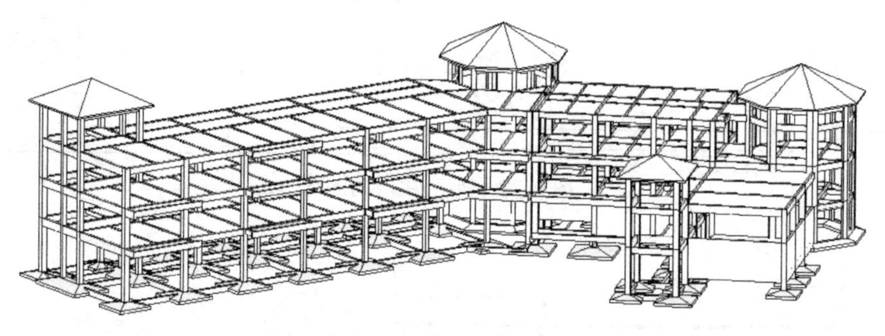

图 9.82 最终三维效果

习题

1. 在实际工程项目中进行 BIM 建模的流程是怎样的？
2. 实体模型建立完成后还需要进行哪些后处理工作？

第 10 章　应用案例介绍

10.1　孝感文化中心异形幕墙项目

10.1.1　项目概况

孝感市文化中心位于湖北省孝感市东城新区，规划用地 260 亩，项目总建筑面积 134411m^2。工程包含十大功能，三组建筑。以 A 座大剧院、B 座音乐厅为中心，C 座博物馆与 D 座图书馆、方志馆、档案馆位于东侧静区，相对独立，E 座科技馆、规划展览馆与 F 座群艺馆、青少年宫及妇儿中心位于西侧动区。该项目幕墙造型复杂，曲面转角流畅，窗户错落镶嵌，外墙及屋面主要采用 GRC 幕墙系统。系统包括二次结构系统、保温系统、防水系统、GRC 板系统等，属于国内面积较大的单体 GRC 幕墙项目，如图 10.1 所示。

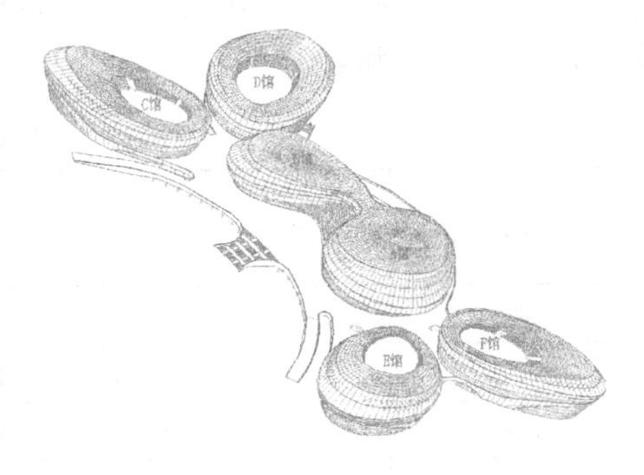

图 10.1　孝感文化中心项目示意图

项目幕墙为异形建筑幕墙设计，造型新颖，系统构造层次复杂，技术要求高；GRC 幕墙施工工序多，施工难度大；且 GRC 幕墙构造复杂，面板与骨架二次深化设计要求高，加工工艺及其定位、下单以及安装和维修复杂；项目要求精细化管理，其施工工期、质量要求高；施工过程均需要三维模型完成，传统的二维设计与图纸均无法满足需求。因此，应用 BIM 技术，制定项目标准流程，借助三维可视化特点模拟、协调、优化设计，能够使细部节点充分展现得以指导施工，从而提升施工水平、提高建筑质量，保证建筑的合理性和美观性。

10.1.2　BIM 组织与应用环境

1. 实施方案

项目幕墙工程实施之前就单独构建了 BIM 应用的组织架构，制定了详细的实施策划和实施标准。BIM 应用团队结合本项目的重点和难点明确了 BIM 应用的目标和责任划分，将精细化管理作为实施的重中之重，计划在 GRC 幕墙系统的二次深化设计、加工制造、施工过程力学分析、复杂工程节点与工序模拟等方面进行 BIM 技术应用，借助 BIM 新技术来指导项目现场绿色施工、质量管理及进度控制，提升项目的整体管理能力。

2. 软硬件配置

项目实施所使用的软件如表 10.1 所示。

软件使用列表 **表 10.1**

软件名称	软件功能	软件名称	软件功能
AutoCAD	处理二维图纸	Midas Gen	结构分析
Revit	三维建模	NAVISWORKS	碰撞检测
Rhino	三维建模	Fuzor	动画、漫游
Lumion	虚拟漫游	3DS MAX	渲染动画

项目硬件重点配置：ThinkPad X1 Carbon 2 台，双核，酷睿七代 i7-7500U 处理器，Graphics 620 核芯显卡，512GB ssd。

3. 项目标准制定

标准制定有助于项目形成有机、系统的建模环境，制定精装建模标准关系到团队协同及各分项工程协同，主要包括文件夹标准化、模型命名标准化、图纸命名标准化、命名规则一致性。项目幕墙由 GRC 幕墙、玻璃幕墙和铝单板幕墙组成，特制定了详细的 BIM 建模标准。表 10.2 和表 10.3 分别是项目构件设计深度等级表和幕墙建模标准表。

构件设计深度等级 **表 10.2**

构建名称	构件设计深度等级		
	L1	L2	L3
墙	几何尺寸＋位置信息＋族类型	L1＋构造＋材质	L2＋标识数据
柱	几何尺寸＋位置信息＋族类型	L1＋构造＋材质	L2＋标识数据
楼板	几何尺寸＋位置信息＋族类型	L1＋构造＋材质	L2＋标识数据
幕墙	几何尺寸＋位置信息＋族类型	L1＋网格布局	L2＋标识数据

幕墙建模标准 **表 10.3**

填写信息	Revit 属性名称	属性值	备注
类型名称	类型名称	GRC 板幕墙－15mm	材质＋厚度
规格	规格	2000mm×2000mm	
尺寸	尺寸(长度、宽度)	实例参数	
厚度	厚度	15	
底部高程	标高值(底部高程)	实例参数	
顶部高程	标高值(顶部高程)	实例参数	
底部高程	标高值、偏移值(底部高程)	实例参数	
材质	材质(结构材质)	纤维增强混凝土	以设计为准

续表

填写信息	Revit 属性名称	属性值	备注
颜色	颜色	实例参数	以设计为准
供货商	供货商	实例参数	材料实际供应商
构件用途	构件用途	实例参数	

10.1.3 BIM 技术工程应用

1. 精细化建模

项目重点针对建筑、结构及幕墙制定建模标准并进行精细化建模，创建采用典型 BIM 软件进行，从轴网建立开始，通过文件链接的方式搭建整体模型，采用多人协同完成。完成的模型如图 10.2 所示。

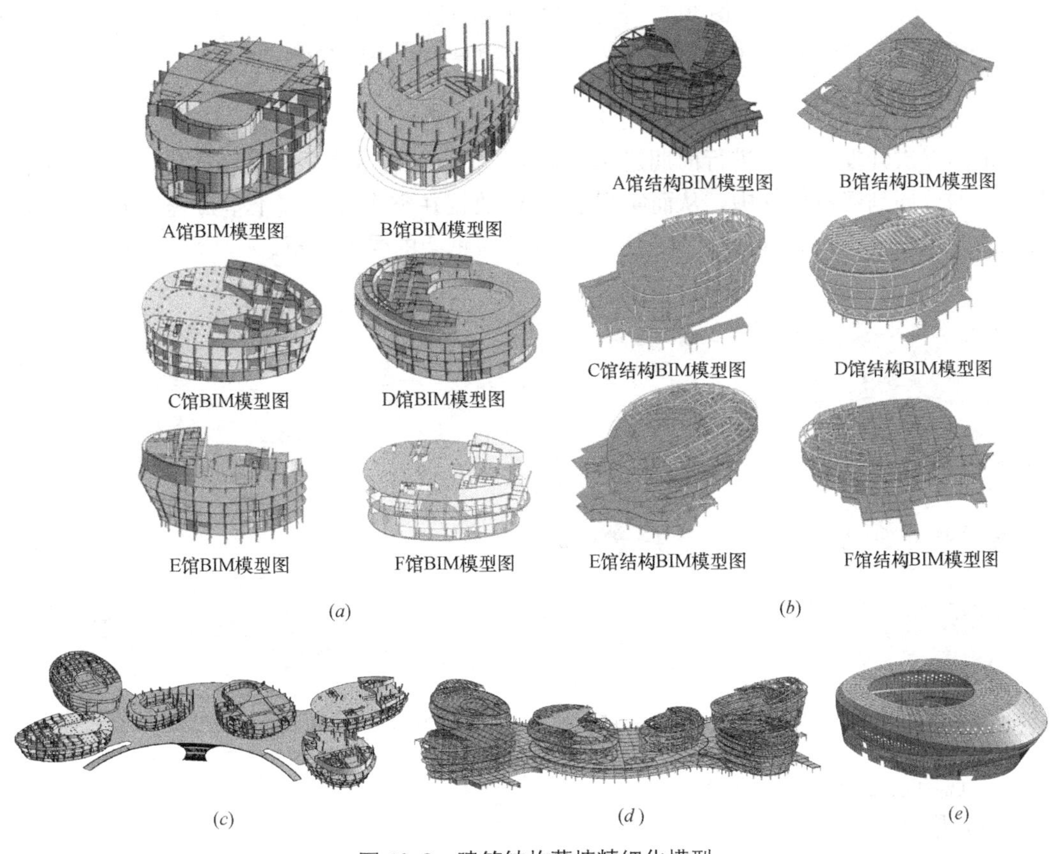

图 10.2 建筑结构幕墙精细化模型

(a) 单体建筑模型；(b) 单体结构模型；(c) 整体建筑模型；(d) 整体结构模型；(e) 幕墙模型（E 馆）

2. 深化设计与分析

(1) 模型二次深化

幕墙二次深化设计按以下步骤完成建模：①把幕墙外轮廓导入，并设定不同的图层加以区分；②根据幕墙厚度，确定幕墙外轮廓线和主要的控制点；③通过放样并扫掠，外轮廓线形成的面即最终模型，它是非均匀有理B样条曲线形成的曲面并分析模型。最终E馆的二次深化图如图10.3所示。

使用参数化技术，创建异形幕墙表面幕墙面分割，Dynamo批量添加共享组参数的方式，建立了幕墙面板的批量编码功能，并实现了手动和自动编码相结合的幕墙面板编码。

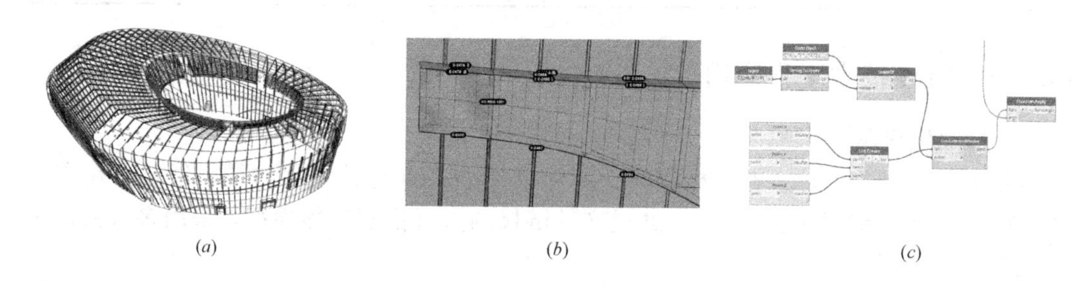

(a)　(b)　(c)

图10.3　幕墙二次深化图（以E馆为例）
(a) E馆二次深化模型；(b) GRC龙骨建模；(c) 参数化编码规则示意

(2) 施工过程受力校核与有限元分析

采用二次开发工具，进行前期建模数据流的引入和导入有限元分析软件，并将有限元分析数据返回到建模软件中，从而实现了BIM数据在整个设计施工全过程“流动”起来的理念。图10.4所示为选取的典型幕墙板和背腹钢架的受力分析。

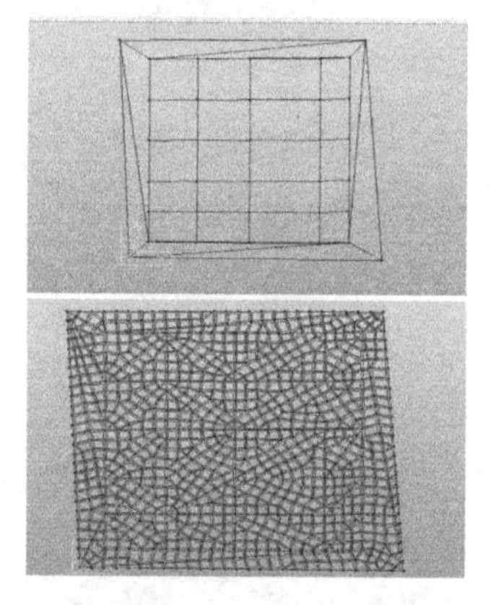

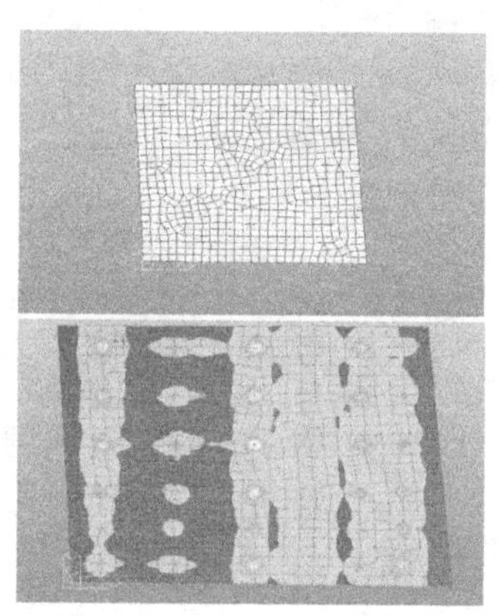

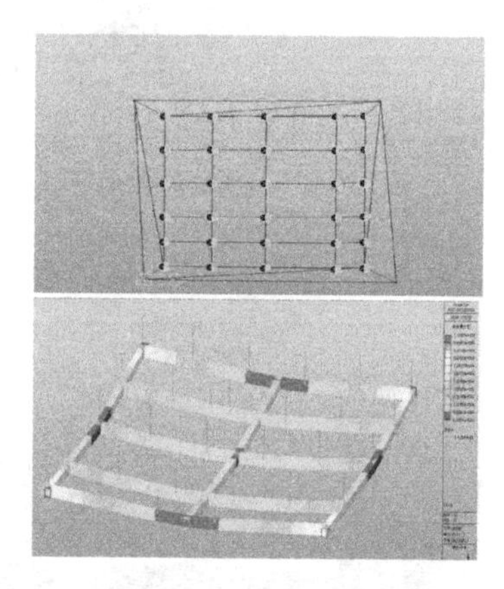

图10.4　施工过程受力分析

3. 现场施工应用

(1) 模型拟合

项目异型幕墙外形极为复杂，现场施工时，有一个具有可视化的精确三维模型实体显得尤为重要。结合中心项目建筑结构模型，通过BIM软件对中心幕墙进行三维模型的优化，将项目幕墙的整体三维幕墙轮廓、各控制点的坐标节点、幕墙装饰分格、幕墙各部位细部节点的构造及相对应位置关系等进行可视化拟合，并将施工时的实际数值与三维模型中的理论数值做对比分析，施工过程中可以不断地调整、消化、整合误差，使得最终的实际幕墙空间定位最大限度满足BIM模型所建立的虚拟建筑建造。

(2) 指导幕墙钢构件龙骨制作及其空间定位

异型复杂幕墙面层板分项构造及外形均非常复杂，幕墙各构造的支撑钢构件龙骨的相对位置和角度均不同且定位困难，利用 BIM 精细化模型进行了碰撞检查，精确定位各相互矛盾节点并及时调整。项目通过提取 BIM 模型的幕墙支撑钢构件龙骨加工尺寸图和根部预埋件的定位数据及龙骨拼接点的定位数据，得到主结构的偏差数据，极大地提高了龙骨制作精度和准确度，很好地指导了龙骨制作和安装就位，如图 10.5 所示。

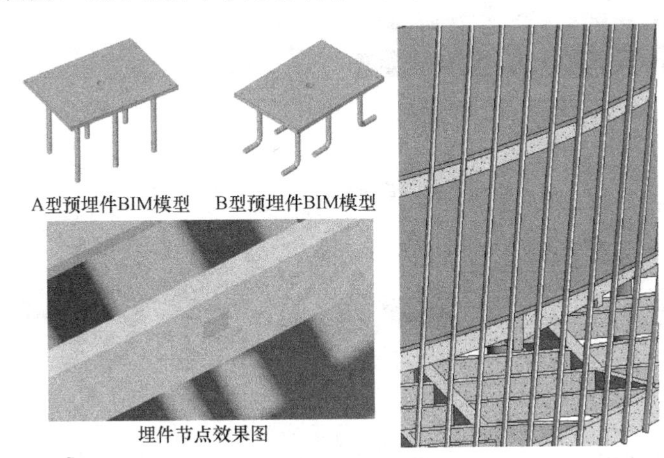

图 10.5 龙骨制作空间定位示意图

(3) 提取面板的加工尺寸及空间定位

项目异型幕墙面板构造十分复杂且幕墙板块大多为非平面板，现场施工放样定位均难以精确把控。在具体施工过程中使用了幕墙面板的 BIM 精细化模型进行材料下单，并对施工安装进行了指导，大大提高了材料下单速度及安装精度，加快了施工进度。

(4) 施工过程与复杂施工节点工序模拟

BIM 施工模拟是关于建筑设施的物理性能和各方面属性的综合性直观表述，针对复杂幕墙工程将项目进行施工过程与复杂施工节点工序模拟，使得项目管理人员可以实时动态掌控施工进度，确定最好的施工顺序和时间节点，快速优化施工资源配置，并为制定物资供给计划提供及时、准确的数据参考，如图 10.6 所示。

10.1.4 应用效果与展望

孝感文化中心项目建筑外形复杂，异形幕墙构造层次多，构件繁多且复杂，使用 BIM 技术建立了精细化的 BIM 系列模型，并指导了幕墙施工全过程。项目各方在幕墙工程实施之前构建了基于 BIM 应用的组织架构，制定了详细可行的实施策划和实施标准，结合项目的重难点明确了 BIM 应用的目标和责任划分，这些均有力地保证项目 BIM 应用的顺利进行。

基于 BIM 技术的精细化管理，在 GRC 幕墙系统的二次深化设计、加工制造、施工过程力学分析、复杂工程节点与工序模拟等方面进行 BIM 技术应用，有力地保证了施工质量和工期。借助 BIM 新技术来指导项目现场绿色施工、质量管理及进度控制，提升了项目的整体管理能力。下一步 BIM 应用实施的工作重点将放在平台建设和面向运维的模型搭建和应用等方面。

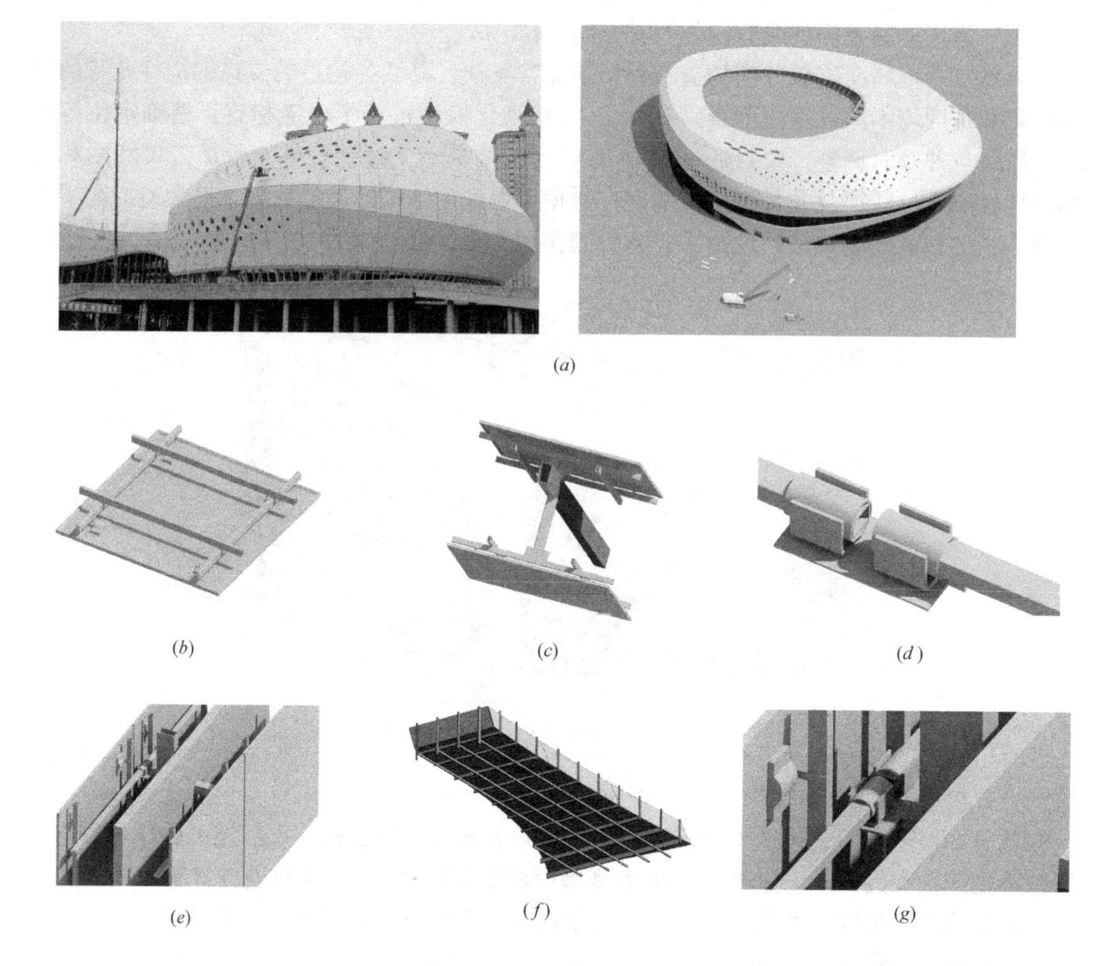

图 10.6 施工过程与复杂施工节点工序模拟

(a) 实际施工过程与虚拟建造过程对比；(b) 墙板锚爪背腹钢架构造；(c) 内外板组合工序；(d) 支座节点大样图
(e) 全节点拼接示意；(f) 胎膜制作；(g) 细部节点拼接示意

10.2 济钢医院门诊楼扩建改造项目

10.2.1 项目概况

项目位于济钢总医院院内，济钢总医院为二级甲等综合医院。医院现状占地面积 5.5 万 m^2，建筑面积 5.8 万 m^2，编制床位数 680 床（含精神专科床位 80 床），日门诊量 900 人次。门诊综合楼扩建改造后日门诊量预计达到 1500 人次，项目建成后将改善医院的门诊医技用房面积，提高东部城区的医疗服务水平。

该项目为门诊楼扩建改造项目，总建筑面积 11684.29m^2，其中装修翻新改造面积 4518.05m^2（地上），新建面积：6543m^2（含地下）。现状门诊楼地上六层、扩建建筑地上四层、地下一层。新建建筑高度 17.45m，改建建筑高度 22.5m。按民用建筑工程设计等级分类，属二级公共建筑。效果如图 10.7 所示。

图 10.7 效果图

10.2.2 BIM 实施部署

1. BIM 技术应用情况

该项目为 EPC 总承包项目，由院方委托 EPC 总承包单位完成整个项目的设计、施工、采购工作。项目 BIM 咨询服务分两部分：BIM 技术服务及 EPC 项目管理平台服务。运用周期含项目设计、施工及运维全过程。

2. 项目重点

(1) 借助 BIM 技术，对项目进行模拟建造，提前发现设计问题，指导现场施工，达到提升设计及施工质量。

(2) 借助项目管理云平台，充分发挥 EPC 管理模式的优势，提升参建各方沟通效率，提升项目管理水平。

(3) 通过 BIM 技术快速计算工程量，控制工程总造价，辅助项目进行成本控制。

3. BIM 技术应用点

该项目 BIM 技术应用点汇总如表 10.4 所示。

各阶段 BIM 技术应用清单 **表 10.4**

序号	应用类别	本项目 BIM 技术应用项	应用成果
1	设计阶段应用	BIM 模型构建	BIM 模型
2		模拟建造	模拟建造报告
3		净高分析	净高分析报告、净高分布图
4		精装模拟	精装模型及展示动画
5	施工阶段应用	场地布置模拟	场布模型及报告
6		节点模拟	节点模型
7		管线综合优化	管综优化图纸
8		预留预埋定位	预留预埋定位图

续表

序号	应用类别	本项目 BIM 技术应用项	应用成果
9	工程造价管理	初步设计阶段辅助工程总承包编制了工程概算	工程概算
10		施工图设计阶段辅助总承包编制了工程预算	工程预算
11		工程量清单	工程量清单
12	数字化平台	数字化信息协同管理平台	协调管理平台

10.2.3　BIM 技术应用介绍

1. 设计阶段 BIM 技术应用

(1) BIM 模型构建

项目建模范围含建筑、结构、给排水、消防、喷淋、暖通及医疗专项。通过前期 BIM 模型辅助门诊楼设计方案论证，使建筑设计更加合理，如图 10.8 和图 10.9 所示。

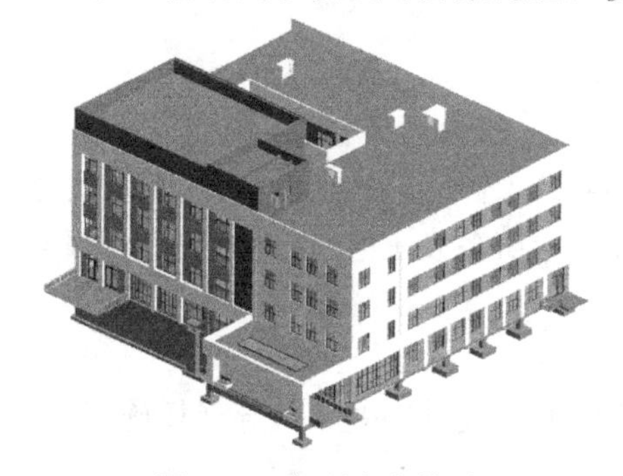

图 10.8　初版方案模型

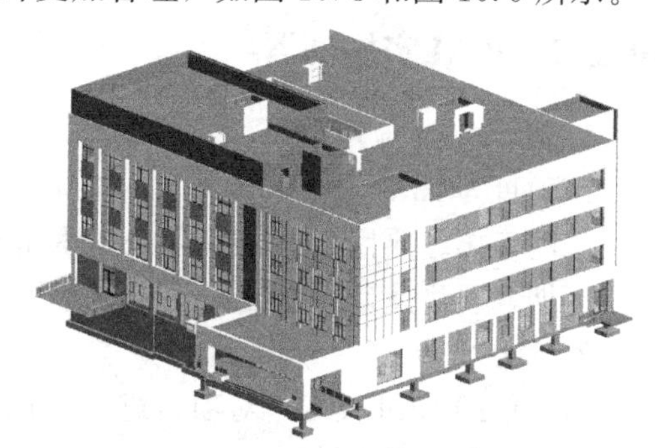

图 10.9　优化后方案模型

(2) 模拟建造

通过 BIM 软件将各专业设计信息集成在 BIM 模型中，便于各专业内、专业间的错漏碰缺问题检查，形成《模拟建造报告》，辅助设计成果的修改完善，在设计阶段解决各类图纸问题，提高整体设计质量，如图 10.10 和图 10.11 所示。

(3) 问题跟进与销项

依托 EPC 管理的优势，项目狠抓 BIM 技术应用成果落实，对发现的各类问题形成问题跟进汇总，逐条对问题进行解决情况跟进，直至问题全部解决，予以销项，如图 10.12 所示。

(4) 净高分析

在设计阶段对重点区域、管线复杂区域进行管线排布，配合设计优化层高，验证净高，优化管线路由，形成净高分布图，如图 10.13 和图 10.14 所示。

(5) 精装模拟

根据精装方案制作精装 BIM 模型，对重要空间（大厅、电梯前厅、公共走廊、护士站）进行可视化展示，辅助决策。装饰工程与机电管线、点位紧密配合，精心布局，达到效果美观，减少碰撞的目的，如图 10.15～图 10.17 所示。

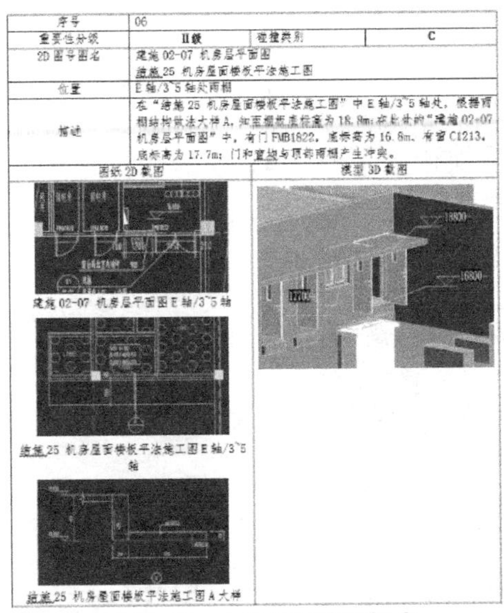

序号	06		
重要性分级	Ⅱ级	碰撞类别	C
2D图号图名	建施02-07 机房层平面图 结施25 机房屋面楼板平法施工图		
位置	E轴/3~5轴处雨棚		
描述	在“结施25 机房屋面楼板平法施工图”中E轴/3~5轴处，根据雨棚结构做法大样A，知雨棚板底标高为18.8m；在此处的“建施02-07 机房层平面图”中，有门FMB1822，底标高为16.8m，有窗C1213，底标高为17.7m；门和窗块与顶部雨棚产生冲突。		
图纸2D截图		模型3D截图	

图 10.10 土建模拟建造报告

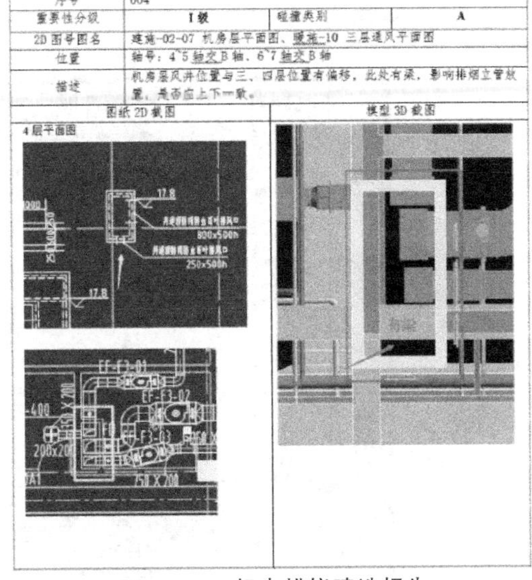

序号	004		
重要性分级	Ⅰ级	碰撞类别	A
2D图号图名	建施-02-07 机房层平面图、暖施-10 三层通风平面图		
位置	轴号：4~5轴交B轴、6~7轴交B轴		
描述	机房层风井位置与三、四层位置有偏移，此处有梁，影响排烟立管放置，是否应上下一致。		
图纸2D截图		模型3D截图	

图 10.11 机电模拟建造报告

济钢医院项目BIM问题跟进表（土建）12.25

序号	问题类型	问题编号	提出日期	文件名称	主要内容	答复单位	答复时间	回复报告内容	20181225解决情况	20190115解决情况
1	图面问题	001	2018.11.28	济钢医院项目BIM问题报告1206	11-12轴/C-D轴，二层图示箭头指示位置幕墙在立面图和立面索引图中显示有开启扇，平面图中无开启扇，请复核。	设计院	2018.12.06	此处以平面图为准，无开启扇。	需修改此处立面图纸。	已销项。
2	图面问题	002	2018.11.28	济钢医院项目BIM问题报告1206	二层4-15轴/A-E轴，图示箭头指示位置雨棚在立面图、立面索引图和三层平面图中不一致（幕墙立面图与建筑图不一致），请复核。	设计院	2018.12.06	雨棚平面位置复核，见下图，雨篷立面标高位置以幕墙图为准。	需落图。	已销项。
3	碰撞问题	003	2018.11.28	济钢医院项目BIM问题报告1206	1-4轴/J轴、1-4轴/H轴三层梁，图示箭头指示位置梁KL30、KL32与幕墙上悬窗碰撞（KL30、KL32梁底标高为8.250m，幕墙顶标高为8.650m，二者碰撞），请复核。	设计院	2018.12.06	铝板包梁。	需落图。	KL30、KL32与幕墙上悬窗碰撞问题仍未解决。
4	碰撞问题	004	2018.11.28	济钢医院项目BIM问题报告1206	4-7轴/B轴，图示箭头指示位置三层梁KL2、KL6与幕墙碰撞，且KL2、KL6（根据图纸会审记录）悬挑是否合适，对配筋有无影响，请复核。	设计院	2018.12.06	土建更改此处大样，详建筑变更单13及结构变更单33。	建筑结构大样已修改，幕墙图纸中幕墙平面图位置及大样图、节点图JD45、JD46仍需修改。	幕墙图纸中幕墙平面图位置及大样图、节点图JD45、JD46仍需修改。
5	碰撞问题	005	2018.11.28	济钢医院项目BIM问题报告1206	二层7轴/A-C轴（多处存在原设计为涂料，幕墙图纸为干挂），图示同一位置建筑外立面做法在建筑图纸与幕墙图纸中不一致，请复核。	设计院	2018.12.06	应业主要求，建筑师同意，此处采用石材幕墙包裹。	此处是否需要在变更中说明改用石材包裹。	已销项。
6	碰撞问题	006	2018.11.28	济钢医院项目BIM问题报告1206	4-7轴/L-M轴，幕墙MQ2顶部无附着结构，缺少附着位置墙身大样图，请复核。	设计院	2018.12.06	此处墙身参见幕墙QS03（8）	此处缺少结构墙身大样图，且变更单上面提到的墙身大样十四在结构图纸中未找到。	缺少结构墙身大样图。
7	碰撞问题	007	2018.11.28	济钢医院项目BIM问题报告1206	一层10-14轴/A轴，图示箭头指示位置石材未能完全包络梁KL25，请复核。	设计院	2018.12.06	此处石材局部包梁	KL25裸露位置如何处理。	KL25裸露位置如何包装，需体现在平立面图纸上。

图 10.12 问题销项汇总

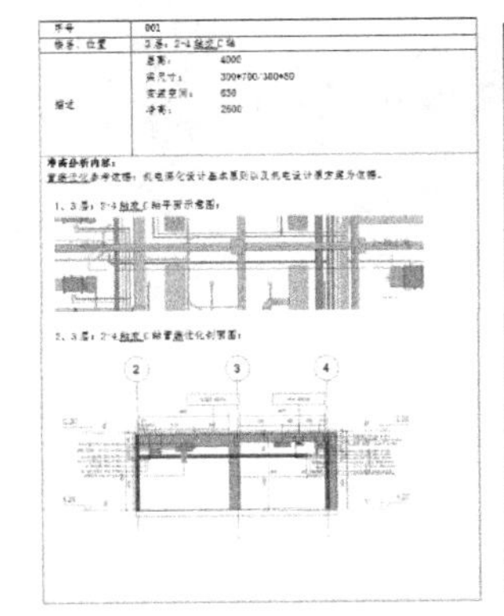

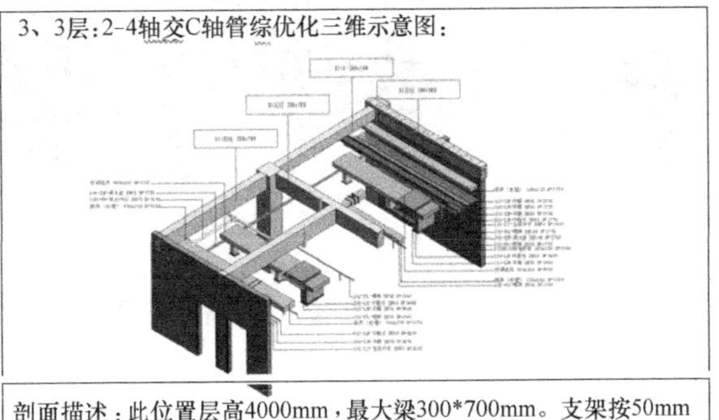

3、3层:2-4轴交C轴管综优化三维示意图：
剖面描述：此位置层高4000mm，最大梁300*700mm。支架按50mm考虑，经管综优化后，机电净高完成面为2600mm。

图 10.13 净高分析报告

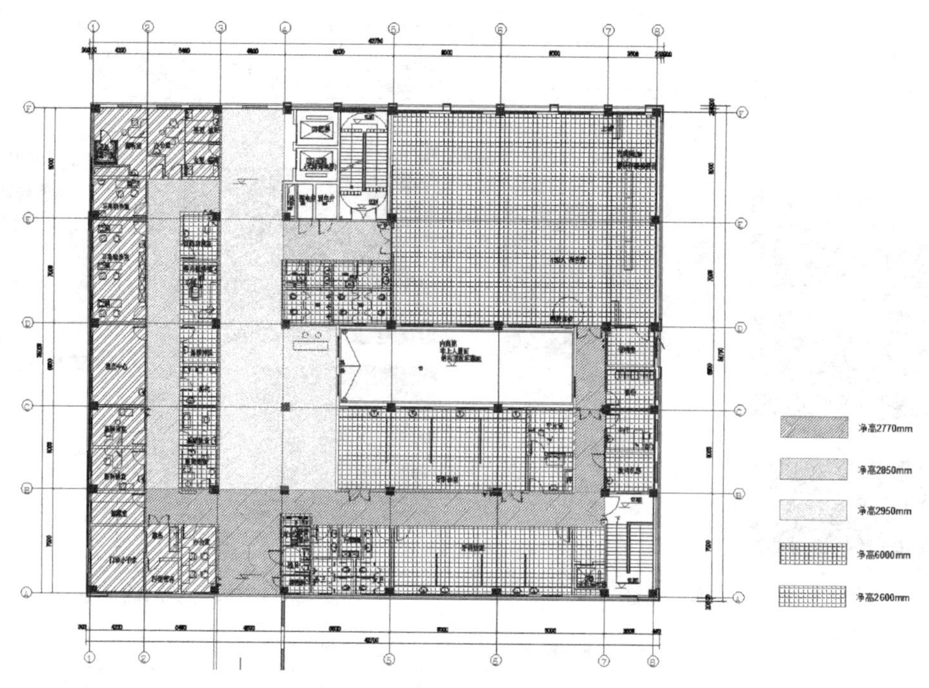

图 10.14 净高分布图

图 10.15 药房前装修效果

图 10.16 门诊走廊装修效果

图 10.17 精装与机电协调论证

2. 施工阶段 BIM 技术应用

(1) 节点模拟

借助 BIM 模型，直观展示复杂工艺，复杂节点进行模拟，辅助现场交底、施工及验收，如图 10.18 所示。

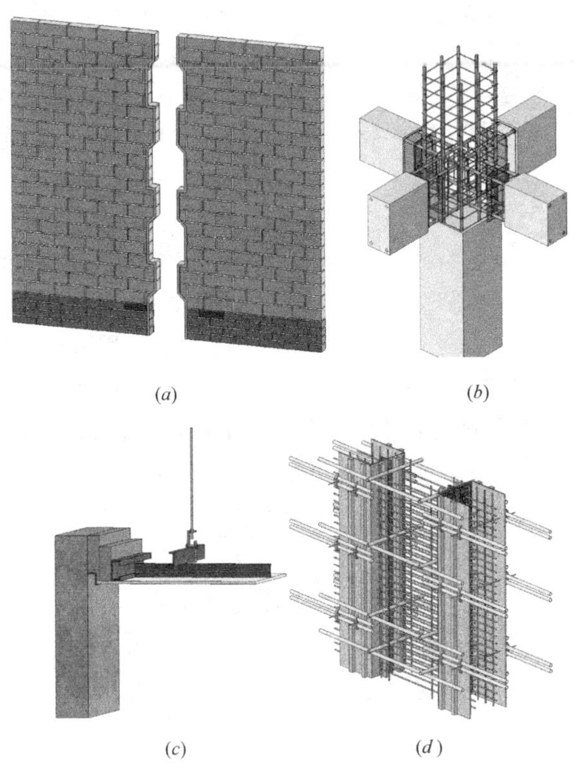

(a) (b)

(c) (d)

图 10.18 BIM 模型

(a) 马牙搓节点；(b) 梁柱核心区混凝土节点；(c) 吊顶节点；(d) 墙体竖向施工缝留置

(2) 场地布置模拟论证

对场地布置进行三维可视化模拟，论证场地布置的合理性，减少二次搬运、施工道路不畅等问题的发生，如图 10.19 所示。

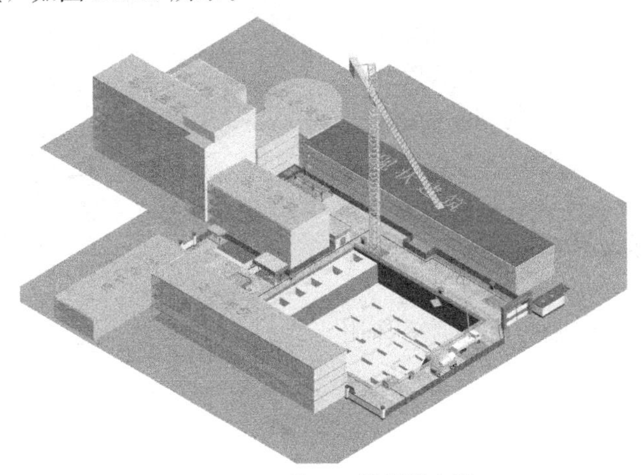

图 10.19 施工三维场地布置

(3) 管线综合优化

结合各参建方的意见，对管线进行方案排布，方案确定后在 BIM 模型中消除碰撞，

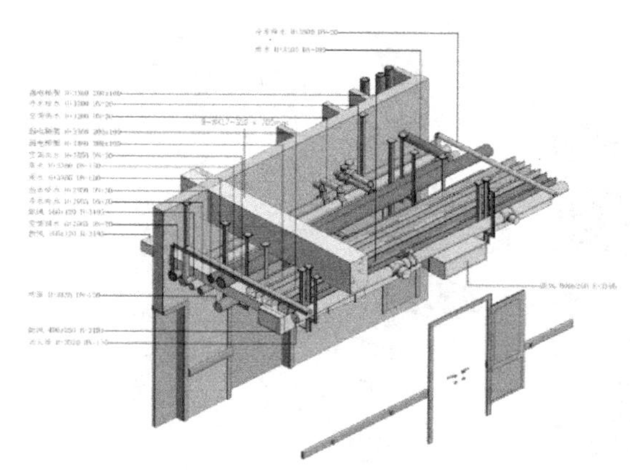

图 10.20 管线综合三维模型

最后输出剖面图及三维模型，如图 10.20 和图 10.21 所示。并以此辅助现场安装施工，起到提升管线安装质量，缩短施工周期的目的。

（4）预留预埋定位

通过管线综合，对管线穿剪力墙位置进行精准定位，形成预留预埋定位图，指导施工，有效规避了二次开洞现象的发生，如图 10.22 和图 10.23 所示。

3. 工程造价管理

（1）工程量统计

EPC 总承包项目控制建造成本是项目工作的重点，项目通过 BIM 技术快速准确计算工程量，辅助总承包进行成本管理，具体完成了以下工作：

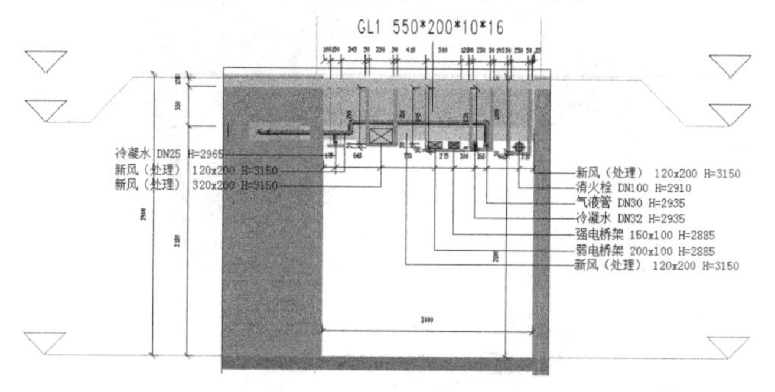

图 10.21 管线综合剖面图

1）在方案设计阶段辅助总承包单位进行了投资估算报告编制；

2）在初步设计阶段辅助工程总承包编制了工程概算，并通过 BIM 算量优化了多轮设计，最终使工程设计满足了医院建设方的品质需求及总承包单位的利润需求；

3）施工图设计阶段辅助总承包编制了工程预算；

4）辅助招投标编制了工程量清单。

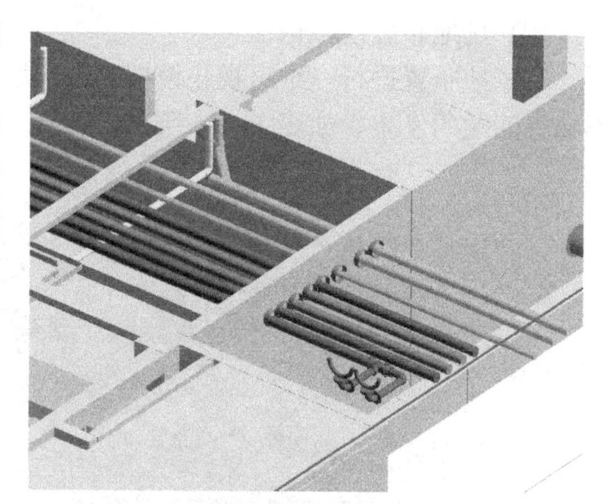

图 10.22 预留预埋三维模型

（2）服务流程

该项目中 BIM 咨询服务流程含整体服务流程和系统算量流程，如图 10.24 和图 10.25 所示。

（3）算量方式

工程采用 BIM 模型导入算量软件的方式及传统算量方式相结合的方法进行整体工程量计算，如图 10.26 所示。其中，土建部分：基础、剪力墙、梁、板、柱、砌体墙，安装部分的大部分工程量采用 BIM 模型导入广联达算量软件的方式计算工程量。模型中未包含部分如土建部分：场地平整、防水工程、钢筋工程等，安装部分：电缆、电线、线管等，采用传统算量方式算量。

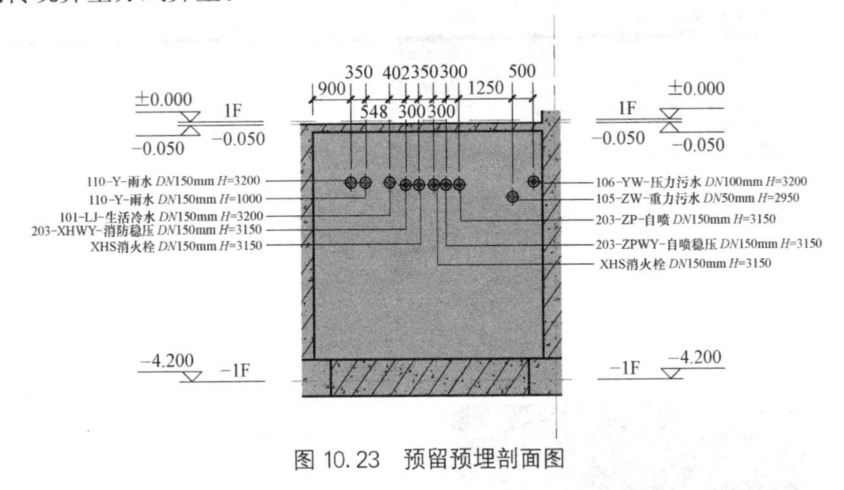

图 10.23 预留预埋剖面图

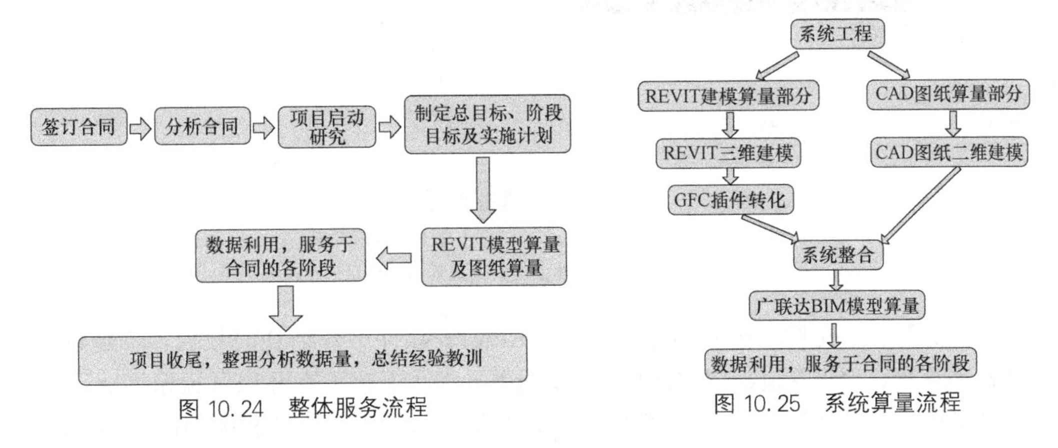

图 10.24 整体服务流程

图 10.25 系统算量流程

（4）建模规范

通过编制相关模型算量建模规范，使项目构件名称的统一，同时在模型绘制过程中结合现有项目建模标准，避免传统建模方式下规则不统一、整合能力差的现象，实现模型信息最大限度地转化到算量软件中。

（5）BIM 算量与传统算量对比

土建工程量中基础、剪力墙、梁、板、柱、砌体墙采用了 BIM 模型算量，采用传统方式计算的总量为 3927.335m^3，采用 BIM 模型计算的工程量为 3917.532m^3。误差约−2.5‰。主要原因为个别构件命名错误，导致 BIM 模型导图算量软件后未识别。

安装工程量中除冷媒管、电缆、电线和线管外，其他安装工程采用 BIM 模型算量，基本无误差。

对比可知，该项目通过各种管控手段，确保了 BIM 算量的准确性，BIM 工程量可以用来指导现场成本管理工作。

（6）算量总结

土建工程中：钢筋工程量因在 REVIT 软件中建模耗时较长且对硬件配置要求高，不建议使用 BIM 模型算量。

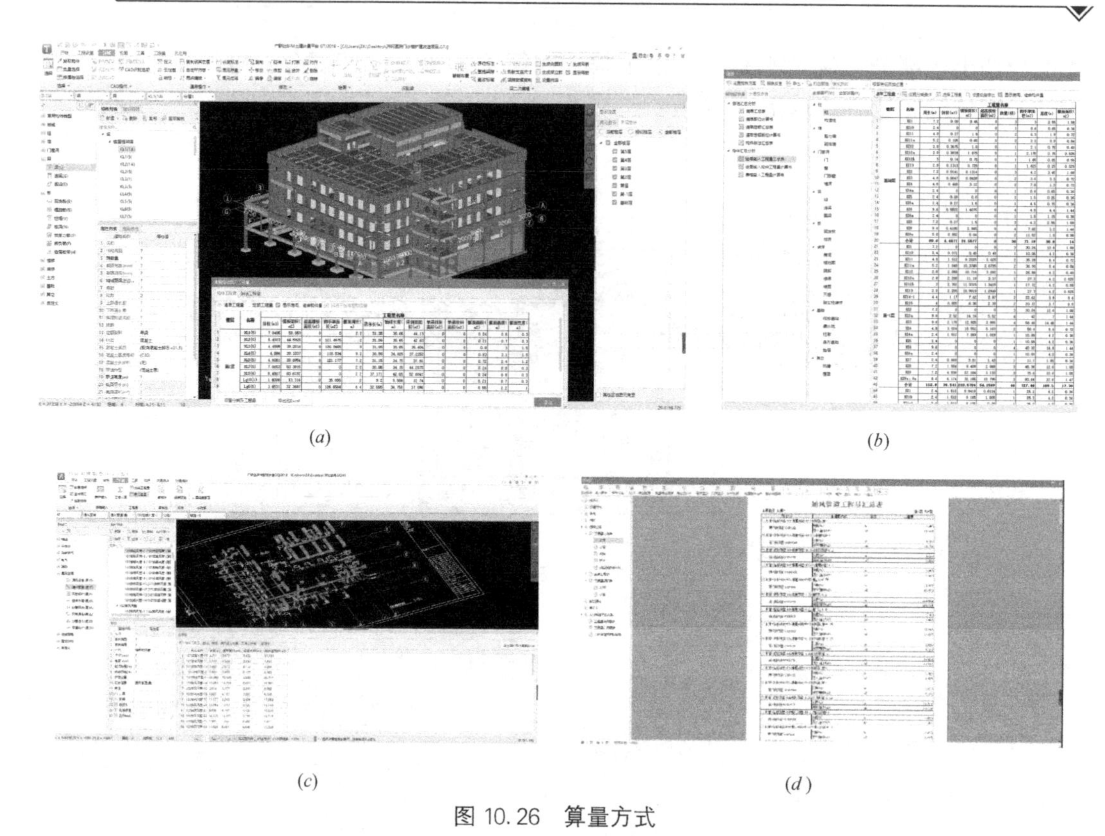

(*a*)
(*b*)
(*c*)
(*d*)

图 10.26 算量方式

(*a*) 土建 BIM 模型导入广联达算量软件；(*b*) 土建工程量汇总表；(*c*) 机电 BIM 模型导入广联达算量软件；(*d*) 通风管道工程量汇总表

安装工程中：电缆、电线、线管等因在 REVIT 软件中建模耗时较长，不建议使用 BIM 模型算量，冷媒管道绘制方式与清单提量差异大，不建议使用 BIM 模型算量。

搭建算量所需 BIM 模型，比搭建正常 BIM 模型约增加 30%的建模工作量，但可大幅减少算量时间。在目前各类软件仍不太成熟时，可采用 BIM 提量与传统算量相结合的方式提取工程量，以达到减少算量时间，提升算量准确度的目的。

4. 基于 BIM 技术的项目管理云平台

项目存在难度大、BIM 应用单位多、要求高以及工期紧张的难题，为解决这一系列问题，该项目采用了基于 BIM 技术的项目管理云平台，如图 10.27 所示。平台实现了信

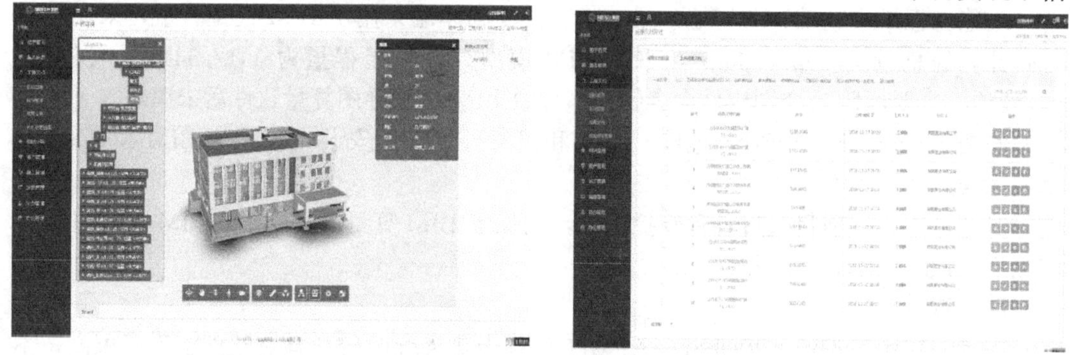

图 10.27 平台界面

息管理、流程管理、BIM 管理（含模型浏览及注释、成果管理、质量管理、安全管理、进度管理等）、运维管理、协同办公管理等功能。提升了项目管理质量和效率。

10.2.4 BIM 技术应用总结

项目利用 BIM 技术在设计阶段通过可视化展示及模拟建造，减少了方案决策时间，提升了沟通效率。通过模拟建造，提前发现并解决了设计问题 75 处，提升了设计质量，节省变更产生的相关费用约 90 万元。施工阶段通过 BIM 技术辅助现场施工，有效提升了项目建造质量，避免了返工现象的发生，减少了返工及拆改费用约 65 万元，减少了建造周期 20 天。通过 BIM 技术辅助工程造价管理，使项目工程量计算更加准确合理。通过项目管理平台的使用，解决了各单位间信息沟通问题，项目管理难度降低，项目管理效率提升。

习题

1. BIM 组织与实施主要包括哪些内容？
2. BIM 工程应用点有哪些？试举例说明。

第11章　二次开发初步

二次开发能让一些简单重复的工作由计算机代替工程师完成，从而大大减少工程师的工作量。目前市面上出现的基于Revit的插件，基本上都是Revit二次开发的成果。

Revit所有的产品都是参数化的。“参数化”是指模型的所有元素之间的关系，这些关系可实现软件提供的协调和变更管理功能。这些关系可以由软件自动创建，也可以由设计者在项目开发期间创建。

在Revit模型中，所有的图纸、二维视图、三维视图和明细表都是同一个基本建筑信息模型数据库的信息表现形式。在图纸视图和明细表视图中操作时，软件将收集有关该建筑项目的信息，并在项目的所有表现形式中同步该信息。

Revit的二次开发主要有两种，一种是结合微软Microsoft的Visual Studio来做，这是目前的主流方法，另一种是用Revit自带的“宏”来做。

11.1　Revit API概述

API，英文Application Programming Interface的缩写，即应用程序接口。Revit作为一个BIM建模平台软件，提供了API供第三方进行Revit的二次开发。

开发的成果是Revit插件，它能创建模型和读取BIM模型信息，不仅可以实现批量操作及智能操作，还可以打通与其他软件之间的顺畅模型信息传递。

11.1.1　API可以做什么

以下是Revit API可以做到的事情：

(1) 可以访问模型的图形数据。

(2) 可以访问模型的参数数据。

(3) 可以创建、修改、删除模型元素。

(4) 可以创建插件来完成对UI的增强。

(5) 可以创建插件来完成一些对重复工作的自动化。

(6) 可以集成第三方应用来完成诸如链接到外部数据库、转换数据到分析应用等。

(7) 可以执行一切种类的BIM分析。

(8) 可以自动创建项目文档。

11.1.2　使用API的准备工作

在使用Revit API之前，需要做如下的准备：

(1) 安装Revit系列产品，了解产品的功能和使用，API在安装Revit时自动安装。

(2) 了解至少一种符合公共语言规范的编程语言，如C#。

（3）安装 Microsoft. NET Framework 4. 5。

（4）安装支持的 IDE，推荐 MicroSoft Visual Studio2012 以上版本。

（5）RevitSDK，其中包含了 RevitAPI 的帮助文档和带源代码的例子。

（6）RevitLookup 插件，不用写代码就可以直观看到 API 的对象，包含在 RevitSDK 中，如图 11. 1 所示。

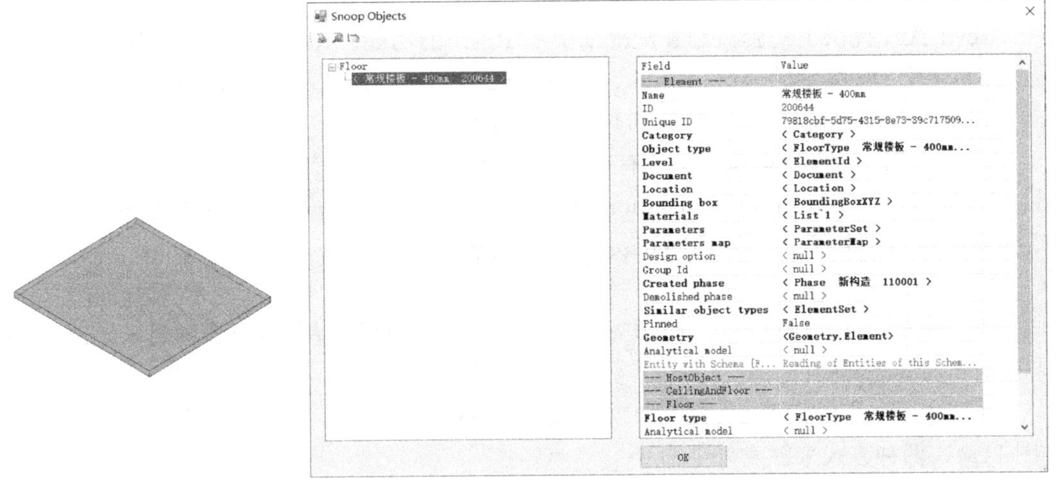

图 11. 1　RevitLookup 插件查看板的信息

（7）AddinManager 插件，用来加载 Revit 的插件，优点是不用重启 Revit 就可以修改插件代码并再次加载与运行，包含在 RevitSDK 中，如图 11. 2 所示。

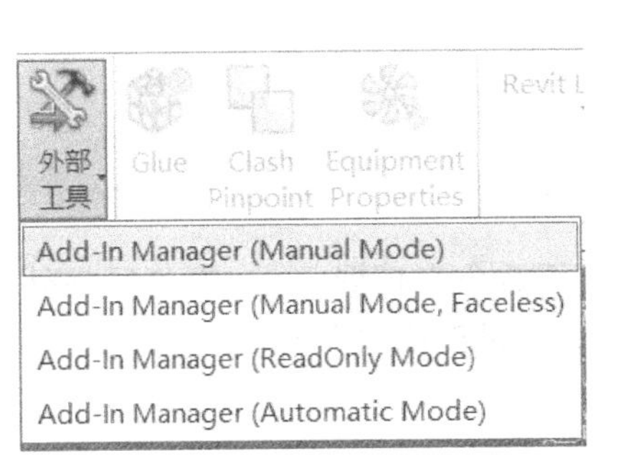

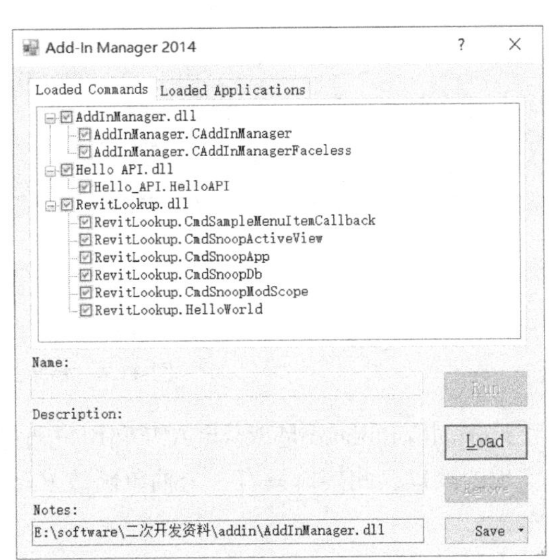

图 11. 2　AddinManager 插件

11. 2　API 基础

Revit API 允许使用者通过任何与 . NET 兼容的语言来编程，包括 Visual Basic. NET、C＃、C＋＋/CLI、F＃等。

11.2.1 外部命令和外部应用

Revit API 是建立在 Revit 产品基础之上的，它是一个类库，需要在 Revit 运行时才能够工作。通过这套强大的 Revit API，可以添加用户基于 Revit API 开发的插件来扩展和增强 Revit 的功能和应用。

Revit API 提供了一套机制和规范来扩展 Revit 的功能。Revit API. dll 程序集包含了访问 Revit 中 DB 级别的 Application、Document、Element 以及 Parameter 的方法，也包含了 IExternalDBApplication 接口和其他相关的接口。

Revit API. dll 程序集包含了所有操作和定制 Revit UI 的接口，包括：IExternalCommand 相关接口、IExternalApplication 相关接口；Selection 选择；菜单类 RabbonPanel、RibbonItem 以及其子类；TaskDialogs 任务对话框。

1. 外部命令

插件开发者可以通过 IExternalCommand 来添加自己的应用。Revit 通过 . addin 文件来识别和加载外部插件。

外部命令被集成到 Revit 之后，可以通过外部工具菜单（图 11.3）和自定义菜单项（图 11.4）两种方式来触发外部命令。

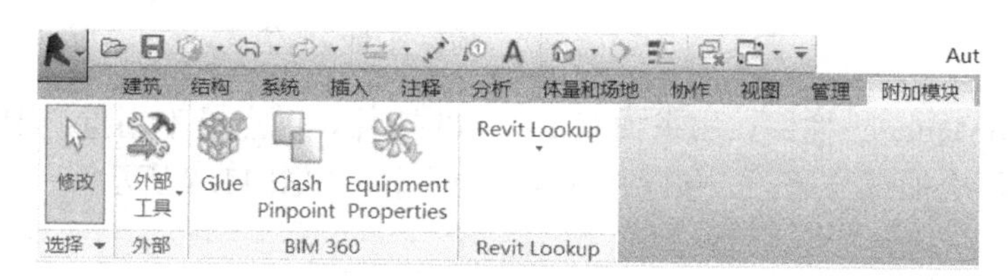

图 11.3 附加模块-外部工具

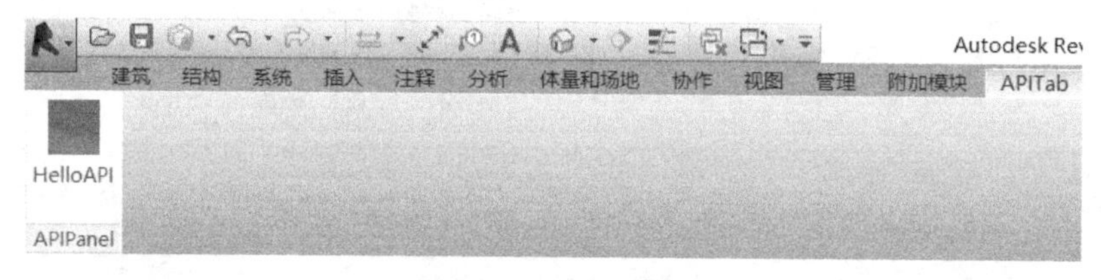

图 11.4 自定义菜单项

IExternalCommand 是 Revit API 和用户通过外部命令来扩展 Revit 时必须在外部命令中实现的接口。此接口只有一个抽象函数 Excute，通过重载这个函数来实现 IExternalCommand。

2. 外部应用

插件开发者同样可以通过实现 IExternalApplication 来添加自己的应用。Revit 同样通过 . addin 文件来识别和加载外部插件。

3. 注册

如果要在 Revit 中调用插件，必须要对插件进行注册。Revit 通过后缀名为 . addin 的文件来实现注册。Revit 启动时会自动搜索下列目录中的文件并进行加载。

如果希望插件只有当前用户可以使用，需要将文件放入：

（win7＋Revit2016）C：\Users\<user>\AppData\Roaming\Autodesk\Revit\Addins\2016

如果希望插件所有用户都可以使用，需要将文件放入：

（win7＋Revit2016）C：\ProgramData\ Autodesk\Revit\Addins\2016

11.2.2　实例“Hello API”

按以下步骤使用 Revit API 创建完成一个插件，运行后出现一个“Hello API”的对话框。

（1）启动 Microsoft Visual Studio 2019 软件，建立一个 C＃的类库（.NET Framework）文件，如图 11.5 所示。

图 11.5　VS 软件建立新类库文件

（2）指定项目文件位置：E：\test\，项目名称命名为：“Hello API”，单击“创建”按钮，完成文件的创建，如图 11.6 所示。

配置新项目

类库(.NET Framework)　C#　Windows　库

项目名称(N)

Hello API

位置(L)

E:\test\

解决方案名称(M)

Hello API

将解决方案和项目放在同一目录中(D)

框架(F)

.NET Framework 4.7.2

图 11.6　配置新项目

（3）软件进入如图 11.7 所示的代码环境。

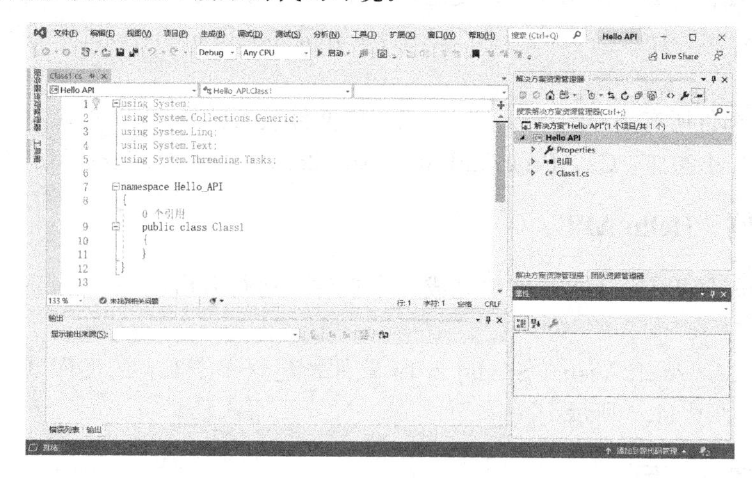

图 11.7　VS 代码环境

（4）在解决方案资源管理器选项栏中，在解决方案 Hello API 下添加 2 个引用：RevitAPI. dll 和 RevitAPIUI. dll，如图 11.8 所示。

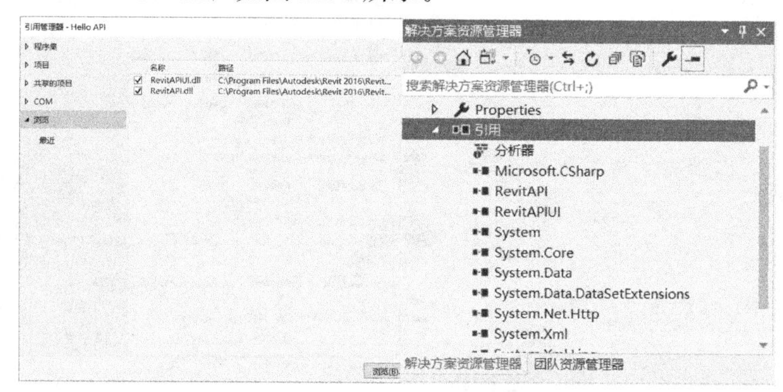

图 11.8　添加两个引用

（5）在软件的代码区，编辑生成如下代码，如图 11.9 所示。

```
using System;
using Autodesk.Revit.DB;
using Autodesk.Revit.UI;
using Autodesk.Revit.Attributes;
namespace Hello_API
{
[Autodesk.Revit.Attributes.Transaction(Autodesk.Revit.Attributes.TransactionMode.Manual)]
    public class HelloAPI : IExternalCommand
    {
        public Result Execute(ExternalCommandData commandData, ref string message, ElementSet elements)
        {
            TaskDialog.Show("My First API", "Hello API!");
            return Result.Succeeded;
        }

    }
}
```

图 11.9　代码

（6）修改生成属性，目标平台改为 x64，如图 11.10 所示。

（7）单击“生成”选项，即证明形成了相应 dll 文件：Hello API. dll，如图 11.11 所示。

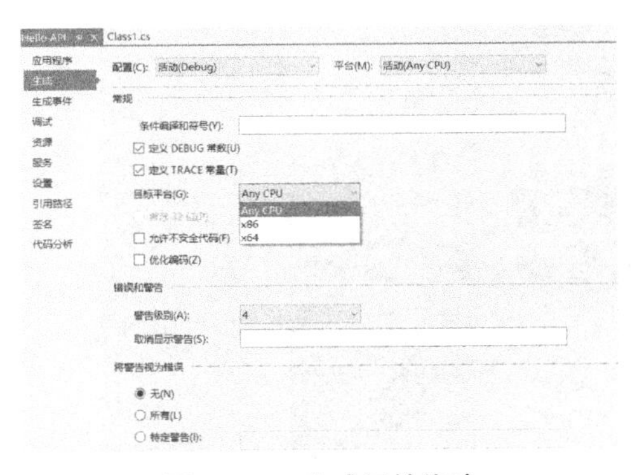

图 11.10 生成属性修改

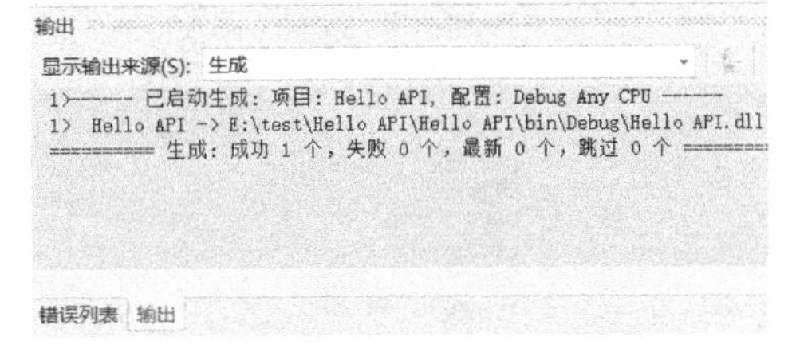

图 11.11 输出选项框

（8）打开 Revit 2016，在附加模块上下选项卡中选择外部工具下拉菜单中的 Add-In Manager（Manual Mode），点击 Load 按钮，选择刚刚生成的文件：Hello API. dll，如图 11.12 所示。

（9）选中后点击 Run 按钮，即可出现对话框如图 11.13 所示。

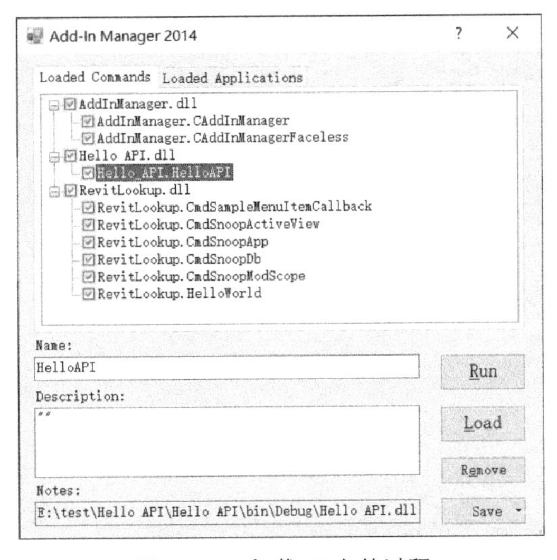

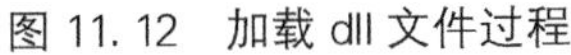

图 11.12 加载 dll 文件过程

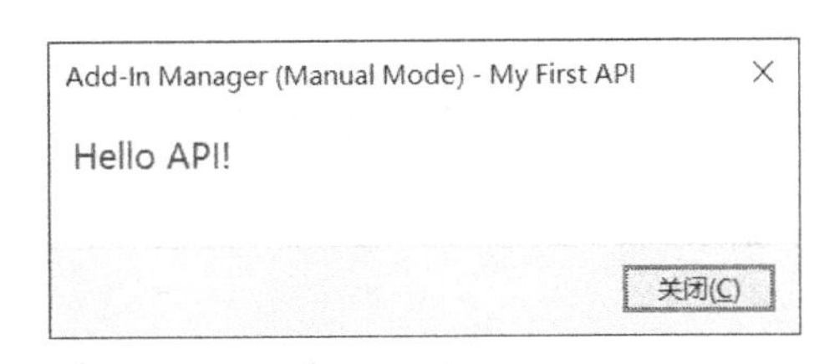

图 11.13 运行效果

11.3 小插件案例

11.3.1 案例开发背景和要求

在 Revit 软件中，如果创建一片长度 5000，高度 4000，厚度 200 的建筑墙，则该构件的属性框中的尺寸标注属性中自动生成其长度、面积、体积等参数，如图 11.14 所示。

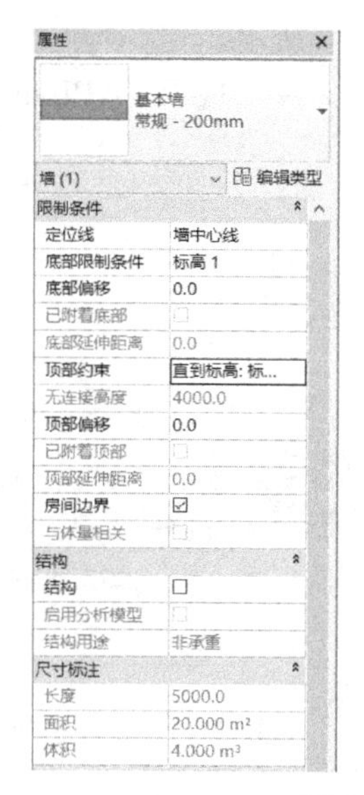

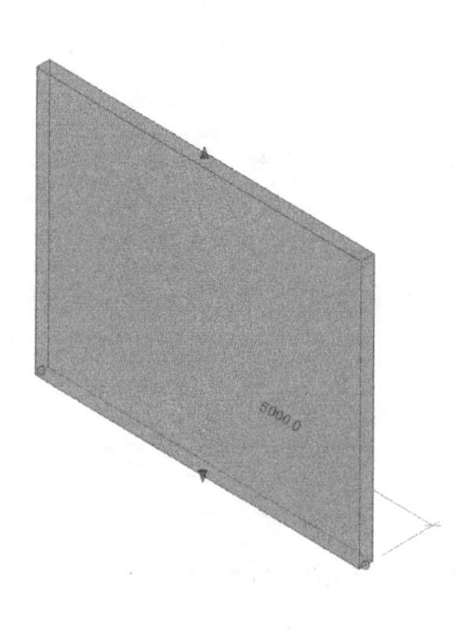

图 11.14 墙的尺寸标注属性

某项目特殊需求，开发一个插件，快速计算得到两个参数：①标准墙几何体的所有面的边长；②标准墙几何体的所有几何面的面积。

11.3.2 代码实现

```
using System;
using System.Collections.Generic;
using System.Linq;
using System.Text;
using System.Threading.Tasks;
using Autodesk.Revit.DB;
using Autodesk.Revit.Attributes;
using Autodesk.Revit.UI;
using Autodesk.Revit.UI.Selection;

namespace wall1
{
    [Transaction(TransactionMode.Manual)]
    public class Class1 : IExternalCommand
    {

        public Result Execute(ExternalCommandData commandData, ref string message, ElementSet elements)
        {
            UIDocument uidoc = commandData.Application.ActiveUIDocument;
            Document doc = uidoc.Document;//获取活动文档
```

```
Reference ref1 = uidoc. Selection. PickObject(ObjectType. Element, "选择一个族实例");
Element elem = doc. GetElement(ref1);
Wall aWall = elem as Wall;

//Wall aWall = doc. GetElement(new ElementId())as Wall;

//创建几何选项
Options opt = new Options();
opt. ComputeReferences = true;
//Options. ComputeReferences 必须为 true,是否拿到的几何体的 Reference 都将是 null
opt. DetailLevel = ViewDetailLevel. Fine;
GeometryElement geometryElement = aWall. get_Geometry(opt);//墙转换为几何元素

double FaceArea = 0;
double EdgeLength = 0;

foreach (GeometryObject geomObj in geometryElement)//获取到几何元素的边和面
{
  Solid geomSolid = geomObj as Solid;
  if (null ! = geomSolid)
  {
      foreach (Face geoFace in geomSolid. Faces)
      {
          //得到墙面
          if (geoFace is PlanarFace)
          {
              FaceArea += geoFace. Area;
          }
      }
      //public double width { get; set};
      foreach (Edge geoEdge in geomSolid. Edges)
      {
          EdgeLength += geoEdge. ApproximateLength;
          //int subNum = EdgeLength-width
          //得到墙边
      }
  }
  }
  TaskDialog. Show("Revit", "墙边长一共:" + EdgeLength. ToString()+ "\n" + "
墙面积一共:" + FaceArea. ToString());

  return Result. Succeeded;
 }
```

```
        }
    }
```

11.3.3　调试运行效果

测试1：在Revit中创建一片长度5000，高度4000，厚度200的建筑墙模型，运行编译好的.dll文件插件，出现如图11.15所示的运行结果，结果显示：墙周长为36.80m，墙表面积为43.60m^2，与实际相符。

测试2：在上例中建立一个直径为2000的圆形洞口，继续执行该插件，运行结果如图11.16所示，结果显示：墙周长为49.36m，墙表面积为37.32m^2，也与实际相符。

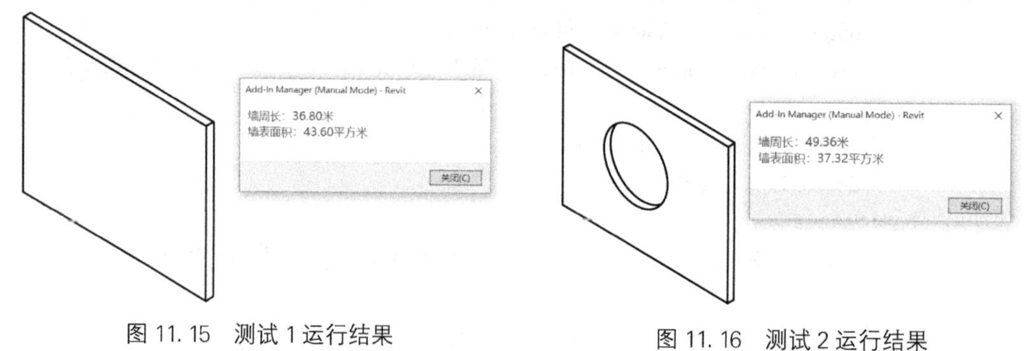

图11.15　测试1运行结果　　图11.16　测试2运行结果

习题

1. 二次开发的含义和价值是什么？
2. 如何搭建API二次开发环境？

附录　软件快捷键

修改工具		成组工具	
删除	DE	创建组	GP
移动	MV	编辑组	EG
复制	CO/CC	解组	UG
旋转	RO	连接组	LG
阵列	AR	排除构件	EX
镜像	MM/DM	将构件移到项目	MP
缩放	RE	恢复已排除构件	RB
对齐	AL	全部恢复	RA
偏移	OF	添加到组	AP
解锁	UP	从组中删除	RG
锁定	PN	组属性	PG
修剪	TR	完成组	FG
填色	PT	取消组	CG
拆分图元	SL	编辑属性	PR
创建类型实例	CS	建模工具	
缩放全部以匹配	ZA	墙	WA
缩放图纸大小	ZS	门	DR
视图工具		窗	WN
视图区域放大	ZZ	柱	CL
视图缩放两倍	ZV	构件	CM
缩放匹配	ZX/ZE	梁	BM
视图滚动/缩放	ZP/ZC	结构楼板	SB
视图属性	VP	结构支撑	BR
动态修改视图	F8	结构梁系统	BS
视图可见性/图形	VG/VV	结构墙	FT
临时隐藏图元	HH	绘图工具	
临时隔离图元	HI	线	LI
重设临时隐藏/隔离	HR	参照平面	RP
在视图中隐藏类别	VH	尺寸标注	DI
取消在视图中隐藏图元	EU	高程点	EL
视图—线框	WF	文字	TX

续表

修改工具		成组工具	
视图—隐藏线	HL	绘图—轴网	GR
视图—带边缘着色	SD	绘图—标高	LL
视图—高级模型图形	AG	绘图—标记—按类别	TG
视图—细线	TL	绘图—房间	RM
视图—渲染—光纤追踪	RR	绘图—房间标记	RT
视图—刷新	F5	绘图—详图线	DL
窗口工具			
窗口—层叠	WC	设置—日光和阴影位置	SU
窗口—平铺	WT	设置—项目单位	UN
交点	SI	象限点	SQ
端点	SE	点	SX
中点	SM	捕捉远距离对象	SR
中心	SC	关闭捕捉	SO
最近点	SN	关闭替换	SS
垂足	SP	工作平面网格	SW
切点	ST	渲染	RR
连接段切割—应用连接端切割	CP	Cloud 渲染	RC
连接段切割—删除连接端切割	RC	渲染库	RG
重复上一条命令	RC	查找/替换	FR
系统工具			
风管	DT	机械—设备	ME
风管—管件	DF	管道	PI
风管—附件	DA	管件	PF
转换为软管	CV	管路—附件	PA
软风管	FD	软管	FP
风道末端	AT	卫浴装置	PX
喷头	SK	线管配件	NF
弧形导线	EW	电气设备	EE
电缆—桥架	CT	照明设备	LF
荷载	LD	重新载入最新工作集	RL/RW
调整分析模型	AA	正在编辑请求	ER
重设分析模型	RA	机械设置	MS
检查路线	EC	电气设置	ES

参 考 文 献

[1] 王平，刘鹏飞，赵全斌. 建筑信息模型（BIM）概论 [M]. 北京：中国建材工业出版社，2018.
[2] Peter Routledge，paul Woddy. Autodesk Revit 2017 建筑设计基础应用教程 [M]. 北京：机械工业出版社，2017.
[3] K·普拉莫德·莫迪. 建筑业主和开发商的 BIM 应用 [M]. 李智，王静，译. 北京：中国建筑工业出版社，2016.
[4] 菲尼斯·E·杰尼根. 大 BIM 小 bim [M]. 程蓓，周梦杰，译. 北京：中国建筑工业出版社，2017.
[5] 埃迪·克雷盖尔，布拉德利·尼斯. 绿色 BIM [M]. 高兴华，译. 北京：中国建筑工业出版社，2016.
[6] 欧特克（中国）软件研发有限公司. Autodesk® Revit® 二次开发基础教程 [M]. 上海：同济大学出版社，2015.
[7] BIM 工程技术人员专业技能培训用书编委会. BIM 技术概论 [M]. 北京：中国建筑工业出版社，2016.
[8] 焦柯，杨远丰. BIM 结构设计方法与应用 [M]. 北京：中国建筑工业出版社，2016.
[9] 何关培. 如何让 BIM 成为生产力 [M]. 北京：中国建筑工业出版社，2015.
[10] 杨宝明. BIM 改变建筑业 [M]. 北京：中国建筑工业出版社，2017.
[11] 李邵建. BIM 纲要 [M]. 上海：同济大学出版社，2015.
[12] 肖春红，朱明. Autodesk Revit2016 中文版实操实练：权威授权版 [M]. 北京：电子工业出版社，2016.
[13] 柏慕进业. Autodesk RevitMEP2016 管线综合设计应用 [M]. 北京：电子工业出版社，2016.
[14] 中国建筑科学研究院，建研科技股份有限公司. 跟高手学 BIM——Revit 建模与工程应用 [M]. 北京：中国建筑工业出版社，2016.
[15] 王婷. 全国 BIM 技能培训教程. REVIT 初级 [M]. 北京：中国电力出版社，2015.
[16] 卫涛，李容，刘依莲. 基于 BIM 的 Revit 建筑与结构设计案例实战 [M]. 北京：清华大学出版社，2017.
[17] 刘书贤. Revit 2016 建筑信息模型基础教程 [M]. 北京：机械工业出版社，2016.
[18] 李建成. BIM 应用·导论 [M]. 上海：同济大学出版社，2015.
[19] 程国强. BIM 改变了什么：BIM+建筑施工 [M]. 北京：机械工业出版社，2018.
[20] 上海磐晟建筑工程有限公司. Revit 构件制作实战详解 [M]. 北京：中国建筑工业出版社，2016.
[21] 工业与信息化部教育与考试中心. 结构 BIM 应用工程师教程 [M]. 北京：机械工业出版社，2019.